先进功能材料丛书

# 宽禁带半导体电子材料与器件

沈 波 唐 宁 编著

科 学 出 版 社

北 京

## 内 容 简 介

宽禁带半导体材料具有禁带宽度大、临界击穿场强高、电子饱和速率高、抗辐射能力强等优异性质，不仅在制备短波长光电子器件方面具有不可替代性，而且是制备高功率、高频、高温射频电子器件和功率电子器件的最优选半导体体系，在信息、能源、交通、先进制造、国防军工等领域具有重大应用价值。本书系统介绍了Ⅲ族氮化物、SiC、金刚石和$Ga_2O_3$四种最重要的宽禁带半导体电子材料和器件，从晶体结构、能带结构、衬底材料、外延生长、射频电子器件和功率电子器件等方面论述了其基础物理性质、面临的关键科学技术问题、国内外前沿研究成果和应用前景。

本书可供从事半导体材料领域研究和生产的科技工作者、企业工程师、研究生和高年级大学生阅读参考。

**图书在版编目(CIP)数据**

宽禁带半导体电子材料与器件 / 沈波，唐宁编著.
—北京：科学出版社，2021.1
(先进功能材料丛书)
ISBN 978-7-03-067440-1

Ⅰ. ①宽… Ⅱ. ①沈… ②唐… Ⅲ. ①禁带—半导体材料②禁带—半导体器件 Ⅳ. ①TN304.2

中国版本图书馆 CIP 数据核字(2020)第 256183 号

责任编辑：许 健 / 责任校对：谭宏宇
责任印制：黄晓鸣 / 封面设计：殷 靓

科学出版社 出版
北京东黄城根北街 16 号
邮政编码：100717
http://www.sciencep.com
南京展望文化发展有限公司排版
上海时友数码图文设计制作有限公司 印刷
科学出版社发行 各地新华书店经销
*
2021 年 1 月第 一 版 开本：B5(720×1000)
2024 年 3 月第一次印刷 印张：20 3/4
字数：408 000

**定价：150.00 元**

(如有印装质量问题，我社负责调换)

# 丛书序

功能材料是指具有一定功能的材料，是涉及光、电、磁、热、声、生物、化学等功能并具有特殊性能和用途的一类新型材料，包括电子材料、磁性材料、光学材料、声学材料、力学材料、生物材料、化学功能材料等等。近年来很热门的纳米材料、超材料、拓扑材料等具有特殊结构和功能，均是先进功能材料。人们利用功能材料器件可以实现物质的多种运动形态的转化和操控，可以制备高性能电子器件、光电子器件、光子器件、量子器件和多种功能器件，所以其在现代工程领域有广泛应用。

20 世纪下半叶以来，功能材料的制备、特性和应用就一直是国际上研究的热点。在该领域研究中，新材料、新现象、新技术层出不穷，相关的国际会议频繁举行，科技工作者通过学术交流不断提升材料制备、特性研究和器件应用研究的水平，推动当代信息化、智能化的发展。我国从 20 世纪 80 年代起，就深度融入国际上功能材料的研究潮流，取得了众多优秀的科研成果，涌现出大量优秀科学家，相关学科蓬勃发展。进入 21 世纪，先进功能材料依然是前沿高科技，在先进制造、新能源、新一代信息技术等领域发挥着极其重要的作用。以先进功能材料为代表的新材料、新器件的研究水平，已成为衡量一个国家综合实力的重要标志。

把先进功能材料领域的科技创新成就在学术上总结成科学专著并出版，可以有效地推动科学与技术学科发展，推动相关产业发展。我们基于国内先进功能材料领域取得众多的科研成果，适时成立了“先进功能材料丛书”专家委员会，邀请国内先进功能材料领域杰出的科学家，将各自相关领域的科研成果进行总结并以丛书形式出版，这是一件有意义的工作。本套丛书的面世也符合我国“十三五”科技创新的需求。

在本丛书的规划理念中，我们以光电材料、信息材料、能源材料、存储材料、智能材料、生物材料、功能高分子材料等为主题，总结、梳理先进功能材料领域的优秀科技成果，积累和传播先进功能材料科学知识、科学发现和技术发明，促进相关学科的建设，也为相关产业发展提供科学源泉，并将在先进功能材料领域的基础理论、新型材料、器件技术、应用技术等方向上，不断推出新的专著。

希望本丛书的出版能够有助于推进先进功能材料学科建设和技术发展，也希望业内同行和读者不吝赐教，帮助我们共同打造这套丛书。

中国科学院院士

2020 年 3 月

# 序

随着信息技术的迅猛发展以及能源、交通、先进制造、国防等领域的应用需求的快速增长，对半导体电子器件的性能要求越来越高，基于 Si 和 GaAs 等半导体的电子器件在功率电子和射频电子领域性能的提升日益逼近其材料物理极限，迫切需要发展以 GaN 和 SiC 为代表的宽禁带半导体电子器件。以 GaN 为例，其禁带宽度是 GaAs 的 2.4 倍，电子饱和速度比 GaAs 高 1.4 倍，介电常数比 GaAs 低三分之一，击穿场强比 GaAs 高 8 倍，热导率比 GaAs 高 4 倍，二维电子气密度比 GaAs 高 4~5 倍。因此，GaN 基射频电子器件与 GaAs 基器件相比，具有更高的工作电压、更高的输出功率和功率密度、更高的效率、更高的工作温度和抗辐射能力；而 GaN 基功率电子器件与 Si 基器件相比，具有导通电阻低、工作频率高、关态耐压高、开关损耗小和耐高温工作等显著优势。经过 20 多年的发展，GaN 和 SiC 电子材料与器件技术日趋成熟，GaN 基微波功率器件等已走向规模应用，在国家安全和移动通信等高技术产业的发展中发挥了关键作用。当前，我国正在发力实施新型基础设施建设(即新基建)，推动我国经济社会高质量发展。宽禁带半导体功率电子技术和射频电子技术以其不可替代的优势将从基础层面支撑新基建，包括 5G 信息技术基础设施 5G 基站、移动智能终端和数据中心以及车联网、工联网、智能制造、智慧能源、轨道交通等跨界融合领域的基础设施。因此，由沈波教授主持编著的《宽禁带半导体电子材料与器件》一书的出版，具有重要意义。

本书内容丰富，涵盖了当前学术界和产业界关注的Ⅲ族氮化物、SiC、金刚石和 $Ga_2O_3$ 四类宽禁带半导体电子材料和器件。书中系统介绍和分析了这四类宽禁带半导体电子材料的物理性质和器件原理、材料生长和器件制备关键工艺技术、国内外发展状况、器件应用领域和发展前景,以及材料和器件面临的关键科学技术问题。书中还对我国发展宽禁带半导体电子材料和器件表述了作者的看法和建议,内容兼具基础性和实用性的特色。

本书作者都是长年工作在宽禁带半导体电子材料与器件领域第一线、在国内外有影响的著名学者、专家。沈波教授于 1995 年归国,较早开始了 GaN 宽禁带半导体电子材料、物理和器件基础和应用基础研究,并先后与企业合作开展了相关的技术开发和产业化推广工作,积累了 20 多年的研究经验,取得了许多被国内外同行认可的研究成果。本书内容都是他们的研究专长的体现和长期工作的积累。

我相信本书的出版将促进我国宽禁带半导体电子材料和器件的研发和相关高新技术产业的发展。本书对从事这一领域研究和生产的科技工作者、企业工程技术人员、业界管理者、高等学校研究生和高年级本科生有重要参考价值。

郑有炓

2020 年 8 月 28 日

# 前　言

笔者在郑有炓院士的指导下，于1995年归国较早开始了GaN基宽禁带半导体电子材料、物理和器件研究，迄今从事该领域研究已超过25年，并先后与企业合作开展了相关的技术开发和产业化推广工作，在该领域取得了一些被国内外同行认可的研究成果，积累了较多的研发感受和心得。近年来笔者有较强烈的意愿希望总结、梳理一下长期的研发工作，撰写一部有针对性和实用性的著作供本领域的同行和研究生及高年级本科生参考、借鉴。为了使本书能充分体现宽禁带半导体电子材料和器件领域的国内外最新研究动态和进展，保证学术水准，除其领导的北京大学课题组数位同仁外，笔者在确定撰写内容和提纲后，邀请了多位国内该领域在一线工作、有影响的权威学者一起进行书稿的撰写，个别很重要，但国内研究相对薄弱的内容邀请了国外华人学者提供撰写素材。本书撰写分工如下，第1章由沈波（北京大学）负责撰写，第2章由沈波、唐宁（北京大学）负责撰写，第3章由沈波、杨学林（北京大学）负责撰写，第4章由冯志红（中国电科十三所）、刘建利（中兴通讯）、沈波负责撰写，第5章由王茂俊（北京大学）、黄森（中科院微电子所）、沈波负责撰写，第6章由徐现刚（山东大学）、张玉明（西安电子科技大学）、沈波负责撰写，第7章由张玉明、杨霏（国家电网）负责撰写，第8章由金鹏（中科院半导体所）、王宏兴（西安交通大学）、沈波负责撰写，第9章由龙世兵（中科院微电子所）、陶绪堂（山东大学）负责撰写。对本书编写做出贡献的还有王新强、许福军、吴洁君

(北京大学),吕元杰、房玉龙(中国电科十三所),彭燕(山东大学),刘建平(中科院苏州纳米所),晏文德、张滨(中兴通讯),桑立雯(日本国立材料研究所,NIMS)等优秀学者和企业技术骨干。在此向上述各位国内外同仁表示衷心的感谢!在这里要特别感谢褚君浩院士作为“先进功能材料丛书”专家委员会主任邀请撰写本书,并对本书的撰写提供了非常有益的指导意见。非常感谢郑有炓院士、郝跃院士、刘明院士等为本书的撰写提供的帮助和指导。

希望本书对促进我国宽禁带半导体电子材料与器件的研发和相关高新技术产业的发展有所裨益,为从事这一领域研究和生产的科技工作者、企业工程技术人员、研究生和高年级本科生提供有价值的参考,也希望对从事该领域科研和高技术产业管理的政府工作人员和企业管理者有所帮助。

沈　波

2020 年 8 月 15 日于北京

# 目 录

# 第1章　绪　　论

与金属和绝缘体材料上千年的发展历史相比，半导体材料从被发现至今只有不到200年。1833年，发现了著名的法拉第电磁感应定律的英国人法拉第观察到硫化银的电阻随温度上升而降低，发现了半导体不同于金属的导电性质，也让人们首次意识到有不同于金属性质的导电固体的存在。1839年，法国人A. E. Becquerel发现了半导体的光生伏打效应。1874年，德国人F. Braun发现了半导体的整流效应。人类的自然科学发展到20世纪之前，有关半导体材料的许多基本物理现象已被发现，但半导体这一概念和名词则是直到1911年才最早被德国人J. Konigsberger和I. Weiss提出。在20世纪初以来发展起来的量子力学和固体物理科学体系的基础上，1947年，美国贝尔实验室J. Bardeen、W. Brattain和W. Shockley发明了世界上第一只半导体锗晶体管，1958年，美国德州仪器公司的J. Kilby发明了世界上第一块集成电路，标志着半导体科学技术领域的创立和造福于人类时代的来临。

半导体材料和器件是半导体科学技术的上游领域，现已发展成为支撑现代信息社会发展的主要科学基础和核心技术。没有Si材料和集成电路的问世，就不会有今天的微电子技术和产业，没有GaAs、InP为代表的化合物半导体的突破，就不会有今天的光通信、移动通信和数字化高速信息网络技术。而以GaN和SiC为代表的宽禁带半导体的出现和发展，则开辟了半导体照明、短波长光电子技术和高频、高功率电子技术时代。

半导体科学技术的发展根据时间划分，迄今可大致分为三代。第一代半导体兴起于20世纪50年代，以Si为主要代表，其典型应用是超大规模集成电路芯片，是人类进入信息社会的基石，至今依然在半导体产业中处于主导地位。第二代半导体兴起于20世纪70年代，以GaAs、InP为代表，弥补了Si材料在发光和高速输运性质上的不足，广泛应用于光电子和微波射频电子技术，是人类进入光通信和移动通信时代的基础。

第三代半导体即宽禁带半导体，兴起于20世纪90年代初，主要包括Ⅲ族氮化物半导体（也称GaN基半导体）、碳化硅（SiC）、金刚石、氧化物半导体（包含ZnO和$Ga_2O_3$等），新的宽禁带半导体材料还在不断涌现中。与前两代半导体材料相比，宽禁带半导体材料具有禁带宽度大、临界击穿场强高、热导率高、电子饱和漂移速率高、抗辐射能力强等优异性质，是制备短波长光电子器件、高功率射频电子器件和高效率功率电子器件（又称电力电子器件）的最优选材料体系。近20年来，基于GaN基蓝、白光LED的半导体照明技术和产业飞速发展，对节能环保和人们的生活方式产生了巨大影响。而基于 GaN 基高电子迁移率晶体管(high electron mobility transistor, HEMT)的微波射频技术和相控阵雷达技术的发展则对国家安全和世界战略格局产生了显著影响。宽禁带半导体材料和器件在信息、能源、交通、先进制造、国防等领域还有诸多应用,已发展成为当前世界各国高技术竞争的关键领域之一,也是我国高技术和战略性新兴产业发展的重点领域之一。

宽禁带半导体相比于 Si 和 GaAs,是一类更加年轻的半导体材料。以 GaN 为例,其系统研究始于 20 世纪 60 年代。1969 年,美国普林斯顿大学 H. P. Maruska 等采用氢化物气相外延(hydride vapor phase epitaxy, HVPE)技术首次在蓝宝石衬底上制备出 GaN 外延薄膜。但由于材料质量差和 p 型掺杂困难,GaN 曾一度被认为是没有前景的半导体材料。随着金属有机化学气相沉积(metal-organic chemical vapor deposition, MOCVD)技术的发展,20 世纪 80 年代末 90 年代初,GaN 的外延制备和 p 型掺杂取得了重大突破,先后发展了异质外延缓冲层技术和新型 p 型杂质激活技术,一举解决了 GaN 外延质量和 p 型掺杂两大难题,在此基础上研制出国际上第一只可实用的 GaN 基蓝光发光二极管(light emitting diode, LED),并迅速投入商业化应用。日本名古屋大学的 I. Akasaki、H. Amano 和日亚化学公司的 S. Nakamura因此获得了 2014 年度诺贝尔物理学奖。从此 GaN 基宽禁带半导体研发和产业化进入了高速发展阶段。1993 年,美国南卡罗来纳大学M. A. Khan 等首次研制出具有二维电子气(two-dimensional electron gas, 2DEG)特性的 $Al_xGa_{1-x}N$/GaN 异质结构及国际上第一只 GaN 基 HEMT 器件,开辟了 GaN 基电子材料与器件研究和产业化应用的新时代。

目前,国际上用于研制电子器件的宽禁带半导体材料主要包括 GaN 基半导体、SiC、金刚石和 $Ga_2O_3$。由于其各具特色的优异电学特性,主要用于各种功能的射频电子器件和功率电子器件研发和应用。不久的将来,很可能还会出现更多具备优异的电学特性,适用于电子器件研制的宽禁带半导体或超宽禁带半导体新材料。

Ⅲ族氮化物半导体由 InN、GaN、AlN 三种直接带隙化合物半导体及其组分可调的三元或四元合金组成,其禁带宽度从 InN 的 0.63 eV 到 AlN 的 6.2 eV 连续可调。同时 GaN 基半导体具有非常强的自发极化和压电极化效应,构成异质结构时极化电场可在异质界面感应出面密度高达 $10^{13}$ $cm^{-2}$量级的 2DEG,在迄今已有的各种半导体异质结构中 2DEG 密度最高,2DEG 室温迁移率可高达 2 000 $cm^2/(V \cdot s)$,加上其他优异的物理、化学性质,GaN 基异质结构已发展成为高频、高功率电子器件最优选的半导体材料体系,GaN 基微波功率器件已实现大规模的军事和商业化应用。

迄今,基于 GaN 基异质结构的射频电子器件及其模块在所有半导体射频电子器件中功率密度最高,同时其带宽、效率、工作频率等性能也很突出,可广泛应用于相控阵雷达、电子对抗、卫星通信等军事领域和移动通信、数字电视等民用领域。

特别是功率密度、带宽等综合性能的优异，使 GaN 基微波功率器件和模块成为 5G 移动通信技术不可替代的微波射频芯片。当前，GaN 基射频电子器件面临的技术挑战和发展趋势主要有：高功率密度下器件和模块的热管理技术、高线性度和高带宽技术、超高频器件技术以及低成本材料和器件制备技术等。

另外，基于 GaN 基异质结构的功率电子器件在相同阻断电压下导通电阻比 Si 器件低 2 个数量级，开关速度比 Si 器件高 1 个数量级以上，可在 10 MHz 频率下进行功率转换，电力利用效率大幅度提升，并可大幅度减小电力系统中属于无源器件的电容、电感及其体积、质量，增加其寿命。同时，GaN 基功率电子器件的工作耐受温度远高于同类 Si 基器件，可大幅度简化功率模块的散热系统，使功率模块的重量和体积也大幅度降低。因此 GaN 基功率电子器件正成为新一代高效、智能化电力管理系统中最具竞争力的功率开关器件之一，可满足新一代功率开关模块对小型化、高效率、智能化的需求。基于这些优势，GaN 基功率电子器件和模块有望在新能源汽车、激光雷达、航空航天、无线快充电源、新一代通用适配器等领域获得广泛应用，大幅度提高电源系统的集成度和效率。当前，GaN 基功率电子器件已开始进入商业化应用的初期阶段，国际上已有多家公司推出了 650 V 以下的器件和应用模块产品。但该领域依然存在着与大失配异质外延、器件可靠性等相关的一系列关键科学和技术问题有待解决。

SiC 半导体的禁带宽度略小于 GaN，并取决于其晶型，约是 Si 半导体的 3 倍，临界击穿场强约是 Si 的 8 倍，热导率约是 Si 的 3 倍，因此，SiC 基功率电子器件具有很高的电流密度和很强的耐压能力。在相同阻断电压下，SiC 基器件的导通电阻比 Si 基器件小 1 个数量级。与 GaN 类似，SiC 基功率电子器件的工作耐受温度也远高于 Si 基器件，可大幅度简化功率模块的散热系统。这些优异特性使 SiC 成为制备新一代功率电子器件的最优选半导体材料之一，可广泛应用于新能源汽车、轨道交通、电网等高功率、高电压领域。国际上一般认为 GaN 基功率电子器件的应用领域主要是小于 900 V 的中低压市场，而 SiC 基功率电子器件的应用领域则主要在 650 V 以上的中高压和特高压市场，特别是在高压、大电流的电网系统应用上具有不可替代性。

为了满足各种电子器件制备的需求，生长制备高质量的 SiC 单晶材料并实现其电导调控至关重要。迄今，高功率密度的 GaN 基射频电子器件必须使用半绝缘 SiC 衬底以实现高散热特性，并降低其射频损耗和其他寄生效应。n 型和 p 型 SiC 单晶则适合于研制各种结构的功率电子器件。20 世纪 60~70 年代，SiC 单晶生长研究主要集中在苏联。1978 年，Y. M. Tairov 和 V. F. Tsvetkov 发明了改良的 Lely 单晶生长法，成功获得了较大尺寸的 SiC 晶体。20 世纪 80 年代后期，SiC 单晶材料研究的重心逐步转到了美国。1991 年，美国 CREE 公司采用升华法生长出可商业化应用的 6H-SiC 单晶，并在 1994 年成功获得了 4H-SiC 单晶。目前国际上实验室中的 SiC 单晶材料直径已达 8 in(1 in = 2.54 cm)，而 6 in SiC 单晶材料已实现产业化，4 in SiC 单晶材料已实现大规模产业化。SiC 单晶材料的晶体质量不断提升，缺陷密度不断下降，当前 4 in SiC 晶片产品的微管密度已低于0.1 $cm^{-2}$，穿透性螺位错和基平面位错密度均在 ~$10^2$ $cm^{-2}$量级以下。

单晶制备技术的突破开辟了 SiC 基功率电子器件研究的新时代。自 20 世纪 90 年代始，国际上研制出各种结构和功能的 SiC 基功率电子器件。其中，SiC 基肖特基势垒二极管(Schottky barrier diode, SBD)由于工艺相对简单且用途广泛而率先实现了产业化生产。研究较多的 SiC 基功率开关器件包括：金属-氧化物-半导体场效应晶体管(metal-oxide-semiconductor field-effect transistor, MOSFET)、双极结型晶体管(bipolar junction transisotr, BJT)、结型场效应晶体管(junction field electric transistor, JFET)和绝缘栅双极型晶体管(isulated gate bipolar transistor, IGBT)等，其中 SiC 基 MOSFET 器件的研发和商业化应用相对领先。这四种 SiC 基功率开关器件均有望取代 Si 基 IGBT 器件和其他 Si 基功率开关器件，成为下一代高压、大功率电力电子技术的核心半导体元件。

金刚石，俗称钻石。其英文为“diamond”，这个词源自古希腊词语“adámas”，意为“不可征服”。金刚石晶体作为自然界最稀少、最昂贵的宝石，其绚丽夺目的色彩在历史上一直被世界各国的王室和贵族视为财富和地位的象征。

随着 20 世纪 50 ~ 60 年代高温高压合成和化学气相沉积(chemical vapor deposition, CVD)人工合成金刚石技术的相继问世，从 20 世纪 80 年代起，探索金刚石晶体，特别是外延薄膜的半导体特性成为可能。作为一种宽禁带半导体材料，金刚石被确认是间接带隙半导体，其室温禁带宽度为 5.47 eV，在所有元素半导体中带隙最宽。金刚石半导体具有优异的物理和化学性质，包括带隙宽、热导率高、临界击穿场强高、电子迁移率高等，以及耐腐蚀、耐高温、抗辐照等。在射频电子和功率电子领域评价一种半导体材料性能高低的 Johnson 指数、Keyes 指数和 Baliga 指数，金刚石均高于 GaN 和 SiC，更远高于 Si，用于制备高性能半导体器件的优势很大，被视为“理想半导体”，在微电子、光电子、生物医学、微机械、航空航天、核能等高技术领域均有广泛的应用潜力。1982 年，国际上首只基于天然金刚石晶体的半导体晶体管研制成功。两年后，首只基于人工制备金刚石外延薄膜的半导体场效应晶体管研制成功。近几年不断有各种新型金刚石半导体器件的研制报道，包括高压大电流 SBD、高频/高功率 FET、深紫外 LED、深紫外光电探测器、生物传感器等等。

要实现高性能的金刚石电子器件，具备一定尺寸的高质量单晶金刚石制备及其电导调控至关重要。近 10 年来，国际上金刚石晶体和外延薄膜的制备技术已取得了较大进展，可合成 10 mm 量级尺寸的单晶金刚石，晶体质量可与天然金刚石媲美。然而，要能广泛用于半导体电子器件的研制，制备大面积的金刚石晶体依然是巨大的挑战。金刚石半导体的 p 型掺杂已取得较大进展，利用微波等离子体技术，在金刚石同质外延过程中引入硼(B)杂质,可获得高质量的p型金刚石半导体。但金刚石半导体的n型掺杂则困难得多,最常见的施主杂质是N元素,但其在金刚石带隙中能级太深,很难获得n型电导。金刚石半导体有效的n型掺杂技术目前依然在艰难的探索中。

近年来,另一种宽禁带氧化物半导体材料——$\beta$-$Ga_2O_3$(简称为$Ga_2O_3$或氧化镓)受到了国际上半导体功率电子材料和器件领域的极大关注。$Ga_2O_3$室温带隙为4.8~4.9 eV,比Si高约3倍,其临界击穿场强强度约为8 MV/cm,是Si的20倍,比SiC和GaN也高2倍以上。同时$Ga_2O_3$的Baliga指数较高,在耐压能力相同的情况下,$Ga_2O_3$基功率电子器件的导通电阻理论上可降至SiC基器件的1/10。除了材料的优异特性,制备成本低是$Ga_2O_3$半导体材料另一优势,采用类似于蓝宝石单晶制备的成熟晶体生长方法可实现低成本、高质量$Ga_2O_3$单晶材料的大规模制备。因此,与GaN或SiC相比,采用$Ga_2O_3$有望以更低的成本研制出同样性能,甚至性能更好的高耐压、低损耗半导体功率电子器件。可以预计$Ga_2O_3$基电子材料和器件将越来越受到国内外功率电子领域学术界和产业界的重视。

$Ga_2O_3$半导体材料受到的最大限制是其热导率远低于SiC、GaN或Si。另外,$Ga_2O_3$的晶体质量和尺寸还有待进一步提高。目前,$Ga_2O_3$基功率电子器件性能离实用化还有较大距离。随着材料和器件研究的进一步深入,$Ga_2O_3$有望成为宽禁带半导体的又一研发和产业化热点。

综上所述,作为当前和未来一段时间第三代半导体的重点发展方向之一,宽禁带半导体电子材料和器件及其应用技术将对国家的国防建设和相关高技术产业的发展起到至关重要的推动作用。目前,宽禁带半导体还只是整个半导体科学技术体系中一个年轻的分支,大力发展宽禁带半导体,不仅能促使其自身研究和产业化水平的快速提升,充分发挥其材料特性的固有优势,而且能带动包括第一代、第二代半导体在内的整个半导体科学技术领域的发展,为国家经济发展和国防建设提供更有力的科技支撑。

我国的经济和社会发展已进入了主要依靠科学技术进步的创新驱动发展阶段。无论是提高我国半导体产业的创新能力和竞争力,满足国家节能减排、产业升级、信息化建设和国防安全的需求,还是半导体科学技术学科领域自身的发展需要,都对宽禁带半导体电子材料和器件及其应用提出了迫切需求。本书根据国家重大需求,结合国内外宽禁带半导体科学技术的发展趋势,系统介绍和分析了Ⅲ族氮化物、SiC、金刚石和$Ga_2O_3$四类最重要的宽禁带半导体电子材料和器件,从晶体结构、能带结构、衬底材料、外延生长、射频电子器件和功率电子器件研制等方面详细论述其基础物理性质、国内外发展动态、面临的关键科学技术问题、主要的材料和器件研发成果及其应用现状和前景,并对我国宽禁带半导体电子材料和器件发展的主要任务和应对战略提出作者的看法。

# 第2章　氮化物宽禁带半导体及其异质结构的物理性质

## 2.1　氮化物半导体的基本物理性质

Ⅲ族氮化物半导体(又称 GaN 基半导体)包含 GaN、AlN、InN 及其三元和四元合金,其直接带隙对应的波长覆盖了从中红外到深紫外的宽波长范围,是发展新一代半导体光电器件,特别是短波长光电器件不可替代的半导体材料体系,在短波长发光二极管(LED)、短波长激光器(LD)、半导体照明和大屏幕全色显示等领域具有极其重要的应用[1]。另外,GaN 基半导体的晶体结构缺少反演对称性,呈现很强的自发极化和压电极化效应,并具有高饱和电子漂移速率、高临界击穿场强等优越的电学性质,是发展高频、高功率、高温电子器件的优选材料体系。特别是 GaN 基半导体异质结构界面可形成强量子限制的高密度 2DEG,成为迄今各种半导体异质结构中 2DEG 密度最高的半导体材料体系。因此,GaN 基异质结构不仅具有丰富的物理内涵,是研究低维量子结构中载流子输运性质较理想的半导体体系,而且具有极其重要的应用价值。以 $Al_xGa_{1-x}N$/GaN 异质结构为代表的 GaN 基宽禁带半导体异质结构,在射频电子器件和功率电子器件领域均具有极为重要的应用[2]。

GaN 半导体存在纤锌矿(稳态相)和闪锌矿(亚稳相)两种主要的晶体结构[3]。半导体材料晶体结构的形成与其原子间化学键的性质密切相关。在化合物半导体晶体中,原子间的化学键既有共价键成分,也有离子键成分,离子键成分越多则晶体的离子性越强,越容易形成六方对称的纤锌矿结构。氮化物半导体晶体原子间的化学键都是强离子性共价键,因此在室温和大气压下,纤锌矿结构是氮化物半导体最常见的晶体结构,也是热力学上的稳态相。纤锌矿 GaN 晶体属于六角密堆结构,其密排面为(0001),即 c 面,每个晶胞有 12 个原子,包括 6 个 Ga 原子和 6 个 N 原子。闪锌矿结构是氮化物半导体热力学上的亚稳相,闪锌矿 GaN 属于立方密堆积结构,由两个面心立方沿着体对角线方向平移对角线长度的 1/4 套构而成。其原子的密排面为(111),每个晶胞有 8 个原子,包括 4 个 Ga 原子和 4 个 N 原子。表 2.1 列出了纤锌矿结构氮化物半导体的基本物理参数[3-5]。

氮化物半导体的禁带宽度从 InN 的 0.7 eV,GaN 的 3.4 eV 直到 AlN 的 6.2 eV,并可形成 $Al_xGa_{1-x}N$、$In_xGa_{1-x}N$、$Al_xGa_yIn_{1-x-y}N$ 等带隙连续可调的三元或四元固溶体合金。纤锌矿 GaN 的布里渊区在 $\Gamma$ 点导带达到最低点,价带达到最高点,因而是直接带隙。由于受晶体劈裂场和自旋轨道耦合场的影响,GaN 的价带分裂成 3

**表 2.1 纤锌矿结构氮化物半导体 GaN、AlN、InN 的基本物理参数**[3-5]

| 性 质 | GaN | AlN | InN |
|---|---|---|---|
| 禁带宽度/eV | 3.4 | 6.2 | 0.7 |
| 晶格常数 $a$/nm | 0.318 9 | 0.311 2 | 0.354 8 |
| 晶格常数 $c$/nm | 0.518 6 | 0.498 2 | 0.576 0 |
| 热导率/[W/(cm·K)] | 1.3 | 2.0 | 0.8 |
| 静态介电常数 | 9.5 | 8.5 | 15.3 |
| 高频介电常数 | 5.35 | 4.8 | 8.4 |
| 电子有效质量 | 0.22 | 0.33 | 0.11 |
| 极化光学声子能量/$cm^{-1}$ | 736 | 910 | 694 |
| 饱和电子漂移速度/(cm/s) | $2.9\times10^7$ | $1.4\times10^7$ | $4.2\times10^7$ |
| 击穿电场强度/(V/cm) | $3\times10^6$ | — | — |
| 体电子迁移率/[$cm^2$/(V·s)] | 900 | 300 | 4 400 |
| 体空穴迁移率/[$cm^2$/(V·s)] | 30 | 14 | — |

个子能带,包括重空穴带、轻空穴带和晶场劈裂带,分别称为 A、B、C 子带,并分别具有 $\Gamma_9$、$\Gamma_7$和 $\Gamma_7$的对称性。其相应的能量值分别为[6]

$$E[A(\Gamma_9)] = \frac{1}{2}(\Delta_{SO} + \Delta_{CF}) \tag{2.1}$$

$$E[B(\Gamma_7)] = \frac{1}{2}\left[(\Delta_{SO} + \Delta_{CF})^2 - \frac{8}{3}(\Delta_{SO}\Delta_{CF})^{1/2}\right] \tag{2.2}$$

$$E[C(\Gamma_7)] = -\frac{1}{2}\left[(\Delta_{SO} + \Delta_{CF})^2 - \frac{8}{3}(\Delta_{SO}\Delta_{CF})^{1/2}\right] \tag{2.3}$$

式中,$\Delta_{SO}$为自旋轨道劈裂能;$\Delta_{CF}$为晶体场分裂能。

在室温下,$Al_xGa_{1-x}N$ 的禁带宽度随组分的变化略微偏离线性关系,可表示为[4]

$$E_g(x) = E_g(GaN)(1 - x) + E_g(AlN)x - bx(1 - x) \tag{2.4}$$

式中, $E_g(GaN) = 3.4$ eV; $E_g(AlN) = 6.2$ eV; $b = 1.0$ eV, $b$ 为弯曲系数[4]。

GaN、InN、AlN 及其合金禁带宽度随温度的变化满足 Varshni 经验公式[7]:

$$E_g(T) = E_g(0) - \frac{\alpha T^2}{\beta + T} \tag{2.5}$$

式中, $E_g(0)$ 为绝对零度时的禁带宽度;$\beta$ 为与德拜温度有关的特征温度; $\alpha$ 为材料的温度系数 $dE_g/dT$。1974 年,瑞典 Linkopings 大学 B. Monemar 等首次报道了 GaN 禁带宽度随温度的变化关系[8],近年来人们又做了大量工作[9-15],虽然各自得到了 GaN 禁带宽度随温度变化不同的温度系数,但结果均表明禁带宽度随温度的变化相对于 3.4 eV 的带隙很小,在 0~300 K 之间,GaN 的禁带宽度变化只有 72 meV[8]。

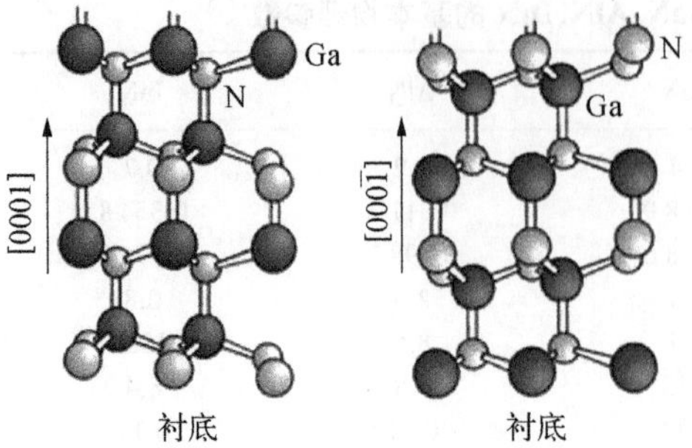


(a) Ga面 (b) N面

图2.1 Ga面(a)和N面(b)GaN半导体的晶体结构和极化方向示意图[4,5]

如前所述,纤锌矿结构的氮化物半导体属于六方晶系非中心对称点群,没有中心对称性,呈现[0001]方向($c$方向)的Ga面极化和相反方向的N面极化两种原子层排列方向,其晶体结构和极化方向如图2.1所示[4,5]。同时GaN晶体中的化学键都是强离子性共价键,正负电荷中心分离形成的偶极矩很大[4,5]。纤锌矿结构半导体的晶格可由3个参数来确定,分别是六角棱柱的底面边长$a_0$、高$c_0$以及一个无量纲量$u$,定义为平行于$c$轴(即[0001]方向)的键长与晶格常数$c_0$之比。

理想纤锌矿晶体结构的晶格常数比$c_0/a_0$为1.633,但GaN、InN和AlN的晶格常数比$c_0/a_0$均小于理想值,且偏离依次增大,如表2.2所示[7,8]。因此氮化物半导体均有很强的自发极化效应,纤锌矿氮化物半导体的自发极化强度取决于正负电荷中心分离形成的偶极矩大小和晶格常数比$c_0/a_0$偏离理想值的程度。因此,GaN、InN和AlN的自发极化强度($P_{SP}$)也依次增大[16]。极化的正方向定义为沿$c$轴从阳离子(Ga、In、Al)指向最近邻阴离子(氮离子)的方向,平行于[0001]方向。实验表明,氮化物半导体中自发极化方向为负,即与[0001]方向相反[4,5]。

**表2.2 纤锌矿结构氮化物半导体的晶格常数[7,8]**

| | AlN | GaN | InN | BN |
|---|---|---|---|---|
| $a_0$/Å | 3.112 | 3.189 | 3.54 | 2.534 |
| $c_0$/Å | 4.982 | 5.185 | 5.705 | 4.191 |
| $c_0/a_0$ | 1.601 | 1.627 | 1.612 | 1.654 |

在外加应力条件下,氮化物半导体的纤锌矿晶体结构会因为晶格形变导致正负电荷中心的进一步分离,形成附加的偶极矩,这些偶极矩的相互累加就表现出压电极化效应。氮化物晶体中的压电极化强度$P_{PE}$由压电系数$e$和应变张量$\varepsilon$乘积决定,压电系数张量$e$有3个独立的分量,其中两个量$e_{33}$、$e_{31}$决定了沿$c$轴的压电极化强度$P_{PE}$,可表示为[4,5]

$$P_{PE}=e_{33}\varepsilon_z+e_{31}(\varepsilon_x+\varepsilon_y) \tag{2.6}$$

式中,$\varepsilon_z=(c-c_0)/c_0$,为沿$c$轴的应力大小;$\varepsilon_x=\varepsilon_y=(a-a_0)/a_0$,为平面内双轴应力大小,$c$、$a$和$c_0$、$a_0$分别为应变和本征晶格常数,两者的关系为[4,5]

$$\frac{c-c_0}{c_0}=-2\frac{C_{13}}{C_{33}}\frac{a-a_0}{a_0} \tag{2.7}$$

式中，$C_{13}$和 $C_{33}$为弹性常数，沿 $c$ 轴方向的压电极化大小可表示为[4,5]

$$P_{PE} = 2\frac{a - a_0}{a_0}\left(e_{31} - e_{33}\frac{C_{13}}{C_{33}}\right) \tag{2.8}$$

表 2.3 给出了纤锌矿结构氮化物半导体的自发极化强度、压电系数和应变张量[4,5]。以 $Al_xGa_{1-x}N/GaN$ 异质结构为例，对于任意势垒层 Al 组分，都满足 $(e_{31} - e_{33}C_{13}/C_{33}) < 0$，因此当 $Al_xGa_{1-x}N$ 势垒层处于张应变 $(a > a_0)$ 时，压电极化强度为负，表示平行于自发极化方向。反之，当 $Al_xGa_{1-x}N$ 势垒层处于压应变 $(a < a_0)$ 时，压电极化强度为正，反平行于自发极化方向。表 2.4 给出了纤锌矿结构氮化物半导体的弹性常数。根据表 2.3 和表 2.4 中的参数，在相同应变情况下，氮化物半导体中的压电极化强度也是从 GaN、InN 到 AlN 依次增强。

**表 2.3 纤锌矿结构氮化物半导体的自发极化强度、压电系数和应变张量**[15,17-22]

| | AlN | GaN | InN | BN |
|---|---|---|---|---|
| $u$ | $0.380^a$ | $0.376^a$ | $0.377^a$ | $0.374^e$ |
| $P_{SP}/(C/m^2)$ | $-0.081^a$ | $-0.029^a$ | $-0.032^a$ | — |
| $e_{33}/(C/m^2)$ | $1.46^a$ | $0.73^a$ | $0.97^a$ | — |
| | $1.55^b$ | $1^c$ | — | — |
| | | $0.65^d$ | — | — |
| | $1.29^e$ | $0.63^e$ | — | $-0.85^e$ |
| $e_{31}/(C/m^2)$ | $-0.60^a$ | $-0.49^a$ | $-0.57^a$ | — |
| | $-0.58^b$ | $-0.36^c$ | — | — |
| | | $-0.33^d$ | — | — |
| | $-0.38^e$ | $-0.32^e$ | — | $0.27^e$ |
| $e_{15}/(C/m^2)$ | $-0.48^b$ | $-0.3^c$ | — | — |
| | | $-0.33^d$ | — | — |
| $\epsilon_{11}$ | $9.0^b$ | $9.5^f$ | — | — |
| $\epsilon_{33}$ | $10.7^b$ | $10.4^f$ | $14.6^g$ | — |

a. 参考文献[15]；b. 参考文献[17]；c. 参考文献[18]；d. 参考文献[19]；e. 参考文献[20,21]；f. 参考文献[21]；g. 参考文献[22]。

**表 2.4 纤锌矿结构氮化物半导体的弹性常数**[23-26]

| | AlN | | GaN | | InN | |
|---|---|---|---|---|---|---|
| 弹性常数（单位 GPa） | 实验值[a] | 理论值[b] | 实验值[c] | 理论值[b] | 实验值[d] | 理论值[b] |
| $C_{11}$ | 345 | 396 | 374 | 367 | 190 | 223 |
| $C_{12}$ | 125 | 137 | 106 | 135 | 104 | 115 |
| $C_{13}$ | 120 | 108 | 7 | 103 | 121 | 92 |
| $C_{33}$ | 395 | 373 | 379 | 405 | 182 | 224 |
| $C_{44}$ | 118 | 116 | 101 | 95 | 10 | 48 |

a. 参考文献[23]；b. 参考文献[24]；c. 参考文献[25]；d. 参考文献[26]。

## 2.2　氮化物半导体异质结构的基本物理性质

GaN 基半导体异质结构主要包括 $Al_xGa_{1-x}N/GaN$、$In_xAl_{1-x}N/GaN$ 和 AlN/GaN 等,其中 $Al_xGa_{1-x}N/GaN$ 异质结构在当前 GaN 基射频电子器件和功率电子器件领域使用最多、综合电学性能最好。根据不同的器件应用需求,GaN 基异质结构可外延生长在 SiC、Si 或蓝宝石衬底上,也可外延生长在 GaN 同质衬底上。由于很强的自发和压电极化效应,GaN 基异质结构中 2DEG 的面密度可达约 $10^{13}\ cm^{-2}$量级,是迄今 2DEG 密度最高的半导体异质结构体系,如图 2.2 所示[27]。GaN 基异质结构还同时具有高饱和电子漂移速度、高临界击穿场强、抗辐射、耐腐蚀等优越的物理和化学性质,非常适合发展高功率射频电子器件和高效率功率电子器件。在射频电子器件方面,基于 GaN 基异质结构,特别是 $Al_xGa_{1-x}N/GaN$ 异质结构的高电子迁移率晶体管(HEMT)具有输出功率密度高、工作频率高、工作带宽高、工作温度高等优越性能,能满足新一代电子装备对微波射频器件更大功率、更高传输速度、更小体积以及更高工作温度的要求,在相控阵雷达、卫星通信、电子对抗等军事领域和新一代移动通信、数字电视等民用领域具有不可替代的重大应用价值。在功率电子器件领域,由于 GaN 基异质结构中 2DEG 的高密度和高迁移率,GaN 基功率电子器件的导通电阻比相应的 Si 基和 SiC 基器件分别低两个和一个数量级[27],节能效益显著,并具有开关速度快、体积小、工作温度高等优势,在工业控制、电动汽车、激光雷达以及新一代通用电源等领域具有广泛的应用价值。现今全球 70%以上的电力电子系统是由基于功率电子器件的电力管理系统所调控,而目前占主导地位的 Si 基功率电子器件自身有 5%~8%的能量损耗,且体积较大、工作温度低,经过多年的发展,器件性能已接近 Si 材料性质的物理极限[28],进一步提升空间有限,迫

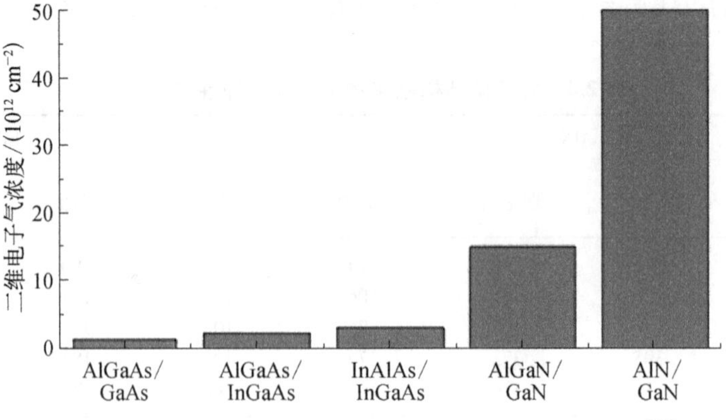


图 2.2　各种化合物半导体异质结构中 2DEG 面密度比较[28]

切需要在新的半导体材料体系下发展新型的高效节能功率电子器件。基于 GaN 基异质结构的 HEMT 器件有望成为下一代高效节能功率电子器件最有希望的竞争者之一。

如前所述,GaN 基异质结构具有非常强的极化效应,在异质结构中每厘米可产生高达兆伏量级的极化感应电场,在异质界面形成很深的三角形量子阱,感应出很高密度的 2DEG。因此强极化效应是 GaN 基半导体材料体系区别于其他半导体材料体系最重要的物理特征,相当于在传统的半导体异质结构体系中引入了新的自由度,导致产生一系列新的物理性质[5]。

图 2.3 分别为 Ga(Al) 面和 N 面 $Al_xGa_{1-x}N$/GaN 异质结构中自发极化强度 $P_{SP}$ 和压电极化强度 $P_{PE}$ 的方向及界面极化电荷分布示意图[5]。以左图为例,假设没有应变的 GaN 外延层中仅有自发极化,方向指向衬底,而 $Al_xGa_{1-x}N$ 势垒层中的自发极化方向与之相同,赝晶生长的 $Al_xGa_{1-x}N$ 势垒层处于张应变状态,压电极化方向平行于自发极化。$Al_xGa_{1-x}N$/GaN 界面两边极化强度不连续导致界面处感生出固定极化正电荷 $+\sigma$,其面密度可由下列公式给出[5]:

$$\sigma = P(\text{bottom}) - P(\text{top}) = [P_{SP}(\text{bottom}) + P_{PE}(\text{bottom})] - [P_{SP}(\text{top}) + P_{PE}(\text{top})] \tag{2.9}$$

其中,$Al_xGa_{1-x}N$ 势垒层的自发极化强度一般采用 AlN 和 GaN 自发极化强度的线性组合[28]:

$$P_{SP}(Al_xGa_{1-x}N) = (-0.052x - 0.029) \tag{2.10}$$

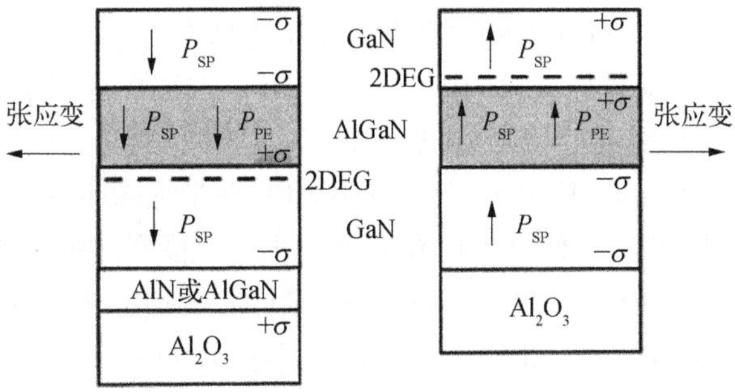


图 2.3 Ga(Al) 面(左)和 N 面(右) $Al_xGa_{1-x}N$/GaN 异质结构中自发极化和压电极化的方向及界面极化电荷分布示意图[5]

因为异质结构界面带极化正电荷 $+\sigma$,极化感应电场将使异质界面下的 GaN 导带向下弯曲,在异质界面形成三角形量子阱,电子将被吸引至量子阱中聚集形成 2DEG,这就是 GaN 基异质结构中极化诱导形成高密度 2DEG 的物理图像。相反,如异质界面极化电荷为负($-\sigma$),如图 2.3 右图所示,依据 GaN 中费米能级的位置,将在异质界面下的 GaN 中形成载流子耗尽层,或形成空穴的聚集,甚至有可能形成二维空穴气(2DHG)。如果 $Al_xGa_{1-x}N$ 势垒层完全弛豫,就只存在自发极化,对 Ga(Al)面的异质结构,界面处仍可感生出较高密度的正极化电荷,诱导形成 2DEG。但一般情况下,弛豫后的 $Al_xGa_{1-x}N$ 势垒层不仅降低了 2DEG 密度[28],还会增强界面附近的载流子散射,造成 2DEG 迁移率的降低[29],因此要获得优异的器件性能,应避免 $Al_xGa_{1-x}N$ 势垒层发生弛豫或部分弛豫。

如前所述,因为很强的极化效应,$Al_xGa_{1-x}N$/GaN 异质结构中即使在未掺杂的情况下也可获得高达约 $10^{13}$ $cm^{-2}$面密度的 2DEG,如此高密度电子的来源就成为备受关注的问题。国际上有许多课题组通过实验和理论计算,提出了不同的物理模型来解释异质结构中高密度电子的来源,如“压电掺杂”[30,31]、“极化效应与热激发”[13]、“$Al_xGa_{1-x}N$ 中的非故意掺杂”[32]等。2000 年,美国加利福尼亚大学 J. P. Ibbetson 等提出表面态是 2DEG 的主要来源[33]。2001 年,美国康奈尔大学G. Koley 等用扫描 Kelvin 探针显微术研究了 $Al_xGa_{1-x}N$/GaN 异质结构的表面势,也得出 2DEG 来源于表面态这一结论[34]。2005 年,他们又用紫外激光诱导瞬态的方法进一步证实了表面态对 2DEG 来源的贡献,同时计算表明该表面态密度约为$1.6\times10^{13}$ $cm^{-2}\cdot eV^{-1}$,能量范围为导带下 1.0~1.8 eV[35]。除了表面态这一主要来源,$Al_xGa_{1-x}N$/GaN 异质结构的非故意掺杂、$Al_xGa_{1-x}N$ 势垒层的表面态以及 GaN 中的深能级缺陷也被认为是 2DEG 的来源[32]。

2DEG 的迁移率直接反映了 $Al_xGa_{1-x}N$/GaN 异质结构的界面质量及晶体质量。1999 年,日本德岛大学 T. Wang 等在蓝宝石衬底上外延生长出高质量的 $Al_{0.18}Ga_{0.82}N$/GaN异质结构,1.5 K 温度下 2DEG 迁移率超过了 $10^4$ $cm^2/(V\cdot s)$[36]。2000 年,美国贝尔实验室的 M. J. Manfra 等用 MBE 方法在 GaN 衬底上外延生长出 $Al_{0.09}Ga_{0.91}N$/GaN异质结构,4.2 K 温度下 2DEG 迁移率达 53 300 $cm^2/(V\cdot s)$[37]。同年,波兰高压研究中心的 E. Frayssinet 等用 MBE 在半绝缘体 GaN 衬底上外延生长的 $Al_{0.13}Ga_{0.87}N$/GaN 异质结构,1.5 K 温度下 2DEG 迁移率达60 100 $cm^2/(V\cdot s)$[38]。2005 年,波兰高压物理研究所的 C. Skierbiszewski 等用 MBE 方法生长的 $Al_xGa_{1-x}N$/GaN 异质结构,液氦温度下 2DEG 迁移率超过了 100 000 $cm^2/(V\cdot s)$,室温下的 2DEG 迁移率也达到了 2 500 $cm^2/(V\cdot s)$[39]。

## 2.3　氮化物半导体异质结构中 2DEG 的高场输运性质

随着 GaN 基射频电子器件和功率电子器件性能的不断提高,GaN 基电子器件的尺寸已进入亚微米范围,器件有源沟道中的峰值电场强度超过了欧姆定律起作用的电场值,器件工作的性能不仅由 GaN 及其异质结构中载流子的低电场输运性质决定,而且更多地和高电场(以下简称为高场)条件下热电子的输运行为关联[40]。因此,为了更好地理解 GaN 基电子器件工作的物理图像,并提升器件性能,高场下载流子的输运性质研究非常重要。

相比于 Si 和 GaAs 等半导体材料,GaN 等氮化物材料具有禁带宽度大、能谷间分离能量高、纵光学(LO)声子能量大、介电常数较低等特点,因此 GaN 具有优于 Si 和 GaAs 的高场输运性质[41]。具体来看 GaN 与 GaAs 的对比,与载流子高场输运相关的重要特性包括:① GaN 中 LO 声子能量 92 meV,而 GaAs 是 36 meV,高 LO 声子能量保证了电子在达到 LO 声子能量之前可得到有效加速,理论预期 GaN 的峰值电子漂移速度可达 $3\times10^7$ cm/s,远高于 GaAs 的 $2\times10^7$ cm/s[41];② GaN 中电子峰值漂移速度发生在电场值 200 kV/cm 以上,比 GaAs 约 3.8 kV/cm 的阈值电场高得多,这是 GaN 禁带宽度大、能谷间分离能量高所决定的[42]。基于上述原因,GaN 及其异质结构中载流子的高场输运性质近 10 多年来一直是国际上 GaN 基半导体领域的研究热点。

### 2.3.1 高场下 GaN 中电子漂移速度的实验测量

GaN 中载流子在沟道中的峰值漂移速度决定了电子器件工作的最高截止频率,同时又决定了器件的沟道电导,进而决定其输出功率。因此载流子在高场下的漂移速度以及与电场之间的关联规律对于 GaN 基电子器件十分重要。高场下半导体中电子漂移速度的测量主要有两种方法:光学飞行时间法和电导法。分别适用于不同的样品结构[43-45]。光学飞行时间法是利用飞秒飞行时间方法研究半导体材料中载流子的漂移速度 $v_d$ 随外加电场的变化关系[43-45]。通过监测 GaN p-i-n 二极管中光生载流子在电场下运动过程中光透射率的改变可获得电子的渡越时间,进而获得电子的漂移速度 $v_d$,实验曲线如图 2.4 所示[43],光学飞行时间法是研究半导体中载流子高场漂移速度的典型方法。然而,这种方法要求样品具有非常低的背景载流子浓度,且要求具备飞秒级超短光脉冲及同质衬底,对实验条件的要求非常苛刻。

另一种测量方法为电导法,即在外加脉冲电压下测量半导体样品的高场电流-电压($I$-$V$)特性,从而获得高场下载流子的漂移速度。电导法由美国贝尔实验室的 E. J. Ryder 和 W. Shockley 于 20 世纪 50 年代在研究 Si 和 Ge 半导体中载流子的高场输运性质时提出[46,47]。Barker 等将 Si 或 Ge 半导体的体材料进行特殊刻蚀使得样品沟道区域处形成一个电流限制区,如图 2.5 所示[48],同时采用脉冲信号用以避免样品中焦耳热效应的产生。样品电流和电子漂移速度($v$)的关系为:$I/w = nqv$。其中 $I$ 为电流,$w$ 为测试样品的沟道宽度,$n$ 为载流子的面密度,$q$ 为最小电荷

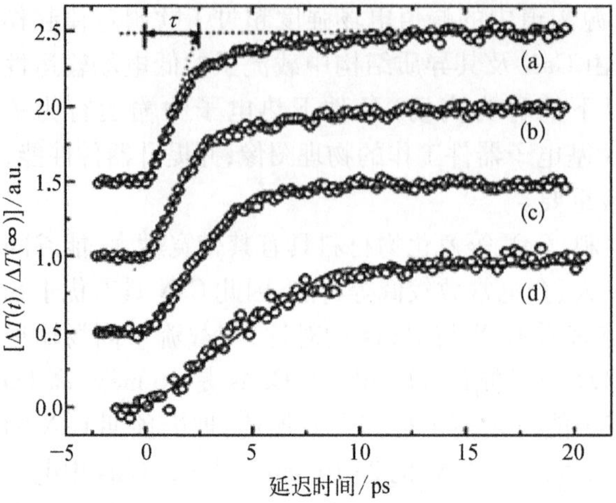


图 2.4　半导体中光生载流子在电场下的运动导致其吸收率的改变。所加电场的强度分别为：(a) 245 kV/cm；(b) 120 kV/cm；(c) 70 kV/cm；(d) 40 kV/cm[43]

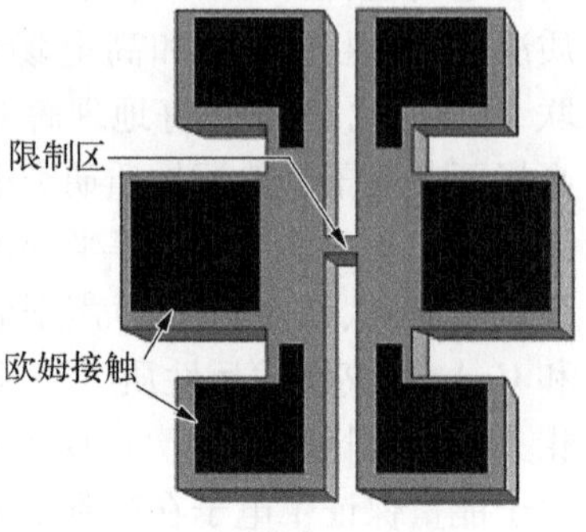


图 2.5　电导法测试半导体中载流子漂移速度的样品结构示意图[48]

量。从而可以根据所加的样品电压和测量的电流大小反推出电子的漂移速度 $v_d$[48]。

2002 年，美国亚利桑那州立大学 Barker 等采用电导法研究了 GaN 外延薄膜的高场输运性质，测得 GaN 中的电子漂移速度在 180 kV/cm 外加电场下为 $2.5\times10^7$ cm/s[48]。他们的结果非常接近理论预期，但远高于其他文献报道的实验结果。国际上不同小组测量获得的 GaN 中的电子漂移速度差异较大，2003 年，立陶宛半导体物理研究所 L. Ardaravičius 等经过详细分析认为测量过程中使用的脉冲电压宽度可能是测量结果差异较大的主要原因[49]，因为测量过程中为了避免高电压下大电流产生的焦耳热效应，电压源一般使用脉冲电压，实验表明脉冲宽度对测量结果的准确度有较大的影响。

### 2.3.2　GaN 中的热声子效应

热声子效应是高场下测量 GaN 基半导体载流子漂移速度不可避免的问题，如图 2.6 所示[50]。GaN 中的热可分为三种：热电子、热声子和晶格热，电子被高场加速后成为偏离了平衡态的高能量电子，即热电子；热电子通过频繁的晶格碰撞释放能量，即发射高能量的 LO 声子，光学声子群速度为零，且衰退速率远小于产生速率，从而造成大量累积，形成偏离了平衡态的热声子；LO 声子缓慢地衰减成纵声学(LA)声子，造成大量的

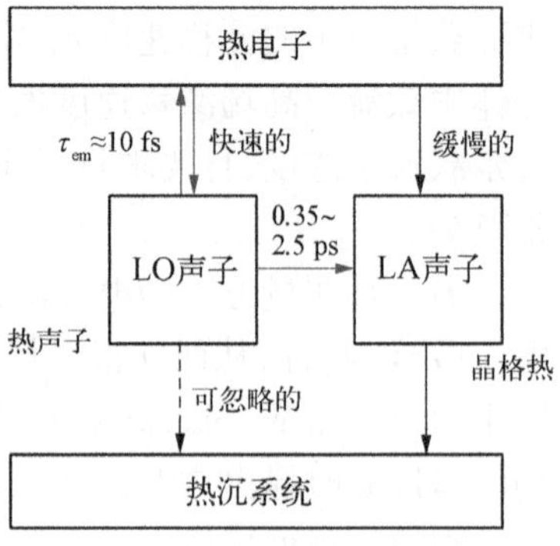


图 2.6　高场下 GaN 半导体中热电子和热声子体系的互相作用示意图[50]

声学声子累积,表现为晶格温度升高,即晶格热,晶格热可以通过热沉等方式传导散去[50]。

热声子是 GaN 半导体中热电子弛豫的关键,直接决定着电子在高场下的输运行为。热声子,即半导体中晶格振动声子占据数显著偏离平衡态,其在半导体中发生积累是半导体材料高场下的一个典型效应。由于 LO 声子是 GaN 中热电子能量弛豫的主要方式,GaN 中的热声子效应主要指 LO 声子的堆积[51,52]。由于 GaN 中的强 Frohlich 相互作用,使得其 LO 声子的发射时间在约 10 fs 量级,远远小于 LO 声子衰减为 LA 声子 0.35~2.5 ps 的时间常数,而且 LO 声子的群速度为零,无法漂移扩散,因此导致热 LO 声子的大量积累,即为 GaN 中的热声子效应[41,50,53-55]。

频繁的电子-热声子相互作用减慢了电子的能量弛豫,并且在平衡声子的基础上又附加了一个对电子动量的随机化散射,使得高场下 GaN 中电子漂移速度降低。2004 年,美国康奈尔大学 B. K. Ridley 等采用一个分析模型计算了热声子效应对 GaN 中电子漂移速度的影响规律,如图 2.7 所示[53],假设 GaN 中所有的 LO 声子不依赖于波矢,全部与热电子处于热平衡状态,这使得电子漂移速度在 $1\times10^7$ cm/s附近达到饱和。热声子效应不仅使得 GaN 中电子漂移速度提前饱和,还导致微分负阻效应被抑制。

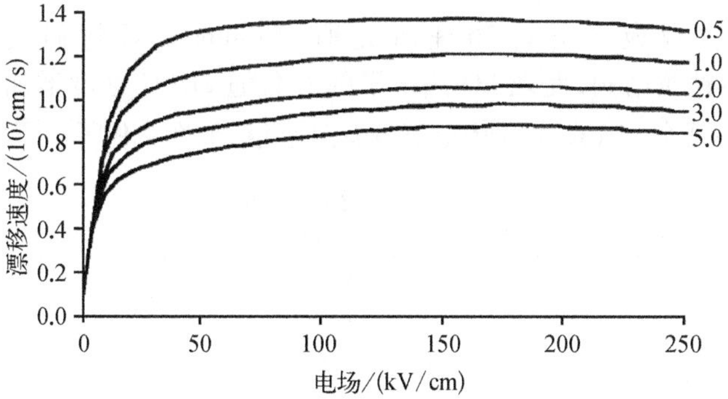


图 2.7 计算获得的不同电子浓度(单位: $10^{18}$ $cm^{-3}$)下 GaN 中的电子漂移速度随外加电场的变化曲线[53]

随后的研究表明 B. K. Ridley 等的工作对于 GaN 中热声子效应的影响实际上是一种过度估计。这是因为,在电子和热声子的相互作用过程中,产生的热声子在 $k$ 空间的分布实际上是不均匀的[56]。在计入了热声子的分布后,高场下电子漂移速度的退化不像 B. K. Ridley 等预计的那样显著。然而,相比于理想的本征情况,热声子效应依然对 GaN 中电子的漂移速度和 GaN 基电子器件的性能有相当大的影响[41]。

半导体中热声子效应强弱的关键是热声子的等效寿命,实验和理论都发现热声子寿命和很多因素相关。2006 年,美国亚利桑那州立大学 K. T. Tsen 等利用时间分辨拉曼光谱研究了不同载流子浓度 GaN 中 LO 热声子的衰减特性,他们发现 GaN 中 LO 热声子的寿命随着电子浓度的增大而减小,如图 2.8 所示[57]。

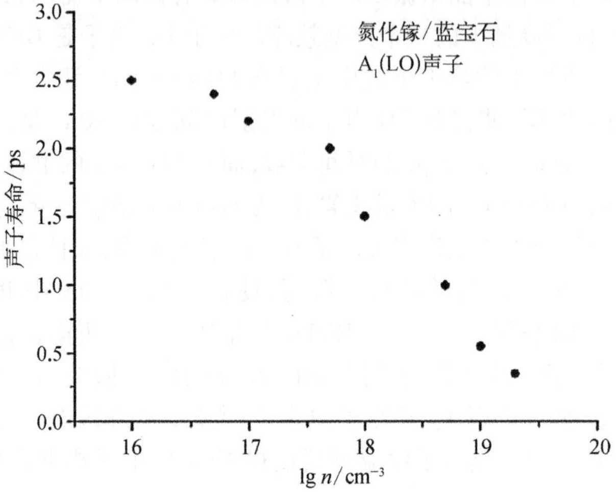


图 2.8　通过拉曼光谱测量获得的不同电子浓度 GaN 中 LO 热声子的寿命[57]

2009 年,立陶宛半导体物理研究所 Matulionis 等将研究对象扩展到 $Al_xGa_{1-x}N$/GaN异质结构,发现 LO 热声子的寿命随 2DEG 密度增加不是单调下降的关系,而是在某个 2DEG 密度特定值具有最小值,如图 2.9 所示[54]。他们解释的

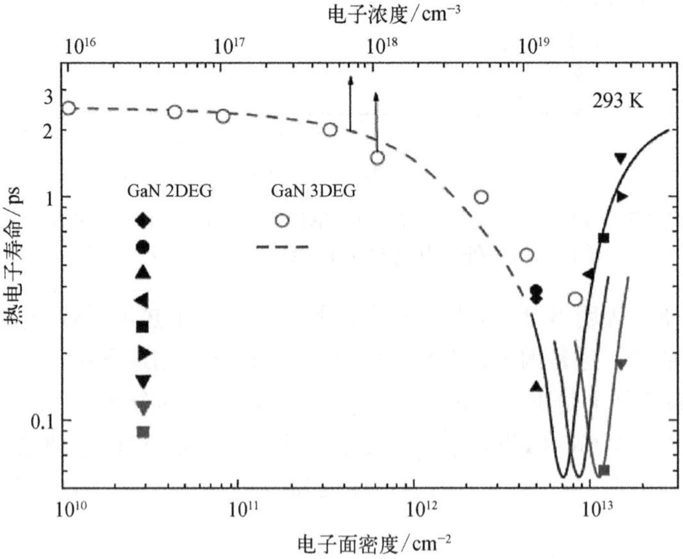


图 2.9　$Al_xGa_{1-x}N$/GaN 异质结构中热声子寿命随电子浓度的变化关系[54]

物理原因是高密度 2DEG 形成的电子等离子体(plasma)和 LO 声子相互耦合，相当于增加了热声子的一个弛豫通道。如果 LO 声子的频率固定，则 2DEG 的等离子体频率与 2DEG 密度的 1/2 次方相关。根据理论计算当两者频率相近的时候耦合最强，对应的 2DEG 密度为 $6.5\times10^{12}\sim9.0\times10^{12}$ $cm^{-2}$[54,58]。

### 2.3.3 GaN 及其异质结构中载流子的高场输运性质

GaN 半导体及其异质结构的高场输运性质无论从实验上还是从理论计算上迄今的研究仍然具有很大的分散性。如何降低热声子寿命进而减弱热声子效应，从而提高 GaN 中载流子的漂移速度依然是研究的核心内容之一。

2010 年，北京大学的沈波、马楠等采用脉冲电导法对 GaN 中载流子的高场输运性质进行了系统研究，他们得到的 GaN 中电子峰值漂移速度 $v_{peak}$ 约为 $1.9\times10^7$ cm/s，发生峰值漂移速度的阈值电场 $E_{th}$ 为 400 kV/cm[59]。相关实验结果表明高场下热电子的能量耗散是决定其漂移速度的关键因素，受热声子效应影响，GaN 中实际能够实现的电子最高漂移速度远低于理论预期[59]。他们运用自行设计并搭建的高场测量设备，与中国电科十三所冯志红等合作，观察到了 GaN 中由耿氏不稳定性导致的电流控制型微分负阻效应，结果如图 2.10 所示[59]。2012 年，北京大学的研究组进一步观察到高场下 GaN 沟道中电子漂移速度的尺寸效应，即在数微米到数十微米的尺度范围内，较窄沟道中的电子漂移速率更快，实验结果如图 2.11 所示[60]。他们结合理论计算确认此效应与热电子在高场下的能量弛豫和动量弛豫机制有关，据此提出了在 GaN 基异质结构中有效提高电子漂移速度的途径，即增强 GaN 沟道中热声子的边界散射对加速热声子系统向平衡晶格系统转换，从而对削弱高场下 GaN 中的热声子效应有显著的改善作用[60]。

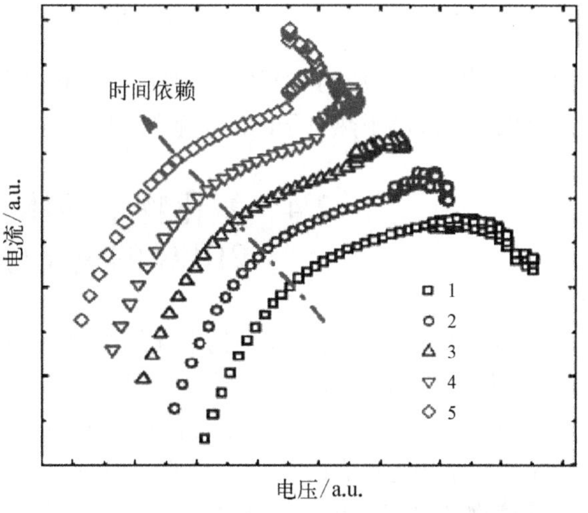


图 2.10 GaN 样品中高场 $I-V$ 特性由电压控制型微分负阻效应向电流控制型微分负阻效应转变，图中数字 1~5 表示时间顺序，每个观测间隔为 1.0 ns[59]

2014 年，北京大学杨学林、郭磊等进一步发现通过光照的方法可显著提升 GaN 沟道中电子的峰值漂移速度 $v_{peak}$ 至 $2.0\times10^7$ cm/s 以上[61]。他们的实验确认由于光生空穴和晶格之间的强耦合作用使空穴在高场下难以被加速，因而使空穴温度(即能

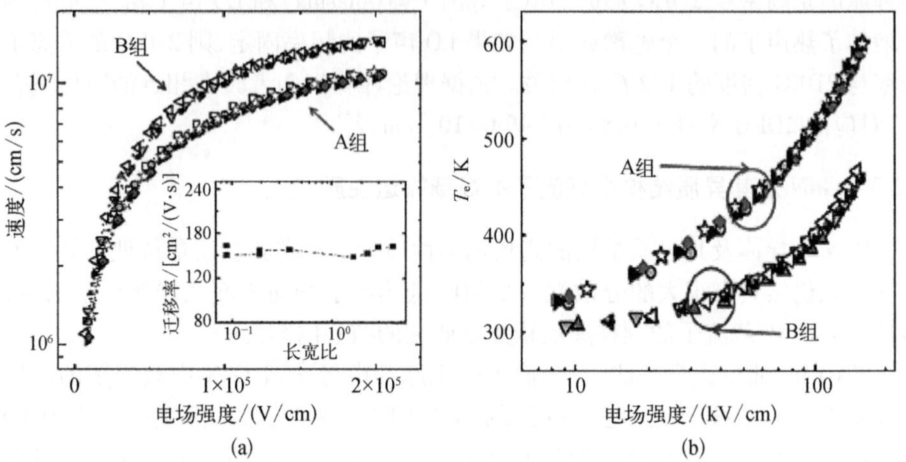


图 2.11　GaN 沟道中电子漂移速度的尺寸效应。(a) 电子漂移速度随场强的变化关系,插图是电子低场迁移率随温度的变化关系;(b) 电子温度随场强的变化关系。A 组表示 GaN 宽沟道样品,沟道宽度大于 18 μm;B 组表示 GaN 窄沟道样品,沟道宽度小于 5 μm[60]

量)低于热电子而成为“冷”空穴,通过电子和空穴之间的能量转移过程,这种“冷”空穴可以加速高场下热电子的能量弛豫,进而提高高场下的电子漂移速度[61]。

# 2.4　氮化物半导体异质结构中 2DEG 的量子输运性质

如前所述,GaN 基异质结构中强的极化电场在异质界面形成很深的三角形量子阱,并感应出约 $10^{13}$ $cm^{-2}$量级的高密度 2DEG。如此高密度的 2DEG 必然会产生一些在常规的半导体异质结构中不可能或不易观察到的新物理现象,因此以 $Al_xGa_{1-x}N$/GaN 异质结构为代表的 GaN 基异质结构中 2DEG 的量子输运性质成为近年来国际上半导体物理研究的热点领域之一[62–65]。而强磁场、超低温下的磁电阻测量是研究半导体低维量子结构中载流子量子输运性质的主要的和强有力的方法。从 20 世纪六七十年代起,人们对 $Al_xGa_{1-x}As$/GaAs 等常规半导体异质结构和量子阱中精细能带结构及 2DEG 量子输运行为的发现和认识绝大部分是通过强磁场、超低温下的纵向和横向磁电阻测量获得的[66]。近十年来,人们采用此方法也在 GaN 基异质结构 2DEG 的量子输运性质上获得了许多富有价值的研究成果[67,68]。

## 2.4.1　半导体异质结构的 Shubnikov-de Hass 振荡

如前所述,GaN 基异质结构界面因能带弯曲形成了三角形量子阱,在量子阱中因 $z$ 方向(与界面垂直方向)上三角形势阱的限制,连续能级劈裂为分立能级,形成一个个电子可准二维平面内自由运动的能带。当进行磁输运测量时，在 $z$ 方向引入强磁场，磁场会使得二维平面内的连续能级量子化为朗道能级。这里，我们首先讨论半导体异质结构的磁电阻（也被称为磁阻）振荡的物理原理。

1930 年，荷兰莱顿大学的 L. Schubnikow 和 W. J. de Haas 首先在铋单晶中观察到磁阻振荡，后来以发现者的名义将此命名为 SdH 振荡[69]。该振荡行为是由电子的量子效应引起的，反映朗道能级态密度在费米面处的变化。振荡产生的原因简单来说就是当外加磁场变大时，能带分裂形成的等间距朗道能级间距也随之变大，各子带底相继越过费米能级，引起散射增强，从而导致磁阻随外加磁场周期性的高低变化。

SdH 振荡提供了一个有效的方法用以测量半导体异质结构界面处 2DEG 的性质。不考虑自旋分裂的影响，半导体异质结构磁电阻的 SdH 振荡可以用下式来表示[66]：

$$\frac{\Delta R_{xx}}{R_0} = 4\frac{X}{\sinh(X)}\exp\left(-\frac{\pi}{\omega_c \tau_q}\right)\cos\left(\frac{2\pi(E_F - E_i)}{\hbar\omega_c} - \pi\right) \tag{2.11}$$

式中，$\Delta R_{xx}$ 为横向磁阻；$R_0$为零场电阻；$\omega_c = eB/m^*$，$\omega_c$ 为回旋角频率，$e$ 为电子电荷量，$B$ 为磁感应强度，$m^*$ 为电子有效质量；$\hbar\omega_c$ 为朗道能级间距；$X = 2\pi^2 k_B T/\hbar\omega_c$，为温度相关项，$k_B$ 为玻尔兹曼常数；$(E_F - E_i)$ 为费米面与子能带带底的能量差；$\tau_q$ 为载流子的量子散射时间。上式中的余弦项反映子带底穿越费米能级引起的周期变化。对于 2DEG 来说，该周期实际上只依赖于载流子浓度 $n$，而与电子的有效质量 $m^*$ 无关。因为 2DEG 的态密度为常数，$E_F - E_i = n_i\pi\hbar^2/m^*$，$n_i$为界面量子阱中各子带的电子面密度，因此 $n_i = 2ef_i/h$，其中 $f_i = 1/\Delta(1/B)$，为 SdH 振荡频率。

半导体异质结构中 2DEG 的有效质量 $m^*$ 可从 SdH 振幅 $A$ 的温度相关项得到。随着温度升高，振幅减小。如果近似 $\sinh(X)$ 为 $\exp(X)/2$，$A$ 和 $B$ 的关系式为

$$\ln\left(\frac{A}{T}\right) \approx C - \frac{2\pi^2 k_B m^*}{e\hbar B}T \tag{2.12}$$

式中，$C$ 为与温度无关的常数；$k_B$为玻尔兹曼常数。从 $\ln\left(\frac{A}{T}\right)-T$ 图中直线的斜率，可以得到 2DEG 的有效质量 $m^*$。利用 SdH 振荡曲线可以求得电子的量子散射时间 $\tau_q$[66]：

$$Y \equiv \ln[AB\sinh(2\pi^2 k_B T/\hbar\omega_c)] = C' - \frac{\pi m^*}{e\tau_q}\frac{1}{B} \tag{2.13}$$

式中，$A$ 为振幅；$C'$为常数。作 $Y-\frac{1}{B}$ 直线，从斜率就可以得到 $\tau_q$。

### 2.4.2 GaN 基异质结构中量子阱的精细能带结构和多子带占据

$Al_xGa_{1-x}N/GaN$ 异质结构是迄今研制 GaN 基电子器件最重要的半导体异质结构,对其异质界面量子阱中子带占据和载流子散射的研究对于提升异质结构材料质量和器件性能至关重要。2000 年,南京大学沈波、郑泽伟等,在郑有炓老师的直接指导下,在中国科学院上海技术物理研究所褚君浩、郑国珍等老师的协作下,在国际上首次观察到了 $Al_{0.22}Ga_{0.78}N/GaN$ 异质结构中 2DEG 的双子带占据行为[62,63]。他们通过强磁场、超低温磁输运测量,获得的 $Al_{0.22}Ga_{0.78}N/GaN$ 异质结构双周期 SdH 振荡曲线如图 2.12(a)所示[62,63]。强极化效应使得 $Al_xGa_{1-x}N/GaN$ 异质界面处的三角形量子阱既窄又深,其中第一和第二子带间的能量间距很大。图 2.12(b)是 $Al_{0.22}Ga_{0.78}N/GaN$ 异质结构的导带精细结构和电子波函数分布示意图[62]。该图展示了异质结构界面三角形量子阱中 $n = 0,1,2$ 量子态的波函数平方。左边虚线表示费米能级,实线表示前三个子带能级的相对位置。他们发现当异质结构中 2DEG 面密度达到 $7.3\times10^{12}\ cm^{-2}$时,量子阱中的第二子带开始被 2DEG 占据,并确定界面量子阱中第一子带和第二子带之间的能量间距为 75 meV[62]。随后中国科学院上海技术物理研究所蒋春萍、褚君浩等在南京大学沈波等协助下,对不同势垒厚度 $Al_{0.22}Ga_{0.78}N/GaN$ 异质结构中 2DEG 的量子输运性质进行了系统研究,发现当势垒层厚度超过 25 nm 后,势垒层部分的晶格弛豫会造成 2DEG 量子输运性质的恶化[64]。

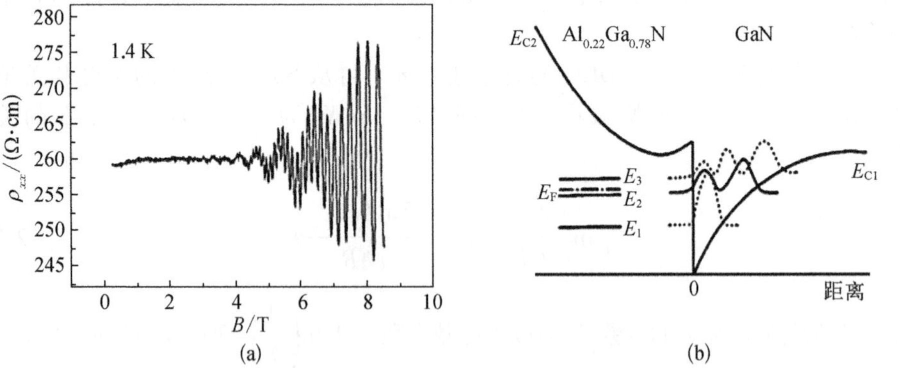


图 2.12 (a) 实验观测到的 $Al_{0.22}Ga_{0.78}N/GaN$ 异质结构中 SdH 双周期振荡曲线;(b) 对应的异质界面量子阱的子带结构和占据示意图[62]

如果半导体异质结构量子阱中不止一个子带被 2DEG 占据,那么不同子带上电子相互作用造成的子带间散射也会引起磁电阻振荡[65]。它不同于 SdH 振荡,对温度变化不敏感。在磁场中,如果量子阱中电子占据两个子带,那么每个子带都会分裂成一系列的朗道能级。假设这两个子带的能级间距 $\Delta$ 远远大于朗道能级间距,即 $\Delta = E_2 - E_1 \gg \hbar\omega_c$,并且第一子带和第二子带的有效质量相等,那么它们各自的角频率也相等,$\omega_c = \omega_c'$,这样在某些磁场下会导致两套朗道能级重叠,由于子带间散射只牵涉到电子动量转移而不发生能量变化,因此当两套朗道能级对齐时,子带间散射就会得到增强,于是产生了一组新的磁电阻振荡,被称为磁致子带间散射(MIS)振荡[65]。

两个子带的朗道能级相齐的条件为两个子带底的能级间距 $\Delta$ 为朗道能级间距的整数倍,$n\hbar\omega_c = E_2 - E_1$,变换一下形式得到 $n = \frac{(E_2 - E_1)m^*}{e\hbar}\frac{1}{B}$,因此磁电阻振荡的周期为[65]

$$\Delta\left(\frac{1}{B}\right) = \frac{1}{B_{n+1}} - \frac{1}{B_n} = \frac{e\hbar}{(E_2 - E_1)m^*} \tag{2.14}$$

振荡的周期和两个子带底的能级间距有关。振荡频率为两个子带 SdH 振荡频率之差。SdH 振荡随温度衰减,而 MIS 振荡对温度不敏感,可以在比较高的温度下存在。因此,如果在某一个温度段 SdH 振荡幅度及频率与 MIS 振荡相近,那么磁电阻就会出现拍频现象。

2003 年,南京大学唐宁、沈波等系统研究了 $Al_xGa_{1-x}N/GaN$ 异质结构中 2DEG 的磁致子带间散射行为,在国际上首先观察到了 $Al_{0.22}Ga_{0.78}N/GaN$ 异质结构中由 MIS 效应引起的磁阻振荡现象[65]。他们观测到在测量温度 1.5 K 时,第一子带 SdH 振荡的振幅被微弱调制。14 K 时,第一子带 SdH 振荡的振幅被强烈调制。当温度升高到 25 K 时,调制基本消失,说明存在一种周期和第一子带的 SdH 振荡接近的振荡。由于两者对温度依赖关系的不同,1.5 K时以第一子带的 SdH 振荡为主,25 K 时以这种未知振荡为主,14 K 时两者的周期和振幅接近,表现出强烈的调制现象。对 $Al_{0.22}Ga_{0.78}N/GaN$ 异质结构双子带占据的 SdH 振荡曲线进行快速傅里叶变换(fast Fourier transform, FFT),结果如图 2.13 所示[65]。从图中可看到一共有三个振荡频率,其中两个振荡频率 $f_1$ 和 $f_2$ 对应于第一子带和第二子带的 SdH 振荡,其振幅对测量温度敏感,随温度上升迅速衰减。第三个振

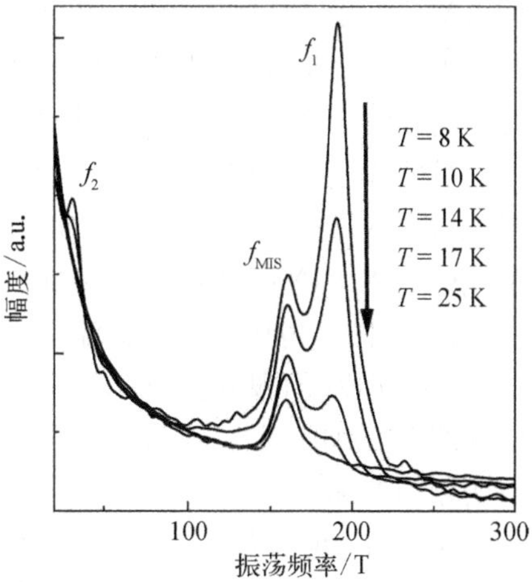


图 2.13 $Al_{0.22}Ga_{0.78}N/GaN$ 异质结构双子带占据的 SdH 振荡曲线的快速傅里叶变换曲线[65]

荡对温度不敏感，其频率$f_{MIS}$刚好是$f_1$和$f_2$之差，因此为 MIS 振荡的频率。MIS 振荡有两个特点：一是对温度变化不敏感；二是振荡频率为两个子带 SdH 振荡的频率差[65]。

$Al_xGa_{1-x}N/GaN$ 异质结构中 2DEG 密度很高，电子被限制在离界面几纳米的区域，在此情况下，合金无序散射和界面粗糙度散射成为室温下影响异质结构中 2DEG 迁移率的主要散射机制。实验发现随着 2DEG 密度的提高，异质界面量子阱中的激发态子带被电子占据，这时第一子带上的电子相对于第二子带离界面更近，导致第一子带中电子受到的合金无序散射和界面粗糙度散射显著大于第二子带中的电子，因而迁移率小于第二子带中的电子。北京大学唐宁、刘思东等研究了以 AlN/GaN 超晶格替代高 Al 组分 $Al_xGa_{1-x}N$ 为势垒的 GaN 基异质结构中 2DEG 的量子输运性质，这种异质结构中 2DEG 的面密度可达 $2\times10^{13}$ $cm^{-2}$[67]。他们测定该异质结构三角形量子阱中第一子带和第二子带能级间距高达 180 meV，远大于通常的 $Al_xGa_{1-x}N/GaN$ 异质结构。这样的异质结构中没有合金无序散射，因此界面粗糙度散射成为决定 2DEG 迁移率的最主要散射机制。量子输运实验表明 AlN/GaN 超晶格替代高 Al 组分 $Al_xGa_{1-x}N$ 势垒，在进一步提高 2DEG 密度的同时，可有效提升 2DEG 迁移率[67]。

晶格匹配的 $In_{0.18}Al_{0.82}N/GaN$ 异质结构在 GaN 基超高频电子器件领域也有重要的应用价值，因而近年来受到了国际上的重视[68]。不同于 $Al_xGa_{1-x}N/GaN$ 异质结构，$In_{0.18}Al_{0.82}N/GaN$ 异质结构因 $In_{0.18}Al_{0.82}N$ 和 GaN 之间的面内晶格匹配，形成异质结构时基本没有压电极化效应，主要依靠自发极化效应形成 2DEG，因此当 $In_{0.18}Al_{0.82}N$ 势垒层厚度降低到只有 3~5 nm 时，异质结构的 2DEG 密度依然可保持在约 $10^{13}$ $cm^{-2}$量级，室温 2DEG 迁移率也可保持在 1 200 $cm^2/(V\cdot s)$以上[70]，可满足超高频电子器件研制对超薄势垒层 GaN 基异质结构的需求。

虽然没有压电极化效应，但 $In_{0.18}Al_{0.82}N$ 外延层的自发极化效应远高于 $Al_{0.25}Ga_{0.75}N$外延层，同时 $In_{0.18}Al_{0.82}N/GaN$ 异质界面的导带偏移 $\Delta E_c$ 也远大于 $Al_{0.25}Ga_{0.75}N/GaN$异质结构，因此 $In_{0.18}Al_{0.82}N/GaN$ 界面附近 GaN 中有更大的能带弯曲，形成的三角形量子阱更深，从而 2DEG 的第二子带和第一子带的能量间距会更大，对 2DEG 的限制更强。因此，可以预见与 $Al_xGa_{1-x}N/GaN$ 异质结构相比，晶格匹配的 $In_{0.18}Al_{0.82}N/GaN$ 异质结构中 2DEG 的子带占据和其他量子输运性质应该有明显的差别。

2011 年，北京大学唐宁、苗振林等通过强磁场、超地温的磁输运实验结合薛定谔方程和泊松方程的自洽计算系统研究了 $In_{0.18}Al_{0.82}N/GaN$ 异质结构中 2DEG 的 SdH 振荡行为[71]。他们观察到了 $In_{0.18}Al_{0.82}N/GaN$ 异质结构中 2DEG 非常明显的双子带占据行为，并测定异质界面量子阱中第一和第二子带中的 2DEG 面密度分

别为 $1.92\times10^{13}\ cm^{-2}$和 $1.67\times10^{12}\ cm^{-2}$,两个子带间的能量间距高达 191 meV,远大于 $Al_xGa_{1-x}N/GaN$ 异质结构。实验确认两个子带中载流子量子散射时间存在巨大差异,表明界面粗糙度散射是决定晶格匹配的 $In_{0.18}Al_{0.82}N/GaN$ 异质结构中 2DEG 迁移率的最主要散射机制[71]。

## 2.5 氮化物半导体异质结构中 2DEG 的自旋性质

半导体中的电子除了电荷这个自由度外,还有自旋自由度。以电子自旋自由度为基础的半导体自旋电子学器件以速度快、功耗低、集成度高等优点,在未来的信息技术领域有着广泛的应用前景。1990 年,美国普渡大学 S. Datta 和 B. Das 提出了著名的半导体自旋场效应晶体管(spin-FET)的概念和构想[72],而实现半导体自旋场效应晶体管的核心科学技术问题是如何实现自旋的注入、输运和探测。而自旋轨道耦合与自旋极化电子的产生、输运以及与之关联的自旋弛豫、退相干密切相关,是实现自旋调控的必要手段。自旋轨道耦合作为半导体自旋电子学中一个核心的概念,贯穿在自旋电子器件研制的各个环节[73]。利用自旋轨道耦合可通过自旋霍尔效应机制向半导体中注入自旋极化载流子,反之,利用逆自旋霍尔效应可检测半导体中的自旋流[74-76]。而在自旋输运中,自旋轨道耦合提供了有效控制载流子自旋方向的手段[77]。因此,研究半导体及其低维量子结构中的自旋轨道耦合是自旋电子学领域的一个重要方向。而 GaN 基宽禁带半导体及其异质结构因具有较强的自旋轨道耦合相互作用、较长的自旋弛豫时间,有可能实现室温铁磁性等优势,是研制自旋场效应晶体管的重要半导体材料体系,在半导体自旋电子学领域正受到越来越多的重视[78,79]。对 GaN 及其异质结构自旋性质的研究将为发展半导体自旋电子学器件提供科学依据。

随着 $Al_xGa_{1-x}N/GaN$ 异质结构质量的不断提高,人们在该种异质结构的磁输运测量中观察到了清晰的自旋分裂现象,并已确认低电场下的自旋分裂能量主要来自零场自旋分裂,而高电场下则主要来自塞曼分裂。

在极性半导体晶体中由于体的反演不对称(BIA),在没有外加磁场的条件下,不同自旋态的能量会出现 Dresselhaus 自旋分裂[80]。在非对称的半导体量子阱和异质结构中,由于结构的反演不对称(SIA),电子不同自旋态的能量也会出现分裂,称之为 Rashba 自旋轨道分裂或 Rashba 效应[81,82]。在反演不对称的量子阱或异质结构中,Rashba 自旋轨道哈密顿(Hamiltonian)算符 $H_{so}$可以表示为[81,82]

$$H_{so} = \alpha[\boldsymbol{\sigma} \times \boldsymbol{k}] \cdot z \tag{2.15}$$

式中,$\alpha$ 为自旋轨道耦合系数;$\boldsymbol{\sigma}$ 为自旋泡利矩阵矢量;$\boldsymbol{k}$ 为波矢;$z$ 为垂直于界面的单位矢量。通过求解薛定谔(Schrödinger)方程可得到[81,82]：

$$H = H_0 + H_{so} = \frac{\hbar^2 k_{/\!/}^2}{2m^*} + V(z) + \alpha[\boldsymbol{\sigma} \times \boldsymbol{k}_{/\!/}] \cdot z \tag{2.16}$$

得到电子的能量色散关系为[81,82]

$$E^{\pm}(k_{/\!/}) = E_i + \frac{\hbar^2 k_{/\!/}^2}{2m^*} \pm \alpha |\boldsymbol{k}_{/\!/}| \tag{2.17}$$

并由此获得电子的能态密度[81,82]：

$$Z_{\pm}(E) = \frac{1}{2}\frac{m^*}{\pi\hbar^2}\left(1 \mp \frac{1}{\sqrt{1 + [2(E - E_i)\hbar^2]/(\alpha^2 m^*)}}\right) \tag{2.18}$$

自旋向上和向下的态密度并不相等,通过对不同自旋能级态密度进行积分可以得到电子自旋浓度差,利用自旋浓度差可以获得电子自旋轨道耦合因子[81,82]：

$$\Delta n = n_- - n_+ = \int_0^{E_F} Z_-(E)\mathrm{d}E - \int_0^{E_F} Z_+(E)\mathrm{d}E \tag{2.19}$$

$$\alpha = \frac{\Delta n \hbar^2}{m^*}\sqrt{\frac{\pi}{2(n - \Delta n)}} \tag{2.20}$$

式中, $n = n_- + n_+$, 为上自旋和下自旋电子浓度的总和。

研究半导体异质结构中电子的零场自旋分裂很重要的一种手段就是磁电阻的拍频振荡。当异质结构界面量子阱中的朗道能级和费米能级相齐的时候,将出现磁电阻振荡的极值[83]。

$$\left(n + \frac{1}{2}\right)\hbar\omega_c \pm \delta_0/2 = E_F - E_i \tag{2.21}$$

式中, $\delta_0$ 为零场自旋分裂的能量。随着磁场的增大,朗道能级和费米能级周期性地相齐,磁电阻的极值周期性地出现,形成振荡。将上式变换形式：

$$n + \frac{1}{2} = \frac{(E_F - E_i \mp \delta_0/2)m^*}{e\hbar}\frac{1}{B} \tag{2.22}$$

随 $1/B$ 振荡的频率部分出现了两个相接近的值,这两个相接近的频率如果耦合到一起,就形成了拍频。通过计算两个频率的差,便可以求出零场自旋分裂的能量。

根据 Rashba 理论,自旋轨道耦合系数和电场、有效质量和禁带宽度的关系为:$\alpha = \hbar^2 eE/4m^* E_g$[84]。GaN 半导体的带隙较宽,不利于零场自旋分裂的产生。但 $Al_xGa_{1-x}N/GaN$ 异质结构中有很强的极化电场和很高的 2DEG 密度,电场可以增强自旋轨道的相互作用,使导带能级的自旋简并度解除。$\Delta_R = 2\alpha k_F$ 为零场 Rashba 自旋分裂能,高的载流子浓度也有利于自旋分裂[85]。因此在属于宽禁带半导体的 $Al_xGa_{1-x}N/GaN$ 异质结构中也能观察到相当大的零场自旋分裂[78]。

2002 年,日本 NTT 基础研究实验室 H. Ohno 等首先用 SdH 方法观测到了 $Al_{0.15}Ga_{0.85}N/GaN$ 异质结构中 2DEG 的零场自旋分裂,得到的自旋分裂能量为 2.7~3.6 meV,自旋轨道耦合系数 $\alpha$ 为 $2.2\times10^{-12}$ eV·m[78]。2006 年,北京大学唐宁、沈波等和中国科学院上海技术物理研究所桂永胜、褚君浩等合作,采用磁输运方法研究了 $Al_xGa_{1-x}N/GaN$ 异质结构中 2DEG 的零场自旋分裂[79]。为了避免异质结构中 2DEG 的双子带占据对零场自旋分裂能量测量的影响,他们选用了 Al 组分为 0.11 的低 Al 组分 $Al_xGa_{1-x}N$ 势垒层,这样可确保 $Al_{0.11}Ga_{0.89}N/GaN$ 异质结构界面量子阱中只有一个子带被占据,不会形成双周期的 SdH 振荡曲线。实验测得的 SdH 振荡曲线如图 2.14 所示[79],具有明显的拍频形状。

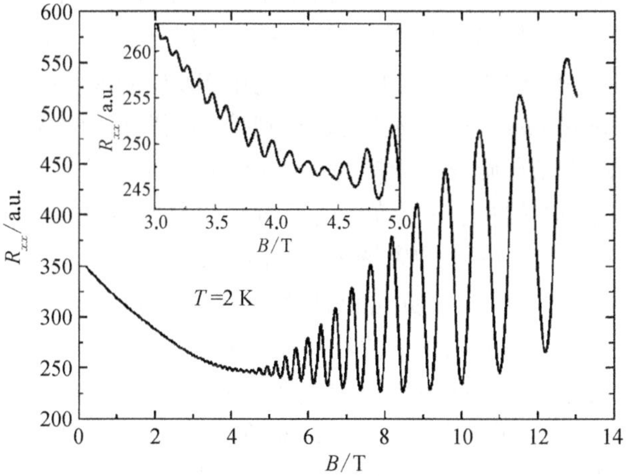


图 2.14 2 K 温度下 $Al_{0.11}Ga_{0.89}N/GaN$ 异质结构的 SdH 振荡曲线,插图显示了 3~5 T 磁场范围内 SdH 振荡曲线明显的拍频现象[79]

2~6 K 温度范围内 $Al_{0.11}Ga_{0.89}N/GaN$ 异质结构的 SdH 振荡曲线的快速傅里叶变换谱如图 2.15 所示[79]。可观察到两个很明显,并且靠得很近的 SdH 振荡磁频率,分别位于 114 T 和 109 T。因为该异质结构中不存在 2DEG 的双子带占据,而且观察到的两个振荡磁频率靠得如此之近,也不可能是双子带占据导致的,更不可能是子带间散射效应带来的。因此,这个 SdH 振荡曲线明显的拍频只

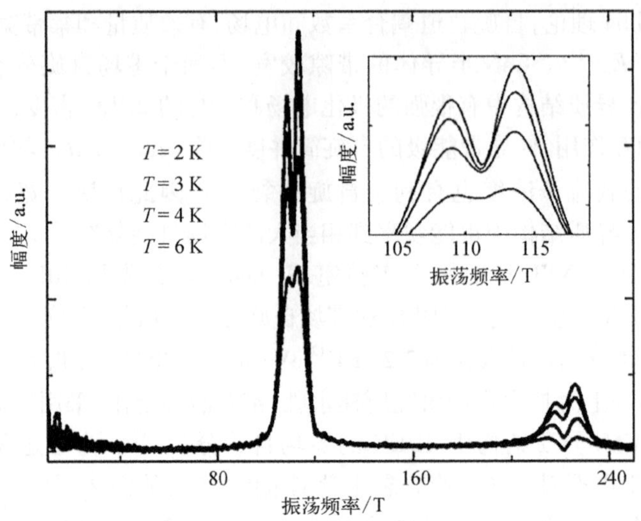


图 2.15　2~6 K 温度下 $Al_{0.11}Ga_{0.89}N/GaN$ 异质结构的 SdH 振荡曲线的 FFT 谱,插图显示了 103~119 T 磁频率范围内谱的精细结构[79]

可能是 $Al_{0.11}Ga_{0.89}N/GaN$ 异质结构量子阱中第一子带的自旋分裂导致的[79]。

根据公式(2.20),可得到 $Al_{0.11}Ga_{0.89}N/GaN$ 异质结构中 2DEG 的自旋轨道耦合系数 $\alpha = 2.2 \times 10^{-12}\ \mathrm{eV \cdot m}$[79]。半导体异质结构中 2DEG 的零场自旋分裂能量可通过公式 $E_\uparrow - E_\downarrow = 2\pi\hbar^2(n_\uparrow - n_\downarrow)/m^*$ 计算得到[79],这样测得的 $Al_{0.11}Ga_{0.89}N/GaN$ 异质结构中 2DEG 的零场自旋分裂能量为2.5 meV,在测量温度范围内基本上保持不变。另外,通过磁阻拍频最后一个节点的位置可以估算异质结构中 2DEG 总的自旋分裂能量,这样测得在 4.4 T 的磁场下,$Al_{0.11}Ga_{0.89}N/GaN$ 异质结构中 2DEG 总的自旋分裂能量为1.11 meV[79]。因此可以认为,$Al_xGa_{1-x}N/GaN$ 异质结构中 2DEG 的零场自旋分裂效应在很高的磁场下依然存在。而异质结构中的零场自旋分裂和塞曼分裂分别在低场和高场下起主导作用。在 4.4 T 以下,随着磁场增大,虽然自旋分裂能减小,但塞曼分裂并不起主导作用,零场自旋分裂依然起着主要作用[79]。

2005~2007 年,台湾大学 K. S. Cho 等和北京大学唐宁、沈波等合作,用持续光电导方法改变 $Al_xGa_{1-x}N/GaN$ 异质结构中的电场,从其 SdH 振荡曲线的变化中观测到电场对自旋分裂的调控,证明 Rashba 效应是 $Al_xGa_{1-x}N/GaN$ 异质结构中 2DEG 零场自旋分裂的主要来源[86,87]。

2DEG 的有效 $g^*$ 因子是半导体异质结构的重要参数之一。在磁场中,$Al_xGa_{1-x}N$ 异质结构中的子能级由其中的 2DEG 的有效 $g^*$ 因子和电子有效质量 $m^*$ 决定[88]:

$$E = \left(n + \frac{1}{2}\right)\frac{\hbar e}{m^*}B_\perp \pm \frac{1}{2}g^*\mu_B B_{tot} \tag{2.23}$$

式中,$\mu_B$为玻尔兹曼常数;$B_{tot}$为总磁场;$B_\perp = B_{tot}\cos\theta$为磁场垂直于2DEG的分量,右边第二项表示朗道能级的塞曼自旋分裂。因而,在磁场中2DEG的朗道能级依赖于与2DEG垂直的磁场分量,塞曼能量则依赖于总磁场。观察朗道能级的自旋分裂要求样品的散射增宽要小于塞曼分裂能量。

测量半导体异质结构中电子的塞曼分裂很重要的一种方法就是磁电阻振荡。当朗道能级和费米能级相齐的时候,出现磁电阻振荡的极值为[88]

$$\left(n + \frac{1}{2}\right)\hbar\omega_c \pm \delta/2 = E_F - E_i \tag{2.24}$$

取自旋分裂的零次和一次项$\delta = \delta_0 + \delta_1 \hbar\omega_c$[88],$\delta_0$为零场自旋分裂的能量,塞曼分裂为磁场的一次项,包含在$\delta_1$中。随着磁场的增大,朗道能级和费米能级周期性地相齐,磁电阻的极值周期性地出现,形成振荡。将上式变换一下形式[88]:

$$n + \frac{1}{2} \pm \frac{\delta_1}{2} = \frac{\left(E_F - E_i \mp \frac{\delta_0}{2}\right) m^*}{e\hbar} \frac{1}{B} \tag{2.25}$$

从该式可看到,异质结构中电子的塞曼分裂并不影响磁阻振荡的频率。它的影响表现为在一个振荡周期内,磁阻的极值出现了两次。因此,当塞曼分裂起作用时,SdH振荡的峰会出现分裂[88]。

1999年,法国蒙彼利埃大学W. Knap等通过磁输运测量得到$Al_xGa_{1-x}N/GaN$异质结构中2DEG的有效$g$因子$g^* = 2.00 \pm 0.08$[89]。2006年,北京大学唐宁、沈波等通过磁输运测量研究了$Al_xGa_{1-x}N/GaN$异质结构中2DEG的塞曼自旋分裂。通过分析塞曼自旋分裂引起的SdH分裂峰的位置,获得了塞曼自旋分裂能量和$g^*$的大小,他们发现由于交换相互作用,$g^*$比$g_0$有显著增加,同时随着磁场的增大,电子与电子的交换相互作用增强[90]。2013年,北京大学卢芳超、唐宁等制备出$Al_xGa_{1-x}N/GaN$异质结构量子点接触器件结构,观测到该结构中各向异性的塞曼分裂,测量所得的$g^*$远大于常规GaN基异质结构,并随异质结构界面量子阱中子带数的减少、沟道的变窄而逐渐增大[91]。他们的分析确认量子点接触结构中$g^*$的各向异性和奇异增大与该结构中自旋轨道耦合和电子交换相互作用有关,随量子限制增强而显著增大。

## 参 考 文 献

[1] Akasaki I. Key inventions in the history of nitride-based blue LED and LD [J]. Journal of Crystal Growth, 2007, 300(1): 2-10.

[2] Mishra U K, Parikh P, Wu Y F. AlGaN/GaN HEMTs: an overview of device operation and

applications [J]. Proceedings of the IEEE, 2002, 90(6): 1022 – 1031.

[ 3 ] Kim K, Lambrecht W R L, Segall B. Elastic constants and related properties of tetrahedrally bonded BN, AlN, GaN, and InN [J]. Physical Review B, 1996, 53(24): 16310 – 16326.

[ 4 ] Ambacher O, Smart J. Two dimensional electron gases induced by spontaneous and piezoelectric polarization charges in N- and Ga-face AlGaN/GaN heterostructures [J]. Journal of Applied Physics, 1999, 85(6): 3222 – 3233.

[ 5 ] Ambacher O, Foutz B. Two dimensional electron gases induced by spontaneous and piezoelectric polarization in undoped and doped AlGaN/GaN heterostructures [J]. Journal of Applied Physics, 2000, 87(1): 335 – 343.

[ 6 ] Wei S H, Zunger A. Valence band splittings and band offsets of AlN, GaN, and InN [J]. Applied Physics Letters, 1996, 69(18): 2719.

[ 7 ] Vurgaftman I, Meyer J R. Band parameters for nitrogen-containing semiconductors [J]. Journal of Applied Physics, 2003, 94(6): 3675 – 3696.

[ 8 ] Monemar B. Fundamental energy gap of GaN from photoluminescence excitation spectra [J]. Physical Review B, 1974, 10(2): 676 – 681.

[ 9 ] Shan W, Schmidt T J, Yang X H, et al. Temperature dependence of interband transitions in GaN grown by metalorganic chemical vapor [J]. Applied Physics Letters, 1995, 66(8): 985 – 987.

[10] Teisseyre H, Perlin P, Suski T, et al. Temperature dependence of the energy gap in GaN bulk single crystals and epitaxial layer [J]. Journal of Applied Physics, 1994, 76(4): 2429 – 2434.

[11] Petalas J, Logothetidis S, Boultadakis S, et al. Optical and electronic-structure study of cubic and hexagonal GaN thin films [J]. Physical Review B, 1995, 52(11): 8082 – 8091.

[12] Smith M, Chen G D, Li J Z, et al. Excitonic recombination in GaN grown by molecular beam epitaxy [J]. Applied Physics Letters, 1995, 67(23): 3387 – 3389.

[13] Zubrilov A S, Melnik Y V, Nikolaev A E, et al. Optical properties of gallium nitride bulk crystals grown by chloride vapor phase epitaxy [J]. Semiconductors, 1999, 33(10): 1067 – 1071.

[14] Manasreh M O. Optical absorption near the band edge in GaN grown by metalorganic chemical-vapor deposition [J]. Physical Review B, 1996, 53(24): 16425 – 16428.

[15] Li C F, Huang Y S, Malikova L, et al. Temperature dependence of the energies and broadening parameters of the interband excitonic transitions in wurtzite GaN [J]. Physical Review B, 1997, 55(15): 9251 – 9254.

[16] Karpov S Y. Spontaneous polarization in Ⅲ-nitride materials: crystallographic revision [J]. Physica Status Solidi C, 2010, 7(7/8): 1841 – 1843.

[17] Bernardini F, Fiorentini V. Macroscopic polarization and band offsets at nitride heterojunctions [J]. Physical Review B, 1997, 57(16): R9427 – R9430.

[18] Tsubouchi K, Sugai K, Mikoshiba N. AlN material constants evaluation and SAW properties on AlN/$Al_2O_3$ and AlN/Si [C]. Chicago: 1981 Ultrasonics Symposium. IEEE, 1981.

[19] O'clock G D, Duffy M T. Acoustic surface wave properties of epitaxially grown aluminum nitride and gallium nitride on sapphire [J]. Applied Physics Letters, 1973, 23(2): 55 - 56.

[20] Littlejohn M A, Hauser J R, Glisson T H. Monte Carlo calculation of the velocity-field relationship for gallium nitride [J]. Applied Physics Letters, 1975, 26(11): 625 - 627.

[21] Shimada K, Sota T, Suzuki K. First-principles study on electronic and elastic properties of BN, AlN, and GaN [J]. Journal of Applied Physics, 1998, 84(9): 4951 - 4958.

[22] Barker A S, Ilegems M. Infrared lattice vibrations and free-electron dispersion in GaN [J]. Physical Review B, 1973, 7(2): 743 - 750.

[23] Bernardini F, Fiorentini V, Vanderbilt D. Polarization-based calculation of the dielectric tensor of polar crystals [J]. Physical Review Letters, 1997, 79(20): 3958 - 3961.

[24] Wright A F. Elastic properties of zinc-blende and wurtzite AlN, GaN, and InN [J]. Journal of Applied Physics, 1997, 82(6): 2833 - 2839.

[25] Takagi Y, Ahart M, Azuhata T, et al. Brillouin scattering study in the GaN epitaxial layer [J]. Physica B: Condensed Matter, 1996, 219 - 220(219): 547 - 549.

[26] Sheleg A U, Savastenko V A. Determination of elastic constants of hexagonal crystals from measured values of dynamic atomic displacements [J]. Inorganic Materials, 1979, 15: 1257 - 1260.

[27] 沈波,唐宁,杨学林,等.GaN 基半导体异质结构的外延生长、物性研究和器件应用[J].物理学进展,2017,37(3): 81 - 97.

[28] 孔月婵,郑有炓,周春红,等.AlGaN/GaN 异质结构中极化与势垒层掺杂对二维电子气的影响[J].物理学报,2004,53(7): 2320 - 2324.

[29] Shen B, Someya T, Arakawa Y. Influence of strain relaxation of the $Al_xGa_{1-x}N$ barrier on transport properties of the two-dimensional electron gas in modulation-doped $Al_xGa_{1-x}N$/GaN heterostructures [J]. Applied Physics Letters, 2000, 76(19): 2746 - 2748.

[30] Asbeck P M, Yu E T, Lau S S, et al. Piezoelectric charge densities in AlGaN/GaN HFETs [J]. Electronics Letters, 1997, 33(14): 1230 - 1231.

[31] Bykhovski A D, Gaska R, Shur M S. Piezoelectric doping and elastic strain relaxation in AlGaN/GaN heterostructure field effect transistors [J]. Applied Physics Letters, 1998, 73(24): 3577 - 3579.

[32] Hsu L, Walukiewicz W. Effects of piezoelectric field on defect formation, charge transfer, and electron transport at GaN/$Al_xGa_{1-x}N$ interfaces [J]. Applied Physics Letters, 1998, 73(3): 339 - 341.

[33] Ibbetson J P, Fini P T, Ness K D, et al. Polarization effects, surface states, and the source of electrons in AlGaN/GaN heterostructure field effect transistors [J]. Applied Physics Letters, 2000, 77(2): 250 - 252.

[34] Koley G, Spencer M G. Surface potential measurements on GaN and AlGaN/GaN heterostructures by scanning Kelvin probe microscopy [J]. Journal of Applied Physics, 2001, 90(1): 337 - 344.

[35] Koley G, Spencer M G. On the origin of the two-dimensional electron gas at the AlGaN/GaN heterostructure interface [J]. Applied Physics Letters, 2005, 86(4): 479.

[36] Wang T, Ohno Y, Lachab M, et al. Electron mobility exceeding $10^4$ $cm^2/(V \cdot s)$ in an AlGaN/GaN heterostructure grown on a sapphire substrate [J]. Applied Physics Letters, 1999, 74(23): 3531－3533.

[37] Manfra M J, Pfeiffer L N, West K W, et al. High-mobility AlGaN/GaN heterostructures grown by molecular-beam epitaxy on GaN templates prepared by hydride vapor phase epitaxy [J]. Applied Physics Letters, 2000, 77(18): 2888－2890.

[38] Frayssinet E, Knap W, Lorenzini P, et al. High electron mobility in AlGaN/GaN heterostructures grown on bulk GaN substrates [J]. Applied Physics Letters, 2000, 77(16): 2551－2553.

[39] Skierbiszewski C, Dybko K, Knap W, et al. High mobility two-dimensional electron gas in AlGaN/GaN heterostructures grown on bulk GaN by plasma assisted molecular beam epitaxy [J]. Applied Physics Letters, 2005, 86(10): 3528.

[40] Ma N, Shen B, Xu F J, et al. Current-controlled negative differential resistance effect induced by Gunn-type instability in n-type GaN epilayers [J]. Applied Physics Letters, 2010, 96(24): 242104.

[41] Khurgin J, Ding Y J, Jena D. Hot phonon effect on electron velocity saturation in GaN: a second look [J]. Applied Physics Letters, 2007, 91(25): 252104.

[42] Hashimoto S, Akita K, Tanabe T, et al. Study of two-dimensional electron gas in AlGaN channel HEMTs with high crystalline quality [J]. Physica Status Solidi C, 2010, 7(7/8): 1938－1940.

[43] Wraback M, Shen H, Carrano J C, et al. Time-resolved electroabsorption measurement of the electron velocity-field characteristic in GaN [J]. Applied Physics Letters, 2000, 76(9): 1155－1157.

[44] Wraback M, Shen H, Carrano J C, et al. Time-resolved electroabsorption measurement of the transient electron velocity overshoot in GaN [J]. Applied Physics Letters, 2001, 79(9): 1303－1305.

[45] Wraback M, Shen H, Rudin S, et al. Direction-dependent band nonparabolicity effects on high-field transient electron transport in GaN [J]. Applied Physics Letters, 2003, 82(21): 3674－3676.

[46] Ryder E J. Mobility of holes and electrons in high electric fields [J]. Physical Review, 1953, 90(5): 766.

[47] Shockley W. Hot electrons in germanium and Ohm's law [J]. Bell Labs Technical Journal, 1951, 30(4): 990－1034.

[48] Barker J M, Akis R, Ferry D K, et al. High-field transport studies of GaN [J]. Physica B: Condensed Matter, 2002, 314(1/4): 39－41.

[49] Ardaravičius L, Matulionis A, Liberis J, et al. Electron drift velocity in AlGaN/GaN channel at high electric fields [J]. Applied Physics Letters, 2003, 83(19): 4038－4040.

[50] Leach J H, Zhu C Y, Wu M, et al. Degradation in InAlN/GaN-based heterostructure field effect transistors: role of hot phonons [J]. Applied Physics Letters, 2009, 95(22): 223504.

[51] Leach J H, Zhu C Y, Wu M, et al. Effect of hot phonon lifetime on electron velocity in InAlN/AlN/GaN heterostructure field effect transistors on bulk GaN substrates [J]. Applied Physics Letters, 2010, 96(13): 133505.

[52] Srivastava G P. Origin of the hot phonon effect in group-Ⅲ nitrides [J]. Physical Review B, 2008, 77(15): 155205.

[53] Ridley B K, Schaff W J, Eastman L F. Hot-phonon-induced velocity saturation in GaN [J]. Journal of Applied Physics, 2004, 96(3): 1499 - 1502.

[54] Matulionis A, Liberis J, Matulioniene I, et al. Plasmon-enhanced heat dissipation in GaN-based two-dimensional channels [J]. Applied Physics Letters, 2009, 95(19): 192102.

[55] Ramonas M, Matulionis A, Eastman L F. Monte Carlo evaluation of an analytical model for nonequilibrium-phonon-induced electron velocity saturation in GaN [J]. Semiconductor Science and Technology, 2007, 22(8): 875.

[56] Ramonas M, Matulionis A, Liberis J, et al. Hot-phonon effect on power dissipation in a biased $Al_xGa_{1-x}N$/AlN/GaN channel [J]. Physical Review B, 2005, 71(7): 075324.

[57] Tsen K T, Kiang J G, Ferry D K, et al. Subpicosecond time-resolved Raman studies of LO phonons in GaN: dependence on photoexcited carrier density [J]. Applied Physics Letters, 2006, 89(11): 112111.

[58] Dyson A, Ridley B K. Phonon-plasmon coupled-mode lifetime in semiconductors [J]. Journal of Applied Physics, 2008, 103(11): 114507.

[59] Ma N, Wang X Q, Xu F J, et al. Anomalous Hall mobility kink observed in Mg-doped InN: demonstration of p-type conduction [J]. Applied Physics Letters, 2010, 97(22): 011101.

[60] Ma N, Shen B, Lu L W, et al. Boundary-enhanced momentum relaxation of longitudinal optical phonons in GaN [J]. Applied Physics Letters, 2012, 100(5): 222106.

[61] Guo L, Yang X L, Feng Z, et al. Effects of light illumination on electron velocity of AlGaN/GaN heterostructures under high electric field [J]. Applied Physics Letters, 2014, 105(24): 1214.

[62] Zheng Z W, Shen B, Zhang R, et al. Occupation of the double subbands by the two-dimensional electron gas in the triangular quantum well at $Al_xGa_{1-x}N$/GaN, heterostructures [J]. Physical Review B, 2000, 62(12): 7739 - 7742.

[63] Zheng Z W, Shen B, Gui Y S, et al. Transport properties of two-dimensional electron gas in different subbands in triangular quantum wells at $Al_xGa_{1-x}N$/GaN heterointerfaces [J]. Applied Physics Letters, 2003, 82(12): 1872 - 1874.

[64] Jiang C P, Guo S L, Huang Z M, et al. Subband electron properties of modulation-doped $Al_xGa_{1-x}N$/GaN heterostructures with different barrier thicknesses [J]. Applied Physics Letters, 2001, 79(3): 374 - 376.

[65] Tang N, Shen B, Zheng Z W, et al. Magnetoresistance oscillations induced by intersubband

scattering of two-dimensional electron gas in $Al_{0.22}Ga_{0.78}N$/GaN heterostructures [J]. Journal of Applied Physics, 2003, 94(8): 5420 – 5422.

[66] Coleridge P T, Stoner R, Fletcher R. Low-field transport coefficients in GaAs/$Ga_{1-x}Al_xAs$ heterostructures [J]. Physical Review B, 1989, 39(2): 1120.

[67] Liu S D, Tang N, Shen X Q, et al. Magnetotransport properties of high equivalent Al composition AlGaN/GaN heterostructures using AlN/GaN superlattice as a barrier [J]. Journal of Applied Physics, 2013, 114(3): 334.

[68] Yue Y, Hu Z, Guo J, et al. InAlN/AlN/GaN HEMTs with regrown Ohmic contacts and fT370 GHz [J]. IEEE Electron Device Letters, 2012, 33(7): 988 – 990.

[69] Schubnikow L, de Haas W J. A new phenomenon in the change of resistance in a magnetic field of single crystals of Bismuth [J]. Nature, 1930, 126(3179): 500.

[70] Katz O, Mistele D, Meyler B, et al. Characteristics of $In_xAl_{1-x}N$ GaN high-electron mobility field-effect transistor [J]. IEEE Transactions on Electron Devices, 2005, 52(2): 146 – 150.

[71] Miao Z L, Tang N, Xu F J, et al. Magnetotransport properties of lattice-matched $In_{0.18}Al_{0.82}N$/AlN/GaN heterostructures [J]. Journal of Applied Physics, 2011, 109(1): 016102.

[72] Datta S, Das B. Electronic analog of the electro-optic modulator [J]. Applied Physics Letters, 1990, 56(7): 665 – 667.

[73] Fabian J, Matos-Abiague A, Ertler C, et al. Semiconductor spintronics [J]. Acta Physica Slovaca Reviews and Tutorials, 2007, 57: 565 – 907.

[74] Hirsch J. Spin Hall effect [J]. Physical Review Letters, 1999, 83: 1834.

[75] Wunderlich J, Irvine A C, Sinova J, et al. Spin-injection Hall effect in a planar photovoltaic cell [J]. Nature Physics, 2009, 5(9): 1359.

[76] Wunderlich J, Park B G, Irvine A C, et al. Spin Hall effect transistor [J]. Science, 2010, 330 (6012): 1801 – 1804.

[77] Koo H C, Kwon J H, Eom J, et al. Control of spin precession in a spin-injected field effect transistor [J]. Science, 2009, 325(5947): 1515 – 1518.

[78] Dietl T, Ohno H, Matsukura F, et al. Zener model description of ferromagnetism in zinc-blende magnetic semiconductors [J]. Science, 2000, 287(5455): 1019 – 1022.

[79] Tang N, Shen B, Wang M J, et al. Beating patterns in the oscillatory magnetoresistance originated from zero-field spin splitting in $Al_xGa_{1-x}N$/GaN heterostructures [J]. Applied Physics Letters, 2006, 88(17): 172112.

[80] Dresselhaus G, Kip A F, Kittel C. Plasma resonance in crystals: observations and theory [J]. Physical Review, 1955, 100(2): 618 – 625.

[81] Rashba E I. Properties of semiconductors with an extremum loop. I. Cyclotron and combinational resonance in a magnetic field perpendicular to the plane of the loop [J]. Physics of the Solid State, 1960, 2: 1109 – 1122.

[82] Bychkov Y A, Rashba E I. Oscillatory effects and the magnetic susceptibility of carriers in inversion layers [J]. Journal of Physics C: Solid State Physics, 1984, 17(33): 6039.

[83] 叶良修.半导体物理学(下册)[M].北京：高等教育出版社,1987.

[84] de Andrada e Silva E A. Conduction-subband anisotropic spin splitting in Ⅲ-Ⅴ semiconductor heterojunctions [J]. Physical Review B, 1992, 46: 1921.

[85] Litvinov V. Electron spin splitting in polarization-doped group-Ⅲ nitrides [J]. Physical Review B, 2003, 68: 155314.

[86] Cho K S, Huang T Y, Wang H S, et al. Zero-field spin splitting in modulation-doped $Al_xGa_{1-x}N/GaN$ two-dimensional electron systems [J]. Applied Physics Letters, 2005, 86 (22): 222102.

[87] Tang N, Shen B, He X W, et al. Influence of the illumination on the beating patterns in the oscillatory magnetoresistance in $Al_xGa_{1-x}N/GaN$ heterostructures [J]. Physical Review B, 2007, 76(15): 155303.

[88] Schapers T, Engels G, Lange J, et al. Effect of the heterointerface on the spin splitting in modulation doped $In_xGa_{1-x}As/InP$ quantum wells for $B \to 0$ [J]. Journal of Applied Physics, 1998, 83(8): 4324-4333.

[89] Knap W, Frayssinet E, Sadowski M L, et al. Effective $g^*$ factor of two-dimensional electrons in GaN/AlGaN heterojunctions [J]. Applied Physics Letters, 1999, 75(20): 3156-3158.

[90] Tang N, Shen B, Han K, et al. Origin of split peaks in the oscillatory magnetoresistance in $Al_xGa_{1-x}N/GaN$ heterostructures [J]. Journal of Applied Physics, 2006, 100(7): 073704.

[91] Lu F C, Tang N, Huang S, et al. Enhanced anisotropic effective $g$ factors of an $Al_{0.25}Ga_{0.75}N/GaN$ heterostructure based quantum point contact [J]. Nano Letters, 2013, 13(10): 4654-4658.

# 第3章　氮化物半导体及其异质结构的外延生长

## 3.1　氮化物半导体的外延生长方法概述

### 3.1.1　金属有机化学气相沉积

金属有机化学气相沉积(metalorganic chemical vapor deposition，MOCVD)是由美国洛科威公司H. M. Manasevit在1968年发明的一种制备化合物半导体单晶薄膜的气相外延技术[1]。经过50多年的发展,当今的MOCVD技术不仅仅在化合物半导体及其低维量子结构制备上扮演着关键角色,而且可用于高质量磁性薄膜和铁电薄膜等其他重要电子材料的外延制备。各类电子材料的MOCVD外延生长涉及复杂的物理、化学过程,其生长动力学机制迄今依然是电子材料领域的重要研究内容。

MOCVD方法现已被广泛运用于几乎所有的Ⅲ-Ⅴ族和Ⅱ-Ⅵ族化合物半导体及其低维量子结构的制备,包括氮化物、砷化物、碲化物、磷化物、硫化物、硒化物半导体等,以及它们的三元和四元合金。常规的MOCVD系统通常采用Ⅲ族或Ⅱ族金属元素的有机化合物(一般为甲基或乙基的烷基化合物,又称为MO源)作为Ⅲ族或Ⅱ族金属源,以Ⅴ族或Ⅵ族元素的氢化物作为Ⅴ族或Ⅵ族元素的气态源,以热分解和连锁化学气相反应的方式在衬底上进行气相外延。MOCVD方法具有如下优点和特色:① 高纯度的原材料,且以气相输运的方式进入反应室;② 外延生长温度低于材料的熔点或升华点;③ 易于通过控制反应物的气相组成来严格控制所生长半导体材料的组分;④ 可制备陡变的异质界面或性能有特殊要求的组分渐变过渡层;⑤ 重复性好,易于批量生长。现今的MOCVD技术能够外延生长出界面、组分和厚度可精确控制的高质量半导体低维量子结构,如用于激光二极管、发光二极管和高电子迁移率晶体管等各类半导体器件的量子阱和异质结构。MOCVD方法的优点和特色使其既适用于实验室的基础和应用基础研究,也适用于大规模的商业化生产,成为化合物半导体器件研制和规模化量产不可或缺的高质量材料制备方法。

一台MOCVD装置的构成主要有:① 源及气体输运系统;② 控制系统;③ 反应室及加热系统;④ 尾气处理系统;⑤ 安全保障系统。源及气体输运系统主要包括Ⅲ(Ⅱ)族金属MO源、气态Ⅴ(Ⅵ)族氢化物的供给管路,同时还包括各类化合物半导体n型和p型掺杂源的供给管路,这些掺杂源一般也是金属MO源或气态氢化物。控制系统的基本配置包括气压、流量和温度三个分系统,分别控制反应室及管路中的气压、载气及气体源的流量以及反应室的温度等。当今的 MOCVD 系统越来越复杂，主要体现在配置了各种精确的原位生长监控装置，可对 MOCVD 外延生长的厚度、应力、表面状态、反应物组成等几乎所有重要的参数进行适时监控和反馈。反应室加热系统主要包括高纯石墨基座及加热系统，加热方式多采用电阻丝加热或射频感应加热。尾气处理系统主要由裂解炉和排气子系统组成，裂解炉用于分解和吸收尾气中的有毒物质，减少排出后的大气污染。安全系统包括气压反常报警装置、有毒和可燃气体报警装置及应急反应装置等，用于保证 MOCVD 装置和操作人员的安全。

GaN 基宽禁带半导体及其低维量子结构的 MOCVD 制备是典型的准平衡态或非平衡态外延生长，依赖于在常压或低压（如 0.1 atm①）下运行的气相输运过程，因而理解 MOCVD 中的气相输运行为是理解 GaN 基半导体 MOCVD 外延生长过程的关键。气体输运系统将参与生长的各种Ⅲ族金属 MO 源，如三甲基镓（TMG）、三甲基铝（TMA）等以及 $NH_3$等Ⅴ族气态源根据外延材料设计的需要精确地输运到反应室。气体输运系统主要包括由 VCR 接头及以 Swagelock 方式连接起来的气体输运管道、用于控制气体流量的质量流量计（MFC）、为了维持气路平衡和保证气路中压力梯度的压力控制器（PC）、各种反应源源瓶（鼓泡瓶）、用于反应室气路和旁路气路切换的排阀（vent/run valves）和维持生长压力所需要的真空泵等。

图 3.1 是外延生长 GaN 基半导体的常规 MOCVD 装置气体输运系统示意图。金属 MO 源 TMGa、TMAl、TMIn 等储存在鼓泡瓶中，$H_2$或 $N_2$作为载气，进入鼓泡瓶中，将 MO 源的饱和蒸汽带入反应室中进行反应。通入反应室内 MO 源的摩尔流量可由下列公式计算得到[2]：

$$F = \frac{P}{P_0 + P} F_0 \tag{3.1}$$

式中，$F_0$为通入鼓泡瓶载气的摩尔流量；$P_0$为源瓶压力；$P$ 为金属 MO 源饱和蒸汽压，可表达为[2]

$$P = 10^{(B-A/T)} \tag{3.2}$$

式中，$T$ 为 MO 源瓶的热力学温度；两个常数 $A$ 和 $B$ 只与 MO 源本身有关。当通入源瓶的载气流量、源瓶设定压力和存放源瓶的电子恒温器（水浴）温度一定时即可保证载气携带进入反应室的 MO 源的摩尔流量。因此在 MO 源的载气进气口前端安装质量流量计 MFC 来精确控制载气的摩尔流量，在 MO 源瓶载气出口下端安装

① 1 atm = 1.013 25×10$^5$ Pa。

压力控制计 PC 来稳定源瓶内的压力,从而达到反应物剂量的精确控制和持续稳定的供应。除此之外,对于常温下饱和蒸气压很低的金属 MO 源,其电子恒温器设定温度较高,如作为 Al 源的 TMI,这时还需要在 MO 源瓶载气出口下端管路上缠绕加热带以防止其由于出源瓶后的 MO 源饱和蒸汽输运过程中因气流温度降低而黏附在气路管道上。

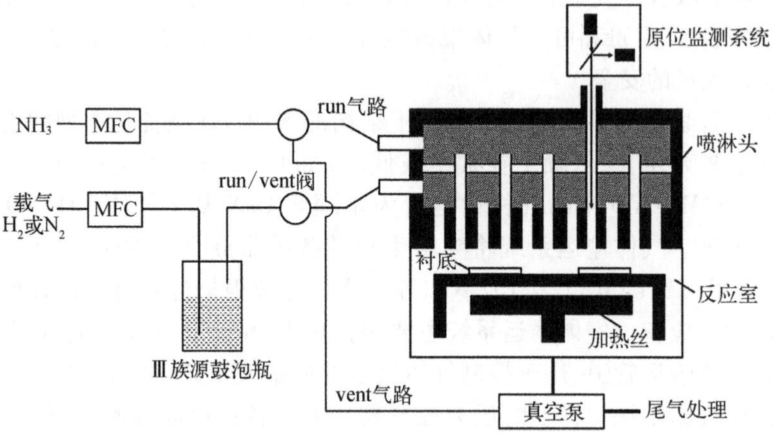


图 3.1　GaN 基半导体制备常规的 MOCVD 装置气体输运系统示意图

在采用 MOCVD 方法外延生长 GaN 基异质结构等对界面质量异常敏感的半导体低维量子结构时,需对生长时的界面过渡或组分切换进行迅速、准确的控制,如生长 $Al_xGa_{1-x}N$/GaN 异质结构时,要求金属源能随时切入切出反应室。为此需要在 MO 源瓶和反应室之间设计一组特别的阀门组来实现反应物输送的快速切换。阀门组上面有通入反应室的 run 气路,下面有通入尾气处理的 vent 气路。这样在需要反应物进入反应室时,可以从 vent 气路直接切换到 run 气路进入反应室,实现反应物的快速切换。MOCVD 外延理想的界面控制需要瞬间改变源的流量,并保持气路和反应室气流的稳定。但实际情况总会存在一定的偏离,导致半导体低维量子结构界面附近多少会出现组分的梯度过渡。影响偏离理想组分的因素首先是阀门本身的容积会使阀门关闭后仍有很少的一部分含金属源的气体被通入反应室,虽然传统的阀门容积只有立方厘米的量级,但是排空这个容积的时间,与低维量子结构中每个薄层(如超晶格的阱和垒)的生长时间依然是可比拟的。为此,必须尽可能减少主路/旁路转换阀的静态容积,尽量实现瞬间切换气流,以利于形成低维量子结构中的陡峭界面。精确界面控制的另一个障碍是当气体,如载气或其他含源气体等,突然通入另一气路时,压力变化导致的气流不稳定。因此,主路/旁路必须安装补偿管路,其功能是通过分析生长程序预先改变气体流量变化,从而自动补偿合适的气流,避免任何气压的瞬态改变。特别当快速、连续改变几种气体流量时，管路中气压和气流的平衡至关重要。

从半导体材料的外延生长角度而言，反应室是 MOCVD 装置最为重要的部分，其配置直接决定了材料外延质量的好坏。首先，MOCVD 外延生长过程一般是热解的，属于吸热反应，因此冷壁反应室设计是 MOCVD 的常规设置，它可以最小化反应室内壁处的反应物沉积，减少在热壁结构中经常发生的反应损耗效应。其次，MOCVD 外延生长过程一般来说是相当复杂的，与反应室的配置密切相关。因此，反应室是 MOCVD 装置的关键部分，是理解外延生长机制的基础。

GaN 薄膜 MOCVD 外延生长的微观过程如图 3.2 所示[3]。在反应室的气相中 TMG 与 $NH_3$发生一系列高温裂解反应，化学反应方程如下[4-6]：

$$Ga(CH_3)_3 \longrightarrow Ga(CH_3)_2 + CH_3 \tag{3.3}$$

$$Ga(CH_3)_2 \longrightarrow Ga(CH_3) + CH_3 \tag{3.4}$$

$$Ga(CH_3) \longrightarrow Ga + CH_3 \tag{3.5}$$

$$NH_3 \longrightarrow H + NH_2 \tag{3.6}$$

$$NH_2 \longrightarrow H + NH \tag{3.7}$$

$$NH \longrightarrow N + H \tag{3.8}$$

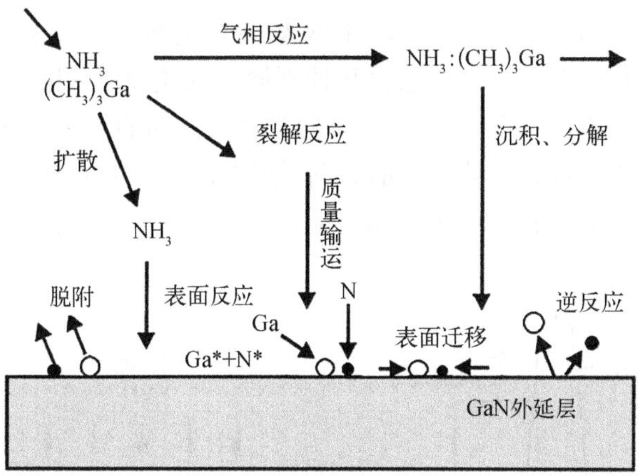


图 3.2 MOCVD 方法生长 GaN 外延薄膜的热力学和动力学过程示意图[3]

当气相中的反应产物扩散至外延衬底表面时被吸附在表面上，然后在衬底表面迁移并继续发生化学反应，最终并入晶格形成 GaN 外延薄膜，其化学反应方程为[6]

$$Ga + NH_n \longrightarrow GaN + nH \quad (n = 0, 1, 2, 3) \tag{3.9}$$

同时，反应室中气相副反应也随时发生，主要包括下列反应[6]。气相副反应的产物从外延生长表面脱附后，通过扩散再回到主气流，由载气携带出反应室。

$$Ga(CH_3)_3 + NH_3 \longrightarrow Ga(CH_3)_3 : NH_3 \tag{3.10}$$

$$3[Ga(CH_3)_3 : NH_3] \longrightarrow [Ga(CH_3)_2 : NH_2]_3 + CH_4 \tag{3.11}$$

$$Ga(CH_3)_3 : NH_3 \longrightarrow GaN + 3CH_4 \tag{3.12}$$

从上面的反应方程可看到，除了固态的 GaN，反应物和生成物基本都是气态的。为了制备高质量的 GaN 外延薄膜，必须解决好高的生长温度、预反应、薄膜均匀性等问题。高生长温度是为了满足 $NH_3$分子中键能非常大的 N—H 化学键的断裂，以及生长动力学方面的考虑，因此对 GaN 的外延生长是必需的。同时，由于 $NH_3$与金属 MO 源之间发生化学反应的热力学趋势非常强，极易发生预反应，而任何预反应都将导致气相中非挥发性颗粒物的产生，从而破坏外延生长过程。因此反应室的设计必须对反应源尽可能多地进行控制，避免任何形式的预反应。而外延生长的均匀性与反应室中流场和温度场的均匀性密切相关，反应室必须满足在非常大的流量变化范围、非常大的气压变化范围、非常大的温度变化范围内流场和温度场依然是均匀的。这是评价一台 MOCVD 装置性能高低的关键指标之一。

对 GaN 基半导体的外延生长而言，一种比较典型的 MOCVD 反应室结构是常压（AP）反应室，它被日本的研究机构和企业广泛采用，因为它非常有利于提供高的氨气分压。1991 年，日本日亚公司 S. Nakamura 等提出了一种改进的双流反应室结构，如图 3.3（a）所示[7]。它包含两种不同的气流设计，主气流载气输送反应物向与衬底平行的方向流动，次气流是与衬底垂直方向的气流，气体为 $N_2$和 $H_2$，目的是改变主气流中反应物气体流动的方向，如图 3.3（b）所示[7]。采用这种反应室双流结构的 MOCVD 系统，S. Nakamura 等于 1991 年实现了高亮度蓝光 LED 的研

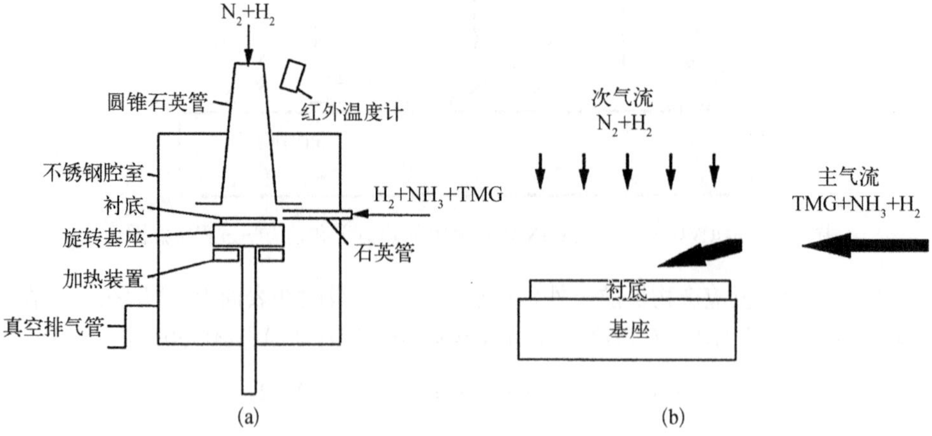


图 3.3　（a）双流常压 MOCVD 装置的反应室结构示意图；
（b）反应室双气流设计原理示意图[7]

制[8]。随后国际上把这种外延生长技术称为双流 MOCVD 技术。

另一种典型的 MOCVD 反应室结构是由德国 Aixtron 公司开发的垂直式低压反应室,其结构如图 3.4(a)所示[9]。Ⅲ族源 TMG、TMA 等和Ⅴ族源 $NH_3$等由上而下进入反应室并快速流向石墨托盘上的外延衬底,尾气由反应室下部排出。该反应室为不锈钢内空圆柱体结构,为冷壁式反应室,室壁由循环水冷却。内置高纯石墨托盘置于高速旋转的电机马达上,用石英罩将不锈钢冷壁和石墨托盘分隔开。该反应室的最大特点是采用了所谓的喷淋头(showerhead)技术,如图 3.4(b)所示[9,10]。为减少金属 MO 源和 $NH_3$之间的预反应,MO 源和 $NH_3$分别通过网格状紧密排列的细注入管通入反应室。注入管密度达到 100 管/in²,每根管子的内部直径 0.6 mm。作为注射口,金属 MO 源和 $NH_3$两组管子交错排列,喷头和外延衬底之间的距离很短并可调控,一般只有 10~15 mm,这样使属 MO 源和 $NH_3$只在外延衬底上方很短的距离处才发生混合,大大减少了反应物的预反应。进一步地观察图 3.4(b)可看到,MO 源和 $NH_3$的注入管采用镶嵌式结构,即每一个 MO 源气孔均被 $NH_3$气孔所包围,同时每个 $NH_3$气孔也被 MO 源气孔所包围。因此,尽管 MO 源和 $NH_3$的混合距离很短,也能使它们在外延衬底上方充分混合。因此,采用这种反应室喷头技术,既可减少 MO 源和 $NH_3$的预反应,又能使它们充分混合,有效提高了 MO 源和 $NH_3$的利用率[9,10]。

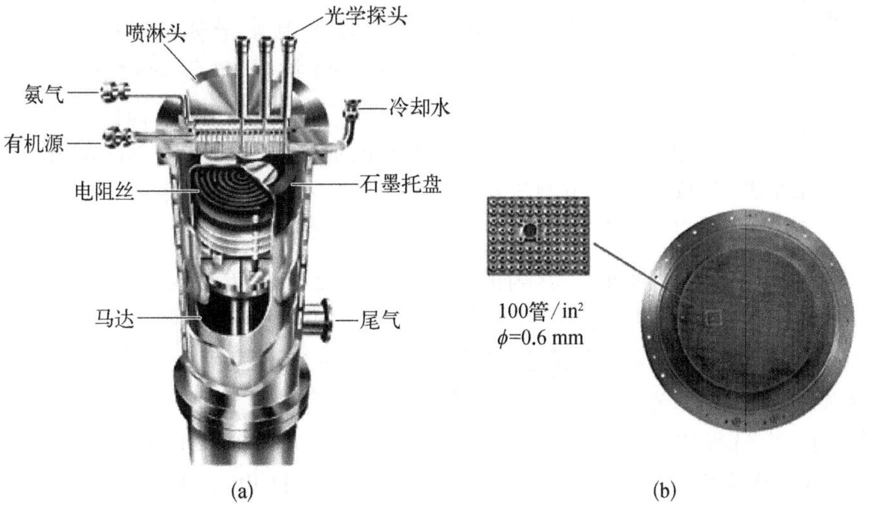


图 3.4 喷淋头反应室结构低压 MOCVD 装置的垂直式反应室(a)和喷淋头(b)结构示意图[9]

① in,英寸,1 英寸=2.54 cm。

理解外延生长速率和生长条件的关系是 MOCVD 外延生长的关键点之一。化学边界层理论是理解 MOCVD 生长行为的重要原理,其基本物理图像是在反应室中平流层和衬底表面之间建立起以扩散为主要物质输运特征的过渡区,即所谓的化学边界层[11]。以上述喷淋头结构反应室的 MOCVD 外延生长为例,当外延生长处于低气压状态时,平流层状态较易维持,通过化学边界层理论,可以发现总流量($Q$)、气压($P$)、石墨托盘和喷淋头的距离($H$)、石墨托盘转速($\omega$)是影响外延生长速率、均匀性以及源利用效率的主要因素。根据边界层理论,生长速率与 $H^{-1/2}$、$Q^{1/2}$和 $P^{1/2}$成正比[11]。较小的 $H$ 有利于反应物快速到达外延衬底,从而导致较高的源利用效率,并有利于实现锐利界面的异质结构或量子阱。

国际上一般认为 GaN 及其低维量子结构存在三种可能的 MOCVD 动力学生长模式[11,12]:即动力学限制、质量输运限制和脱附限制,如图 3.5 所示。具体以 GaN 外延生长为例:① 生长温度较低时,生长速率由金属 MO 源的裂解速率控制,随着外延温度升高,生长速率呈指数增大。这一过程由 MO 源的裂解能来决定。用于外延生长的 MO 源的稳定性越高,则这一生长模式能持续的外延温度越高,这个过程称为化学动力学模式,属于动力学限制[12]。② 当生长温度升高到一定程度时,反应室中的 MO 源基本上完全分解,生长速率基本不随温度变化,生长速率由质量输运控制[12]。一般而言,GaN 基半导体的 MOCVD 外延生长应尽量控制在质量输运模式下进行。③ 当生长温度很高时,已生长 GaN 表面的脱附反应,以及 MO 源和 $NH_3$ 的预反应使外延生长速率随温度升高而降低,属于脱附限制[12]。

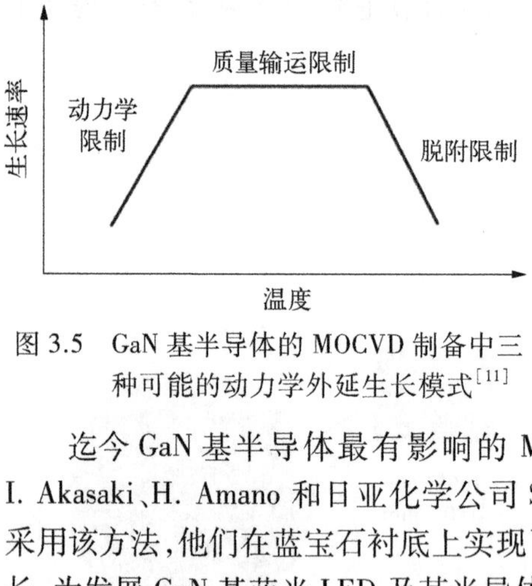


图 3.5　GaN 基半导体的 MOCVD 制备中三种可能的动力学外延生长模式[11]

迄今 GaN 基半导体最有影响的 MOCVD 外延生长方法是日本名古屋大学 I. Akasaki、H. Amano 和日亚化学公司 S. Nakamura 等发明的"两步生长法"[13-15]。采用该方法,他们在蓝宝石衬底上实现了高质量 GaN 及其多量子阱结构的外延生长,为发展 GaN 基蓝光 LED 及其半导体照明应用奠定了基础。GaN 外延"两步生长法"的主要过程如下:① 蓝宝石衬底清洗,先在一定气氛和 1 080℃下烘烤衬底,用以清洗衬底表面;② GaN 成核层(缓冲层)生长阶段(也可用 AlN 成核层),降温到 550℃左右,以 TMG 和 $NH_3$ 为反应源外延生长低温 GaN 成核层,厚度一般为 25 nm;③ 升温退火阶段,以一定的升温速率升温到外延温度,一般在 1 000~1 100℃,并维持 2~3 min 以便于低温生长的 GaN 成核;④ 外延生长阶段,固定在高温下外延生长 GaN。

图 3.6 是 GaN 外延生长过程的原位激光反射谱和不同生长阶段样品表面的

AFM 形貌像[16]。其中原位激光反射谱上 $A$、$B$、$C$、$D$ 对应着 GaN 外延生长的不同阶段。$A$ 点之前反射信号有稳定上升的过程，这对应 GaN 低温成核层的生长过程。因为 GaN 的折射系数较大，所以反射信号会增强。$A$ 点的 AFM 像显示 GaN 低温成核层表面呈颗粒状，是非晶或颗粒很小的多晶 GaN。从 $A$ 点到 $B$ 点之间是退火阶段，在该阶段温度迅速升高，到 900℃左右，GaN 成核层开始分解，表面变得十分粗糙，AFM 像显示此时 GaN 成核层表面形成了许多尺寸比较大的成核岛，所以激光反射信号急剧下降。这些岛为接下来的 GaN 外延生长提供了成核中心。从 $B$ 点之后开始外延生长，这些成核岛会通过三维扩张而逐渐长大，GaN 表面变得更加粗糙，所以 $C$ 点的激光反射信号继续下降。直到这些成核岛相互接触并聚合的时候，激光反射信号才转为上升并出现干涉振荡。随着外延生长的继续，激光反射信号干涉振荡的振幅逐渐升高，到 $D$ 阶段趋于饱和。说明到 $D$ 阶段时 GaN 外延层已形成了平整的表面，并开始了准二维生长。对于 GaN 外延生长而言，低温成核层生长、升温退火阶段以及高温外延初始阶段的生长状态对 GaN 外延薄膜的晶体质量、表面形貌、光电性质影响很大。在 MOCVD 外延生长过程中，生长参数改变的目的就是调整图 3.5 中 GaN 外延的生长模式，如控制成核岛的密度、大小、形状以及聚合的速度等，从而对所生长的 GaN 外延薄膜的质量进行调整优化。

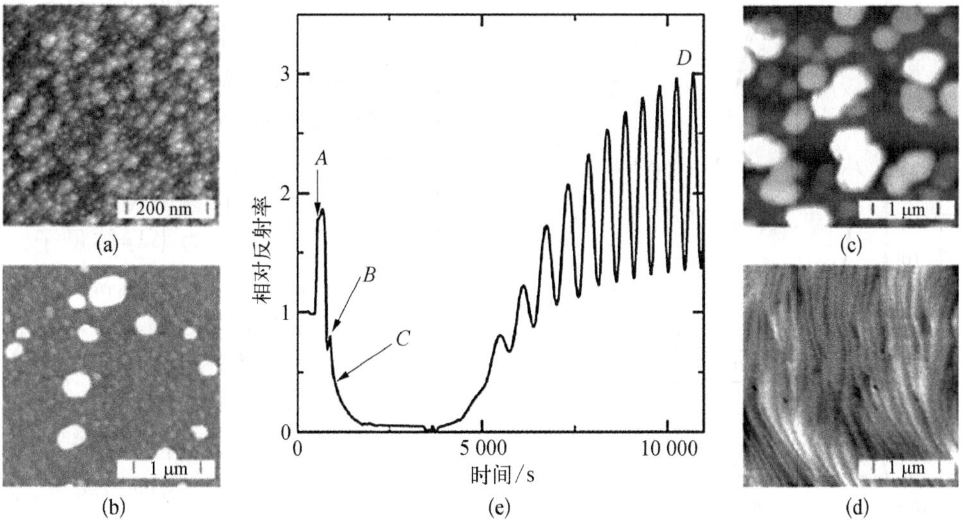


图 3.6 GaN 薄膜 MOCVD 外延生长过程的原位激光反射谱和不同生长阶段样品的 AFM 形貌像：(a) 低温成核层；(b) 高温退火后的成核层；(c) 三维外延生长；(d) 准二维外延生长；(e) 表示蓝宝石上生长 GaN 的反射率随生长时间变化曲线[16]

近年来，随着氮化物宽禁带半导体的进一步发展，如 AlN 和高 Al 组分 $Al_xGa_{1-x}N$ 变得越来越重要，对 MOCVD 系统和外延生长方法提出了新的要求。与 GaN 相比，由于在外延生长表面 Al 吸附原子的迁移速率远低于 Ga 吸附原子，以及 TMA 和 $NH_3$之间严重的预反应，高质量 AlN 和高 Al 组分 $Al_xGa_{1-x}N$ 的外延生长成为 MOCVD 技术新的挑战，一些新的外延生长方法先后发展起来。例如，美国 SETi 公司发展了一种迁移增强 MOCVD(migration-enhanced MOCVD, ME-MOCVD)外延方法[17,18]，这种方法通过 TMG、TMA 的周期性脉冲源流结合连续供给的 $NH_3$气流来外延生长 AlN 和高 Al 组分 $Al_xGa_{1-x}N$。通过优化 MO 源流脉冲的时间周期和波形，提供了一系列可调控的外延生长参数，可覆盖从脉冲原子层外延(PALE)到常规的 MOCVD 连续生长方式。采用这种新外延方法，SETi 公司成功实现了发光波长从 235 nm 到 338 nm 的深紫外(DUV)LED，性能指标居于国际领先水平[18]。

### 3.1.2　分子束外延

分子束外延(molecular beam epitaxy, MBE)是在超高真空环境下将源材料以原子或分子束的形式沉积至衬底上实现半导体材料外延生长的一种非平衡态外延技术，目前是各种化合物半导体及其低维量子结构制备广泛使用的一种外延方法，也是氮化物半导体及其异质结构的常用外延方法之一[19]。相比于 MOCVD 方法，MBE 生长温度相对较低，能有效避免界面处的原子互扩散，实现具有陡峭界面的异质结构外延，同时其生长速率可精确控制在原子层级别，为半导体量子结构的制备提供了有力保障。MBE 的另一优势是其超高真空环境有效降低了晶体外延过程中的非故意掺杂，有利于高质量、低杂质浓度半导体材料的制备。因此 MBE 方法在原子层、短周期超晶格、量子点、纳米线等半导体低维结构的外延生长方面具有不可替代的优势[20]。另外，如图 3.7 所示，不同氮化物半导体的平衡蒸汽压差异很大，相同温度下 InN 的平衡蒸汽压最高，分解温度较低，而

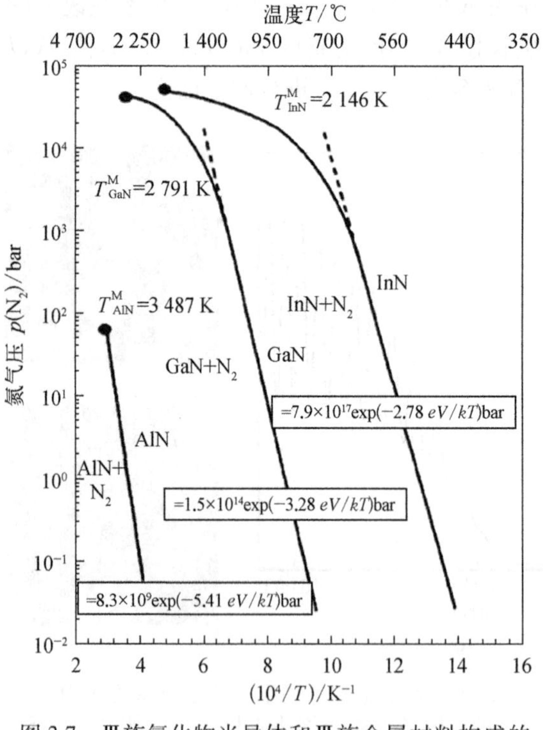


图 3.7　Ⅲ族氮化物半导体和Ⅲ族金属材料构成的系统平衡氮气蒸气压随温度的变化关系，$T^M$表示该物质的熔点，其中实线代表实验数据，虚线为理论计算结果[21]

注：1 bar = $10^5$ Pa

MBE 在分解温度较低的氮化物半导体材料的外延上独具优势[21]。

20 世纪 50 年代,澳大利亚国防部实验室 K. G. Günther 等发明了真空环境下沉积Ⅲ-Ⅴ族化合物半导体的三温度法[22],美国贝尔实验室 J. R. Arthur 和 J. J. Lepore 对 Ga、As 表面吸附原子与 GaAs 表面相互作用的反应动力学机制进行了深入研究[23]。在此基础上,20 世纪 60 年代末,美国贝尔实验室 A. Y. Cho 和 J. R. Arthur 成功研制出 MBE 系统[24]。A. Y. Cho 因在 MBE 领域的开创性工作被评为美国科学院、工程院、科学与艺术院三院院士和中国科学院外籍院士,被国际上尊称为"MBE 之父"。

MBE 发展初期主要用于生长 GaAs、AlGaAs 等Ⅲ-Ⅴ族砷化物半导体外延薄膜及其低维量子结构,之后逐步拓展到Ⅱ-Ⅵ族、Ⅳ族半导体外延薄膜,甚至金属、磁性材料、超导材料及介质薄膜的制备,发展至今已成为一种常用的功能电子薄膜外延生长技术。近几十年来,采用 MBE 技术制备半导体低维量子结构已然成为物理学、材料科学与半导体科学的一项重大进展。同时,科技进步推动着 MBE 技术的不断发展和完善,市场对 MBE 外延材料的需求为其产业化带来了契机,MBE 技术逐渐从实验室走进企业,开启了 MBE 技术的产业化新篇章。

常见的用于氮化物半导体外延生长的 MBE 装置如图 3.8 所示[25],主要包括真空系统、原位监测系统、控制系统及其他配套装置。

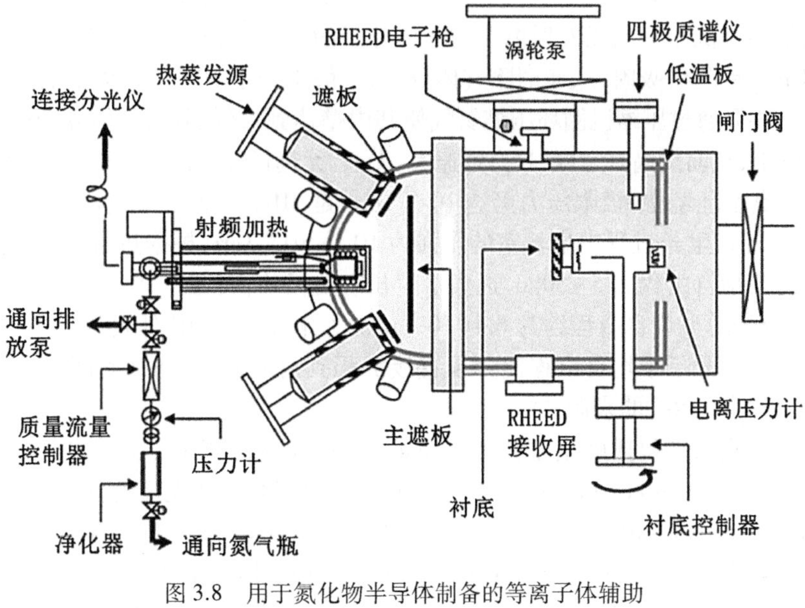


图 3.8 用于氮化物半导体制备的等离子体辅助分子束外延(PA-MBE)装置示意图[25]

真空系统是 MBE 装置的重要组成部分,用于维持超高真空生长环境,由真空腔室、阀门、真空泵和真空监测部件构成。真空腔室包括进样室、准备室和生长室三部分。进样室用于系统内外的样品传送，准备室用于储存样品及对衬底进行生长前的预处理。生长室是 MBE 装置的核心部分，包含源炉（cells）、挡板（shutters）、样品台及其控制器（manipulator）、冷却系统（cooling system）等组件。源炉分为热蒸发源和等离子体源两种，其中热蒸发源（Knudsen cell）用于存放高纯源材料，如 Al、Ga、In 等金属源和 Si、Ge、Mg、Fe 等掺杂源，通过控制源炉的温度可以控制相应源的束流大小，通过控制各个源对应的挡板状态（开、关）可调节材料的生长顺序；氮源通常由射频等离子体源通过离化 $N_2$ 提供，其有效氮原子束流可通过通入的高纯 $N_2$ 流量和射频功率予以调节。样品台的控制器可实现对衬底的升降温、旋转等操作。冷却系统包括水冷和液氮两套系统，用于耗散热蒸发源和衬底在加热过程中辐射的热量，以保障系统的正常、安全运行。

真空泵是维护整个 MBE 装置超高真空状态的关键设备，根据系统的具体需求可配备机械泵、分子泵、离子泵和冷凝泵等不同等级的真空泵。机械泵采用周期性的机械运动改变吸气腔、压缩腔和排气腔的体积，利用气压平衡原理不断抽出腔室内的气体，一般作为前级泵工作于大气压至低真空（$10^3 \sim 10^{-2}$ Torr）范围内。分子泵通过高速旋转的转子将动量传输给腔室内的气体分子，使之具有定向速度，从而被压缩趋向至排气口由前级泵抽走，通常作为二级泵工作于中高真空（$10^{-1} \sim 10^{-10}$ Torr）范围内，其入口压应小于 $10^{-3}$ Torr。离子泵和冷凝泵属于三级真空泵。离子泵是利用低压下高场发射电子与气体分子的碰撞，引起雪崩效应，正离子在电场作用下被钛阴极吸附，从而消除气体分子，一般工作于 $10^{-6}$ Torr 以下的高真空环境中。冷凝泵通过压缩机循环压缩氦气使其内壁达到极低温度，气体分子被冷凝吸附于内壁上，从而提高真空度，具有抽速大、无油、无选择性等优点，可工作于$10^{-5}$ Torr 以下的高真空环境中，极限压力可达 $10^{-13}$ Torr，是 MBE 装置不可或缺的配置。

MBE 外延生长过程中生长室的压强为 $10^{-5} \sim 10^{-6}$ Torr，根据热力学定律该环境下分子的平均自由程为 5～50 m，远大于生长室的尺寸；而在一个大气压（760 Torr）下，空气分子的平均自由程约为 $6.4 \times 10^{-8}$ m。由此可见，MBE 外延过程中，高真空环境下较大的分子平均自由程使分子直接沉积到衬底表面，而彼此间没有发生碰撞，此即为“分子束”的来源。

原位监测系统包括束流监测器（beam flux monitor，BFM）、反射式高能电子衍射仪（reflection high-energy electron diffraction，RHEED）、激光反射谱、激光拉曼光谱（Raman spectra，RS）、X 射线光电子能谱（X-ray photoelectron spectroscopy，XPS）、椭偏仪（spectroscopic ellipsometry，SE）、同轴碰撞离子散射谱（coaxial impact collision ion scattering spectroscopy，CAICISS）等。主要用于监测生长过程中源的束流、表面平整度、衬底温度等参数，以便精确调控外延结构的组分、厚度、周期等信息。其中，RHEED 是 MBE 装置中最常用的原位监测技术。

著名物理学家 W. Pauli 曾说到“上帝创造了块材，而魔鬼则发明了表面”（God

made the bulk, the surfaces were invented by the devil),H. Kroemer 在其诺贝尔物理学奖获奖演讲中也曾提及"界面即器件"(the interface is the device)。由此可见半导体材料表面/界面的重要性和复杂性,而 RHEED 作为一种新型的表面分析工具,随着超高真空薄膜制备系统的发展而完善,并用于 MBE 薄膜外延生长中的表面测试分析。RHEED 主要探测高能(10~30 keV,对应的电子束波长为 0.12~0.069 Å)电子在样品表面掠入射(掠射角 0.5°~2.5°)后产生的布拉格衍射图案,由于电子束的波长远小于晶体的晶面间距,分析图案的明暗变化、形状、间距、振荡周期及演变趋势等参数,即可推测出外延薄膜的源束流比、衬底温度、晶格取向、晶格常数、组分、应力分布和生长行为等信息,从而反馈调节、优化材料的生长窗口。RHEED 的结构示意图及工作原理如图 3.9 所示[26],入射电子在样品表面发生弹性散射,反射衍射束的波矢在倒易空间形成 Ewald 衍射球,表面原子形成的倒易杆与 Ewald 球相截的点即为衍射图案中的亮点,较小的 λ 导致 Ewald 球半径非常大,局部甚至可以近似为平面,投射至荧光屏上即为沿弧分布的平行条纹。实验过程中,如果材料以单晶二维方式生长,则为平行直条纹(streaky);如果材料以三维单晶模式生长,则为点状(spotty);如果所生长材料呈现多晶取向,则为同心圆弧。

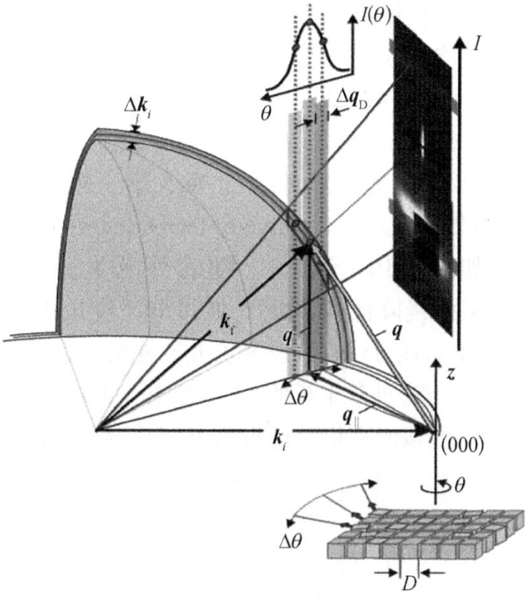


图 3.9 Ewald 球示意图及特定角度下记录的理想晶体的衍射图案[26]

目前制造 MBE 外延装置的国内外制造商主要有中国的沈阳科仪(SKY)公司、美国的 Veeco 公司和 SVTA 公司、芬兰的 Riber 公司和 DCA Instruments 公司、波兰的 PREVAC 公司、德国的 MBE Komponenten 公司和 Scienta Omicron 公司,以及英国的 Oxford Applied Research 公司等。

氮化物半导体及其异质结构的高质量外延生长是高性能 GaN 基高频、大功率电子器件得以实现的基础和关键。针对特定的氮化物半导体器件结构,发展高水平的外延方法、提高外延材料质量是学术界和产业界孜孜不倦追求的目标。MBE 在高质量 InN、全 In 组分 $In_xGa_{1-x}N$ 及其量子结构、N 极性 $Al_xGa_{1-x}N$/GaN 异质结构和超薄势垒层 AlN/GaN 异质结构等氮化物半导体的外延生长上不可替代的作用得到了国际上的广泛认可[27-30]。

在氮化物半导体材料中，由于 InN 缺乏合适的外延衬底，其与最常用的 $c$ 面蓝宝石和 GaN 模板的晶格失配分别达到约 25%和约 10%，再加上 InN 生长的 $N_2$平衡蒸气压高，热分解温度低，使 InN 成为外延生长最为困难的氮化物半导体材料之一[31,32]。而常用的 MOCVD 技术，低温下 $NH_3$的热分解效率较低，不适合外延生长 InN 和高 In 组分 $In_xGa_{1-x}N$。因此，MBE 法是迄今国际上高质量 InN 及高 In 组分 $In_xGa_{1-x}N$ 材料外延生长的主要方法[31]。

InN 外延过程中生长温度超过临界温度时，InN 将无法生长，其分解温度附近的极窄温度窗口被称为边界温度（boundary temperature）[33]。实验发现，生长温度越高，InN 的表面形貌越好、晶体质量越高。因此，为了提高 InN 的晶体质量，应将生长温度尽量保持在边界温度下。然而，随着 InN 薄膜厚度的增加，生长表面温度会略微升高，如果将衬底温度始终保持在最大生长温度下，随着薄膜厚度增加，InN 生长表面的实际温度将超过边界温度，InN 会发生分解，并导致表面形貌急剧恶化。对此，北京大学王新强等发展了基于 MBE 技术的“边界温度控制外延”方法（boundary-temperature-controlled epitaxy），用以生长 InN 外延薄膜，如图 3.10 所示[33]。随着外延生长时间的延长，将精确控制衬底温度从 500℃缓慢降低到 480℃，使得 InN 生长表面的实际温度始终保持在生长边界温度以下。该方法有效改善了 InN 外延薄膜的晶体质量。2012 年，北京大学的研究组采用该方法外延生长的 5 μm 厚 InN 薄膜中电子室温迁移率达3 010 $cm^2/(V \cdot s)$[33]。2018 年，该研究组结合极富 In 生长条件，在 Si 衬底上外延生长出高质量的 InN 薄

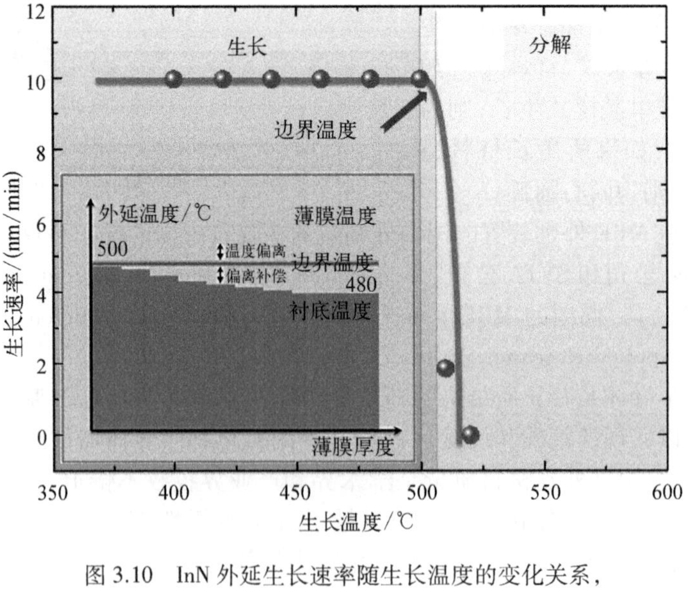


图 3.10　InN 外延生长速率随生长温度的变化关系，插图为边界温度控制外延方法示意图[33]

膜,室温下电子迁移率再次提升到了 3 640 $cm^2/(V \cdot s)$[34],位居国际报道的最好水平。

相比 MOCVD 方法,采用等离子体辅助的 MBE 方法外延生长 $In_xGa_{1-x}N$ 薄膜时可直接提供 N 原子,即使降低生长温度也不会导致有效 N 源的减少。在保证 In 原子有效注入的情况下,提高生长温度将有利于改善 $In_xGa_{1-x}N$ 外延薄膜的质量。MBE 外延生长 GaN 的最优生长温度一般高于 700℃,而 In 极性 InN 的最高生长温度约为 500℃,可以推论出对某一特定组分的 $In_xGa_{1-x}N$ 外延薄膜,其最优生长温度应该在 GaN 和 InN 的最优生长温度之间。据此,北京大学刘世韬等提出了 MBE 温控外延方法生长 $In_xGa_{1-x}N$ 薄膜[35],其核心思想是对特定 In 组分的 $In_xGa_{1-x}N$ 三元合金采用其最高的生长温度,同时为了获得较好的表面形貌,使 (In+Ga)/N 束流比大于 1,即保证富金属生长条件。如图 3.11 所示,对某一组分的 $In_xGa_{1-x}N$合金,可通过改变温度和 In/Ga 束流比来获得,低 In 组分的 $In_xGa_{1-x}N$ 具有很宽的生长温度范围,而高 In 组分 $In_xGa_{1-x}N$ 的生长窗口则很窄,这也印证了高 In 组分$In_xGa_{1-x}N$ 难以外延生长的现状。

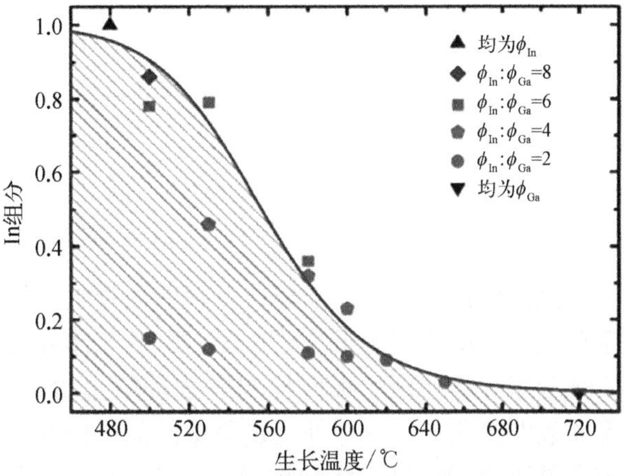


图 3.11 InGaN 合金中 In 组分与生长温度和 In 束流($\phi_{In}$)与 Ga 束流($\phi_{Ga}$)比值的依赖关系,图中曲线为 $In_xGa_{1-x}N$ 合金中 In 组分最大值随温度变化的拟合曲线[35]

GaN 基半导体异质结构是研制高频、高功率电子器件最理想的半导体材料体系之一。而 InN 由于具有最小的电子有效质量,并且 GaN/InN 或 $In_xGa_{1-x}N$/InN 异质界面具有很大的导带带阶,被认为是较理想的异质结构材料[36]。然而,InN 和 GaN 的 MBE 最佳生长窗口差异非常大,外延生长困难,国际上迄今有关 $In_xGa_{1-x}N$/InN 和 GaN/InN 异质结构的实验报道很少。在高质量 InN 和全 In 组分 $In_xGa_{1-x}N$ 材料外延生长的基础上,王新强等在 Si 衬底高阻 GaN 模板上采用 MBE 方法外延生长出高质量的 $In_xGa_{1-x}N$/InN 异质结构,其电子迁移率在 3 K 低温下达到了 4 800 $cm^2/(V \cdot s)$,呈现出与 $Al_xGa_{1-x}N$/GaN 异质结构中 2DEG 相似的迁移率温度变化规律,如图 3.12 所示[37]。高磁场下的变角度 SdH 振荡分析确认了 $In_xGa_{1-x}N$/InN 异质结构的二维导电沟道属性,3 K 温度下 2DEG 面密度为 $3.30 \times 10^{12}$ $cm^{-2}$,量子迁移率达到了 1 480 $cm^2/(V \cdot s)$[37]。

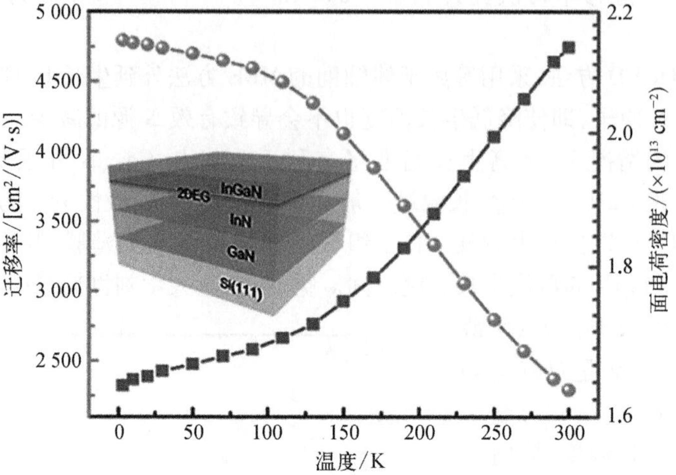


图 3.12　MBE 生长的 Si 衬底上 $In_xGa_{1-x}N$/InN 异质结构中 2DEG 的面电荷密度(矩形点)和迁移率(圆形点)随测量温度的变化关系[37]

晶格极性对氮化物半导体材料的外延生长行为和物理性质都有很大影响。由于蓝宝石衬底的成本低廉,是氮化物半导体外延的常用衬底,掌握蓝宝石衬底上 GaN 基半导体外延的极性控制方法是氮化物材料生长的研究热点之一[38]。MBE 实验表明氮化物半导体外延过程中的晶格极性由蓝宝石的表面处理方法和初始生长条件决定,如氮化、缓冲层等。在 MBE 生长中,采用蓝宝石衬底的氮化工艺和 GaN 缓冲层,可实现 N 极性生长。而采用 AlN 作为缓冲层,则可实现 Ga 极性生长[39]。此外,采用 SiC 作为衬底,可在 Si 面和 C 面上分别实现 Ga 极性和 N 极性 GaN 的外延生长[40]。外延过程中通过生长条件的控制,也可实现不同极性之间的转换。在 Ga 极性 GaN 外延生长过程中通过过量的 Mg 掺杂可形成反型畴,从而实现向 N 极性的转变[41]。而在 N 极性 GaN 中 Mg 掺杂则不能实现极性反转[42],但利用 $Mg_xN_y$ 或 $AlO_x$ 或双层 Al 原子插入层则可反转至 Ga 极性[43-46]。

晶格极性调控也是 GaN 基电子器件性能提升和优化的重要途径之一。与 Ga 极性 $Al_xGa_{1-x}N$/GaN 异质结构不同,N 极性 $Al_xGa_{1-x}N$/GaN 异质结构中 2DEG 位于上层 GaN 界面处,如图 3.13 所示[47]。该结构具有其得天独厚的优势:① $Al_xGa_{1-x}N$ 层作为背势垒层,能够提高 2DEG 的限阈性;② 源漏电极沉积在 GaN 层上,有利于形成非常低接触电阻的欧姆接触;③ 栅极金属沉积在 GaN 沟道之上,调控能力增强,$Al_xGa_{1-x}N$ 作为背势垒层,其厚度不再要求苛刻,并且可进一步减小沟道层 GaN 的厚度;④ 在 N 极性 GaN 上再沉积一层薄 $Al_xGa_{1-x}N$ 层,可消耗 GaN 沟道层中的 2DEG,易于实现增强型器件;⑤ N 极性 $Al_xGa_{1-x}N$/GaN 异质结构还适合制作传感器件,能够有效弥补 Ga 极性 $Al_xGa_{1-x}N$/GaN 异质结构在该领域的不足。N 极性

GaN 基材料的生长是该结构得以实现的关键。采用 MBE 方法在 SiC 和蓝宝石衬底上均能实现表面平整的 N 极性 GaN 外延薄膜，为 N 极性 $Al_xGa_{1-x}N$/GaN 异质结构的外延奠定了良好基础[36,48]。2007 年，美国加州大学圣巴巴拉分校(UCSB)的 S. Rajan 等基于 MBE 方法生长的 N 极性 $Al_xGa_{1-x}N$/GaN 异质结构研制出 GaN 基 HEMT 器件[48]。他们采用掺 Si 的渐变组分 $Al_xGa_{1-x}N$ 背势垒层有效缓解了因异质结构中施主型陷阱能级捕获、释放电子速度较慢引起的电流崩塌问题[48]。他们还进一步通过在 GaN 沟道层之上外延一层 $Al_xGa_{1-x}N$ 盖层，来提高肖特基接触势垒，从而提高器件击穿电压并减小栅极漏电，同时 $Al_xGa_{1-x}N$ 的热稳定性优于 GaN，能够防止表面退化[47]。

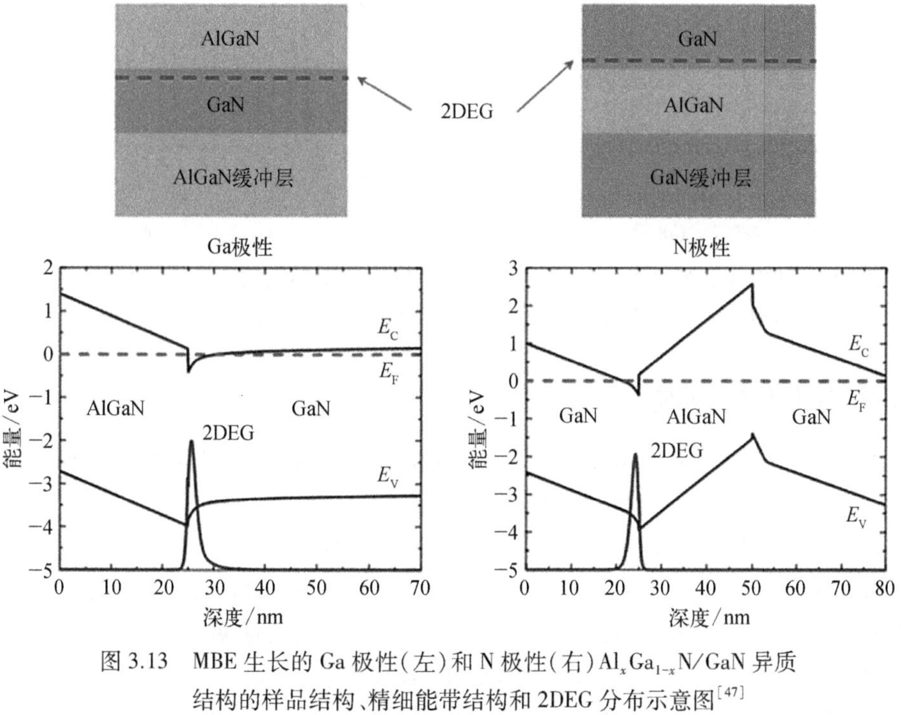


图 3.13 MBE 生长的 Ga 极性(左)和 N 极性(右)$Al_xGa_{1-x}N$/GaN 异质结构的样品结构、精细能带结构和 2DEG 分布示意图[47]

作为最简单的共振隧穿器件，共振隧穿二极管(resonant tunneling diodes，RTD)对研究半导体量子结构的能带调控和输运过程具有重要意义，同时也是研究复杂周期性隧穿结构的基础。共振隧穿所需双势垒结构厚度一般为纳米级，需要对半导体材料厚度实现原子级控制，因此 MBE 成为外延生长半导体共振隧穿结构的最佳方法。2018 年，美国康奈尔大学 D. Jena 等采用 GaN 自支撑衬底，用 MBE 方法实现了室温下微分负阻并且可重复的 Al(Ga)N/GaN 双势垒异质结构 RTD 器件，势垒厚度为几个原子层，界面清晰锐利，峰谷电流比达到 1.4，最高峰值电流密度达到 220 kA/cm$^2$,如图 3.14 所示[49]。与 GaAs 基半导体相比,GaN 基半导体具有更高的载流子饱和漂移速率、更高的击穿场强和更宽的可调禁带宽度,GaN 基 RTD 将有望实现室温大功率太赫兹振荡源的制备。

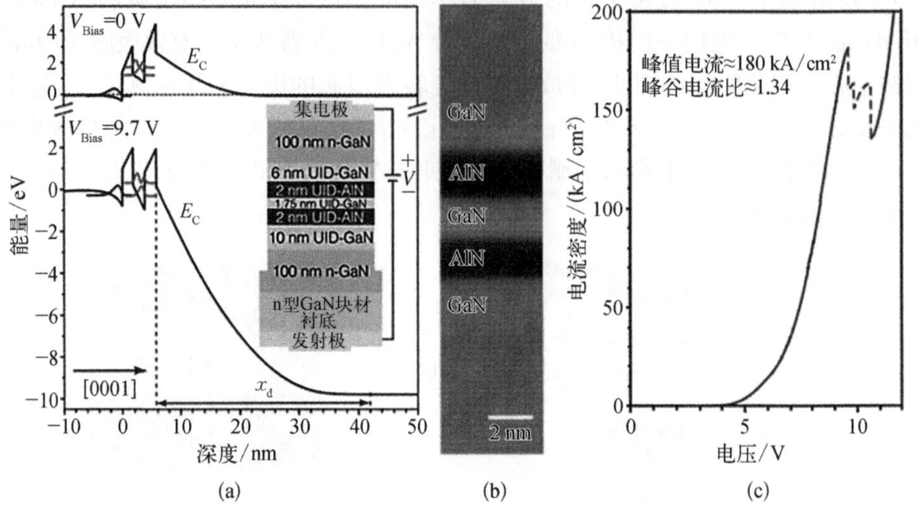


图 3.14 MBE 生长的 GaN/AlN 双势垒 RTD 器件的:(a) 不同偏压下双势垒结构的能带结构;(b) 双势垒结构 STEM-HAADF 图像;(c) 器件伏安特性 $I$-$V$ 曲线[49]

### 3.1.3 氢化物气相外延

氢化物气相外延(hydride vapor phase epitaxy, HVPE)是一种比 MOCVD 和 MBE 更早发展起来的半导体材料外延制备方法,从 20 世纪 60 年代开始广泛应用于硅基集成电路工艺和 GaAs 材料外延生长工艺中。1969 年,美国普林斯顿大学 H. P. Maruska 和 J. J. Tietjen 改进了用于生长 GaAs 的 HVPE 设备,第一次采用 HVPE 成功获得了 GaN 外延薄膜材料[50],但由于其生长速率较快,不能用于生长量子阱等低维量子结构。随着 MOCVD 和 MBE 方法在 GaN 基半导体外延生长上的广泛应用,HVPE 方法在 GaN 基半导体领域一度被忽略。从 20 世纪 90 年代起,GaN 基半导体光电器件迅猛发展,异质外延开始满足不了一些光电器件(如 GaN 基激光器)对材料质量的要求,人们将目光重新转回到 GaN 同质衬底的制备上来。

HVPE 是一种非平衡态的外延生长方法,通常使用化学性质稳定、毒性较低的 $NH_3$作为 N 源,Ga 源是液态金属 Ga 与 HCl 气体反应的气相产物,利用 $N_2$或 $H_2$作为载气,将该气相产物输运到外延衬底表面,最终与 $NH_3$反应沉积为 GaN 晶体。其生长过程可分为热力学过程和动力学过程。首先讨论热力学过程:HVPE 方法生长 GaN,通过以下化学反应首先得到形成 GaN 所需的 Ga 源[51]:

$$Ga_l + HCl_g \rightleftharpoons GaCl_g + \frac{1}{2}H_{2g} \tag{3.13}$$

$$GaCl_g + 2HCl_g \rightleftharpoons GaCl_{3g} + H_{2g} \tag{3.14}$$

式中,下标 l 代表液相;g 代表气相。Ban[51]估计第一个反应的转化率高达 99.5%。

GaN 的沉积过程可以表示为[52]

$$NGa\text{-}ClH \rightleftharpoons NGa + HCl \tag{3.15}$$

$$GaCl_g + 2NH_{3g} \rightleftharpoons 2GaN + HCl_g + 3H_{2g} \tag{3.16}$$

日本东京农工大学 A. Koukitu 等和法国 LASMEA 实验室 E. Aujol 等都对反应式(3.16)的热力学常数进行了计算,并确认上述四个化学反应都可自发进行[53,54]。

接着讨论 HVPE 方法生长 GaN 的动力学过程。1999 年,法国 LASMEA 实验室 R. Cadoret 根据 GaAs 的生长模型提出了 HVPE 生长 GaN 的动力学模型[52],表面变化主要包括以下三个吸附过程: ① $NH_3$分子的吸附;② $NH_3$分子热分解形成的 N 原子吸附;③ N 原子对 GaCl 分子的吸附。它们分别表达为[52]

$$V + 2NH_{3g} \rightleftharpoons 2NH_3 \tag{3.17}$$

$$NH_3 \rightleftharpoons N + \frac{3}{2}H_{2g} \tag{3.18}$$

$$N + GaCl_g \rightleftharpoons NGaCl \tag{3.19}$$

式中,V 为表面空位。如图 3.15 所示[55],$NH_3$分子首先吸附在生长表面的空位处。由于反应温度较高,被吸附的 $NH_3$分子不稳定,会发生热分解,分解后的 N 原子继续吸附在空位处。接下来,GaCl 分子吸附在 N 原子表面。最后 Cl 原子脱落,在生长表面形成一层 GaN 分子。而 Cl 的脱落有两种可能的机制,分别是 $H_2$机制和 $GaCl_3$机制。

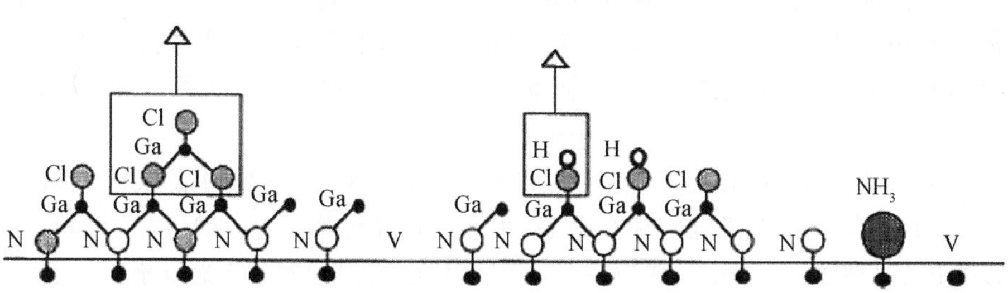


图 3.15 HVPE 生长中 GaN 形成过程的示意图: 右边方框表示 Cl 脱落的 $H_2$机制,Cl 原子与 H 原子形成 HCl 并与表面 GaN 脱附;左边方框表示 Cl 脱落的 $GaCl_3$机制,3 个 Cl 原子与 Ga 原子形成 $GaCl_3$分子并与表面 GaN 脱附[55]

如果是 $H_2$ 机制，反应过程为[53]

$$2NGaCl + H_{2g} \rightleftharpoons 2NGa - ClH \tag{3.20}$$

$$NGa - ClH \rightleftharpoons NGa + HCl \tag{3.21}$$

如果是 $GaCl_3$ 机制，反应过程为[53]

$$2NGaCl + GaCl_g \rightleftharpoons 2NGa - GaCl_3 \tag{3.22}$$

$$2NGa - GaCl_g \rightleftharpoons 2NGa + GaCl_{3g} \tag{3.23}$$

近年来第三种氯化物脱吸机制被提出。2004 年，法国 LASMEA 实验室 A. Trassoudaine等用 $N_2/H_2$ 混合气体作载气，当提高载气中 $H_2$ 浓度时观察到了生长速率提高的现象，据此提出第三种脱吸机制，被称为 $GaCl_2$-HCl 机制[56]，其反应动力学过程更为复杂。

HVPE 外延生长系统分为水平式和竖直式两种，典型的反应室结构如图 3.16 所示[57,58]。常规的 HVPE 系统一般包括气体供给及输运系统、反应室系统、加热系统及尾气处理系统四个部分。反应室由耐高温的石英管构成，金属 Ga 源盛放在石英舟中，此处的温度一般保持在 900℃左右，HCl 气体在载气 $N_2$ 或 $H_2$ 的携带下进入 Ga 舟，反应形成气态 GaCl，最后进入约 1 050℃的高温生长区与 $NH_3$ 气体反应沉积生成 GaN 分子。反应生成的 GaN 分子一部分沉积在外延衬底上形成 GaN 外延薄膜，其余部分沉积在石英管壁上形成多晶 GaN。上述反应同时生成大量的氯化氨气体分子，最终在尾气处理系统中沉积下来。

HVPE 技术是最早用于 GaN 半导体的外延生长方法，实际上一直到 20 世纪 80 年代早期，HVPE 技术还是外延生长 GaN 的唯一方法。但是，由于晶体质量太差且不能实现 p 型掺杂，在随后十几年中用 HVPE 技术在 GaN 基半导体领域基本被放弃。直到 20 世纪 90 年代中后期，以两步生长法和实现 p 型掺杂为标志的 GaN 基半导体的 MOCVD 外延生长技术得到飞速发展，使得 HVPE 这一古老的方法重获新生。这主要是因为 HVPE 方法生长速度快，很容易得到位错密度低的 GaN 外延厚膜，而且生长成本低廉。与横向外延技术及激光剥离技术相结合，现今 HVPE 方法已发展成为制备高质量自支撑单晶 GaN 衬底材料的主流技术。

近十年来，国际上采用 HVPE 方法制备自支撑 GaN 单晶衬底取得突破性进展，国际上已有多个研究机构和企业成功制备出自支撑单晶 GaN 衬底材料，已形成以美国、亚洲、欧洲三大区域为主导、三足鼎立的产业分布与竞争格局。日本在这一领域一直处于领先地位，住友电工（Sumitomo Electric）、日立电线（Hitachi Cable）、古河机械金属（Furukawa）和三菱化学（Mitsubishi Chemical）等公司已推出 HVPE 方法制备的 2 英寸 GaN 自支撑衬底产品，厚度 350 μm 左右，位错密度小于

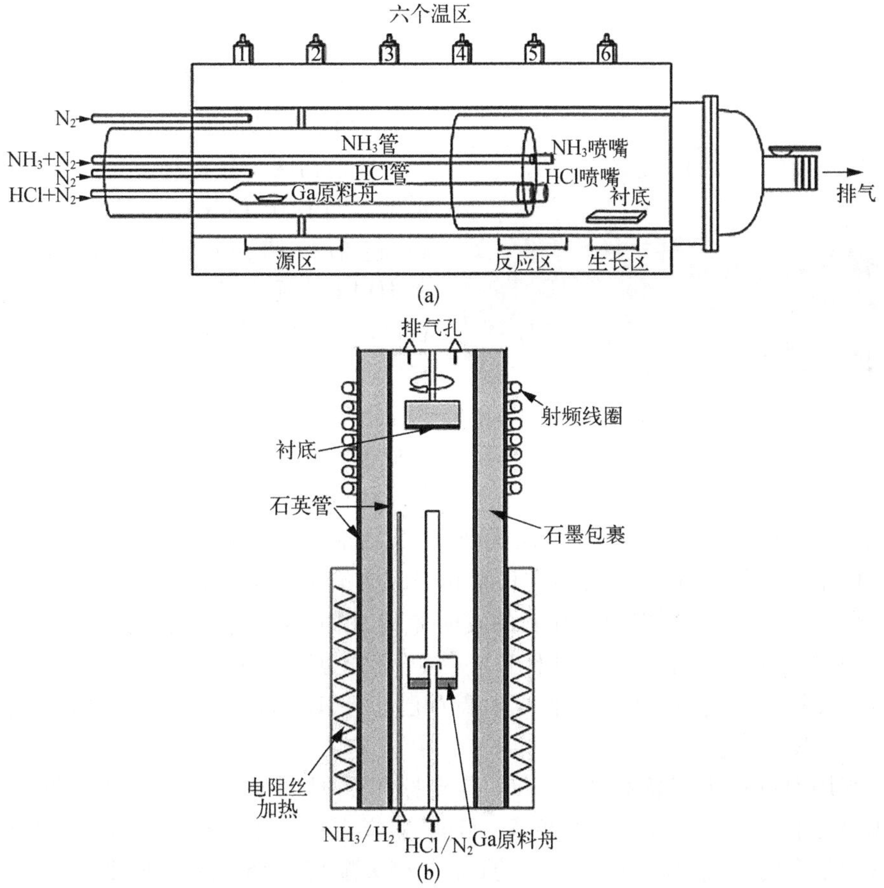


图 3.16 典型的水平式(a)和竖直式(b)HVPE 反应室结构[57,58]

$5\times10^6$ $cm^{-2}$。此外,美国 CREE 公司、KYMA 公司,法国 Lumilog 公司等也可提供 2 英寸自支撑 GaN 衬底产品。其中,三菱化学采用 HVPE 方法成功获得了直径 52 mm、厚度 5.8 mm 的纯净透明的 GaN 单晶材料,位错密度低至 $1\times10^6$ $cm^{-2}$[59]。目前国内拥有 HVPE 生长 GaN 衬底技术的单位主要有北京大学、中科院苏州纳米所、南京大学、中国科学院半导体研究所、苏州纳维科技有限公司、东莞中镓半导体科技有限公司等。

在大尺寸 GaN 衬底 HVPE 生长方面,2007 年,日立电线公司研制出直径 3 英寸的 GaN 自支撑衬底[60],2012 年,住友电工公司和法国 Soitec 公司分别研制出 4 英寸和 6 英寸薄膜 GaN 基板[61],2015 年,中科院苏州纳米所研制出 4 英寸 GaN 自支撑衬底[62],2017 年,北京大学和东莞中镓半导体科技有限公司联合研制出 4 英寸 GaN 自支撑衬底。同年,日立公司在获得 2 英寸 GaN 自支撑衬底基础上,采用“瓷

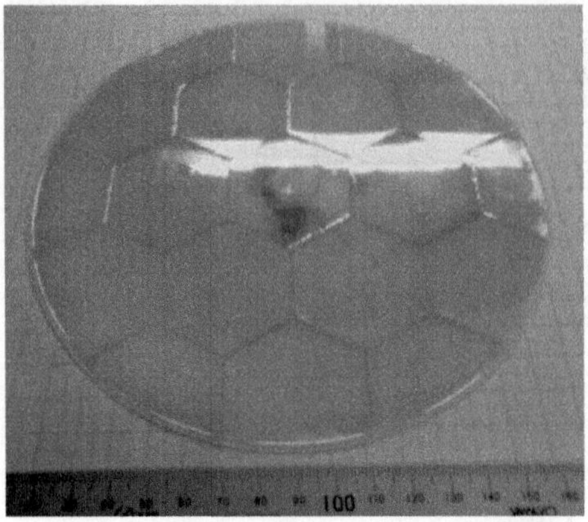

图 3.17　日立公司采用 HVPE 结合“瓷砖技术”研制出的 7 英寸 GaN 自支撑衬底材料的光学照片[63]

砖技术”,成功获得了 7 英寸 GaN 自支撑衬底,这也是迄今国际上最大尺寸的 GaN 自支撑衬底材料,如图 3.17 所示[63]。

HVPE 方法制备 GaN 自支撑单晶衬底主要包括两个关键环节:① HVPE 外延生长过程中 GaN 厚膜的晶体质量控制,包括位错、应力和龟裂的控制;② HVPE外延生长后,GaN 厚膜和蓝宝石衬底之间的不破损分离[64]。为提高晶体质量,降低 GaN 衬底中的应力或龟裂,通常采用各种插入层技术或各种图形掩模技术。激光剥离和自分离技术则是常用的 GaN 厚膜和蓝宝石衬底的分离方法。插入层技术和 MOCVD 方法类似,掩模图形工艺较早用于 GaN 厚膜 HVPE 生长的是日本住友电工,该公司在日本和美国申请了一系列有关图形小刻面横向外延(facet-growth)HVPE 外延生长的发明专利,相关技术可有效减少 GaN 厚膜中的应力,避免龟裂。采用掩模图形工艺并接合激光剥离技术,该公司获得的 2 英寸 GaN 自支撑衬底的 XRD 摇摆曲线半高宽已小于 150 arcsec,位错密度可控制在 $10^5$ $cm^{-2}$ 以下[64]。

采用 HVPE 法制备高质量 GaN 自支撑单晶衬底面临的主要技术挑战有:① GaN厚膜的晶体质量依然不够高。目前,蓝宝石衬底作为制备 GaN 自支撑衬底中采用最多的衬底,其与 GaN 之间的 $c$ 面晶格失配高达 16%,热膨胀系数失配更是高达 34%[65]。如此大的晶格失配和热失配一方面会带来 GaN 厚膜的高位错密度,目前 HVPE 法制备的 GaN 衬底位错密度一般在 $10^4$ ~ $10^7$ $cm^{-2}$;另一方面,大失配会使 GaN 厚膜中积累巨大的应力,使外延片发生翘曲,甚至引起外延片龟裂。② GaN 厚膜和蓝宝石衬底的分离不易。由于蓝宝石衬底硬度较大,采用抛光的方法往往比较费时费力,可行性不高。激光剥离法现阶段仍不够成熟和稳定,成功率不高,同时剥离过程中会造成 GaN 外延层的损伤。自分离法工艺流程相对简单,但对工艺条件要求比较苛刻,目前仍未被大规模产业化应用[66]。针对上述问题,世界各国的研究机构和企业正在进行进一步的深入研究。

### 3.1.4　GaN 基半导体其他的制备方法

氮化物半导体除了上面三种主要的外延生长方法,还有不少其他的制备技术,如物理气相沉积(physical vapor deposition, PVD)等。PVD 包括一系列真空沉积方法,多用于薄膜制备和表面改性的涂层技术。PVD 是一个物质相变化的沉积过程,即材料首先从凝聚态变为气相态，经过运输、转移等过程，再由气相态变为凝聚态[67]。在这个过程中，材料是通过物理过程实现从源靶到基底的转移，固相的原材料经过蒸发或者激光辐照以后，变为气相的原子、分子或者等离子体等，在空间中（有时在电场作用下）转移运动至衬底表面，经过迁移扩散在衬底上沉积成薄膜。腔室中的气体有时也参与反应，这取决于不同的生长模式及材料成分。最常见的 PVD 方法通常有磁控溅射和脉冲激光沉积（pulsed laser deposition，PLD）[68]。下面分别对其制备原理进行描述。

1. 磁控溅射

磁控溅射是一种低温低成本的薄膜制备方法，基本原理如图 3.18 所示[69]。在氮化物半导体薄膜制备中，以 GaN 为例，多以 Ga、GaAs、GaN 或者 $Ga_2O_3$ 等固体材料作为 Ga 源（靶材），以 $N_2$ 作为 N 源。沉积时，通过一定的方式在靶材表面产生大量的等离子体，等离子体中的阳离子在电场和磁场的作用下高速撞击靶材表面，使得靶材中的 Ga 原子获得极高的能量，逃离靶面，最终到达衬底附近，并与活化的 $N_2$ 分子反应生成 GaN，沉积到衬底基片上，磁控溅射因磁场的作用增强了带电离子与靶面的碰撞概率，因而可以获得较高的溅射速率。由于溅射温度低，对衬底要求不高，可以实现不同衬底的 GaN 基薄膜制备，而且只需快速地旋转更换不同的靶材，即可实现不同异质结构的高效制备。

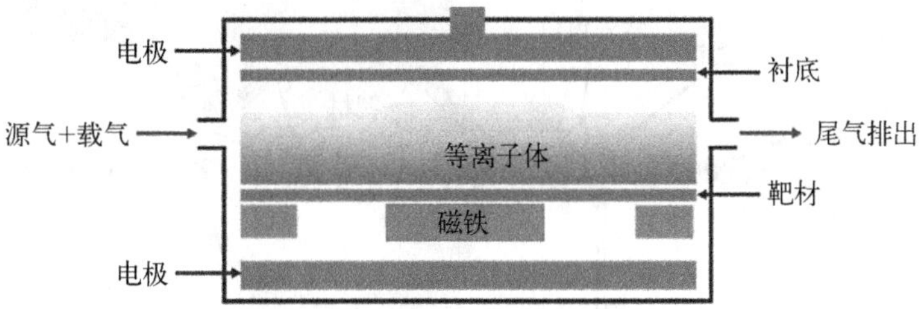


图 3.18 薄膜制备的磁控溅射方法原理示意图。整个腔室顶部和底部均为电极，内部放置磁铁，源气和载气从左侧进入腔室变成等离子体，受磁力作用沉积在样品上，残余气体从右侧排出[69]

用磁控溅射制备的氮化物半导体薄膜一般为多晶，薄膜晶体质量的衡量标准主要包括晶体取向性和薄膜致密性，主要与薄膜制备工艺参数相关，如衬底温度、气压比例、溅射功率及靶台和衬底的距离等。衬底温度主要影响薄膜的成核和生长，当温度较低时，原子在表面迁移率低，成核不易合并，薄膜晶粒尺寸较小，缺陷密度高；温度较高时，表面原子扩散充分，薄膜晶体生长完整，结晶性较好，但晶粒尺寸可能较大，为得到晶粒细小，同时其中缺陷也较少的薄膜，衬底温度也必须选择合适。溅射功率越高，沉积速率越大，但溅射功率过大时可能影响氮化物的有序生长以至薄膜中出现过多的金属，因此溅射功率应选择恰当。气压大小和气压比例也是反应溅射中的一个重要参数，它对于溅射速率、沉积速率和薄膜质量都有影响，低的溅射气压意味着较少的电离溅射气体，因而溅射速率也较低，沉积速率就低；过高的气压又会使溅射物质的自由程减小，同样也会导致沉积速率降低；在反应磁控溅射沉积氮化物薄膜的过程中，$N_2$是既参与溅射又参与反应生成氮化物的物质，理论上，$N_2$的比例应当与溅射生成的金属的量成比例，然而$N_2$的溅射产额低于Ar，因此过多的$N_2$会使沉积速率下降，气压比是磁控溅射制备材料的重要参数。另外，一方面在溅射过程中，溅射靶与基片距离也是一个重要参数，当溅射气压一定时，靶-基距离增加将导致溅射物质的散射损失增加，使沉积速率降低；另一方面，靶-基距离的变化会导致氮化物薄膜沉积均匀性的变化，针对一定大小的溅射靶，满足均匀沉积的靶-基距离在一个不大范围内，因此要达到一定的沉积速率需适当调节溅射气压等其他工艺参数。

2. 脉冲激光沉积

采用高能脉冲激光束轰击靶材，使之蒸发并沉积到衬底上形成薄膜，基本原理如图3.19所示[70,71]。整个PLD薄膜制备过程通常分为三个阶段。

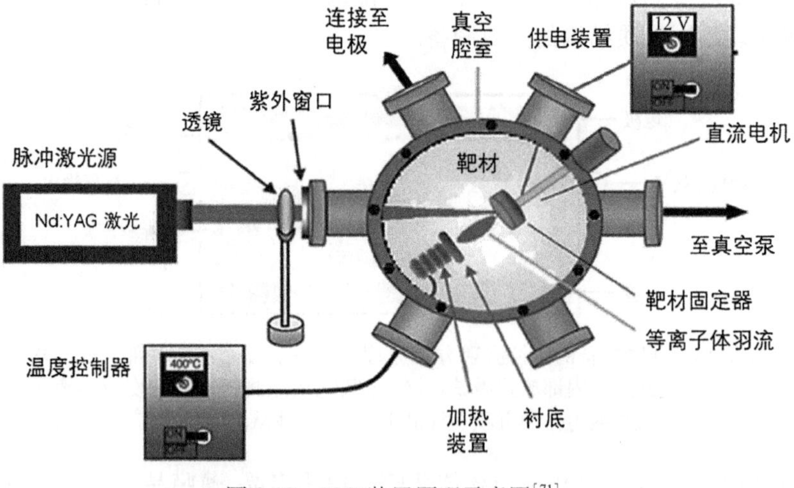


图3.19　PLD装置原理示意图[71]

1）激光与靶材相互作用产生等离子体

激光束聚焦在靶材表面，在足够高的能量密度下和短的脉冲时间内，靶材吸收激光能量并使光斑处的温度迅速升高至靶材的蒸发温度以上而产生高温烧蚀，靶材气化蒸发，有原子、分子、电子、离子和分子团簇及微米尺度的液滴、固体颗粒等从靶材表面逸出。这些被蒸发出来的物质反过来又继续和激光相互作用，其温度进一步升高,形成区域化的高温高密度的等离子体,等离子体通过逆韧致吸收机制吸收光能而进一步提高温度,最终形成具有致密核心的明亮的等离子体火焰。

2) 等离子体的空间输运

等离子体火焰形成后,其与激光束继续作用,进一步电离,等离子体的温度和压力迅速升高,并在靶面法线方向形成大的温度和压力梯度,使其沿该方向向外做等温(激光作用时)和绝热(激光终止后)膨胀,此时,电荷云的非均匀分布形成相当强的加速电场。在这些极端条件下,高速膨胀过程发生在数十纳秒内,迅速形成了一个沿法线方向向外的细长的等离子体羽辉。

3) 等离子体在基片上成核、长大形成薄膜

激光等离子体中的高能粒子轰击基片表面,使其产生不同程度的辐射式损伤,其中之一就是原子溅射。入射粒子流和溅射原子之间形成了热化区,一旦粒子的凝聚速率大于溅射原子的飞溅速率,热化区就会消散,粒子在基片上生长出薄膜。这里薄膜的形成与晶核的形成和长大密切相关。而晶核的形成和长大取决于很多因素,如等离子体的密度、温度、离化度、凝聚态物质的成分、基片温度等。随着晶核超饱和度的增加,临界核开始缩小,直到高度接近原子的直径,此时薄膜的形态是二维的层状分布。

1995 年,美国北卡罗来纳大学 R. D. Vispute 等首次采用脉冲激光烧蚀化学计量比的陶瓷靶材外延制备出了高品质的 GaN 薄膜[72]。1997 年,美国加州大学洛杉矶分校(UCLA)的 D. Feiler 等采用 PLD 方法首次在蓝宝石衬底上外延生长出 GaN 和 InN 薄膜[73]。2008 年,印度理工学院 G. Shukla 等采用 PLD 方法获得了高质量的 AlN 外延薄膜[74]。

## 3.2 氮化物半导体的同质外延生长

### 3.2.1 氮化物半导体外延生长的衬底选择

外延衬底的类型直接影响 GaN 基半导体材料性质和器件性能。常用的氮化物半导体外延衬底主要包括蓝宝石、SiC、Si 和 GaN 等,如表 3.1 所示[75-78]。从热失配的角度分析,由于衬底与 GaN 之间的热膨胀系数不同,导致 MOCVD 高温外延结束后的降温过程会在 GaN 中引入热应力,采用蓝宝石衬底时,GaN 受到的热应力是压应力,采用 SiC 和 Si 衬底时 GaN 受到的热应力则是张应力。特别是采用 Si 衬底时,热失配带来的巨大张应力会导致其上生长的 GaN 外延薄膜龟裂,为此必须通过引入应力控制层来调控其热应力和晶格失配应力。从热导率的角度分析,蓝宝石衬底的热导率相当小,容易导致器件因散热不好而功能下降甚至失效。为了解决这一问题,需要器件倒装在高导热系数的封装基板材料上来辅助散热。从尺寸和成本的角度分析,蓝宝石和 Si 衬底价格很低,且尺寸可以覆盖 2~8 英寸,甚至

更大。更大的衬底尺寸虽然能够降低单个器件的成本,但也会导致外延片翘曲、均匀性降低等一系列问题。SiC 衬底尺寸目前最大可做到 6 英寸,但价格偏贵。GaN 自支撑衬底价格昂贵,目前的主流尺寸是 2 英寸,但 4~6 英寸 GaN 自支撑衬底在国际上已有人开始使用。

**表 3.1　用于 GaN 基半导体外延的主要衬底材料和其上生长的 GaN 外延膜性能对比**[75-78]

| | 蓝宝石 | SiC | Si | GaN |
|---|---|---|---|---|
| 晶格失配/% | 16 | 3.1 | -17 | 0 |
| 热膨胀系数/($\times10^{-6}$ $K^{-1}$) | 7.5 | 4.4 | 2.6 | 5.6 |
| 热导率/[W/(cm·K)] | 0.25 | 4.9 | 1.6 | 2.3 |
| 是否导电 | 否 | 是 | 是 | 是 |
| 2 英寸衬底价格/元 | 约 50 | 1 000~3 000 | 约 30 | 20 000~40 000 |
| 该衬底上 GaN 位错密度/$cm^{-2}$ | $<10^9$ | $<10^8$ | $<10^9$ | $<10^6$ |

总而言之,蓝宝石和 Si 衬底价格低廉,衬底尺寸覆盖范围广,其中蓝宝石衬底上 GaN 外延生长技术相对成熟,已得到大规模产业化应用。但是较大的晶格失配会在 GaN 基材料中引入很多缺陷。SiC 价格较贵,但导热系数高,与 GaN 晶格失配小,可应用于一些对价格不敏感的高端市场,如国防、航空航天中的高性能雷达与移动通信设备等。GaN 自支撑衬底上同质外延的 GaN 基材料中位错密度最低,可达到约 $10^4$ $cm^{-2}$量级[79]。但是价格昂贵,当前主要应用于对缺陷非常敏感的 GaN 基器件,如 GaN 基激光器等。

对比同质外延和异质外延,最大的差别便是 GaN 基半导体材料中的穿透位错密度。以电子器件为例,穿透位错被认为和器件的反向漏电存在直接联系,位错作为漏电通道会增加器件的漏电流[80-82]。实验确认当 GaN 基 p-n 结中的位错密度从约 $10^8$ $cm^{-3}$降低到约 $10^6$ $cm^{-3}$,p-n 结的反向漏电可减小约三个数量级[83]。除此之外,穿透位错会在禁带中形成深能级,影响电子器件的动态电导特性[84,85]。而基于 GaN 自支撑衬底同质外延的功率电子器件一般都能实现很高的耐压[47,86-89]。

当前国际上自支撑氮化物半导体衬底材料主要有 GaN 和 AlN 两种,但自支撑 AlN 衬底的制备技术还非常不成熟,尚未实现规模化生产。当前主要应用的是自支撑 GaN 衬底。如前所述,由于 GaN 自身熔点高,N 离解压高、Ga 溶解率低等原因,目前自支撑 GaN 单晶衬底的制备方法主要是 HVPE 技术[47,76,90]。另外尚在发展中的方法还包括:高氮压溶液法(high nitrogen pressure solution)[91]、氨热法(ammonothermal growth)[92]、钠流法(Na flux method)[93]等。目前这些方法制备的 GaN 存在单晶尺寸不够大、杂质浓度高、生长速率慢、实验条件苛刻等问题,还处于实验室研究阶段。国内外 GaN 自支撑衬底产业化情况如表 3.2 所示。

表 3.2 国内外 GaN 自支撑衬底的研发、生产机构和衬底性能对比

| 单 位 | 国 家 | 生长方法 | 尺 寸 | 位错密度/$cm^{-2}$ |
|---|---|---|---|---|
| 三菱化学 | 日本 | HVPE | 2 英寸 | 约 $10^6$ |
| 住友电工 | 日本 | HVPE | 4~6 英寸(研发) | 约 $10^6$ |
| 日立电线 | 日本 | HVPE | 2~4 英寸 | 约 $10^6$ |
| 古河机械金属 | 日本 | HVPE | 2 英寸 | 约 $10^6$ |
| Kyma | 美国 | HVPE | <2 英寸 | 约 $10^6$ |
| 大阪大学 | 日本 | 钠流法 | 2 英寸 | 约 $10^5$ |
| Ammono | 波兰 | 氨热法 | 1 英寸 | 约 $10^3$ |
| 波兰高压物理研究所 | 波兰 | 高温高压 | 约 20 nm | 约 $10^3$ |
| UCSB | 美国 | 氨热法 | <2 英寸 | $10^6 \sim 10^7$ |
| CREE | 美国 | HVPE | 2 英寸 | 约 $10^6$ |
| 苏州纳维科技有限公司 | 中国 | HVPE | 2~4 英寸 | $10^4 \sim 10^6$ |
| 东莞中镓半导体科技有限公司 | 中国 | HVPE | 2 英寸 | 约 $10^6$ |

### 3.2.2 氮化物半导体的同质外延生长

虽然 GaN 自支撑衬底上的同质外延基本不存在热失配、应力控制等问题，但衬底与外延生长薄膜的界面处理很关键，否则会引入新的缺陷。衬底表面常常会由于化学机械抛光(CMP)出现一些表面损伤和沾污，所以在外延生长之前通常需要做一些预处理，比如对 GaN 自支撑衬底进行 ICP 刻蚀、原位清洗等以去除表面损伤或沾污[94-97]。此外，同质外延生长的 GaN 薄膜会出现台阶转向、棱锥状凸起(Hillock)等缺陷，使表面形貌恶化，最终对制备的器件性能产生显著影响。

同质外延 GaN 中的掺杂浓度会直接影响电子器件的耐压、导通电阻等特性，所以精确控制同质外延 GaN 中的掺杂浓度是非常重要的，而低掺杂水平 GaN 的制备又是其中的难点。例如，GaN 基垂直结构电子器件需要在 GaN 自支撑衬底上同质外延一层非掺 GaN 作为漂移区，为了提高器件的耐压，要求该层的 n 型掺杂浓度在 $1\times10^{16}\ cm^{-3}$或者更低。在实验中，为了确保低掺杂浓度能够实现，非故意掺杂的背景杂质浓度必须比掺杂浓度低一个量级以上，即约 $1\times10^{15}\ cm^{-3}$量级，这个非故意掺杂的背景杂质浓度对于 MOCVD 外延技术，以及 SIMS 杂质表征测试技术都是极大的挑战[98]。以 GaN 外延生长中最常见的 C 杂质为例，其来源是金属 MO 源裂解产生的副产物，同时研究认为下列反应可有效抑制 C 杂质并入 GaN 中[99]：

$$Ga-CH_3 + N-H \longrightarrow GaN + CH_4 \tag{3.24}$$

当 MOCVD 系统反应室中活性 H 增加，可以促进高活性甲基基团转变为更加稳定的甲烷，避免其并入 GaN 中形成 C 掺杂。因此在 MOCVD 外延过程中降低 TMG 流量，增加反应室压力，提高生长温度都可抑制 C 杂质的并入[100-102]。

*c* 轴方向 GaN 自支撑衬底是当前应用最广泛的氮化物同质外延衬底，研究表明衬底斜切角和斜切方向对 GaN 同质外延有显著影响[103]。衬底表面不是严格意义上的(0001)密排低指数晶面，而是与其有一定小夹角的邻晶面(vicinal surface)，这个夹角被定义为斜切角。GaN 的邻晶面通常朝[$1\bar{1}00$]晶向或[$11\bar{2}0$]晶向倾斜。

引入 GaN 衬底斜切角可有效抑制同质外延中形成的棱锥状凸起缺陷，获得表面平整的 GaN 外延层。图 3.20 是在小斜切角 GaN 衬底上同质外延的 n-GaN 的 AFM 表面形貌，出现了许多棱锥状凸起，AFM 分析这些棱锥可确认它们是由螺旋生长的台阶形成的，且每一个螺旋台阶在棱锥中心部位都对应着穿透位错的露头。螺旋生长是由于螺位错在晶体表面露头处存在天然的原子台阶[103]，在外延生长时这些天然台阶使得原子优先在此处并入晶格，导致形成螺旋台阶。引入衬底斜切后，GaN 衬底表面会存在大量斜切形成的台阶，它们会与螺位台阶进行竞争。斜切角越大，斜切台阶密度越高，其在竞争中越占优势，最终可抑制螺旋台阶的形成，从而获得表面平整的 GaN 外延层[103]。

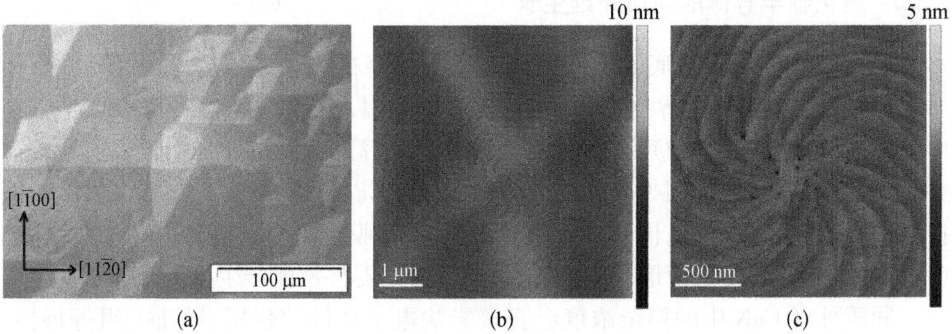


图 3.20　斜切角为 0.11°的 GaN 衬底上同质外延的 n 型 GaN 的形貌像：(a) 光学显微镜图；(b) 六棱锥 AFM 形貌图；(c) 六棱锥顶部 AFM 形貌图[103]

GaN 同质外延过程中除了考虑斜切角大小，还必须考虑斜切方向。图 3.21(a)是 GaN 自支撑衬底上同质外延 1 μm 厚 n 型 GaN 的表面形貌，衬底斜切角为 0.2°，斜切方向为[$11\bar{2}0$][98]。从图中可观察到棱锥状凸起缺陷，还有很多条纹状起伏，如果用 AFM 去观察这些条纹结构，会发现如图 3.21(b)中所示的周期性起伏结构，起伏方向与[$11\bar{2}0$]一致[104]。通过对 AFM 形貌像的拼接，可以获得大范围横向台阶结构图，有助于分析起伏结构与原子台阶走向之间的联系，结果如图 3.22 所示[105]。从图中可看到原子台阶在周期性地发生转向，这种转向还会伴随着单原子台阶与双原子台阶之间的转变，正是这种原子台阶的周期转向导致表面出现了周期性起伏。原子台阶的转向与六方 GaN 原子台阶稳定性有关，通常认为垂直[$1\bar{1}00$]晶向的原子台阶是稳定的，而垂直[$11\bar{2}0$]的原子台阶是不稳定的[105]。当衬底的斜切方向是[$11\bar{2}0$]，垂直于该斜切方向的原子台阶会通过转弯形成更加稳定的台阶,从而导致表面出现条纹起伏。但值得指出的是,在斜切方向为[$1\bar{1}00$]的蓝宝石衬底上异质外延 GaN 时,斜切方向为[$11\bar{2}0$],没有观察到类似的现象,可能是较高密度的穿透位错钉扎了台阶的缘故。

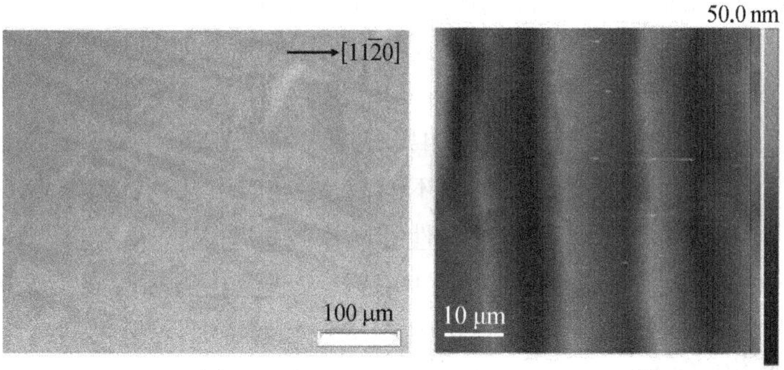


(a) (b)

图 3.21 斜切方向为[$11\bar{2}0$]GaN 衬底上同质外延的 n-GaN 的形貌像:(a) 光学显微镜照片[97];(b) AFM 照片[104]

图 3.22 多张 AFM 形貌图拼接形成的 GaN 衬底上同质外延的 n-GaN 薄膜上大范围横向台阶结构图,合计尺寸为 36×6 $\mu m^2$[105]

# 3.3 氮化物半导体的异质外延生长

## 3.3.1 蓝宝石衬底上 GaN 及其异质结构的外延生长

1991 年,就在 GaN 基蓝光 LED 取得突破不久,美国南卡罗来纳大学 M. A. Khan 等采用 MOCVD 方法首次在蓝宝石衬底上外延生长出 $Al_xGa_{1-x}N$/GaN 异质结构,室温下 2DEG 迁移率只有 620 $cm^2/(V \cdot s)$[106]。1993 年,他们进一步研制出国际上第一只 GaN 基 HEMT 器件,由于异质结构 2DEG 迁移率较低,器件只有静态特性,没有微波特性[107]。M. A. Khan 等的研究工作开创了 GaN 基异质结构及其电子器件研究新领域。

图 3.23 是基于 $Al_xGa_{1-x}N$/GaN 异质结构的 HEMT 器件基本结构示意图。$Al_xGa_{1-x}N$/GaN 异质结构中很强的自发和压电极化效应和很大的导带阶跃 $\Delta E_c$ 在异质界面 GaN 一侧诱导产生了高密度的 2DEG,其具有优良的输运性质,是 GaN 基

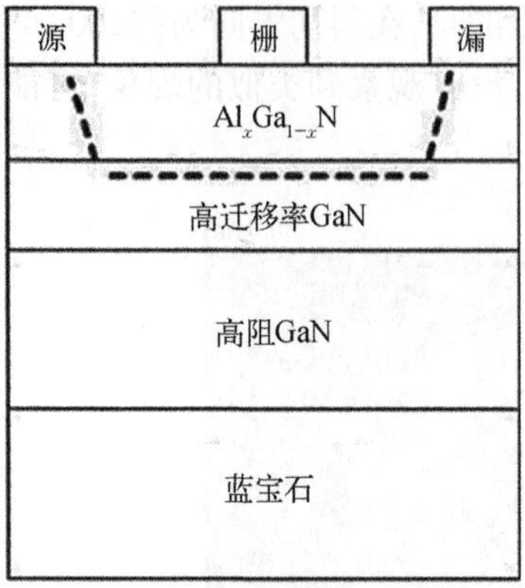


图 3.23　GaN 基 HEMT 器件结构示意图

电子器件研制的基础，对实现高性能 GaN 基 HEMT 器件至关重要。GaN 基 HEMT 器件的饱和电流密度和输出功率密度很大程度上取决于异质结构中 2DEG 的面密度 $n_s$ 和室温迁移率 $\mu_s$ 的乘积。此外，高阻 GaN 外延层的生长也是获得高质量 GaN 基异质结构和高性能电子器件的必要环节，如果异质界面 2DEG 沟道下 GaN 外延层的电阻率不够高，将会产生并行沟道，使电子器件的夹断特性和频率特性恶化[108]。

MOCVD 方法生长的非故意掺杂 GaN 外延薄膜中因 N 空位和 O 杂质等施主型缺陷的存在呈 n 型。2006 年，瑞典皇家理工学院 T. Aggerstam 等最早提出了掺 Fe 杂质补偿 n 型载流子，实现高阻 GaN 的方法[109]。考虑到 MOCVD 外延生长中 Fe 掺杂源关断后的残留效应，他们仅在 1/3 厚度 GaN 中掺 Fe，以保证 $Al_xGa_{1-x}N$/GaN 异质界面处没有 Fe 杂质残留。采用这种方法实现的 $Al_xGa_{1-x}N$/GaN 异质结构基本没有并行沟道，也基本避免了 Fe 杂质的散射，2DEG 室温迁移率提高到了 1 720 $cm^2/(V\cdot s)$。这一高阻 GaN 制备方法目前已在 GaN 基微波功率器件研制中被广泛采用。但是强电场下 GaN 晶体中 Fe 的稳定性不够好，而需要承受高压的 GaN 基功率电子器件中存在强电场，因此需要新的补偿非故意掺杂 GaN 中 n 型载流子的掺杂源。1999 年，加拿大微观结构科学研究所 J. B. Webb 等在 MBE 生长中以 $CH_4$ 作为掺杂源发展了 C 掺杂实现高阻 GaN 的方法[110]，电阻率可达 $10^6$ Ω·cm。由于 C 杂质在强电场下比 Fe 杂质更稳定，掺 C 实现高阻 GaN 在 GaN 基功率电子器件研制中获得了广泛使用。2008 年，北京大学许福军、沈波等采用 MOCVD 位错自补偿方法也实现了高阻 GaN 的外延生长，如图 3.24所示[111]，GaN 外延薄膜方块电阻最高超过了 $10^{11}$ Ω/sq，表面平整度可保持在 0.16 nm。他们在此高阻 GaN 上进一步制备出了高质量的 $Al_xGa_{1-x}N$/GaN 异质结构。

$Al_xGa_{1-x}N$ 势垒层的表面形貌和晶体质量对 $Al_xGa_{1-x}N$/GaN 异质结构中 2DEG 密度、迁移率等有很大影响。在 MOCVD 外延生长 $Al_xGa_{1-x}N$ 势垒层时，TMA 有机源和 $NH_3$ 的预反应比较严重，会显著降低 Al 在 $Al_xGa_{1-x}N$ 层中的并入效率。人们往往采用较低的反应室气压来尽量避免这种预反应[112]。另外，由于 $Al_xGa_{1-x}N$ 和 GaN 之间的晶格失配，当 $Al_xGa_{1-x}N$ 厚度超过其临界厚度时就会产生应力弛豫，从而影响 2DEG 的输运性质和器件性能，因此优化 $Al_xGa_{1-x}N$ 势垒层的质量非常必要。美国 UCSB 的 S. Keller 等发现 $NH_3$ 的流量对 $Al_xGa_{1-x}N$ 势垒层的晶体质量有

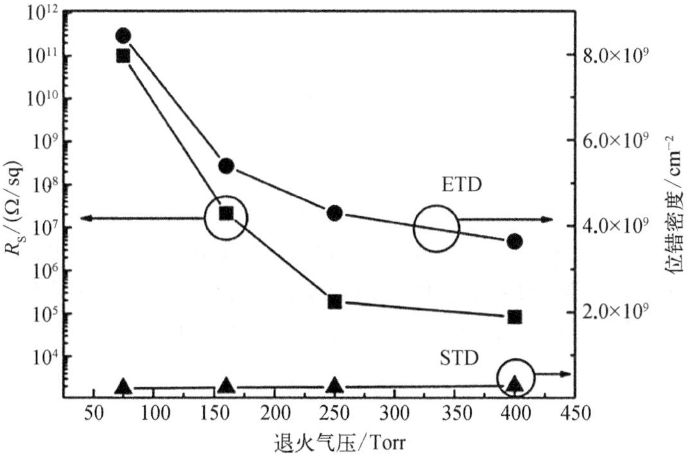


图 3.24 GaN 外延薄膜方块电阻 $R_s$(矩形点)、刃位错 ETD(圆形点)密度、螺位错 STD(三角形点)密度随 MOCVD 外延生长中成核层退火气压的变化规律[111]

很大影响,较低的 $NH_3$流量可以有效改善其表面形貌[113]。

影响 $Al_xGa_{1-x}N$/GaN 异质结构中 2DEG 电学性质的因素很多。如前所述,极化效应是确定 $Al_xGa_{1-x}N$/GaN 异质结构中 2DEG 密度的主要因素,增强 $Al_xGa_{1-x}N$ 势垒层的极化强度是提高 2DEG 密度的有效途径,提升 $Al_xGa_{1-x}N$ 势垒层的 Al 组分可显著增强其极化强度[114,115]。一方面,Al 组分增加将导致 $Al_xGa_{1-x}N$ 与 GaN 的晶格失配增大,从而使得 $Al_xGa_{1-x}N$ 层受到的张应力增大,压电极化增强。另一方面,Al 组分的增加也导致 $Al_xGa_{1-x}N$ 势垒层的自发极化增强。必须指出的是,在势垒层厚度不变的情况下,当 Al 组分增加时,$Al_xGa_{1-x}N$ 和 GaN 之间的晶格失配将增大,从而最终导致 $Al_xGa_{1-x}N$ 势垒层的晶格弛豫。因此,设计 $Al_xGa_{1-x}N$ 势垒层时,必须考虑厚度和 Al 组分两个参数的协调。

影响 $Al_xGa_{1-x}N$/GaN 异质结构中 2DEG 输运性质的因素,除了依赖于温度的声子散射外,GaN 和 $Al_xGa_{1-x}N$ 层中存在的电离杂质散射和高密度位错导致的位错散射都是重要的影响机制[116]。特别需要指出的是,$Al_xGa_{1-x}N$/GaN 异质结构中高密度的 2DEG 使得沟道中的电子分布更加靠近异质界面,因此界面粗糙度散射和来自 $Al_xGa_{1-x}N$ 势垒层的合金无序散射成为影响 2DEG 输运性质的关键因素[116,117],对 2DEG 迁移率有很大影响。由于实际的 $Al_xGa_{1-x}N$/GaN 异质界面不是理想界面,界面的起伏会对沟道中的电子运动产生显著影响,这就是界面粗糙度散射的物理图像。根据理论计算可确定 $Al_xGa_{1-x}N$/GaN 异质界面下 GaN 沟道中的部分电子波函数会延伸到 $Al_xGa_{1-x}N$ 势垒层中,因而会受到 $Al_xGa_{1-x}N$ 三元合金因组分随机涨落(合金无序)造成的散射[117]。随着 $Al_xGa_{1-x}N/GaN$ 异质结构中 2DEG 密度的增加,GaN 沟道中 2DEG 的空间分布中心更接近异质界面[117],电子波函数进入 $Al_xGa_{1-x}N$势垒层的概率增加,从而使得合金无序散射的影响也随着 2DEG 密度的增加而增大。因此为了提升 $Al_xGa_{1-x}N/GaN$ 异质结构的输运性质,需要采取办法减弱应对 2DEG 的合金无序散射和界面粗糙度散射。

2001 年,美国卡内基梅隆大学 L. Hsu 和 W. Walukiewicz 提出在 $Al_xGa_{1-x}N/GaN$ 异质界面处外延一层很薄的 AlN 插入层(interlayer),实验表明该插入层可显著改善 $Al_xGa_{1-x}N/GaN$ 异质结构中 2DEG 的输运性质[115]。美国 UCSB 的 L. Shen 等采用这一方法使 $Al_xGa_{1-x}N/GaN$ 异质结构中 2DEG 的室温迁移率超过了 2 000 $cm^2/(V·s)$[118]。他们的工作大大推动了 GaN 基异质结构输运性质的改善和 HEMT 器件性能的提升。2006 年,日本名古屋工业大学 M. Miyoshi 等对 AlN 插入层的功能进行了详细分析[116],确认 1 nm 厚的 AlN 插入层对改善异质结构的输运性质效果最佳,其机理为: ① AlN 插入层可将沟道电子与 $Al_xGa_{1-x}N$ 三元合金隔开,而且禁带宽度更大的 AlN 与 GaN 的导带不连续性 $\Delta E_c$ 更大,大大提高了电子向 $Al_xGa_{1-x}N$ 层中隧穿的势垒高度,有效降低了沟道电子受到的合金无序散射; ② 由于 AlN 插入层很薄,在其外延生长时,不会因为大的晶格失配出现应力弛豫使界面变得粗糙,因此在减少合金无序散射的同时,并没有增加界面粗糙度散射,从而使 2DEG 迁移率大幅度提高;③ AlN/GaN 界面处导带不连续性的增加,提高了对沟道电子的限制作用,导致 2DEG 密度进一步增大,从而增强了 2DEG 的量子屏蔽效应,2DEG 迁移率可进一步提高。

增加 $Al_xGa_{1-x}N$ 层的 Al 组分能有效提高 $Al_xGa_{1-x}N/GaN$ 异质结构的势垒高度,从而增强对 2DEG 的量子限制效应。然而在 MOCVD 外延生长过程中,由于 Al 原子的表面迁移困难,会使 $Al_xGa_{1-x}N$ 势垒层随 Al 组分提高出现晶体质量劣化现象,增强了对 2DEG 的散射。另外,Al 组分的增加会提高 $Al_xGa_{1-x}N$ 势垒层的合金无序程度,从而增强合金无序散射。因此,对 $Al_xGa_{1-x}N/GaN$ 异质结构而言,$Al_xGa_{1-x}N$势垒层中 Al 组分存在一个最佳范围,大量实验确认这个范围为 0.2~0.3,对应的势垒层厚度最佳范围为 15~30 nm。

### 3.3.2　SiC 衬底上 GaN 及其异质结构的外延生长

SiC 晶体结构的基本单元是由 C 原子和 Si 原子组成的四面体结构。这种结构单元沿着 $c$ 轴具有多种排列顺序,称为 SiC 的同质多型特性。比较常见的 SiC 晶型有闪锌矿结构的 3C-SiC(又称 β-SiC)和纤锌矿结构的 4H-SiC 及 6H-SiC。其中六方结构的 4H-SiC 和 6H-SiC 与 GaN 晶格失配较小,分别为 3.8%和 3.5%。由于 SiC 具有非常高的热导率[达 4.9 W/(cm·K)],以及良好的力学性能和化学稳定性,成为继蓝宝石后又一氮化物半导体外延常用的衬底材料。与蓝宝石相比,SiC

与 GaN 之间晶格失配和热膨胀失配小，在 SiC 衬底上生长的 GaN 基外延材料具有更低的位错密度和更高的晶体质量。目前 SiC 衬底已成为研制高频、大功率 GaN 基射频电子器件的首选衬底材料。

SiC 与 GaN 之间的热膨胀系数差异较大，6H-SiC 与 GaN 热失配约为 33.1%，在 SiC 衬底上直接生长 GaN 会产生极大的张应力，导致外延层开裂[119]。AlN 的晶格常数和热膨胀系数处于 SiC 与 GaN 之间，能够有效缓解晶格失配和热失配产生的应力，国际上通常的做法是首先在 SiC 衬底上高温生长 AlN 缓冲层，然后以 AlN 缓冲层为形核中心外延生长 GaN 及其异质结构[120-122]。表 3.3 是 SiC 衬底和 AlN、GaN 相关参数的对比[119-122]。

**表 3.3 SiC 衬底和 AlN、GaN 相关物理参数的对比[119-122]**

| 材料参数 | | 4H-SiC | 6H-SiC | AlN | GaN |
|---|---|---|---|---|---|
| 室温(300 K)带隙宽度 $E_g$/eV | | 3.28 | 3.08 | 6.2 | 3.39 |
| 室温(300 K)晶格常数/Å | $a$ | 3.076 | 3.081 | 3.112 | 3.189 |
| | $c$ | 10.05 | 15.079 | 4.982 | 5.185 |
| 热导率/[W(cm·K)] | | 4.9 | 4.9 | 2 | 1.5 |
| 热膨胀系数/$K^{-1}$ | $\Delta a/a$ | $3.78\times10^{-6}$ | $4.2\times10^{-6}$ | $4.2\times10^{-6}$ | $5.59\times10^{-6}$ |
| | $\Delta c/c$ | $4.13\times10^{-6}$ | $4.68\times10^{-6}$ | $5.3\times10^{-6}$ | $3.17\times10^{-6}$ |
| 相对介电常数 $\varepsilon_s$ | $/\!/c$ | 9.76 | 9.66 | 9.32 | 10.4 |
| | $\perp c$ | 10.32 | 10.03 | 7.76 | 9.5 |

与蓝宝石衬底上外延生长 GaN 类似，一般采用 MOCVD 的“两步生长法”在 SiC 衬底上制备 GaN 外延材料，其步骤主要有：① SiC 衬底的高温预处理，去除衬底表面的杂质污染物，通常选择在 1 000℃以上的高温原位预处理衬底表面。② 生长 AlN 缓冲层，在 SiC 衬底上很难直接生长高质量的 GaN 外延层[123]。由 AlN 缓冲层提供形核中心，可使 GaN 在外延生长初期，快速地由 3D 纵向生长模式转为 2D 层状生长模式，从而获得高质量的 GaN 外延层。AlN 缓冲层的晶体质量越高，后续生长的 GaN 外延层晶体质量就越好[124]。③ 外延生长 GaN 高阻层，常采用 C 或 Fe 元素故意掺杂的方式补偿非故意掺杂的 GaN 中的 n 型载流子，实现 GaN 外延层的高阻，并通过优化生长温度、压力以及 V/Ⅲ 比等条件改善 GaN 高阻外延层的晶体质量。④ 最后是 GaN 基异质结构的外延生长。

用于 GaN 基 HEMT 器件研制的主流材料是 $Al_xGa_{1-x}N$/GaN 异质结构。另外，近晶格匹配的 $In_xAl_{1-x}N$/GaN 异质结构，其自发极化强度远高于 $Al_xGa_{1-x}N$/GaN 异质结构，2DEG 密度更高，是实现超高频电子器件非常有竞争力的异质结构材料。其他类型的异质结构还有(In, Al)GaN 背势垒结构，双/多沟道 $Al_xGa_{1-x}N$/GaN 异质结构，$In_xAl_yGa_{1-x-y}N/GaN$ 异质结构等。

下面讨论 AlN 缓冲层对 GaN 外延生长的作用及其机理。根据外延生长的动力学理论，在某一特定生长条件下外延层的生长模式（三维或二维）由表面吸附原子的扩散长度 $\lambda$ 决定，$\lambda$ 由公式(3.25)和公式(3.26)给出[125,126]：

$$\lambda = (D\tau)^{1/2} \tag{3.25}$$

$$D = D_0\exp(-E/kT) \tag{3.26}$$

式中，$\tau$ 为吸附原子在生长表面的平均停留时间；$D$ 为吸附原子的表面扩散系数；$E$ 为吸附原子表面扩散势垒；$T$ 为生长温度。由于 Al 吸附原子的黏滞系数较高，AlN 易形成 3D 生长，而 2D 生长窗口较窄。根据理论计算，高温和低Ⅴ/Ⅲ比使 Al 吸附原子的扩散长度 $\lambda$ 增加，AlN 横向生长速率增加，可实现二维生长，从而不需要侧向外延技术[65]。AlN 缓冲层的质量决定着 GaN 的外延质量，其受外延厚度、温度、Ⅴ/Ⅲ比、生长压力等因素的影响，继而影响到 GaN 外延层的晶体质量和表面形貌。

AlN 缓冲层的厚度一般选择在 10～150 nm。当 AlN 层厚度偏离这个范围时，SiC 与 AlN 之间以及 AlN 与 GaN 之间的应力变大，导致 GaN 外延层的位错密度增加，对称面(002)面和非对称面(102)面 X 射线衍射摇摆曲线半高宽展宽。国际上的多个实验均表明 AlN 缓冲层厚度对 GaN 外延层的晶体质量、表面形貌、电学性质等影响显著。

实验表明，随 AlN 缓冲层的生长温度提高，GaN 外延层的位错密度先降后升。分析表明，较低的生长温度下 Al 原子的表面迁移能力弱，AlN 呈 3D 岛状生长，形核岛密度较低，后续的 GaN 外延生长过程中岛与岛之间的合并过程变得困难，导致 GaN 外延层较低的晶体质量[127]；升高 AlN 缓冲层生长温度会显著提高 Al 原子的表面迁移能力，实现 AlN 缓冲层的 2D 生长模式，进而显著提高了 GaN 外延层的晶体质量；继续升高 AlN 缓冲层的生长温度，会引起 TMA 和 $NH_3$ 的预反应，导致 AlN 缓冲层与 GaN 外延层晶体质量下降，穿透位错密度增加[128]。

一般认为，TMA 和 $NH_3$ 在高温下存在剧烈的预反应，AlN 缓冲层生长时高的Ⅴ/Ⅲ比会导致预反应的加剧，使 Al 原子在 SiC 衬底表面迁移能力下降，进而导致 AlN 缓冲层和 GaN 外延层的缺陷密度增加和表面形貌恶化。如图 3.25 所示[129]。高Ⅴ/Ⅲ比条件下生长 AlN 缓冲层，后续生长的 GaN 外延层表面较为粗糙，原子台阶细密，表面出现密集的穿透位错露头。降低Ⅴ/Ⅲ比生长 AlN 缓冲层，将使 GaN 层表面平整，原子台阶较宽，位错露头少；继续降低Ⅴ/Ⅲ比生长高温 AlN 形核层，GaN 层表面的原子台阶同样较宽，但会出现少量位错露头。

此外，由于 GaN 和 SiC 之间存在较大的热失配，降温过程中 GaN 外延层内会引入较大的张应力，当张应力累积到一定程度后，GaN 外延层将产生裂纹。国际上

(a) (b) (c)

图 3.25 不同V/Ⅲ比条件下生长 AlN 缓冲层后 GaN 外延层 AFM 形貌像[129]

一些研究小组采用在 AlN 缓冲层上继续生长 Al 组分渐变的 $Al_xGa_{1-x}N$ 缓冲层来缓解 GaN 外延层中的应力和降低位错密度[130–135]。

下面对 SiC 衬底上 AlN 和 GaN 生长的应力状态进行分析。图 3.26 为 SiC 衬底上通过高温 AlN 形核层生长 GaN 外延层的原位激光反射率曲线和对应的翘曲(应力)曲线[135]。通过拉曼光谱测试 GaN 和 AlN 的 E2－high 峰可计算出 GaN 层中相应的应力,公式如下[135]:

$$\Delta\omega = \gamma\sigma_{xx} \tag{3.27}$$

式中,$\Delta\omega$ 为波数偏移量($\omega$ 为波数);$\gamma$ 为应力系数(GaN 为 2.7 $cm^{-1}\cdot GPa^{-1}$,AlN 为 3.39 $cm^{-1}\cdot GPa^{-1}$);$\sigma_{xx}$ 为材料的水平应力。MOCVD 外延生长过程中,SiC 衬底上 GaN 外延层受到的是张应力,AlN 缓冲层的应力由张应力逐渐转变为压应力,此时 GaN 外延层的应力最小,如图 3.26 所示。分析认为 AlN 缓冲层的厚度、生长温度、

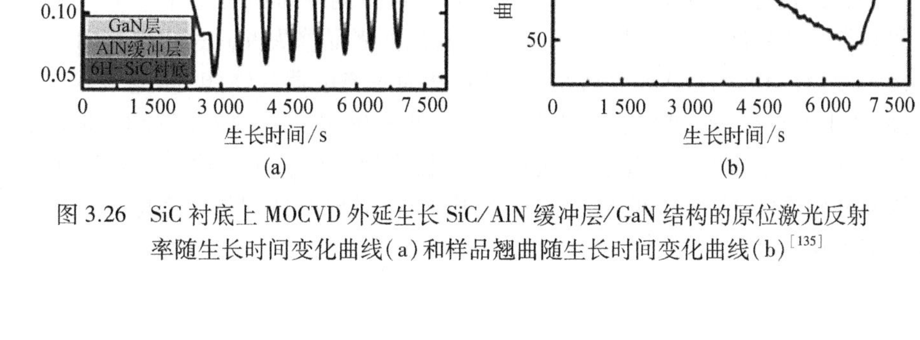

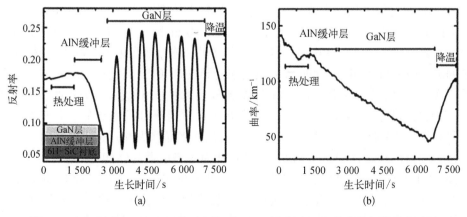


图 3.26 SiC 衬底上 MOCVD 外延生长 SiC/AlN 缓冲层/GaN 结构的原位激光反射率随生长时间变化曲线(a)和样品翘曲随生长时间变化曲线(b)[135]

V/Ⅲ比等外延条件会显著影响 AlN 的应力状态，进而对 GaN 外延层的应力状态产生影响[135]。在 SiC 衬底上一定程度上增加 AlN 缓冲层的厚度可缓解 GaN 外延层的张应力。2007 年，日本名古屋工业大学 Y. Taniyasu 等的研究确认 GaN 外延层内所受的张应力大小与其穿透位错密度成正比，即 GaN 外延层的穿透位错密度越低，其所受的张应力越小，反之亦然[135]。

### 3.3.3　Si 衬底上 GaN 及其异质结构的外延生长

1. Si 衬底上 GaN 外延生长面临的关键问题

经过几十年的发展，传统的 Si 基功率电子器件性能已接近 Si 半导体材料的物理极限，难以满足下一代电力系统对功率电子器件的需求，迫切需要发展新一代功率电子器件。近年来，基于 Si 衬底的 GaN 基 HEMT 功率电子器件具有击穿电压高（比 Si 高 10 倍左右）、导通电阻低（约为 Si 的千分之一）、开关速度快（比 Si 高 100 倍左右）、耐高温（可在 500℃以上的高温环境使用）、器件体积小等优异特性，并且与现有的 Si 基 CMOS 器件工艺兼容而大幅度降低制造成本，因此有望在太阳能逆变器、电动汽车逆变器、激光雷达、手机及新一代通用电源等领域获得广泛应用，成为当前国际上氮化物半导体领域研究和产业化的新热点。

高质量的外延材料是实现 GaN 基功率电子器件的前提和基础。当前在 Si 衬底上外延生长 GaN 及其异质结构仍面临以下问题[136]：① Si 衬底的表面处理。Si 衬底表面覆盖有多晶的氧化物，在进行氮化物外延生长前，需要将氧化物去掉。如何在去掉氧化物的同时还能保持 Si 衬底表面结构不被破坏是首先需要面对的问题。② Ga-Si 金属回熔问题。由于 Ga 金属和 Si 衬底之间存在回熔反应，即通常所说的“回熔背刻蚀”，导致在外延 GaN 时，Si 衬底和 GaN 表面会变得非常粗糙。Ga 金属会穿过缓冲层的空隙和 Si 反应，产生较大的腐蚀坑。③ Si 和 GaN 之间非常大的晶格热膨胀系数失配（热失配）。表 3.4 为 Si 和 GaN、AlN 的晶格常数和热膨胀系数的对照表[136]，从中可以看出 Si 晶体的热膨胀系数远小于 GaN 晶体，两者之间的热失配高达 54%。如此大的热失配会导致 MOCVD 高温外延的 GaN 在生长后的降温过程中产生非常大的张应力，导致样品翘曲乃至龟裂，龟裂意味着外延失败，而大的翘曲会给后续的器件制备工艺带来严重问题而不被允许。④ Si 和 GaN 之间非常大的晶格失配。从表 3.4 中可以看出两者晶格失配高达 17%。如此大的晶格失配会在 GaN 层中产生高密度位错，从而对光电器件性能，如电子器件的可靠性，产生严重影响。为此，近十年来国内外发展了一系列专门针对 Si 衬底上 GaN 及其异质结构的外延生长方法和技术，极大地提高了 Si 衬底上 GaN 及其异质结构的外延质量，为推动 Si 衬底上 GaN 基半导体器件，特别是功率电子器件的研制奠定了材料基础。

**表 3.4 GaN、AlN 和 Si 的晶格常数和热膨胀系数及相对于 GaN 的失配**[136]

| 材　料 | $a$/nm | $c$/nm | 热膨胀系数/($10^{-6}\ K^{-1}$) | 晶格失配(GaN/衬底) | 热失配(GaN/衬底) |
|---|---|---|---|---|---|
| GaN | 0.318 9 | 0.518 5 | 5.59 | — | — |
| AlN | 0.311 2 | 0.498 2 | 4.2 | 2.4% | 25% |
| Si(111) | 0.5431 | — | 2.59 | −16.9% | 54% |

2. Si 衬底上 GaN 外延生长的缓冲层技术

近二十年来,Si 衬底上 GaN 外延生长的研究一直围绕应力控制和位错控制这两个关键问题展开,形成了一系列的技术路线,包括图案化 Si 衬底技术、AlN 缓冲层技术、AlN/GaN 超晶格缓冲层技术、AlGaN 组分渐变缓冲层技术等。除了图案化 Si 衬底技术,其他方法均以 AlN 缓冲层的生长为基础。下面分别介绍这几种方法。

1) 图案化 Si 衬底技术

在 Si 衬底上通过掩模或者刻蚀的方法制作成一些规则图案,只要图案化后的连续区域尺寸小于平均裂纹的距离,应力就会在 Si 衬底上图案边缘被释放,GaN 就不会出现裂纹。最简单的图案化的方法是沉积氮化硅($Si_3N_4$)或者氧化硅($SiO_2$)[75,137],其上不能成核生长单晶 GaN,只沉积以很慢速率生长的多晶 GaN。如图 3.27 所示[137],在 100 μm×100 μm 的图形窗口上,可以获得 3.6 μm 无裂纹 GaN 外延层。另外一种图案化方法是通过深刻蚀挖槽的方法来阻止形成连续的薄膜[138,139],这是一种无掩模技术,槽的深度和形状是减少应力、抑制龟裂的关键参数。GaN 外延层的面内应力通过自支撑的表面来释放,这样通过在周围区域刻蚀成宽度为 20 μm、深度为3 μm 的槽,可以在 300 μm×300 μm 的区域获得 2 μm 厚的无裂纹 GaN 外延薄膜[135]。

图 3.27 (a) 图案化 Si(111)衬底和(b) 无裂纹 GaN 外延薄膜的 SEM 形貌像[137]

南昌大学江风益等将图案化 Si 衬底(1 mm×1 mm)与 AlN 和 $Al_xGa_{1-x}N$ 缓冲层技术相结合[140],获得了高质量的无裂纹 GaN 外延层及其 GaN 基蓝光 LED,通过进一步优化 AlN 缓冲层,获得的 GaN 外延层残余应力很小,且非常稳定。

2) AlN 缓冲层技术

Si 衬底上 AlN 缓冲层是整个 GaN 及其异质结构外延生长的核心环节之一,决定了后续 GaN 外延的应力控制和晶体质量。早期大量的实验表明,直接在 Si 衬底上生长 GaN 存在严重的 Si 表面刻蚀,这是由高温下 Ga 原子和 Si 晶体发生固相反应所致。为了抑制该固相反应,人们提出了不同的缓冲层技术,期望阻止 GaN 与 Si 衬底的反应。其中 AlN 缓冲层是迄今最为有效的方法。一方面,AlN 可以阻止 Ga 金属与 Si 衬底在高温下的固相反应;更重要的是 AlN 晶格常数比 GaN 小,可以为后续 GaN 的外延生长提供压应力,抑制外延层裂纹的产生。

AlN 缓冲层技术最早由诺贝尔奖获得者、日本名古屋大学 H. Amano 等于 1998 年提出,用作蓝宝石衬底上外延 GaN 的缓冲层[141]。2000 年,德国马德堡大学 A. Krost等把 AlN 缓冲层技术运用于 Si 衬底上 GaN 的外延生长,用以抑制 GaN 外延层中的应力和裂纹[142]。他们详细研究了 AlN 层的生长参数如生长温度、外延厚度对后续 GaN 外延的影响。通过 XRD 倒易空间图谱,A. Krost 等发现低温生长的 AlN 比上面的 GaN 外延层晶格常数小,而高温生长的 AlN 的横向晶格和 GaN 基本相同。也就是说低温下生长的 AlN 容易弛豫,可对上层 GaN 施加压应力来补偿降温时 GaN 中产生的热应力[143]。接着法国国家科学研究中心(CNRS)的 E. Frayssinet等通过采用 AlN 缓冲层,把 GaN 的连续外延厚度提升到 4 μm,如图 3.28所示[144]。2011 年,A. Krost等通过采用多次 AlN 缓冲层方法获得了总厚度达 14.3 μm 的 GaN 外延薄膜[145],其中 GaN 的连续膜厚为 4.5 μm。然而,由于 AlN 和 GaN 之间存在较大的晶格失配,AlN 缓冲层的引入会同时引入高密度位错。为此,有研究者提出在 AlN 缓冲层基础上,进一步引入 $Al_xGa_{1-x}N$ 缓冲层,研究表明这一改进可获得较高质量的 GaN 外延薄膜[146]。

德国 ALLOS 半导体公司 A. Nishikawa 使用多次 AlN 缓冲层技术[147],通过杂质控制技术抑制 C 掺杂,获得了连续厚度达 7 μm 的 GaN 外延层,在此上制备的电子器件漏电为 0.07 $\mu A/mm^2$@ 600 V。该研究团队认为这种样品结构对于提高器件耐压性,并同时降低动态导通电阻非常重要。

在 Si 衬底上生长 AlN 缓冲层常遇到的一个难题是 AlN 表面会出现高密度的空洞,空洞的存在一方面使后续 GaN 外延时 Ga 原子通过空隙扩散到 Si 衬底上引起回熔反应,另一方面会影响后续外延生长的质量,并在 GaN 表面产生大量 V 型坑。最近的研究表明这种 V 型坑会直接影响电子器件的垂直漏电特性[148]。因此,在 AlN 缓冲层生长过程中如何控制生长条件,抑制空洞的产生是非常关键的。图 3.29 给出了未优化和优化条件下的 AlN 表面 AFM 形貌图。

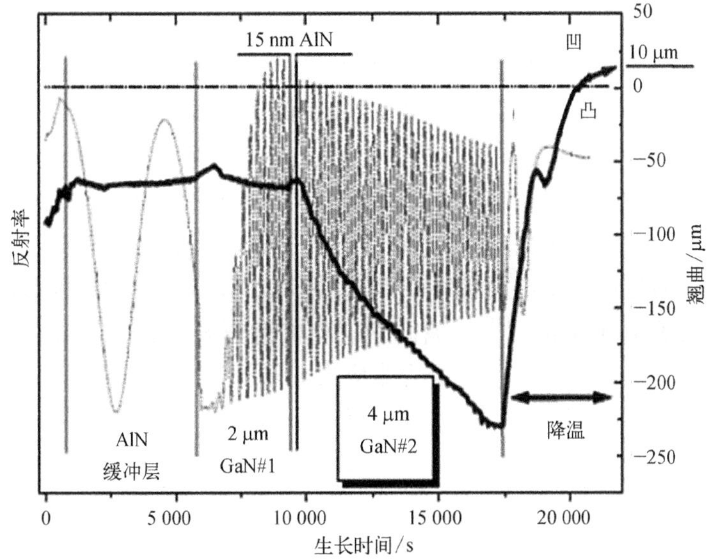


图 3.28 Si 衬底上 GaN 加入 AlN 插入层的原位反射率曲线(灰色点状线)和翘曲曲线(黑色实线)随生长时间变化曲线[144]

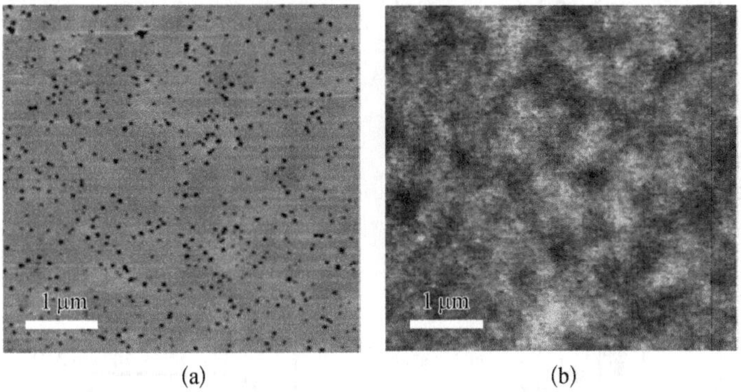


图 3.29 Si 衬底上未优化(a)和优化(b)条件下生长的 AlN 缓冲层的 AFM 形貌

3) $Al_xGa_{1-x}N$ 缓冲层技术

由于 $Al_xGa_{1-x}N$ 的晶格常数介于 AlN 和 GaN 之间,在 AlN 和 GaN 层之间插入 $Al_xGa_{1-x}N$ 缓冲层,可以减慢压应力的弛豫,为后续 GaN 外延生长提供应力控制条件。迄今国际上发展的 $Al_xGa_{1-x}N$ 缓冲层主要有三种结构: ① 单层固定 Al 组分 $Al_xGa_{1-x}N$ 结构[149-151];② 单层 Al 组分梯度渐变 $Al_xGa_{1-x}N$ 结构[152,153];③ 多层 Al 组分梯度渐变结构[154,155]。下面介绍这几种 $Al_xGa_{1-x}N$ 缓冲层技术。

1999 年,日本名古屋工业大学 H. Ishikawa 等通过在 AlN 缓冲层上生长一层 Al

组分固定的 $Al_xGa_{1-x}N$ 缓冲层(Al 组分 27%,厚度 250 nm),在 Si 衬底上获得了 1 μm厚的无裂纹 GaN 外延层[149,150]。2001 年,美国 UCSB 的 H. Marchand 等提出了 Al 组分线性渐变的 $Al_xGa_{1-x}N$ 缓冲层技术,即 $Al_xGa_{1-x}N$ 层的 Al 组分随其厚度从高 Al 组分线性变化到低 Al 组分[152]。他们通过在 Si 衬底上生长 800 nm 的 Al 组分线性渐变 $Al_xGa_{1-x}N$ 缓冲层(从 AlN 变到 GaN),获得了厚度为 200 nm 无裂纹的 GaN 外延层,但位错密度较高。2005 年,美国宾夕法尼亚州立大学 S. Raghavan 和 J. Redwing 通过进一步增大组分渐变的 $Al_xGa_{1-x}N$ 缓冲层厚度,将无裂纹 GaN 外延层的厚度提升到了 1 μm[153]。他们发现随着组分渐变的 $Al_xGa_{1-x}N$ 厚度增大,GaN 外延层的应力状态从压应力变为张应力的转折点厚度也将增加,最后将一直保持压应力生长状态,此时具有更大的压应力来补偿外延生长后降温过程在 GaN 中产生的张应力,从而提升了 GaN 外延层的晶体质量,如图 3.30 所示[153]。

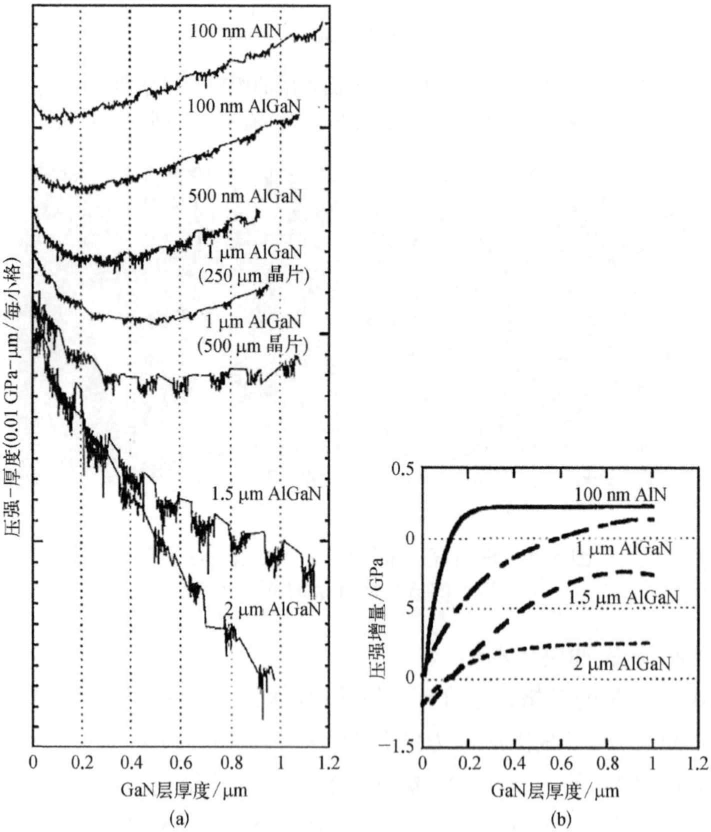


图 3.30　Si(a) 衬底上不同厚度和组分缓冲层及不同厚度衬底上 GaN 应力-厚度随 GaN 厚度变化关系;(b) 衬底上不同厚度和组分缓冲层上 GaN 应力增量随厚度变化关系[153]

另外一种 $Al_xGa_{1-x}N$ 缓冲层结构是多层 Al 组分梯度渐变 $Al_xGa_{1-x}N$ 结构。2001 年,韩国光州科技大学的 M. H. Kim 等提出了采用五层 Al 组分渐变的 $Al_xGa_{1-x}N$缓冲层技术(87%、67%、47%、27%、7%),但获得的 GaN 外延层仍有裂纹[154]。2006 年,比利时 IMEC 的 K. Cheng 等采用四层梯度渐变 $Al_xGa_{1-x}N$ 缓冲层(Al 组分分别是 73%、55%、40%、25%),结构如图 3.31 所示[155],获得了无裂纹的 1 μm厚 GaN 外延层,XRD 摇摆曲线(002)半高宽为 790 arcsec。2012 年,新加坡材料研究所 S. Tripathy 等用三层组分梯度渐变 $Al_xGa_{1-x}N$ 缓冲层(Al 组分分别为 75%、50% 和 25%),结合 AlN 缓冲层技术,实现了厚度 3.3 μm 的 GaN 外延薄膜[156]。

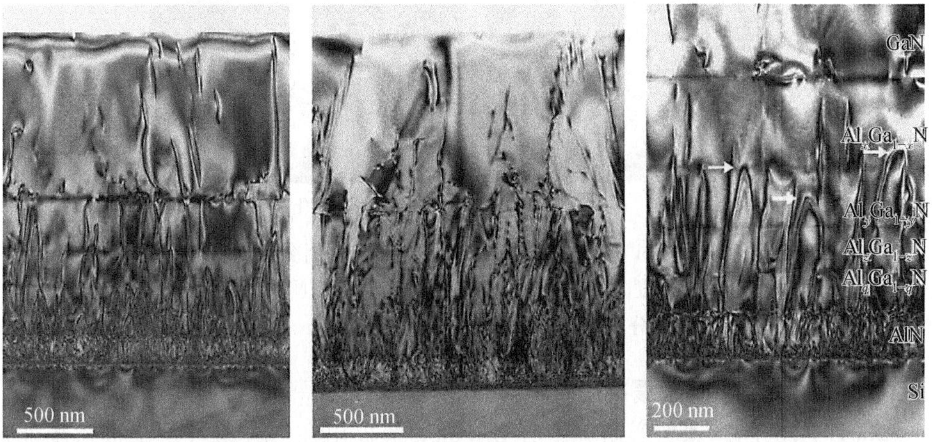


(a) (b) (c)

图 3.31 Si 衬底上采用四层 Al 组分梯度渐变 $Al_xGa_{1-x}N$ 缓冲层生长的 GaN 外延薄膜在双束衍射条件下的截面 TEM 形貌像:(a)和(c)衍射矢量为[0002];(b)衍射矢量为[$11\bar{2}0$][155]

2016 年,中科院苏州纳米所孙钱、杨辉等采用双层 $Al_xGa_{1-x}N$ 缓冲层(Al 组分分别为 35%、17%),获得了高质量的无裂纹 GaN 外延薄膜,XRD 摇摆曲线半宽降低到 300 arcsec 以内,在此基础上实现了 Si 衬底上 GaN 基紫光激光器的激射[157]。

2015 年,北京大学杨学林、沈波等发展了一种大晶格失配诱导应力外延方法生长 Si 衬底上 GaN[158,159],即在 AlN 缓冲层上进一步采用单层低 Al 组分 $Al_xGa_{1-x}N$ 缓冲层结构,利用 AlN 和低 Al 组分 $Al_xGa_{1-x}N$ 之间的大晶格失配,驱动其中的位错发生大角度转弯,从而增大 $Al_xGa_{1-x}N$ 中位错发生相互作用的概率,如图 3.32 所示[159],进而有效降低了延伸到 GaN 外延层中的位错密度,同时降低了由位错弛豫引起的压应力弛豫,从而在提高 GaN 晶体质量的同时,有效保持了 GaN 中的压应力,在 4~6 英寸 Si 衬底上外延生长出高质量的无龟裂高阻 GaN 外延层。近期,他们进一步优化该方法,把 Si 衬底上 GaN 外延层的连续厚度提升到了 7.3 μm[160]。

由于低 Al 组分 $Al_xGa_{1-x}N$ 易于进行掺杂和电导调控，采用该缓冲层技术制备的 GaN 及其异质结构在垂直结构电子器件等领域具有很大的应用潜力[161]。

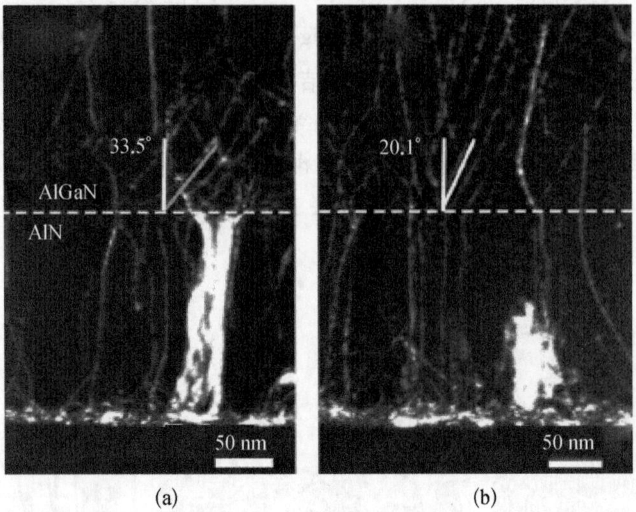


图 3.32　AlN/Si 上单层 $Al_xGa_{1-x}N$ 缓冲层中 Al 组分对其中位错弯曲角度的影响：(a) 低 Al 组分 $Al_xGa_{1-x}N$ 缓冲层；(b) 高 Al 组分 $Al_xGa_{1-x}N$ 缓冲层[159]

4) AlN/GaN 超晶格缓冲层技术

2001 年，法国国家科学研究中心 E. Feltin 等提出在 AlN 缓冲层上进一步外延一定厚度的 AlN/GaN 超晶格结构，进而在超晶格上进一步生长 GaN 外延层[162,163]。他们采用该方法在 Si 衬底上成功获得了无裂纹的 GaN 外延薄膜。AlN/GaN 超晶格可等效看成 $Al_xGa_{1-x}N$ 合金，其等效 Al 组分由超晶格中 AlN 和 GaN 的厚度比决定，这样超晶格层和 GaN 外延层之间的晶格失配就会比 AlN 和 GaN 之间小很多，从而在外延生长中可有效减缓 GaN 中压应力的弛豫。大量实验表明 GaN 外延层中的应力与其下的 AlN/GaN 超晶格的周期数密切相关，同时超晶格的界面可以阻断贯穿位错的向上传播[164-166]。2009 年，日本名古屋工业大学 T. Egawa等采用 AlN/GaN 超晶格(厚度比 5 nm/20 nm)缓冲层，获得了 Si 衬底上总厚度达 9 μm(超晶格 7 μm、GaN 2 μm)的无裂纹 GaN 外延结构，并确认这种结构在提升 GaN 基电子器件的耐压特性方面效果显著[167]。

除了上述几种 Si 衬底上 GaN 外延的缓冲层技术，人们也在积极探索其他新型的缓冲层技术，如采用 ScN[168]、3C-SiC[169]、ScN[170]、$Gd_2O_3$[171] 等，也取得了一定进展。

总之，近几年国际上通过采用 AlN、$Al_xGa_{1-x}N$ 基缓冲层技术，在一定程度上实现了 Si 衬底上 GaN 外延生长的应力控制和缺陷控制，Si 衬底上 GaN 外延层的龟裂问题基本得到了解决，GaN 外延层的位错密度也在不断下降，其 XRD 摇摆曲线半高宽(002)和(102)可分别降低到 300 arcsec 以下，同时 Si 上 GaN 外延片直径已从 2~4 英寸扩大到了 6~8 英寸。表 3.5 给出了国际上部分研发机构 Si 衬底上 GaN 外延采用的缓冲层技术路线和达到的外延质量水平。

**表 3.5 国际上部分机构 Si 衬底上 GaN 外延的缓冲层技术路线和外延质量对比**

| 研发机构 | 缓冲层技术路线 | 外延层厚度/μm | XRC 半高宽 | 参考文献 |
|---|---|---|---|---|
| 比利时 IMEC | AlGaN 层，SiN 掩模 | 2~3 | (002)533<br>(102)415 | Cheng 等(2008)[172] |
| 日本名古屋工业大学 | GaN/AlN SLs | 9 | — | Selvaraj 等(2009)[167] |
| 德国马格德堡大学 | SiN，AlN 插入层， | 14.3 | (0002)252<br>(1010)372 | Dadgar 等(2011)[145] |
| 韩国三星 | — | 7 | — | Kim 等(2011)[173] |
| 日本东芝 | SiN，AlGaN 层 | 3 | (002)289<br>(102)256 | Hikosaka(2014)[174] |
| 中科院苏州纳米所 | AlGaN 层 | 6 | (002)260<br>(102)270 | Sun 等(2016)[157] |
| 北京大学 | AlGaN 层 | 8 | (002)299<br>(102)314 | Zhang 等(2018)[160] |

3. Si 衬底上 GaN 基异质结构的外延生长

1) $Al_xGa_{1-x}N$/GaN 异质结构

$Al_xGa_{1-x}N$/GaN 异质结构是 Si 衬底上 GaN 基电子器件研制采用的主流结构。一个常规的 $Al_xGa_{1-x}N$/GaN 异质结构主要包含 Si 衬底、AlN/$Al_xGa_{1-x}N$ 缓冲层、(Al)GaN 高阻外延层、GaN 沟道层、AlN 插入层、$Al_xGa_{1-x}N$ 势垒层和 GaN 盖帽层。常用的 Si 衬底有 p 型(主要面向功率电子器件)和高阻衬底(主要面向射频电子器件)。用于应力控制和位错控制的缓冲层结构上面已经讨论过。(Al)GaN 高阻外延层是 Si 衬底上 GaN 基异质结构另一关键的部分，对电子器件的电学性质和可靠性具有重要影响。如前所述，非故意掺杂 GaN 因 N 空位和 O 杂质的存在，一般呈 n 型，为了获得异质结构需要的高阻 GaN 层，一般是通过掺入受主杂质来补偿 N 空位和 O 杂质等施主态。目前多采用 C 或者 Fe 作为受主掺杂剂，特别是 C 掺杂，因 MOCVD 生长中的记忆效应小而成为当前面向功率电子器件的 GaN 基异质结构制备的主要方法。采用禁带宽度较大的 $Al_xGa_{1-x}N$ 插入高阻 GaN 层中形成复合的

(Al)GaN 高阻外延层,也是目前常用的方法,对于提高功率电子器件的耐压特性效果显著。

为了提高异质结构中 2DEG 的迁移率,降低杂质散射,需要在(Al)GaN 高阻外延层上再外延一层高质量 GaN 沟道层,以提升沟道中 2DEG 的输运特性。GaN 沟道层上 AlN 超薄插入层和 $Al_xGa_{1-x}N$ 势垒层和常规的蓝宝石、SiC 衬底上异质结构基本一样。在这里需要指出的是,虽然近几年 Si 衬底上 GaN 基异质结构外延质量和电学性质显著提升,但与更成熟的蓝宝石、SiC 衬底上的 GaN 基异质结构相比仍有一定差距,特别是 Si 衬底上 GaN 外延片可观的残余应力、局域陷阱态密度及其带来的材料、器件可靠性问题还相当严重,Si 衬底上 GaN 及其异质结构的应力和缺陷控制问题尚没有得到根本解决。如何制备出更高质量的 Si 衬底上 GaN 基异质结构,依然是当前该领域高度关注的热点问题。

2DEG 迁移率是衡量面向电子器件的 GaN 基异质结构质量的关键指标之一。获得高 2DEG 迁移率的 $Al_xGa_{1-x}N$/GaN 异质结构与表面/界面质量的精确控制密切相关。然而,Si 衬底上 GaN 基异质结构因非常大的晶格失配和热失配导致位错密度高、残留应力大,难以形成高质量、稳定的表面/界面。在 Si 衬底上异质结构外延过程中通常会在 $Al_xGa_{1-x}N$ 势垒层的表面看到一些纳米尺度裂隙的存在[175-178],这种表面形貌会显著影响相关器件的漏电行为和电流崩塌效应[179,180]。如何去除这些纳米级别的裂纹对于提高 GaN 基异质结构材料质量和电子器件性能非常重要。但迄今对这些纳米尺度裂隙的形成机制还没有形成一致的观点。北京大学程建朋、杨学林等通过 TEM 研究,建立了 $Al_xGa_{1-x}N$ 表面原子形貌和单根位错之间的关联规律,确认张应力外延生长条件下刃位错是导致 $Al_xGa_{1-x}N$表面原子不稳定并产生纳米尺度裂痕的主要原因,进而通过改变外延生长条件,并原位生长 GaN 盖帽层消除了 $Al_xGa_{1-x}N$ 表面的纳米尺度裂隙,成功制备出 2DEG 室温迁移率高达 2 260 $cm^2/(V\cdot s)$,2DEG 面密度 $1.0\times10^{13}$ $cm^{-2}$的高质量 $Al_xGa_{1-x}N$/GaN 异质结构材料[181]。

射频电子器件的电流崩塌效应和功率电子器件的动态导通电导退化效应曾是长期困扰 GaN 基电子器件发展的难题[182-185]。在器件结构中采用场板结构较好解决了射频电子器件的电流崩塌效应,但功率电子器件的动态导通电导退化迄今还没有得到很好的解决,特别是 Si 衬底上的 GaN 基功率电子器件动态电导退化效应迄今依然是阻碍其走向应用的主要问题之一[186]。

电流崩塌效应和动态导通电导退化效应产生的主要原因是,在外加电场作用下,$Al_xGa_{1-x}N$/GaN 异质结构界面沟道中的电子从三角形量子阱中溢出进入 GaN 缓冲层陷阱态或表面/界面态中[185]。解决这一问题的有效办法之一是在沟道下方插入背势垒结构,即采用 $Al_xGa_{1-x}N$/GaN/$Al_xGa_{1-x}N$ 双异质结构[187]。这种结构对沟道阱中电子的限域能力大大增强，因而对沟道阱中的电子溢出有很好的抑制作用。这种在SiC衬底上GaN基异质结构和电子器件发展的技术后来也被用到了Si衬底上相应的材料和器件结构中[188]。比利时IMEC的K. Cheng等采用AlN缓冲层加$Al_{0.75}GaN/Al_{0.50}GaN$双缓冲层结构，在Si衬底上首先外延生长出3.17 μm厚的$Al_{0.25}GaN$高阻层，然后外延了$Al_xGa_{1-x}N/GaN/Al_xGa_{1-x}N$双异质结构，如图3.33所示[189]。该双异质结构室温下2DEG的迁移率为1 766 $cm^2/(V\cdot s)$，面密度$1.16\times10^{13}\ cm^{-2}$，基于该双异质结构研制的HEMT器件的动态导通电导退化被较好的抑制，且器件耐压也显著提升。

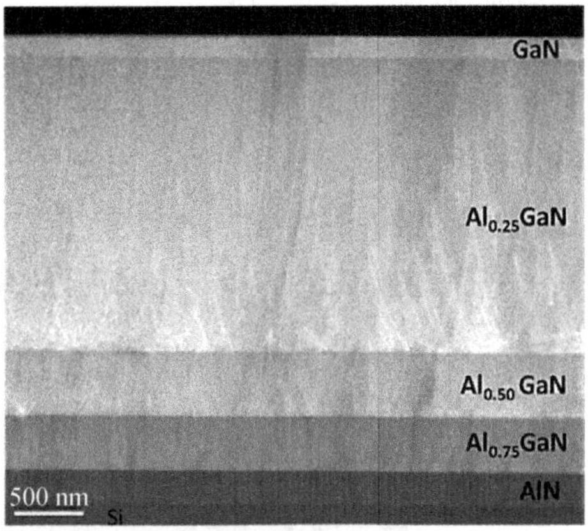


图3.33 Si衬底上$Al_xGa_{1-x}N/GaN/Al_xGa_{1-x}N$双异质结构截面的TEM形貌像[189]

2) $In_{0.18}Al_{0.82}(Ga)N/GaN$晶格匹配异质结构

近年来，Si衬底上GaN基超射频电子器件受到了人们的广泛关注[190]。为了提高器件的频率特性，GaN基HEMT器件的栅长越来越短，最短已达到10 nm左右[191]。而为了避免出现栅长越来越短而导致的短沟道效应，要求异质结构势垒层变得更薄。而$Al_xGa_{1-x}N/GaN$异质结构势垒层厚度低至7 nm以下时，2DEG面密度将急剧下降[192]。因此，常规的$Al_xGa_{1-x}N/GaN$异质结构已不适应GaN基射频器件向亚毫米波段或太赫兹波段方向发展的趋势。

不同于$Al_xGa_{1-x}N/GaN$异质结构，上下晶格匹配的$In_{0.18}Al_{0.82}(Ga)N/GaN$异质结构主要由自发极化效应感应出2DEG，因此即使$In_{0.18}Al_{0.82}(Ga)N$势垒层厚度降低到5 nm以下，异质界面沟道中依然有很高密度的2DEG存在[193]。因此$In_{0.18}Al_{0.82}(Ga)N/GaN$异质结构是发展亚毫米波段或太赫兹波段GaN基射频电子器件的优先异质结构材料。

但由于AlN和InN的最佳外延生长条件，特别是最佳外延温度相差很大，很难获得高质量的$In_{0.18}Al_{0.82}(Ga)N/GaN$异质结构材料。同$Al_xGa_{1-x}N/GaN$异质结构相比，$In_{0.18}Al_{0.82}(Ga)N/GaN$异质结构中2DEG迁移率依然较低[194,195]。特别是在较高2DEG密度的情况下，异质结构中2DEG分布更加靠近异质界面，$In_{0.18}Al_{0.82}(Ga)N$势垒层比较严重的合金无序和低晶体质量导致的合金无序散射和界面粗糙度散射成为限制2DEG迁移率提高的主要因素。因此，如何控制好$In_{0.18}Al_{0.82}(Ga)N$势垒层晶体质量和界面质量是提高Si衬底上$In_{0.18}Al_{0.82}(Ga)N/GaN$异质结构中2DEG输运特性，乃至射频器件性能的关键。为此，北京大学沈波、杨学林等提出了一种有效提高异质结构界面质量的方法[196]，即在 MOCVD 外延生长 Si 衬底上 $In_{0.18}Al_{0.82}(Ga)N$/GaN 异质结构时采用低温 AlN 沟道插入层，同时将外延生长中断改在制备 AlN 插入层前，避免了 GaN 沟道层在高温 AlN 插入层生长环境下的表面退化，获得了尖锐的界面，如图 3.34 所示[196]。该方法有效地抑制了界面粗糙度散射，较好地解决了载 2DEG 密度和迁移率难以同时提高的难题，实现高质量的 $In_{0.18}Al_{0.82}(Ga)N$/GaN 异质结构。室温下 2DEG 面密度高达 $2.0\times10^{13}\ cm^{-2}$，同时 2DEG 迁移率达到了 1 620 $cm^2/(V\cdot s)$[196]。

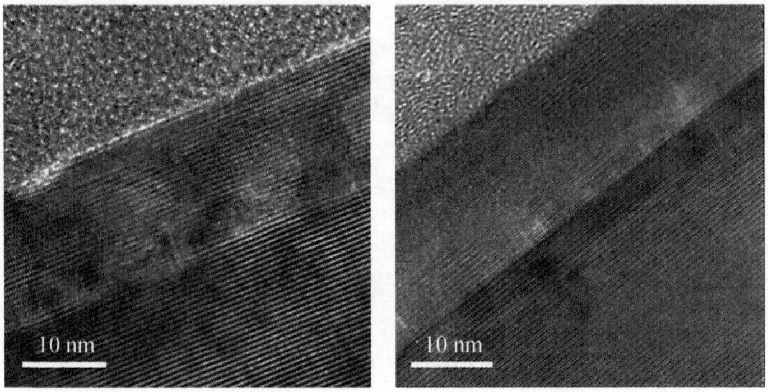

(a)　　(b)

图 3.34　$In_{0.18}Al_{0.82}(Ga)N$/GaN 异质结构界面优化前(a)和优化后(b)的 HR-TEM 形貌像[196]

中科院苏州纳米所和中国电子科技集团公司第五十五研究所(简称中国电科五十五所)合作，采用 In 掺杂来改善 $In_{0.18}Al_{0.82}(Ga)N$/GaN 异质结构的表面和界面质量，在 5 nm 的 $In_{0.18}Al_{0.82}(Ga)N$ 势垒层厚度下，室温下异质结构中 2DEG 面密度为 $1.3\times10^{13}\ cm^{-2}$，2DEG 迁移率达到了 1 860 $cm^2/(V\cdot s)$[197]。在此基础上研制的高频电子器件的 $f_T$ 和 $f_{max}$ 分别达到了 145 GHz 和 220 GHz。

总之，通过创新各种 AlN、$Al_xGa_{1-x}N$ 缓冲层技术，近几年国际上 Si 衬底上 GaN 及其异质结构的外延生长已取得了很大进展，GaN 外延薄膜位错密度不断降低，目前最好结果已低至约 $10^8\ cm^{-2}$ 量级，Si 衬底上 $Al_xGa_{1-x}N$/GaN 异质结构的室温 2DEG 迁移率已突破 2 000 $cm^2/(V\cdot s)$，GaN 及其异质结构外延片尺寸不断增大，直径已从 2~4 英寸扩大到目前主流的 6~8 英寸。

虽然国际上已有多家公司推出了基于 Si 衬底上 $Al_xGa_{1-x}N$/GaN 异质结构的功率电子器件产品，但这些产品大多集中在低压领域，尚未充分发挥 GaN 基异质结构的诸多优势，Si 衬底上 GaN 基功率电子器件离真正意义上的实用化还存在差距。主要表现在：① 在材料外延研究上，目前 Si 衬底上 GaN 的外延方法仍处在多种技术路线并存的阶段，各种技术路线均有优势和不足，尚未形成类似蓝宝石衬底或 SiC 衬底上 GaN 外延生长那样的主流技术路线，新的、更好的应力调控和位错抑制技术有待提出。② 在材料物性研究上，GaN 及其异质结构中点缺陷和杂质控制还存在一系列关键的科学问题尚未被充分认识和解决，如 C 掺杂是目前实现高阻 GaN 的主要方法，然而 C 杂质在 GaN 中的占据行为和局域态特性，以及在电场、热场作用下的变化规律尚不清楚。如何从外延生长动力学角度出发实现对位错、杂质和点缺陷的有效调控，从而制备出更高质量的 GaN 基异质结构，是当前该领域高度关注的核心科学技术问题之一。③ 与 GaN 相比，$Al_xGa_{1-x}N$ 有较高的禁带宽度，在材料和器件结构中如果运用得当，在改善 GaN 基功率电子器件耐压特性、克服动态导通电导退化等方面潜力很大，但是随着 Al 组分含量的增加，$Al_xGa_{1-x}N$ 外延质量急剧下降，如何在 Si 衬底上获得高质量的 AlN 和高 Al 组分 $Al_xGa_{1-x}N$ 也是外延生长的一大挑战。

## 参 考 文 献

[1] Manasevit H M. Single-crystal gallium arsenide on insulating substrates [J]. Applied Physics Letters, 1968, 12: 156 - 159.

[2] 陆大成，段树坤.金属有机化合物气相外延基础及应用[M].北京：科学出版社，2009.

[3] 童玉珍.GaN 及其三元化合物的 MOCVD 生长和性质及蓝光 LED 的研究[D].北京：北京大学，2006.

[4] Yu Z, Johnson M A L, Brown J D, et al. Epitaxial lateral overgrowth of GaN on SiC and sapphire substrates [J]. MRS Internet Journal of Nitride Semiconductor Research, 1998, 537 (S1): 447 - 452.

[5] Moscatelli D, Caccioppoli P, Cavallotti C. *Ab initio* study of the gas phase nucleation mechanism of GaN [J]. Applied Physics Letters, 2005, 86(9): 091106 - 091113.

[6] Sun J, Redwing J M, Kuech T F. Transport and reaction behaviors of precursors duringmetal organic vapor phase epitaxy of gallium nitride [J]. Physics Status Solidi A, 1999, 176(1): 693 - 698.

[7] Nakamura S, Harada Y, Seno M. Novel metalorganic chemical vapor deposition system for GaN growth [J]. Applied Physics Letters, 1991, 58(18): 2021 - 2023.

[8] Nakamura S, Mukai T, Senoh M. Candela-class high-brightness InGaN/AlGaN double-heterostructure blue-light-emitting diodes [J]. Applied Physics Letters, 1994, 64 (13): 16871994.

[9] Weyburne D W, Ahem B S. Design and operating considerations for a water-cooled close-spaced reactant injector in a production scale MOCVD reactor [J]. Journal of Crystal Growth, 1997, 170(1 - 4): 77 - 82.

[10] Zhang X, Moerman I, Sys C, et al. Highly uniform AlGaAsGaAs and InGaAs(P)InP structures grown in a multiwafer vertical rotating susceptor MOVPE reactor [J]. Journal of Crystal Growth, 1997, 170(1/4): 83 - 87.

[11] Stringfellow G B. Orgamometalllic vapor-phase epitaxy theory and practice [M]. New York: Academic Press, 1999.

[12] Turco F, Massies J. Strain-induced In incorporation coefficient variation in the growth of $Al_{1-x}In_xAs$ alloys by molecular beam epitaxy [J]. Applied Physics Letters, 1987, 51(24): 1989 - 1991.

[13] Amano H, Sawaki N, Akasaki I, et al. Metalorganic vapor phase epitaxial growth of a high quality GaN film using an AlN buffer layer [J]. Applied Physics Letters, 1986, 48(5): 353 - 355.

[14] Nakamura S. GaN growth using GaN buffer layer [J]. Japanese Journal of Applied Physics, 1991, 30(10A): L1705 - L1707.

[15] Hiramatsu K, Itoh S, Amano H, et al. Growth mechanism of GaN grown on sapphire with A1N buffer layer by MOVPE [J]. Journal of Crystal Growth, 1991, 115(1/4): 628 - 633.

[16] Figge S, Bokttcher T, Einfeldt S, et al. *In situ* and *ex situ* evaluation of the film coalescence for GaN growth on GaN nucleation layers [J]. Journal of Crystal Growth, 2000, 221(1): 262 - 266.

[17] Michael S S, Remis G. Deep-ultraviolet light-emitting diodes [J]. IEEE Transactions on Electron Devices, 2010, 57(1): 12 - 25.

[18] Shatalov M, Sun W H, Lunev A, et al. AlGaN deep-ultraviolet light-emitting diodes with external quantum efficiency above 10% [J]. Applied Physics Express, 2012, 5(8): 082101 - 082101 - 3.

[19] Georgakilas A, Ng H M, Komninou P. Nitride semiconductors: handbook on materials and devices [M]. Boca Raton: CRC Press, 2003.

[20] Mccray P W. MBE deserves a place in the history books [J]. Nature Nanotechnology, 2007, 2(5): 259 - 261.

[21] Ambacher O, Brandt M S, Dimitrov R, et al. Thermal stability and desorption of Group Ⅲ nitrides prepared by metal organic chemical vapor deposition [J]. Journal of Vacuum Science and Technology B: Microelectronics and Nanometer Structures, 1996, 14(6): 3532 - 3542.

[22] Günther K G. Aufdampfschidhten aus halbleitenden Ⅲ-Ⅴ-verbindungen [J]. Zeitschrift für Naturforschung A, 1958, 13(12): 1081 - 1088.

[23] Arthur J R, Lepore J J. GaAs, GaP, and $GaAs_xP_{1-x}$ epitaxial films grown by molecular beam deposition [J]. Journal of Vacuum Science & Technology, 1969, 6(4): 545 - 548.

[24] Cho A Y, Arthur J R. Molecular beam epitaxy [J]. Progress in Solid State Chemistry, 1975, 10: 157 - 191.

[25] Henini M. Molecular beam epitaxy: from research to mass production [M]. Amsterdam: Elsevier, 2013.

[26] Shipilin M, Hejral U, Lundgren E, et al. Quantitative surface structure determination using *in situ* high-energy SXRD: surface oxide formation on Pd(100) during catalytic CO oxidation [J]. Surface Science, 2014, 630: 229 - 235.

[27] Williams J J, Williamson T L, Hoffbauer M A, et al. Growth of high crystal quality InN by ENABLE-MBE [J]. Physica Status Solidi, 2014, 11(3/4): 577 - 580.

[28] Xing Z W, Yang W X, Yuan Z B, et al. Growth and characterization of high in-content InGaN grown by MBE using metal modulated epitaxy technique (MME) [J]. Journal of Crystal Growth, 2019, 516: 57 - 62.

[29] Mcconkie T O, Hardy M T, Storm D F. Investigation of N-polar AlGaN/GaN and InAlN/GaN thin films grown by MBE [J]. Microscopy and Microanalysis, 2016, 22(S3): 1570 - 1571.

[30] Mohd Yusoff M Z, Mahyuddin A, Hassan Z, et al. Plasma-assisted MBE growth of AlN/GaN/AlN heterostructures on Si (111) substrate [J]. Superlattices & Microstructures, 2013, 60: 500 - 507.

[31] Wang X Q, Yoshikawa A. Molecular beam epitaxy growth of GaN, AlN and InN [J]. Progress in Crystal Growth and Characterization of Materials, 2004, 48(1/3): 42 - 103.

[32] Yoshikawa A, Wang X Q. Indium nitride and related alloys [M]. Boca Raton: CRC Press, 2009.

[33] Wang X Q, Liu S T, Ma N, et al. High-electron-mobility InN layers grown by boundary-temperature-controlled epitaxy [J]. Applied Physics Express, 2012, 5(1): 015502 - 015502 - 3.

[34] Liu H P, Wang X Q, Chen Z Y, et al. High-electron-mobility InN epilayers grown on silicon substrate [J]. Applied Physics Letters, 2018, 112(16): 162102 - 162106.

[35] Liu S T, Wang X Q, Chen G, et al. Temperature-controlled epitaxy of $In_xGa_{1-x}N$ alloys and their band gap bowing [J]. Journal of Applied Physics, 2011, 110(11): 113514 - 113518.

[36] Hoshino T, Mori N. Electron mobility calculation for two-dimensional electron gas in InN/GaN digital alloy channel high electron mobility transistors [J]. Japanese Journal of Applied Physics, 2019, 58: SCCD10 - SCCD10 - 6.

[37] Wang T, Wang X Q, Chen Z, et al. High-mobility two-dimensional electron gas at InGaN/InN heterointerface grown by molecular beam epitaxy [J]. Advanced Science, 2018, 5(9): 1800844 - 1800850.

[38] Keller S, Fichtenbaum N A, Wu F, et al. Influence of the substrate misorientation on the properties of N-polar GaN films grown by metal organic chemical vapor deposition [J]. Journal of Applied Physics, 2007, 102: 083546 - 083546 - 6.

[39] Murphy M J, Chu K, Wu H, et al. Molecular beam epitaxial growth of normal and inverted two-dimensional electron gases in AlGaN/GaN based heterostructures [J]. Journal of Vacuum Science and Technology B: Microelectronics and Nanometer Structures, 1999, 17(3): 1252 - 1254.

[40] Monroy E, Sarigiannidou E, Fossard F, et al. Growth kinetics of N-face polarity GaN by plasma-assisted molecular-beam epitaxy [J]. Applied Physics Letters, 2004, 84(18): 3684 - 3686.

[41] Tavernier P R, Margalith T, Williams J, et al. The growth of N-face GaN by MOCVD: effect of Mg, Si, and In [J]. Journal of Crystal Growth, 2004, 264(1/3): 150 - 158.

[42] Monroy E, Hermann M, Sarigiannidou E, et al. Polytype transition of N-face GaN: Mg from

wurtzite to zinc-blende [J]. Journal of Applied Physics, 2004, 96 (7): 3709 - 3715.

[43] Wong M H, Wu F, Mates T E, et al. Polarity inversion of N-face GaN by plasma-assisted molecular beam epitaxy [J]. Journal of Applied Physics, 2008, 104(9): 093710 - 093710 - 6.

[44] Wong M H, Wu F, Speck J S, et al. Polarity inversion of N-face GaN using an aluminum oxide interlayer [J]. Journal of Applied Physics, 2010, 108(12): 123710 - 123710 - 6.

[45] Xu K, Yano N, Jia A W, et al. Kinetic process of polarity selection in GaN growth by RF-MBE [J]. Physica Status Solidi (B), 2001, 228(2): 523 - 527.

[46] KoblmüLler G, FernáNdez-Garrido S, Calleja E, et al. *In situ* investigation of growth modes during plasma-assisted molecular beam epitaxy of (0001) GaN [J]. Applied Physics Letters, 2007, 91(16): 161904 - 161904 - 3.

[47] Wong M H, Keller S, Dasgupta Nidhi S, et al. N-polar GaN epitaxy and high electron mobility transistors [J]. Semiconductor Science and Technology, 2013, 28(7): 074009 - 074030.

[48] Rajan S, Chini A, Wong M H, et al. N-polar GaN/AlGaN/GaN high electron mobility transistors [J]. Journal of Applied Physics, 2007, 102(4): 044501 - 044506.

[49] Encomendero J, Yan R, Verma A, et al. Room temperature microwave oscillations in GaN/AlN resonant tunneling diodes with peak current densities up to 220 $kA/cm^2$ [J]. Applied Physics Letters, 2018, 112(10): 103101 - 103105.

[50] Maruska H P, Tietjen J J. The preparation and properties of vapor-deposited single-crystal-line GaN [J]. Applied Physics Letters, 1969, 15(10): 327 - 329.

[51] Ban V S. Mass spectrometric studies of vapor-phase crystal growth: Ⅱ. GaN [J]. Journal of The Electrochemical Society, 1972, 119(6): 761 - 765.

[52] Cadoret R. Growth mechanisms of (001) GaN substrates in the hydride vapour-phase method: surface diffusion, spiral growth, $H_2$ and $GaCl_3$ mechanisms [J]. Journal of Crystal Growth, 1999, 205(1/2): 123 - 135.

[53] Koukitu A, Hama S, Taki T, et al. Thermodynamic analysis of hydride vapor phase epitaxy of GaN [J]. Japanese Journal of Applied Physics Part 1, 1998, 37(3a): 762 - 765.

[54] Aujol E, Napierala J, Trassoudaine A, et al. Thermodynamical and kinetic study of the GaN growth by HVPE under nitrogen [J]. Journal of Crystal Growth, 2001, 222(3): 538 - 548.

[55] Nakamura S, Senoh M, Nagahama S, et al. Continuous-wave operation of InGaN/GaN/AlGaN-based laser diodes grown on GaN substrates [J]. Applied Physics Letters, 1998, 72(16): 2014 - 2016.

[56] Trassoudaine A, Cadoret R, Gil-Lafon E. Temperature influence on the growth of gallium nitride by HVPE in a mixed $H_2/N_2$ carrier gas [J]. Journal of Crystal Growth, 2004, 260(1/2): 7 - 12.

[57] Kwon H Y, Moon J Y, Choi Y J, et al. Initial growth behaviors of GaN layers overgrown by HVPE on one-dimensional nanostructures [J]. Materials Science and Engineering B, 2010, 166: 28 - 33.

[58] Hemmingsson C, Paskov P P. Hydride vapour phase epitaxy growth and characterization of thick

GaN using a vertical HVPE reactor [J]. Journal of Crystal Growth, 2007, 300: 32 - 36.

[59] Fujito K, Kubo S, Nagaoka H, et al. Bulk GaN crystals grown by HVPE [J]. Journal of Crystal Growth, 2009, 311(10): 3011 - 3014.

[60] Yoshida T, Oshima Y, Eri T, et al. Fabrication of 3 - in GaN substrates by hydride vapor phase epitaxy using void-assisted separation method [J]. Journal of Crystal Growth, 2008, 310(1): 5 - 7.

[61] 住友電気工業株式会社.住友電気工業株式会社とS.O.I. TEC Silicon On Insulator Technologies S. A.市、CEO: André — Jacques Auberton-Hervéは、4インチ径及び6インチ径の薄膜 GaN 基板の製造に成功し、このたび量産に向けたパイロット製造ラインの整備を開始しました.http://www.sei.co.jp/news/press/12/prs008_s.html.

[62] Xu K, Wang J F, Ren G Q. Progress in bulk GaN growth [J]. Chinese Physics B, 2015, 24(6): 1 - 16.

[63] Fujikura H, Yoshida T, Shibata M, et al. Recent progress of high-quality GaN substrates by HVPE method [J]. Gallium Nitride Materials and Devices Ⅻ, 2017: 1010403 - 1010403 - 8.

[64] Wu J J, Wang K, Yu T J, et al. GaN substrate and GaN homo-epitaxy for LEDs: progress and challenges [J]. Chinese Physics B, 2015, 6: 69 - 78.

[65] 郝跃,张金凤,张进成.氮化物宽禁带半导体材料与电子器件[M].北京: 科学出版社,2013.

[66] Woo S, Lee S, Choi U, et al. Novel *in situ* self-separation of a 2 in free-standing *m*-plane GaN wafer from an *m*-plane sapphire substrate by HCl chemical reaction etching in hydride vapor-phase epitaxy [J]. CrystEngComm, 2016, 18(4): 7690 - 7695.

[67] Muratore C, Voevodin A A, Glavin N R. Physical vapor deposition of 2D van der Waals materials: a review [J]. Thin Solid Films, 2019, 688: 137500 - 137509.

[68] Wang W, Liu Z, Yang W, et al. Nitridation effect of the alpha-$Al_2O_3$ substrates on the quality of the GaN films grown by pulsed laser deposition [J]. RSC Advances, 2014, 4: 39651 - 39656.

[69] 张小玲,孙晓冬,张凯,等.磁控溅射氮化铝薄膜取向生长工艺研究[J].武汉理工大学学报, 2009,12: 47 - 50.

[70] 唐亚陆,杜泽民.脉冲激光沉积(PLD)原理及其应用[J].桂林电子工业学院学报,2006, 26(1): 24 - 27.

[71] Khurram B M, Atiq S, Bashir S, et al. Pulsed laser deposition of SmCo thin films for MEMS applications [J]. Journal of Applied Research and Technology, 2016, 14(5): 287 - 292.

[72] Vispute R D, Wu H, Narayan J. High quality epitaxial aluminum nitride layers on sapphire by pulsed laser deposition [J]. Applied Physics Letters, 1995, 67(11): 1549 - 1551.

[73] Feiler D, Williams R S, Talin A A, et al. Pulsed laser deposition of epitaxial AlN, GaN, and InN thin films on sapphire (0001) [J]. Journal of Crystal Growth, 1997, 171(1/2): 12 - 20.

[74] Shukla G, Khare A. Dependence of $N_2$ pressure on the crystal structure and surface quality of AlN thin films deposited via pulsed laser deposition technique at room temperature [J]. Applied Surface Science, 2008, 255(5): 2057 - 2062.

[75] Krost A, Dadgar A. GaN-based optoelectronics on silicon substrates [J]. Materials Science & Engineering B, 2002, 93(1/3): 77 - 84.

[76] Liu L, Edgar J H. Substrates for gallium nitride epitaxy [J]. Materials Science & Engineering R, 2002, 37(3): 61 - 128.

[77] Mion C, Muth J F, Preble E A, et al. Accurate dependence of gallium nitride thermal conductivity on dislocation density [J]. Applied Physics Letters, 2006, 89(9): 92123 - 92125.

[78] Dadgar A. Metalorganic chemical vapor phase epitaxy of gallium-nitride on silicon [J]. Physica Status Solidi C, 2003, 6: 1583 - 1606.

[79] Miyoshi T. 510~515 nm InGaN-based green laser diodes on c-plane GaN substrate [J]. Applied Physics Express, 2009, 2(6): 3 - 5.

[80] Pearton S J, Zolper J C, Shul R J, et al. GaN: processing, defects, and devices [J]. Journal of Applied Physics, 1999, 86(1): 1 - 78.

[81] Hsu J W P, Manfra M J, Molnar R J, et al. Direct imaging of reverse-bias leakage through pure screw dislocations in GaN films grown by molecular beam epitaxy on GaN templates [J]. Applied Physics Letters, 2002, 81(1): 79 - 81.

[82] Kruszewski P. AlGaN/GaN HEMT structures on ammono bulk GaN substrate [J]. Semiconductor Science and Technology, 2014, 29(7): 75004 - 75010.

[83] Kozodoy P. Electrical characterization of GaN p-n junctions with and without threading dislocations [J]. Applied Physics Letters, 1998, 73(7): 975 - 977.

[84] Kaun S W, Burke P G, Wong M H, et al. Effect of dislocations on electron mobility in AlGaN/GaN and AlGaN/AlN/GaN heterostructures [J]. Applied Physics Letters, 2012, 101(26): 262102 - 262105.

[85] Speck J S. The role of threading dislocations in the physical properties of GaN and its alloys [J]. Physica B: Physics of Condensed Matter, 2001, 353 - 356: 769 - 778.

[86] Cao X A, Lu H, Leboeuf S F, et al. Growth and characterization of GaN PiN rectifiers on free-standing GaN [J]. Applied Physics Letters, 2005, 87(5): 1 - 4.

[87] Baines Y, Energy A, Com A E, et al. The 2018 GaN power electronics roadmap [J]. Journal of Physics D: Applied Physics, 2018, 51(16): 163001 - 163048.

[88] Diodes F G. High-performance 500 V quasi- and fully-vertical GaN-on-Si pn diodes [J]. IEEE Electron Device Letters, 2017, 38(2): 248 - 251.

[89] Fujiwara T. Enhancement-mode m-plane AlGaN/GaN heterojunction field-effect transistors with +3 V of threshold voltage using $Al_2O_3$ deposited by atomic layer deposition [J]. Applied Physics Express, 2011, 4(9): 3 - 6.

[90] Gogova D, Siche D, Kwasniewski A, et al. HVPE GaN substrates: growth and characterization [J]. Physica Status Solidi C, 2010, 7: 1756 - 1759.

[91] Molnar R J, Gtz W, Romano L T, et al. Growth of gallium nitride by hydride vapor-phase epitaxy [J]. Journal of Crystal Growth, 1997, 178(1/2): 147 - 156.

[92] Bockowski M, Strak P, Grzegory I, et al. GaN crystallization by the high-pressure solution growth method on HVPE bulk seed [J]. Journal of Crystal Growth, 2008, 310(17): 3924 - 3933.

[93] Lan Y C. Single crystal growth of gallium nitride in supercritical ammonia [J]. Physica Status Solidi C, 2005, 2(7): 2066 - 2069.

[94] Kawamura F. Growth of a two-inch GaN single crystal substrate using the Na flux method [J]. Japanese Journal of Applied Physics, Part 2 Letters, 2006, 45(42/45): 43 - 46.

[95] Chen K M, Wu Y H, Yeh Y H, et al. Homoepitaxy on GaN substrate with various treatments by metalorganic vapor phase epitaxy [J]. Journal of Crystal Growth, 2011, 318(1): 454 - 459.

[96] Xu X, Vaudo R P, Brandes G R. Fabrication of GaN wafers for electronic and optoelectronic devices [J]. Optical Materials, 2003, 23(1/2): 1 - 5.

[97] Miskys C R, Kelly M K, Ambacher O, et al. GaN homoepitaxy by metalorganic chemical-vapor deposition on free-standing GaN substrates [J]. Applied Physics Letters, 2000, 77(12): 1858 - 1860.

[98] 周坤.GaN 基发光器件关键材料的 MOCVD 生长研究[D].北京：中国科学院大学,2015.

[99] Meneghini M, Meneghesso G, Zanoni E. Power GaN devices: materials, applications and reliability [M]. Berlin: Springer, 2016.

[100] Parish G, Keller S, Denbaars S P, et al. SIMS investigations into the effect of growth conditions on residual impurity and silicon incorporation in GaN and $Al_xGa_{1-x}N$ [J]. Journal of Electronic Materials, 2000, 29(1): 15 - 20.

[101] Koleske D D, Wickenden A E, Henry R L, et al. Influence of MOVPE growth conditions on carbon and silicon concentrations in GaN [J]. Journal of Crystal Growth, 2002, 242(1/2): 55 - 69.

[102] Tian A. Conductivity enhancement in AlGaN: Mg by suppressing the incorporation of carbon impurity [J]. Applied Physics Express, 2015, 8(5): 051001 - 051001 - 4.

[103] Zhou K, Liu J P, Zhang S M, et al. Hillock formation and suppression on c-plane homoepitaxial GaN layers grown by metalorganic vapor phase epitaxy [J]. Journal of Crystal Growth, 2013, 371: 7 - 10.

[104] Liu J, Zhang L Q, Li D Y, et al. GaN-based blue laser diodes with 2.2 W of light output power under continuous-wave operation [J]. IEEE Photonics Technology Letters, 2017, 29(24): 2203 - 2206.

[105] Xie M H, Seutter S M, Zhu W K, et al. Anisotropic step-flow growth and island growth of GaN (0001) by molecular beam epitaxy [J]. Physics Review Letters, 1999, 82(13): 2749 - 2752.

[106] Khan M A, Hove J M V, Kuznia J N, et al. High electron mobility GaN/$Al_xGa_{1-x}N$ heterostructures grown by low-pressure metalorganic chemical vapor deposition [J]. Applied Physics Letters, 1991, 58: 2408 - 2410.

[107] Khan M, Bhattarai A, Kuznia J, et al. High electron mobility transistor based on a GaN-$Al_xGa_{1-x}N$ heterojunction [J]. Applied Physics Letters, 1993, 63: 1214 - 1215.

[108] He X G, Zhao D G, Jiang D S, et al. Control of residual carbon concentration in GaN high

electron mobility transistor and realization of high-resistance GaN grown by metal-organic chemical vapor deposition [J]. Thin Solid Films, 2014, 564: 135 - 139.

[109] Aggerstam T, Lourdudoss S, Radamson H H, et al. Investigation of the interface properties of MOVPE grown AlGaN/GaN high electron mobility transistor (HEMT) structures on sapphire [J]. Thin Solid Films, 2006, 515: 705 - 707.

[110] Webb J B, Tang H, Rolfe S, et al. Semi-insulating C-doped GaN and high-mobility AlGaN/GaN heterostructures grown by ammonia molecular beam epitaxy [J]. Applied Physics Letters, 1999, 75: 953 - 955.

[111] Xu F J, Xu J, Shen B, et al. Realization of high-resistance GaN by controlling the annealing pressure of the nucleation layer in metal-organic chemical vapor deposition [J]. Thin Solid Films, 2008, 517: 588 - 591.

[112] Keller S, Wu Y F, Parish G, et al. Gallium nitride based high power heterojunction field effect transistors: process development and present status at UCSB [J]. IEEE Transactions on Electron Devices, 2001, 48(3): 552 - 559.

[113] Keller S, Parish G, Fini P T, et al. Metalorganic chemical vapor deposition of high mobility AlGaN/GaN heterostructures [J]. Journal of Applied Physics, 1999, 86: 5850 - 5857.

[114] Ambacher O, Smart J, Shealy J R, et al. Two-dimensional electron gases induced by spontaneous and piezoelectric polarization charges in N- and Ga-face AlGaN/GaN heterostructures [J]. Journal of Applied Physics, 1999, 85: 3222 - 3233.

[115] Hsu L, Walukiewicz W. Effect of polarization fields on transport properties in AlGaN/GaN heterostructures [J]. Journal of Applied Physics, 2001, 89: 1783 - 1789.

[116] Miyoshi M, Egawa T, Ishikawa H. Study on mobility enhancement in MOVPE-grown AlGaN/AlN/GaN HEMT structures using a thin AlN interfacial layer [J]. Solid-State Electronics, 2006, 50: 1515 - 1521.

[117] Polyakov V M, Schwierz F, Cimalla I, et al. Intrinsically limited mobility of the two-dimensional electron gas in gated AlGaN/GaN and AlGaN/AlN/GaN heterostructures [J]. Journal of Applied Physics, 2009, 106: 023715 - 023715 - 5.

[118] Shen L, Heikman S, Moran B, et al. AlGaN/AlN/GaN high-power microwave HEMT [J]. IEEE Electron Device Letters, 2001, 22: 457 - 459.

[119] Ponce F A, Krusor B S, Major J S, et al. Microstructure of GaN epitaxy on SiC using AlN buffer layers [J]. Applied Physics Letters, 1995, 67(3): 410 - 412.

[120] Koleske D D, Henry R L, Twigg M E, et al. Influence of AlN nucleation layer temperature on GaN electronic propertiesgrown on SiC [J]. Applied Physics Letters, 2002, 80(23): 4372 - 4374.

[121] Waltereit P, Brandt O, Trampert A, et al. Influence of AlN nucleation layers on growth mode and strain relief of GaN grown on 6H - SiC (0001) [J]. Applied Physics Letters, 1999, 74(24): 3660 - 3362.

[122] Tanaka S, Iwai S, Aoyagi Y, et al. Reduction of the defect density InGaN films using ultra-thin

AlN buffer layers on 6H-SiC [J]. Journal of Crystal Growth, 1997, 170(1/4): 329-334.

[123] 黄振.SiC 衬底上高质量 GaN 薄膜的外延生长及其发光器件制备研究[D].长春：吉林大学,2017.

[124] Pakula K, Bozek R, Baranowski J M, et al. Reduction of dislocation density in heteroepitaxial GaN: role of $SiH_4$ treatment [J]. Journal of Crystal Growth, 2004, 267: 1-7.

[125] Bourret-courchesne E D, Yu K M, Benamara M, et al. Mechanisms of dislocation reductionin GaN using an intermediate temperature interlayer [J]. Journal of Electronic Materials, 2001, 30: 1417-1419.

[126] Koukitu A, Takahashi N, Seki H. Thermodynamic study on metalorganic vapor-phase epitaxial growth of group Ⅲ nitrides [J]. Japanese Journal of Applied Physics, 1997, 36(9): L1136-L1138.

[127] Lahrèche H, Leroux M, Laügt M, et al. Buffer free direct growth of GaN on 6H-SiC by metalorganic vapor phase epitaxy [J]. Journal of Applied Physics, 2000, 87: 577-583.

[128] Lahreche H, Leroux M, Laugt M, et al. The mechanism for polarity inversion of GaN via a thin AlN layer: direct experimental evidence [J]. Journal of Applied Physics, 2000, 87(1): 577-583.

[129] Huang Z, Zhang Y T, Zhao B J, et al. Effects of AlN buffer on the physical properties of GaN films grown on 6H-SiC substrates [J]. Journal of Materials Science: Materials in Electronics, 2016, 27(2): 1738-1744.

[130] Jayasakthi M, Juillaguet S, Peyre H, et al. Influence of AlN thickness on AlGaN epilayer grown by MOCVD [J]. Superlattices and Microstructures, 2016, 98: 515-521.

[131] Kimura S, Yoshida H, Uesugi K, et al. Performance enhancement of blue light-emitting diodes with InGaN/GaN multi-quantum wells grown on si substrates by inserting thin AlGaN interlayers [J]. Journal of Applied Physics, 2016, 120(11): 113104-113115.

[132] Huang C C, Zhang X, Xu F J, et al. Epitaxial evolution on buried cracks in a strain-controlled AlN/GaN superlattice interlayer between AlGaN/GaN multiple quantum wells and a GaN template [J]. Chinese Physics B, 2014, 23(10): 106106-106110.

[133] Xiong J Y, Xu Y Q, Zheng S W, et al. Advantages of GaN based light-emitting diodes with P-AlGaN/InGaN superlattice last quantum barrier [J]. Optics Communications, 2014, 312: 85-88.

[134] Balakrishnan K, Bandoh A, Iwaya M, et al. Influence of high temperature in the growth of low dislocation content AlN bridge layers on patterned 6H-SiC substrates by metalorganic vapor phase epitaxy [J]. Japanese Journal of Applied Physics, 2007, 46(14): L307-L310.

[135] Taniyasu Y, Kasu M, Makimoto T. Threading dislocations in heteroepitaxial AlN layer grown by MOVPE on SiC (0001) substrate [J]. Journal of Crystal Growth, 2007, 298: 310-315.

[136] Zhu D, Wallis D J, Humphreys C J. Prospects of Ⅲ-nitride optoelectronics grown on Si [J]. Reports on Progress in Physics, 2013, 76: 106501-106530.

[137] Dadgar A, Alam A, Riemann T, et al. Crack-free InGaN/GaN light emitters on Si (111) [J].

Physica Status Solidi (a), 2001, 188(1): 155 - 158.

[138] Zhang B S, Liang H, Wang Y, et al. High-performance Ⅲ-nitride blue LEDs grown and fabricated on patterned Si substrates [J]. Journal of Crystal Growth, 2007, 298: 725 - 730.

[139] Lee S J, Bak G H, Jeon S R, et al. Epitaxial growth of crack-free GaN on patterned Si (111) substrate [J]. Japanese Journal of Applied Physics, 2008, 47: 3070 - 3073.

[140] Liu J L, Zhang J L, Mao Q H, et al. Effects of AlN interlayer on growth of GaN-based LED on patterned silicon substrate [J]. CrystEngComm, 2013, 15: 3372 - 3376.

[141] Amano H, Iwaya M, Kashima T, et al. Stress and defect control in GaN using low temperature interlayers [J]. Japanese Journal of Applied Physics, 1998, 37: L1540 - L1542.

[142] Dadgar A, Blasing J, Diez A, et al. Metalorganic chemical vapor phase epitaxy of crack-free GaN on Si (111) exceeding 1 μm in thickness [J]. Japanese Journal of Applied Physics, 2000, 39: L1183 - L1185.

[143] Bläsing J, Reiher A, Dadgar A, et al. The origin of stress reduction by low-temperature AlN interlayers [J]. Applied Physics Letters, 2002, 81: 2722 - 2724.

[144] Frayssinet E, Cordier Y, Schenk H P, et al. Growth of thick GaN layers on 4 in. and 6 in. silicon (111) by metal-organic vapor phase epitaxy [J]. Physica Status Solidi C, 2011, 8(5): 1479 - 1482.

[145] Dadgar A, Hempel T, Bläsing J, et al. Improving GaN-on-silicon properties for GaN device epitaxy [J]. Physica Status Solidi C, 2011, 8(5): 1503 - 1508.

[146] Fritze S, Drechsel P, Stauss P, et al. Role of low-temperature AlGaN interlayers in thick GaN on silicon by metalorganic vapor phase epitaxy [J]. Journal of Applied Physics, 2012, 111: 124505 - 124510.

[147] Nishikawa A. Low vertical leakage current of 0.07 μm/mm$^2$ at 600 V without intentional doping for 7 μm-thick GaN-on-Si [C]. the 12th International Conference on Nitride Semiconductors, 2017. France: IEEE Inc., 2012.

[148] Choi F S, Griffiths J T, Ren C, et al. Vertical leakage mechanism in GaN on Si high electron mobility transistor buffer layers [J]. Journal of Applied Physics, 2018, 124(5): 055702.1 - 055702.7.

[149] Ishikawa H, Zhao G Y, Nakada N, et al. High-quality GaN on Si substrate using AlGaN/AlN intermediate layer [J]. Physica Status Solidi A, 1999, 176: 599 - 602.

[150] Ishikawa H, Zhao G Y, Nakada N, et al. GaN on Si substrate with AlGaN/AlN intermediate layer [J]. Japanese Journal of Applied Physics, 1999, 38: L492 - L494.

[151] Cheng K, Leys M, Degroote S, et al. AlGaN/GaN high electron mobility transistors grown on 150 mm Si (111) substrates with high uniformity [J]. Japanese Journal of Applied Physics, 2008, 47: 1553 - 1555.

[152] Marchand H, Zhao L, Zhang N, et al. Metalorganic chemical vapor deposition of GaN on Si (111): stress control and application to field-effect transistors [J]. Journal of Applied Physics, 2001, 89: 7846 - 7851.

[153] Raghavan S, Redwing J. Growth stresses and cracking in GaN films on (111) Si grown by metalorganic chemical vapor deposition. Ⅱ. Graded AlGaN buffer layers [J]. Journal of Applied Physics, 2005, 98: 023515 - 8.

[154] Kim M H, Do Y G, Kang H C, et al. Effects of step-graded $Al_xGa_{1-x}N$ interlayer on properties of GaN grown on Si (111) using ultrahigh vacuum chemical vapor deposition [J]. Applied Physics Letters, 2001, 79: 2713 - 2715.

[155] Cheng K, Leys M, Degroote S, et al. Flat GaN epitaxial layers grown on Si (111) by metalorganic vapor phase epitaxy using step-graded AlGaN intermediate layers [J]. Journal of Electronic Materials, 2006, 35: 592 - 598.

[156] Tripathy S, Lin V K X, Dolmanan S B, et al. AlGaN/GaN two-dimensional-electron gas heterostructures on 200 mm diameter Si (111) [J]. Applied Physics Letters, 2012, 101: 082110 - 082110 - 5.

[157] Sun Y, Zhou K, Sun Q, et al. Room-temperature continuous-wave electrically injected InGaN-based laser directly grown on Si [J]. Nature Photonics, 2016, 10: 595 - 599.

[158] Cheng J P, Yang X L, Sang L, et al. High mobility AlGaN/GaN heterostructures grown on Si substrates using a large lattice-mismatch induced stress control technology [J]. Applied Physics Letters, 2015, 106: 142106 - 142106 - 4.

[159] Cheng J P, Yang X L, Sang L, et al. Growth of high quality and uniformity AlGaN/GaN heterostructures on Si substrates using a single AlGaN layer with low Al composition [J]. Scientific Reports, 2016, 6: 23020 - 23020 - 7.

[160] Zhang J, Yang X L, Feng Y X, et al. Growth of continuous 7.3 mm thick GaN layers on Si substrates: towards low cost vertical GaN devices [C]. Nara: the 19th International Conference on Metalorganic Vapor Phase Epitaxy (ICMOVPE-XIX), 2018.

[161] Wang W L, Lin Y H, Li Y, et al. High-efficiency vertical-structure GaN-based light-emitting diodes on Si substrates [J]. Journal of Materials Chemistry C, 2018, 6: 1642 - 1650.

[162] Feltin E, Beaumont B, Laügt M, et al. Stress control in GaN grown on silicon (111) by metalorganic vapor phase epitaxy [J]. Applied Physics Letters, 2001, 79: 3230 - 3232.

[163] Feltin E, Beaumont B, Laügt M, et al. Crack-free thick GaN layers on silicon (111) by metalorganic vapor phase epitaxy [J]. Physica Status Solidi A, 2001, 188: 531 - 535.

[164] CHristy D, Egawa T, Yano Y, et al. Uniform growth of AlGaN/GaN high electron mobility transistors on 200 mm silicon (111) substrate [J]. Applied Physics Express, 2013, 6: 026501 - 026501 - 4.

[165] Rowena I B, Selvaraj S L, Egawa T. Buffer thickness contribution to suppress vertical leakage current with high breakdown FIeld (2.3 MV/cm) for GaN on Si [J]. IEEE Electron Device Letters, 2011, 32: 1534 - 1536.

[166] Selvaraj S L, Watanabe A, Wakejima A, et al. 1.4 kV breakdown voltage for AlGaN/GaN high-electron-mobility transistors on silicon substrate [J]. IEEE Electron Device Letters, 2012, 33: 1375 - 1377.

[167] Selvaraj S L, Suzue T, Egawa T. Breakdown enhancement of AlGaN/GaN HEMTs on 4 in silicon by improving the GaN quality on thick buffer layers [J]. IEEE Electron Device Letters, 2009, 30(6): 587 - 589.

[168] Moram M A, Kappers M J, Joyce T B, et al. Growth of dislocation-free GaN islands on Si (111) using a scandium nitride buffer layer [J]. Journal of Crystal Growth, 2007, 308(2): 302 - 308.

[169] Cordier Y, Frayssinet E, Portail M, et al. Influence of 3C−SiC/Si (111) template properties on the strain relaxation in thick GaN films [J]. Journal of Crystal Growth, 2014, 398: 23 - 32.

[170] Lupina L, Zoellner M H, Niermann T, et al. Zero lattice mismatch and twin-free single crystalline ScN buffer layers for GaN growth on silicon [J]. Applied Physics Letters, 2015, 107: 201907 - 201907 - 4.

[171] Lo K Y, Lin P H, Chen H J, et al. Structural defects of GaN deposited on (111) Si with $Gd_2O_3$-related buffer layers [J]. Journal of Vacuum Science & Technology A, 2017, 35: 061513 - 061513 - 4.

[172] Cheng K, Leys M, Degroote S, et al. High quality GaN grown on silicon (111) using a $Si_xN_y$ interlayer by metalorganic vapor phase epitaxy [J]. Applied Physics Letters, 2008, 92: 192111 - 192111 - 3.

[173] Kim J Y, Kim M, Sone C, et al. Highly efficient InGaN/GaN blue LEDs on large diameter Si (111) substrate comparable to those on sapphire [C]. San Diego: Proceedings of SPIE — The International Society for Optical Engineering, 2011. USA: SPIE — The International Society for Optical Engineering, 2011.

[174] Hikosaka T, Yoshida H, Sugiyama N, et al. Reduction of threading dislocation by recoating GaN island surface with SiN for high-efficiency GaN-on-Si-based LED [J]. Physica Status Solidi C, 2014, 11: 617 - 620.

[175] Cheng K, Leys M, Degroote S, et al. Formation of V-grooves on the (Al, Ga) N surface as means of tensile stress relaxation [J]. Journal of Crystal Growth, 2012, 353: 88 - 94.

[176] Cordier Y. Al(Ga)N/GaN high electron mobility transistors on silicon [J]. Physica Status Solidi A, 2015, 212: 1049 - 1058.

[177] Keller S, Vetury R, Parish G, et al. Effect of growth termination conditions on the performance of AlGaN/GaN high electron mobility transistors [J]. Applied Physics Letters, 2001, 78: 3088 - 3090.

[178] Li H R, Keller S, Denbaars S P, et al. Improved properties of high-Al-composition AlGaN/GaN high electron mobility transistor structures with thin GaN cap layers [J]. Japanese Joural of Applied Physics, 2014, 53: 095504 - 095504 - 5.

[179] Meneghesso G, Verzellesi G, Danesin F, et al. Reliability of GaN high-electron-mobility transistors: state of the art and perspectives [J]. IEEE Transaction on Device Materials Reliability, 2008, 8: 332 - 343.

[180] Makaram P, Joh J, Alamo J A D, et al. Evolution of structural defects associated with

electrical degradation in AlGaN/GaN high electron mobility transistors [J]. Applied Physics Letters, 2010, 96: 233509 - 233509 - 3.

[181] Cheng J P, Yang X L, Zhang J, et al. Edge dislocations triggered surface instability in tensile epitaxial hexagonal nitride semiconductor [J]. ACS Applied Materials & Interfaces, 2016, 8: 34108 - 34114.

[182] Khan M A, Shur M S, Chen Q C, et al. Current/voltage characteristic collapse in AlGaN/GaN heterostructure insulated gate field effect transistors at high drain bias [J]. Electronics Letters, 1994, 30: 2175 - 2176.

[183] Vetury R, Zhang N Q Q, Keller S, et al. The impact of surface states on the DC and RF characteristics of AlGaN/GaN HFETs [J]. IEEE Transactions on Electron Devices, 2001, 48: 560 - 566.

[184] Bisi D, Meneghini M, MARINO F A, et al. Kinetics of buffer-related RON-increase in GaN-on-silicon MIS-HEMTs [J]. IEEE Electron Device Letters, 2014, 35: 1004 - 1006.

[185] Meneghini M, Ronchi N, Stocco A, et al. Investigation of trapping and hot-electron effects in GaN HEMTs by means of a combined electrooptical method [J]. IEEE Transactions on Electron Devices, 2011, 58: 2996 - 3003.

[186] Yang S, Han S, Sheng K, et al. Dynamic on-resistance in GaN power devices: mechanisms, characterizations, and modeling [J]. IEEE Journal of Emerging and Selected Topics in Power Electronics, 2019, 7: 1425 - 1439.

[187] Lee D S, Gao X, Guo S, et al. Dynamic on-resistance in GaN power devices: mechanisms, characterizations and modeling [J]. IEEE Electron Device Letters, 2011, 32: 617 - 619.

[188] Medjdoub F, Zegaoui M, Grimbert B, et al. Above 600 mS/mm transconductance with 2.3 A/mm drain current density AlN/GaN high-electron-mobility transistors grown on Silicon [J]. Applied Physics Express, 2011, 4: 064106 - 064106 - 3.

[189] Cheng K, Liang H, Hove M V, et al. AlGaN/GaN/AlGaN double heterostructures grown on 200 mm silicon (111) substrates with high electron mobility [J]. Applied Physics Express, 2012, 5: 011002 - 011002 - 3.

[190] Boles T. GaN-on-silicon present challenges and future opportunities [C]. Nuremberg: 12th European Microwave Integrated Circuits Conference (EuMIC), 2017.

[191] Zine-Eddine T, Zahra H, Zitouni M. Design and analysis of 10 nm T-gate enhancement-mode MOS-HEMT for high power microwave applications [J]. Journal of Science Advanced Materials & Devices, 2019, 4(1): 180 - 187.

[192] Ibbetson J P, Fini P T, Ness K D, et al. Polarization effects, surface states, and the source of electrons in AlGaN/GaN heterostructure field effect transistors [J]. Applied Physics Letters, 2000, 77: 250 - 252.

[193] Kuzmik J, Kostopoulos A, Konstantinidis G, et al. InAlN/GaN HEMTs: a first insight into technological optimization [J]. IEEE Transactions on Electron Devices, 2006, 53: 422 - 426.

[194] Arulkumaran S, Ranjan K, Ng G I, et al. High-frequency microwave noise characteristics of

InAlN/GaN high-electron mobility transistors on Si (111) substrate [J]. IEEE Electron Device Letters, 2014, 35: 992 - 994.

[195] Malmros A, Gamarra P, Forte-Poisson M A D, et al. Evaluation of thermal versus plasma-assisted ALD $Al_2O_3$ as passivation for InAlN/AlN/GaN HEMTs [J]. IEEE Electron Device Letters, 2015, 36: 235 - 237.

[196] Zhang J, Yang X L, Cheng J P, et al. Enhanced transport properties in InAlGaN/AlN/GaN heterostructures on Si (111) substrates: the role of interface quality [J]. Applied Physics Letters, 2017, 110: 172101 - 172101 - 4.

[197] Dai S J, Zhou Y, Zhong Y Z, et al. High $f_T$ Al, Ga(In)N/GaN HEMTs grown on Si with a low gate leakage and a high ON/OFF current ratio [J]. IEEE Electron Device Letters, 2018, 39: 576 - 579.

# 第4章 氮化物半导体射频电子器件

## 4.1 GaN基射频电子器件概述

氮化物宽禁带半导体材料具有禁带宽度大、临界击穿场强高、电子饱和漂移速率高以及抗辐照等优越特性,决定了GaN基射频电子器件相比GaAs基器件在更高的工作频率、更大的带宽时仍有很高的输出功率,同时更适合在高温或深空环境下工作。这里先讨论GaN基射频电子器件的基本原理,以及国内外的研究现状和未来发展趋势。

GaN基射频电子器件主要基于$Al_xGa_{1-x}N$/GaN半导体异质结构,因此被称为异质结场效应晶体管(heterojunction field effect transistor, HFET),又被称为高电子迁移率晶体管(HEMT)。$Al_xGa_{1-x}N$/GaN异质结构既保持了宽禁带半导体材料的高击穿场强、高电子饱和漂移速度等优点,又因其非常强的自发和压电极化效应,即使不进行任何掺杂或调制掺杂,也可在异质界面三角形量子阱中感应出面密度高达约$10^{13}$ $cm^{-2}$量级的二维电子气(2DEG),且2DEG的室温迁移率也可高达2 000 $cm^2/(V\cdot s)$以上,使其制备的射频电子器件相对GaAs基器件具有更大的带宽、更高的工作电压、更大的输出功率和效率[1]。

如前文所述,1993年,美国南卡罗莱纳大学Asif Khan等基于蓝宝石衬底上外延生长的$Al_xGa_{1-x}N$/GaN异质结构,研制出国际上第一只GaN基HEMT器件,从此开辟了GaN基射频电子材料和器件研究领域[2]。20多年来国际上该领域的研发和国防、民口应用发展非常迅速,目前全球大约有500家大学、研究机构和企业进行GaN基射频电子材料和器件的研发和生产,另有近百家公司和研发机构为GaN基射频技术的发展提供关键原材料、设备、测试分析和服务等技术支撑。目前国际上GaN基射频电子材料、器件和电路研发在生产上处于领先地位的主要是美国的CREE公司(Wolfspeed部门)、Qorvo公司、HRL等企业和研发机构。

GaN基射频电子器件围绕射频功率放大器和射频信号转换等应用领域展开,目前已实现了GaN基射频功率放大器的商业化应用,产品覆盖L波段(1~2 GHz)至W波段(80~100 GHz),应用领域包括雷达、移动通信、卫星通信、数字电视等。GaN基射频电子器件除了比GaAs基器件能实现更大的输出功率、输出带宽以及更高的效率,还能减小应用系统的体积和重量,从而增加其可靠性,提升探测能力、通信速度等性能。

目前已实现商用的GaN基微波功率器件主要基于SiC和Si两种衬底材料,本章将重点讨论这两种衬底上的 GaN 基射频电子材料和器件。基于 $Al_xGa_{1-x}N/GaN$ 异质结构的 HEMT 器件受短沟道效应影响,在超高频射频电子器件领域的应用受到限制,而超薄势垒层的新型 GaN 基异质结构在提升器件频率特性上表现突出,近年来在国际上受到了重视,本章将聚焦 GaN 基 HEMT 器件的频率特性及其提升问题进行讨论,最后简要介绍 GaN 基射频电子器件的系统应用。

## 4.2 SiC 衬底上 GaN 基微波功率器件

### 4.2.1 SiC 衬底的优势

GaN 基异质结构中的强极化效应解决了 GaAs 基异质结构中存在的 2DEG 密度和迁移率不能同时提高的矛盾关系,也就是异质结构方块电阻不够低的问题,使 GaN 基异质结构材料兼具高 2DEG 密度和高室温迁移率。同时 GaN 基异质结构具有饱和电子漂移速率高、临界击穿场强高等特性,成为研制高功率射频电子器件(又称微波功率器件或射频功率器件)的较理想半导体异质结构体系。

GaN 基异质结构和射频电子器件研发的一个重要内容是探寻适合高功率射频电子器件使用的低成本、高质量外延衬底材料。迄今该领域已使用的外延衬底主要包括: 蓝宝石、SiC、Si、GaN 自支撑衬底和金刚石[3]。这几种衬底材料在成本、热特性和电学性能等方面各有优缺点。蓝宝石以其较优的晶体和表面质量、低成本和易获得等优点,在 GaN 基 HEMT 器件的发展初期被广泛采用。但蓝宝石与 GaN 之间的晶格失配高达 16.1%,热导率又很低,导致蓝宝石衬底上 GaN 基异质结构中位错密度高,HEMT 器件散热特性差的问题。因此,蓝宝石衬底目前在 GaN 基射频电子器件的研制和生产中已鲜有采用。Si 衬底具有晶体质量高、晶圆尺寸大和低成本等优势,同时有望实现与 Si 集成电路的主流制造技术互补金属氧化物半导体(CMOS)制备工艺的结合,有利于器件和相关电路的在片集成。因此近年来 Si 衬底上 GaN 基射频电子材料和器件成为国际上的研发热点[4]。随着 Si 衬底上 GaN 外延技术的发展和位错密度的降低,Si 衬底上 GaN 基 HEMT 器件的性能和器件可靠性得到了很大改善,其工作频率不断地向毫米波方向推进[5]。但 Si 与 GaN 之间的晶格失配高达 16.9%,热导率又远比 SiC 低,在相当程度上限制了其在高性能、大功率 GaN 基射频电子领域的应用,特别是在对成本不那么敏感的高端射频功率电子领域的应用。采用 GaN 自支撑衬底能够实现同质外延,有望实现很低位错密度的高质量 GaN 基异质结构。但迄今低位错密度的 GaN 同质衬底制备技术还不够成熟,成品率不高,衬底成本和价格相对 SiC 衬底还非常高,大大限制了 GaN 同质外延及其在射频电子器件上的应用。金刚石是迄今热导率最高的衬底材料,对进一步提升 GaN 基射频电子器件的功率特性非常有利。但 2 英寸及以上尺寸的单晶金刚石衬底制备困难,同时金刚石与 GaN 之间的晶格失配很严重,迄今还难以实现金刚石衬底上高质量的 GaN 外延,目前主要采用衬底转移技术制备金刚石上的 GaN 基射频电子器件[6]。GaN 基异质结构和微波功率器件常用的衬底材料的相关物理参数如表 4.1 所示[3]。

**表 4.1 GaN 基异质结构和微波功率器件常用的衬底材料相关物理性质对比**[3]

| 物理性质 | 6H-SiC | | 蓝宝石 | | Si | |
|---|---|---|---|---|---|---|
| 对称性 | 六方 | | 六方 | | 立方 | |
| 晶格常数/nm | $a=0.308$ | $c=1.512$ | $a=0.476$ | $c=1.299$ | $a=0.543$ | $c=0.540$ |
| 热膨胀系数/($10^{-6}\cdot K^{-1}$) | 4.2 | 4.68 | 7.5 | 8.5 | 3.59 | 6 |
| 与 GaN 晶格失配/% | 3.5 | | 16.1 | | −16.9 | |
| 与 GaN 热失配/% | 25 | | −34 | | 54 | |
| 热导率/[W/(m·K)] | 490 | | 50 | | 150 | |

相比于其他几种衬底材料,SiC 具有的优势包括:① 与 GaN 晶格失配仅为3.5%,与 AlN 的晶格失配小于 1%,因此 SiC 衬底上外延的 GaN 及其异质结构中位错密度较低,而位错密度与微波功率器件的工作电压、工作频率及可靠性密切相关;② 热导率远高于除金刚石外的其他衬底材料,对降低 GaN 基微波功率器件的结温非常有利,而结温是限制微波功率器件输出功率的瓶颈问题,高热导率的 SiC 衬底可大幅度提升 GaN 基微波功率器件的输出功率密度。目前 SiC 衬底已发展成为研制和生产 GaN 基微波功率器件最优选,也是最常用的主流衬底材料。SiC 衬底的缺点是其制备成本和价格依然很高,特别是高纯、半绝缘的 SiC 衬底的制备技术门槛高,国内外只有少数几家企业具备规模生产能力,导致其价格远高于导电型 SiC 衬底。

### 4.2.2 GaN 基微波功率器件的交直流特性和关键制备工艺

基于 $Al_xGa_{1-x}N$/GaN 异质结构的 HEMT 器件是 GaN 基微波功率器件的主流半导体材料和器件结构。这里将以基于 $Al_xGa_{1-x}N$/GaN 异质结构的 HEMT 器件为例,重点讨论其直流特性、小信号特性和功率特性。

1. 直流特性

图 4.1 为基于 $Al_xGa_{1-x}N$/GaN 异质结构的 HEMT 器件结构示意图。如前所述,异质结构中的强极化效应在异质界面感应出高密度的 2DEG,形成器件的导电沟道,所以不做特别设计的常规 GaN 基 HEMT 器件为耗尽型。金属栅与 $Al_xGa_{1-x}N$ 势垒层为肖特基接触,因其空间电荷区的存在,器件栅压为 0 时只能耗尽部分 2DEG,器件处于导通状态。随着栅压向负值增加,2DEG 不断被耗尽,直至全部耗尽,器件源漏沟道将关断。

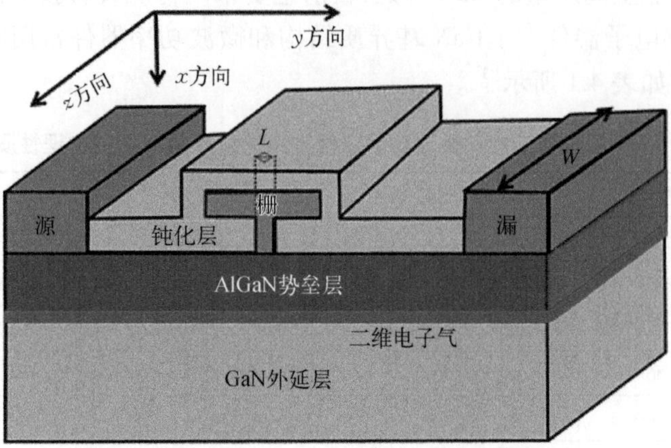


图 4.1　基于 $Al_xGa_{1-x}N/GaN$ 异质结构的 HEMT 器件基本结构示意图

GaN 基 HEMT 器件异质界面沟道中的 2DEG 面密度($n_{2DEG}$)可通过栅源间的电容电压曲线积分得到[7]:

$$n_{2DEG} = \int_{V_{th}}^{V_{gs}} \frac{C_{gs}\mathrm{d}V}{Sq} \tag{4.1}$$

式中,$V_{th}$为器件阈值电压;$V_{gs}$为栅源偏压;$C_{gs}$为栅源间的电容值;$S$ 为肖特基金属栅的面积;$q$ 为单位电子电量。$Al_xGa_{1-x}N/GaN$ 异质界面处电场与电子密度满足电场的高斯定理[7]:

$$\varepsilon_r \varepsilon_0 E_x = q n_{2DEG} \tag{4.2}$$

式中,$\varepsilon_r$为 $Al_xGa_{1-x}N$ 势垒层的相对介电常数;$\varepsilon_0$为真空介电常数;$E_x$为纵向电场强度,其表达为[8]

$$E_x = \frac{V_{gs} - V_{th} - V_{ds}(y)}{d_{barrier}} \tag{4.3}$$

式中,$V_{ds}(y)$为沟道 $y$ 处的电压值;$d_{barrier}$为 $Al_xGa_{1-x}N$ 势垒层厚度。由公式(4.2)和公式(4.3)可推得

$$n_{2DEG} = \frac{\varepsilon_r \varepsilon_0 [V_{gs} - V_{th} - V_{ds}(y)]}{q d_{barrier}} \tag{4.4}$$

沿图 4.1 所示的 $y$ 方向,器件单位长度的沟道电阻值为[8]

$$dR = \frac{dy}{q\mu W n_{2DEG}} \tag{4.5}$$

式中，$W$ 为栅宽；$\mu$ 为 2DEG 迁移率。器件漏极电流-漏极电压关系满足以下表达式：

$$I_{ds} = \frac{dV_{ds}}{dR} \tag{4.6}$$

最终可推得 GaN 基 HEMT 器件的漏极电流为[8]

$$I_{ds} = \frac{C_{gs}\mu W}{L}(V_{gs} - V_{th})V_{ds} - 0.5V_{ds}^2 \tag{4.7}$$

以上为低电场下的计算过程。因为 GaN 基微波功率器件尺寸较小，当漏极电压较大时，横向电场很强，2DEG 将以饱和漂移速率 $v_{sat}$运动，此时漏极电流表达式变为[8]

$$I_{ds} = v_{sat}WC_{gs}(V_{gs} - V_{th}) \tag{4.8}$$

高电场下的跨导是 GaN 基 HEMT 器件的一个重要参数，直接影响器件的频率和功率特性，器件跨导可通过对漏极电流求微分得到[8]：

$$g_m = v_{sat}WC_{gs} \tag{4.9}$$

考虑到器件的寄生电阻，则 GaN 基 HEMT 器件的跨导表达式修正为[9]

$$g_{mi} = \frac{g_m}{1 + g_m + R_s + (R_s + R_d)/R_{ds}} \tag{4.10}$$

式中，$R_s$和 $R_d$分别为器件源和漏端的接触电阻和相应的外沟道电阻之和，$R_{ds}$为沟道电阻。

2. 交流特性

基于 $Al_xGa_{1-x}N$/GaN 异质结构的 HEMT 器件的交流特性主要包括频率特性和功率特性。频率特性包括电流增益截止频率$f_T$和最高振荡频率$f_{max}$，功率特性包括最大输出功率($P_{out}$)、功率增益 $G$(gain)和功率附加效率 PAE。图 4.2 为 GaN 基 HEMT 器件的等效电路模型和等效电路图[10]。$C_{gs}$、$C_{gd}$和 $C_{ds}$分别为栅源间、栅漏间和漏源间的本征电容，$R_g$、$R_s$、$R_d$、$R_{gs}$、$R_{gd}$和 $R_{ds}$分别代表器件的栅电阻、源电阻、漏电阻、栅源间电阻、栅漏间电阻及漏源间输出电阻，$L_g$、$L_d$和 $L_s$分别表示栅极、漏极和源极的寄生电感，$g_m$为交流跨导。电流增益截止频率$f_T$定义为电流增益为 1

时的工作频率,其表达式为[11]

$$f_{\mathrm{T}}=\frac{g_{\mathrm{m}}}{2\pi(C_{\mathrm{gs}}+C_{\mathrm{gd}})}=\frac{v_{\mathrm{sat}}}{2\pi L_{\mathrm{gate}}} \tag{4.11}$$

式中,$L_{\mathrm{gate}}$为器件栅长。最高振荡频率$f_{\max}$定义为器件功率增益变为 1 时的工作频率,可表达为[11]

$$f_{\max}=\frac{f_{\mathrm{T}}}{2\sqrt{(R_{\mathrm{g}}+R_{\mathrm{s}}+R_{\mathrm{gs}})/R_{\mathrm{ds}}+2\pi f_{\mathrm{T}}R_{\mathrm{g}}C_{\mathrm{gd}}}} \tag{4.12}$$

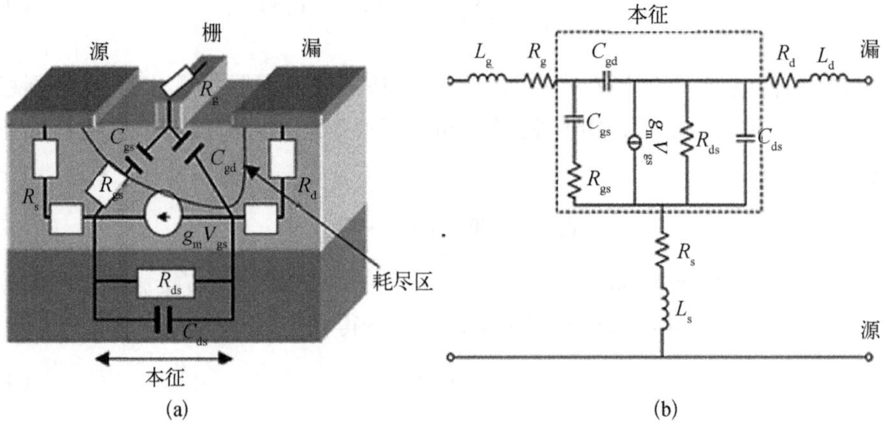


图 4.2　基于 $Al_xGa_{1-x}N$/GaN 异质结构的 HEMT 器件的器件模型(a)和等效电路图(b)[10]

对于正弦波形信号,根据最大输出电压和电流摆幅可得到 GaN 基 HEMT 器件的最大输出功率 $P_{\mathrm{out}}$为[12]

$$P_{\mathrm{out}}=\frac{1}{8}I_{\mathrm{dsat}}(\mathrm{BV}_{\mathrm{ds}}-V_{\mathrm{dsat}}) \tag{4.13}$$

式中,$I_{\mathrm{dsat}}$为最大饱和电流;$\mathrm{BV}_{\mathrm{ds}}$为三端击穿电压;$V_{\mathrm{dsat}}$为膝点电压。器件功率特性的另外两个参数为功率增益 $G$ 和功率附加效率 PAE。功率增益 $G$ 表达为[12]

$$G=\frac{P_{\mathrm{out}}}{P_{\mathrm{in}}} \tag{4.14}$$

式中,$P_{\mathrm{out}}$为输出功率;$P_{\mathrm{in}}$为输入功率。功率增益 $G$ 的单位通常采用 dB。功率附加效率 PAE 可表达为[12]

$$PAE = \frac{P_{out} - P_{in}}{P_{DC}} \tag{4.15}$$

3. 器件频率和功率特性的优化途径

SiC 衬底上 GaN 基微波功率器件不断向更高频率和更高功率发展，通过上述分析可知提高 GaN 基 HEMT 器件频率特性的方法主要包括：① 采用 T 型金属栅，以减小器件栅寄生电容和栅电阻；② 缩小栅长至纳米级，以减小器件金属栅寄生电容，但同时会带来器件短沟道效应等不利影响；③ 采用凹槽栅结构或高 Al 组分的超薄势垒层 $Al_xGa_{1-x}N$/GaN 异质结构，以缩短器件中金属栅与沟道中 2DEG 的距离，提高栅控能力，削弱短沟道效应的影响；④ 在异质结构中采用背势垒结构，以增加器件中 2DEG 沟道的限域性，削弱短沟道效应的影响；⑤ 采用二次外延重掺杂 $n^+$-GaN 及离子注入等方式，以降低器件源漏间的欧姆接触电阻。

提高 GaN 基 HEMT 器件输出功率的方法主要有：① 引入空气桥场板结构，以提高器件的工作电压；② 降低源漏间欧姆接触电阻，以减小器件的膝点电压；③ 优化 $Al_xGa_{1-x}N$/GaN 异质结构材料，适当提高势垒层 Al 组分，以提升 2DEG 密度，从而提高器件的饱和电流密度；④ 引入新型钝化技术，降低器件的表面态密度，以降低电流崩塌效应；⑤ 降低异质结构材料中的位错密度，以降低器件漏电流，提高工作电压。

4. 器件的关键制备工艺

基于 $Al_xGa_{1-x}N$/GaN 异质结构的 HEMT 器件的制备工艺流程主要包括以下步骤。

1）材料清洗

GaN 基异质结构材料的表面存在氧化物、无机和有机污染物，会影响金属和介质的附着力，并会引入表面态，从而影响器件的电学特性。材料清洗主要分为两种：有机清洗和无机清洗，有机清洗主要通过丙酮、异丙醇和乙醇等有机溶液去除有机污染物；无机清洗主要通过 $NH_4OH$、HF 和 HCl 等无机溶液来去除表面氧化物以及无机杂质。此外，在清洗过程中通常结合超声清洗，清洗效果更佳。

2）台面隔离

通常微波单片电路都是由多个 GaN 基 HEMT 器件组合而成，器件之间需要隔离，以阻断单个器件与器件之间载流子的流动。由于 GaN 的键合能较大，室温下使用传统的酸性和碱性腐蚀液无法对其进行腐蚀，不适用于 GaN 基 HEMT 器件的台面隔离。目前 GaN 基 HEMT 器件的台面隔离通常采用离子注入形成高阻区和干法刻蚀形成台面这两种方法。无论采用哪种方法都要求各个分离器件之间的沟道完全阻断,形成良好的隔离岛区域。离子注入工艺采用的离子种类较多,包括 $He^+$、$B^+$和 $Ar^+$等,形成高阻区,离子注入的最大优点是能够形成平整化的隔离岛,这在器件纳米栅工艺中非常重要。台面干法刻蚀工艺通常采用反应离子刻蚀(RIE)和感应耦合等离子体(ICP)等方法。干法刻蚀过程中存在复杂的化学刻蚀过程和物理溅射过程。化学刻蚀过程是活性粒子与被刻蚀物质表面发生化学反应。物理溅射过程是高能离子对被刻蚀物质表面进行轰击导致表面材料被溅射。由于离子轰击具有一定的能量,对被刻蚀的器件表面会造成损伤,所以需要选择合适的腔体压强、等离子体的刻蚀功率、驱动离子的射频功率(RF 功率)、工艺气体种类以及流量等刻蚀工艺参数。干法刻蚀技术具有各向异性、对不同材料选择比差别较大、均匀性与重复性好等优点。

3）欧姆接触

目前制备器件源/漏欧姆接触的工艺环节主要有多层金属体系快速热退火、再生长 $n^+$-GaN 以及离子注入工艺。多层金属体系快速热退火是传统工艺,首先采用电子束蒸发工艺在源漏区沉积 Ti/Al/耐熔金属/Au 多层金属体系,耐熔金属为“阻挡层金属”,包括 Ni、Pt 和 Mo 等金属,用于阻挡 Al 在高温工艺过程中的外溢;然后进行高温快速热退火处理,生成 TiN 和 $AlTi_2N$ 合金层,从而形成欧姆接触。再生长 $n^+$-GaN 工艺是通过刻蚀源/漏区,然后二次外延重掺杂的 $n^+$-GaN,形成良好的欧姆接触。离子注入工艺是在源/漏区表面注入高能 Si 离子,结合高温退火工艺,形成良好的欧姆接触。

4）纳米 T 型金属栅工艺

传统的光刻工艺方法线宽精度有限,很难实现器件中纳米 T 型栅的制备。而电子束直写式曝光技术曝光精度高,无掩模,可及时调整线宽,可实现数十纳米线条的制备,是纳米金属栅制备的关键技术。电子束曝光是利用具有一定能量的电子与光刻胶碰撞,发生化学反应完成曝光。但电子束曝光存在电子前散射和背散射,邻近效应严重,导致光刻图形发生畸变,影响曝光形状和精度。为了抑制邻近效应,一般采用两次曝光两次显影的技术实现纳米 T 型栅,如图 4.3 所示[13]。具体工艺步骤有:采用 PMMA/Copolymer/PMMA 三层光刻胶,首先对栅帽图像曝光,进行第一层显影,通过控制曝光剂量和显影时间,第一层显影终止于底层 PMMA 胶,形成栅帽图形;然后进行栅根图像曝光和显影,形成栅根图形。两次曝光两次显影有效减薄了每次曝光光刻胶厚度,从而抑制了曝光过程中电子前散射和背散射,有助于实现高精度 T 型纳米栅。

5）钝化工艺

未进行钝化的 GaN 基 HEMT 器件存在明显的电流崩塌(current collapse)效

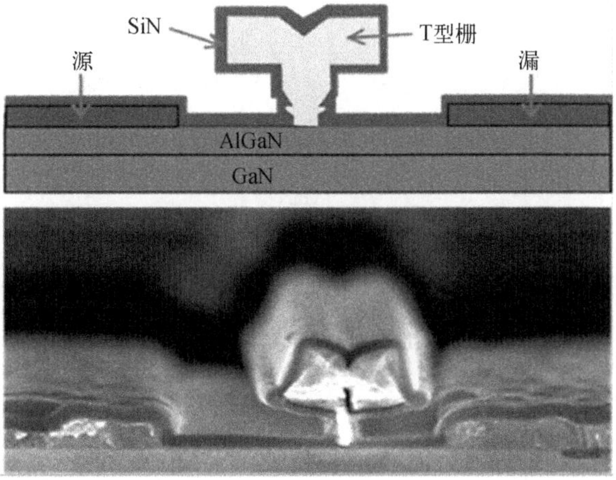


图 4.3 GaN 基 HEMT 器件中纳米 T 型栅的 SEM 照片[13]

应。电流崩塌效应是指在外加电应力条件下,GaN 基 HEMT 器件外加应力后的输出电流小于未加应力时输出电流的现象。产生电流崩塌效应的物理机制主要是 GaN 外延层中的缺陷、异质结构表/界面缺陷形成的禁带能级的充放电速率跟不上器件的工作频率[14-16]。随着 GaN 层外延质量的提高,异质结构表/界面缺陷导致的电流崩塌效应所占的权重越来越大,表面钝化是降低这部分电流崩塌的有效方法。采用 PECVD 法沉积的 $SiN_x$是最早的钝化方法,可抑制大部分的电流崩塌。但该技术生长温度低,$SiN_x$钝化层质量较差,并且等离子体会损伤器件表面。近年来发展了一些新的钝化方法,包括低压化学气相沉积(LPCVD)、原子层沉积(ALD)等,钝化层介质材料也已多样化,出现了 AlN、$HfO_2$以及复合介质等新型钝化层。钝化层沉积过程中,反应温度、射频功率、腔室压强、沉积时间、反应气体流量配比等工艺条件至关重要,是形成高质量钝化技术的关键因素。

6) 场板技术

在 GaN 基 HEMT 器件中采用场板结构是抑制其电流崩塌效应,提高器件的频率特性和功率特性的有效方法。迄今 GaN 基 HEMT 器件采用的场板技术按照连接方式分为栅场板、源场板和漏场板。栅场板会带来栅寄生电容的显著增加,对器件的工作频率和功率增益有不利影响,现已很少出现在 GaN 基微波功率器件的制备工艺中。源/漏场板是场板通过不同的布线方式与源/漏电极连接,源场板可有效降低栅极附近的峰值电场,其与栅电极存在交叠区,会使栅极寄生电阻增加。为了解决该问题,空气桥源场板是有效的途径之一。通过引入桥墩桥面结构,桥面跨过栅电极,从而可有效减小寄生电阻。含有源场板的 GaN 基 HEMT 的器件结构如图 4.4 所示。

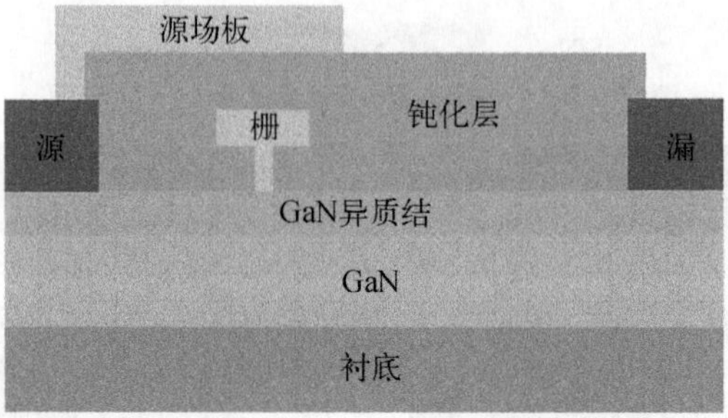


图 4.4　GaN 基 HEMT 器件中典型的源场板结构示意图

7）空气桥技术

由于 GaN 基 HEMT 器件频率要求的限制，单指栅宽不宜过大，但同时器件的输出功率与栅宽呈正比关系，两者是矛盾的关系。为了缓解这一矛盾，多指器件势在必行。多指器件通过空气桥相连接，具体工艺包括：首先利用曝光显影需要连接的金属电极区域（桥墩）；然后利用电子束蒸发生长一层“金属生长层”，该层主要是为后续金属电镀提供种子层；随后曝光显影桥面区域，电镀金形成桥面；最后去除底层光刻胶形成空气桥。GaN 基 HEMT 器件中典型的空气桥结构如图 4.5 所示。

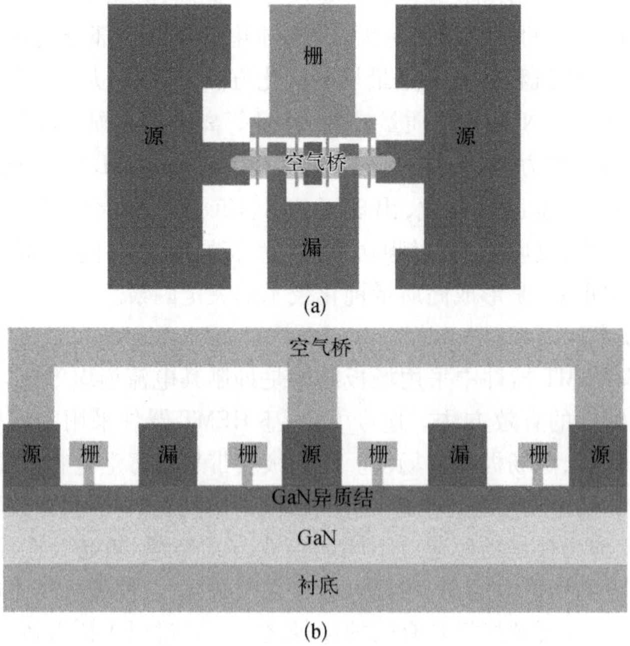


图 4.5　GaN 基 HEMT 器件中典型的空气桥结构示意图：（a）俯视图；（b）横截面示意图

### 4.2.3 GaN 基微波功率器件的频率特性和功率特性

自从 20 世纪 90 年代以来，SiC 衬底上 GaN 基微波功率器件历经二十多年的发展和应用推广，基于 $Al_xGa_{1-x}N$/GaN 异质结构的 HEMT 器件在频率特性和功率特性两个方面均取得了重大突破。在频率特性方面，2006 年，美国 UCSB 的 T. Palacios 等通过在 $Al_xGa_{1-x}N$/GaN 异质结构中引入 $In_xGa_{1-x}N$ 背势垒结构，有效抑制了 HEMT 器件的短沟道效应，100 nm 栅长 T 型栅的 GaN 基 HEMT 器件的最大振荡频率 $f_{max}$ 达到了 230 GHz[17]。2010 年，美国麻省理工学院（MIT）的 J. W. Chung 等采用低损伤凹槽栅技术以抑制 GaN 基 HEMT 器件的短沟道效应，器件源极和漏极的欧姆接触同样采用凹陷式，以减小欧姆接触电阻，同时器件的源漏间距仅为 1.1 μm，有效减小了漏源寄生电阻 $R_{ds}$，器件结构如图 4.6 所示[18]。他们研制的 GaN 基 HEMT 器件的 $f_{max}$ 达到了 300 GHz，是目前国际上基于 $Al_xGa_{1-x}N$/GaN 异质结构的 HEMT 器件 $f_{max}$ 的最高报道值。2016 年，中国电科十三所吕元杰、冯志红等采用 $n^+$-GaN 二次外延欧姆接触技术，有效改善了 GaN 基 HEMT 器件的欧姆接触的边缘形貌。它们通过降低小尺寸器件的制备难度，将 T 型栅尺寸和有效源漏间距分别到 60 nm 和 600 nm，研制的 GaN 基 HEMT 器件的电流增益截止频率 $f_T$ 和最大振荡频率 $f_{max}$ 分别达到了 149 GHz 和 263 GHz[19]。

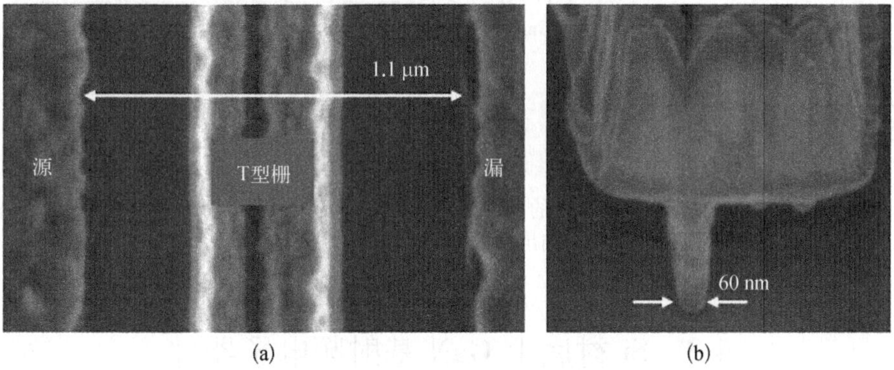


图 4.6 具有最高 $f_{max}$ 的 GaN 基 HEMT 器件的 SEM 像：（a）源漏间距；（b）T 型栅[18]

在 SiC 衬底上基于 $Al_xGa_{1-x}N$/GaN 异质结构的 HEMT 器件的功率特性方面，2004 年，美国 UCSB 的 Y. F. Wu 等最早引入了栅场板结构，有效提高了器件工作电压，制备的 0.5 μm 栅长 GaN 基 HEMT 器件在漏极偏置电压 120 V，4 GHz 时的连续波输出功率达到了 32.2 W/mm，功率附加效率 PAE 为 54.8%，如图 4.7 所示[20]。2006 年，UCSB 的研究组采用栅场板与源场板结合的双场板结构，进一步降低了电流崩塌效应，提升了工作电压，在漏极偏置电压 135 V，4 GHz 时的连续波输出功率进一步提高到了 41.4 W/mm[21]，是迄今该频段下半导体微波功率器件输出功率的最高报道值，PAE 也达到了 60%。2011 年，西安电子科技大学郝跃等采用凹槽栅技术和 MOS 栅结构，研制出高效率的 GaN 基 HEMT 器件，其栅介质采用 5 nm 厚 $Al_2O_3$，漏极偏置电压 45 V，4 GHz 下输出功率为 13 W/mm，功率附加效率 PAE 达到了 73%[22]，为该频段下 GaN 基 HEMT 器件 PAE 值的国际报道最高值。2005 年，美国 UCSB 的 T. Palacios 等结合 Al 组分达 28% 的 $Al_xGa_{1-x}N$ 势垒层和凹槽栅技术，制备的 160 nm 栅长 GaN 基 HEMT 器件，漏极偏置电压 30 V，40 GHz 下连续波输出功率达到了 10.5 W/mm，PAE 为 34%[23]。2011 年，美国 HRL 的 D. F. Brown 等采用再生长 $n^+$-GaN 非合金欧姆接触以及 $Al_xGa_{1-x}N$ 背势垒结构，制备了栅长 140 nm、源漏间距 1 μm 的 GaN 基 HEMT 器件，$f_{max}$ 达到了 230 GHz。他们基于该器件设计并研制出一款 W 波段的 GaN 基 MMIC 三级功率放大器，95 GHz 下输出功率达到了 1024 mW[24]。

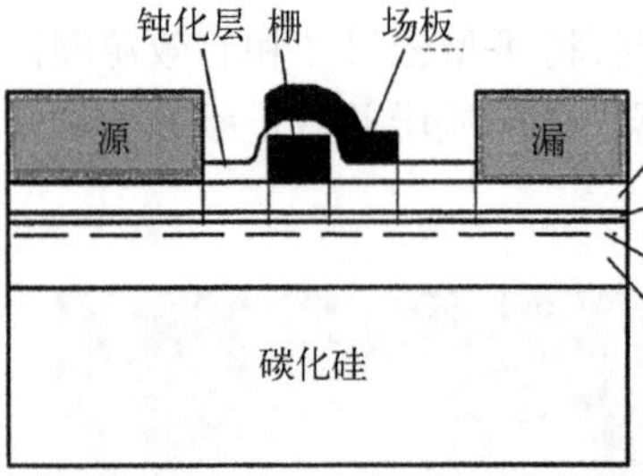


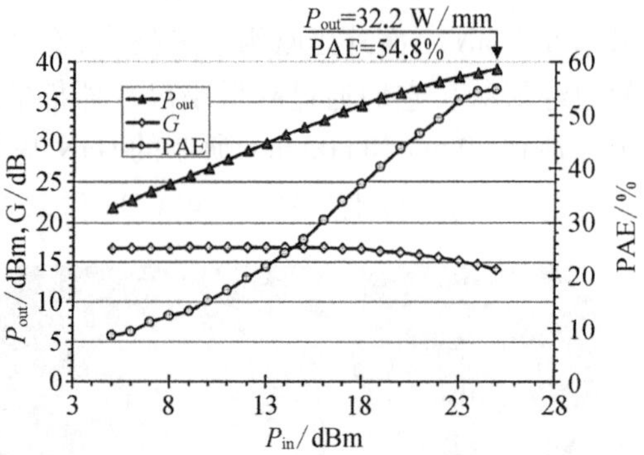


图 4.7　具有栅场板的 GaN 基 HEMT 的器件结构示意图(a)和大信号测量结果(b)[20]。横坐标为输入功率($P_{in}$)，纵坐标为输出功率($P_{out}$)、功率增益($G$)和功率附加效率(PAE)

## 4.3　Si 衬底上 GaN 基射频电子器件

如前所述，Si 衬底上 GaN 基射频电子器件研发的驱动力一方面是基于降低器件成本的考虑，由于 SiC 衬底价格昂贵，在器件输出功率要求不是很高的应用场景，采用大尺寸的 Si 衬底外延 GaN 及其异质结构有利于降低器件和电路模块的成本。另一方面更重要的原因是 Si 衬底上 GaN 基射频器件和微波功率放大器更有利于和 Si 基逻辑、存储、开关及传感器的单片集成。

2004 年，美国 TriQuint 公司 D. C. Dumka 等在国际上率先报道了 10 GHz 频段 Si 衬底上基于 $Al_xGa_{1-x}N$/GaN 异质结构的 HEMT 器件[25]，外延结构包括 AlN/GaN

成核层、1.5 μm 的 GaN 缓冲层、25 nm 的 $Al_{0.25}Ga_{0.75}N$ 势垒层和 1 nm 的 GaN 盖帽层。异质结构的室温方阻为 530 Ω/sq，2DEG 室温迁移率为 1 500 $cm^2/(V \cdot s)$。器件隔离采用 ICP 刻蚀台面工艺，欧姆接触采用 Ti/Al/Ti/Au，在 850℃下快速热退火形成。采用 300 nm 的 T 型栅，源漏间距 4 μm，栅金属为 Pt/Au。研制的器件阈值电压−3.9 V，饱和电流密度 850 A/mm（$V_{gs}$ = 1 V），峰值跨导 220 mS/mm。微波小信号条件下测得器件的 $f_T$ 为 24 GHz，$f_{max}$ 为 47 GHz，10 GHz 的大信号条件下测得器件的输出功率密度为 7.03 W/mm，PAE 为 38%，线性增益为 9.1 dB，测试结果如图 4.8 所示[25]。

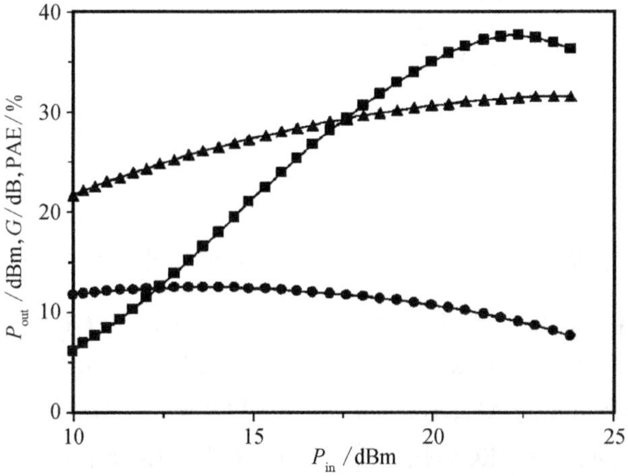


图 4.8　Si 衬底上基于 $Al_xGa_{1-x}N$/GaN 异质结构的 HEMT 器件在 10 GHz 的大信号测试曲线，测试条件为 $V_{ds}$ = 40 V，$V_{gs}$ = −2.3 V。横坐标为输入功率（$P_{in}$），纵坐标为输出功率（$P_{out}$）、功率增益（$G$）和功率附加效率（PAE）[25]

2006 年，法国国家科学研究中心 D. Ducatteau 等研制出 18 GHz 频段的 Si 衬底上 GaN 基 HEMT 器件[26]，外延结构包括 40 nm 的 AlN 成核层，250 nm 的 GaN 外延层，中间再次插入 250 nm 的 AlN 成核层，接着是 2.5 μm 的 GaN 高阻层，上面是 25 nm的 $Al_{0.31}Ga_{0.69}N$ 势垒层和 1 nm 厚的 GaN 盖帽层。异质结构室温方阻 340 Ω/sq，2DEG 室温迁移率 1 480 $cm^2/(V \cdot s)$，面密度 $1.25\times10^{13}$ $cm^{-2}$。器件隔离采取 $He^+$离子注入形成，欧姆接触采用 Ti/Al/Ni/Au，采用电子束直写工艺实现 T 型栅，栅金属为 Pt/Ti/Pt/Au，最终采用 PECVD 生长 $SiO_2/SiN_x$复合钝化层，器件栅宽 2× 50 μm，栅长 0.25 μm，源漏间距 3.75 μm。研制的器件饱和电流密度 1 A/mm（$V_{gs}$ = 0 V），峰值跨导 250 mS/mm，$f_T$ 为 50 GHz，$f_{max}$ 为 100 GHz，18 GHz 时输出功率密度为 5.1 W/mm，PAE 为 20%，线性增益 9.1 dB，10 GHz 的大信号条件下的测试结果如图 4.9 所示[26]。

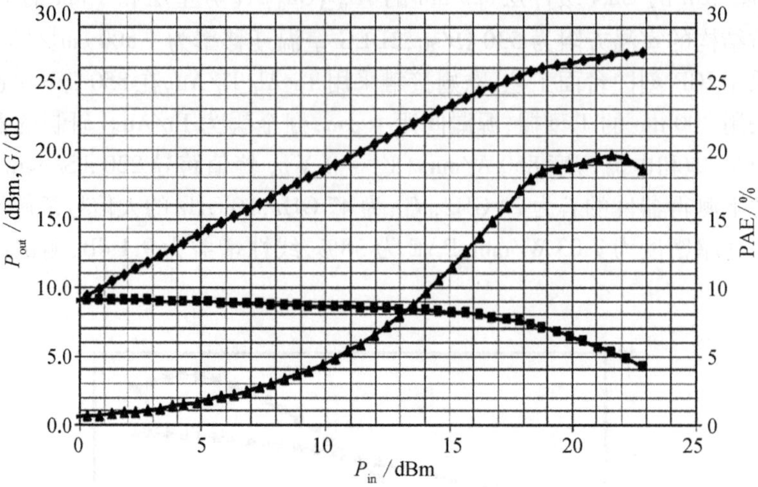


图 4.9　Si 衬底上基于 $Al_xGa_{1-x}N$/GaN 异质结构的 HEMT 器件在 10 GHz 的大信号测试曲线,测试条件 $V_{ds}$ = 35 V, $V_{gs}$ = −4 V。横坐标为输入功率($P_{in}$),纵坐标为输出功率($P_{out}$)、功率增益($G$)和功率附加效率(PAE)[26]

2009 年,瑞士联邦理工学院 H. F. Sun 等研制出 20 GHz 频段的 Si 衬底上 0.1 μm栅长 GaN 基 HEMT 器件[27]。外延结构包括 AlN 成核层,0.8 μm 的 GaN 高阻外延层,18.5 nm 的 $Al_{0.17}Ga_{0.83}N$ 势垒层和 2 nm 的 GaN 盖帽层。器件隔离采取 ICP 刻蚀台面工艺,欧姆接触采用 Ti/Al/Au,接触电阻 0.49 Ωmm。电子束直写形成 0.1 μm 的 T 型栅,源漏间距 1 μm,栅金属为 Ni/Au,最后采用 PECVD 生长100 nm的 $SiN_x$小钝化层。研制出的器件峰值跨导 175 mS/mm,栅漏电 $I_{gd}$ < 14 μA/mm ($V_{gd}$ = − 10 V);利用正向电流增益($|H_{21}|^2$)并采用 −20 dB/dec进行线性外推,可得到器件的 $f_T$为 75 GHz,利用最大资用增益(maximum available gain, MAG)或最大单边增益(Mason's unilateral gain, $U$)进行外推得到器件的$f_{max}$为110 GHz;此器件在 10 GHz 的噪声系数为 0.65 dB,在 20 GHz 的噪声系数为 1.2 dB。器件在微波小信号条件下的测试结果如图 4.10 所示[27]。

2012 年,法国国家科学研究中心 F. Medjdoub 等研制出 40 GHz 频段 Si 衬底上基于 AlN/GaN/$Al_xGa_{1-x}N$ 双异质结的 HEMT 器件[28]。外延结构包括 1.5 μm 的 $Al_{0.08}Ga_{0.92}N$ 高阻层,150 nm 的 GaN 沟道层,6 nm 的 AlN 势垒层和 3 nm 的在位 SiN 盖帽层,该结构方阻为 240 Ω/sq,2DEG 室温迁移率为1 400 $cm^2$/(V·s),面密度为 $2.1\times10^{13}$ $cm^{-2}$。器件欧姆接触电阻 0.35 Ωmm,电子束直写实现 100 nm 的 T 型栅,栅金属为 Ni/Au,偏向漏极栅场板 0.2 μm,栅源和栅漏间距分别为 0.3 μm 和2 μm,最后采用 PECVD 形成 150 nm 的 $SiN_x$钝化层。2×25 μm栅宽器

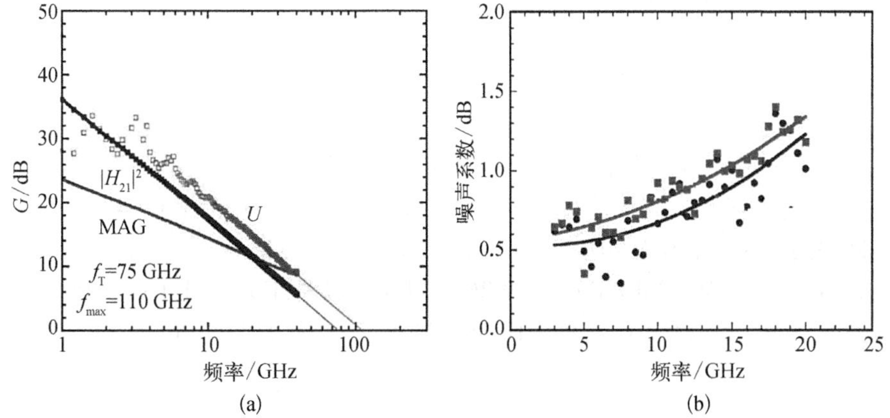


图 4.10 Si 衬底上基于 $Al_xGa_{1-x}N$/GaN 异质结构的 0.1 μm 栅长 HEMT 器件在微波小信号条件下射频参数(a)和噪声系数(b)的测试曲线[27]

件的饱和电流密度为 1.8 A/mm ($V_{gs}$ = + 2 V), 峰值跨导为550 mS/mm;微波小信号测试下器件的$f_T$为 80 GHz,$f_{max}$为 192 GHz;Load-Pull 测试器件在40 GHz下的输出功率密度为 2.5 W/mm,PAE 为 8%,线性增益为 9 dB。测试结果如图4.11所示[28]。

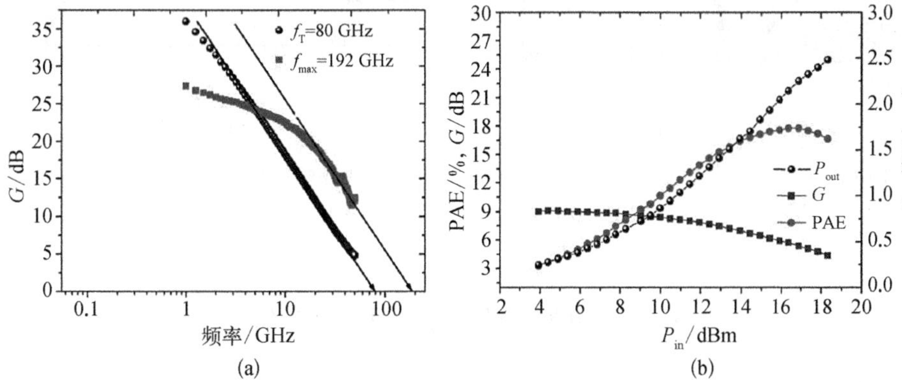


图 4.11 Si 衬底上基于 AlN/GaN/$Al_xGa_{1-x}N$ 双异质结构的 HEMT 器件微波小信号 S 参数测试曲线(a)与 Load-Pull 大信号测试曲线(b)。测试条件 $V_{ds}$ = 15 V, $V_{gs}$ = −1.6 V[28]

2016 年,瑞士联邦理工学院 D. Marti 等研制出 Si 衬底上基于晶格匹配 $In_{0.18}Al_{0.82}N$/GaN异质结构的 HEMT 器件和 W 波段功率放大器[29]。$In_{0.18}Al_{0.82}N$/GaN 晶异质结构的方阻为 328 Ω/sq,2DEG 室温迁移率为 1 190 $cm^2/(V\cdot s)$,面密度为 $1.6\times10^{13}$ $cm^{-2}$。器件采用 MBE 二次外延 $n^+$-GaN 技术实现欧姆接触,接触电阻 0.22 Ωmm。器件采用两次电子束直写工艺实现 50 nm 的 T 型栅,栅金属为 Ni/Pt/

Au，栅高度为 200 nm，栅帽宽度为 500 nm。采用 Cr/Pt 制备了薄膜金属电阻，电阻值 $R_{SH}$ = 25 Ω/sq，采用 75 nm 的 $SiN_x$ 钝化层制备了 MIM 电容，电容值0.7 fF/μm$^2$。为增加散热同时降低衬底的寄生效应，Si 衬底被减薄到 75 μm，采用氟基和氯基两步 ICP 刻蚀工艺实现了 30 μm 直径的通孔。研制的器件最大饱和电流密度达到了 1.6 A/mm（$V_{gs}$ = 2 V），峰值跨导 650 mS/mm；在偏压（$V_{ds}$，$V_{gs}$）=（6.5 V，-1.25 V）条件下，器件小信号参数微波测试获得的 $f_T$ 为 118 GHz，$f_{max}$ 为 210 GHz，去寄生参量后器件的 $f_T/f_{max}$ 比值为 141/232；大信号 Load-Pull 测试获得的输出功率密度为 1.35 W/mm，增益为 3.2 dB，PAE 为 9.2%。基于此器件工艺设计了两极放大器，末级器件栅宽 100 μm，MMIC 在 94 GHz 频段的输出功率为18.3 dBm，增益为 8.2 dB。测试结果如图 4.12 所示[29]。

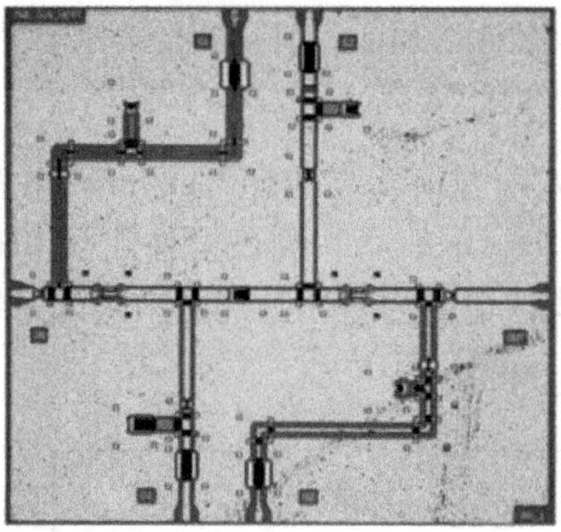

(a)

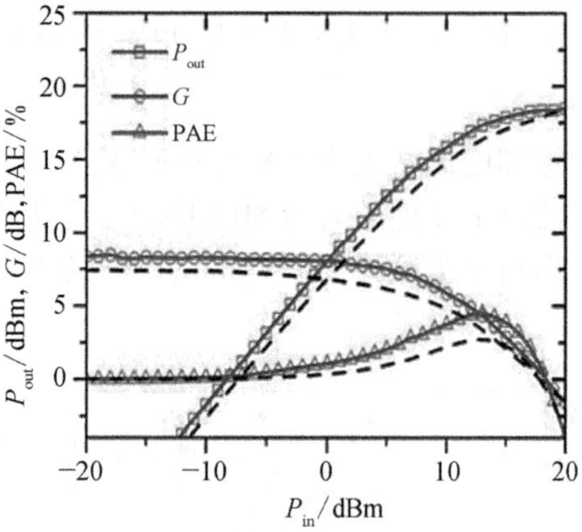


(b)

图 4.12　Si 衬底上基于 $In_{0.18}Al_{0.82}N/GaN$ 异质结构的（a）W 波段功率放大器的光学照片和（b）功率测试曲线。（b）中虚线为放大器在 $V_{ds}$ = 8 V 时频率 94 GHz 的仿真曲线[29]

## 4.4　GaN 基超高频电子器件

近年来，随着 GaN 基异质结构外延质量和 HEMT 器件制备水平的大幅度提高，GaN 基射频电子器件及其电路模块的性能得到了大幅度提升，特别是其输出功率密度相比 GaAs 基器件得到了成倍提升，已大批量用于微波功率放大器，工作频率涵盖了 L 波段至 W 波段。目前，GaN 基射频电子材料和器件的主要发展方向和研发热点之一是在保持其功率性能优势的同时，进一步提升其工作频率，向毫米波、亚太赫兹波段拓展。

提升 GaN 基 HEMT 器件的频率特性最直接的办法是缩小器件尺寸，如减小栅长、缩小源漏间距等。然而，如前所述，对于 $Al_xGa_{1-x}N/GaN$ 异质结构而言，高密度

2DEG 主要是由自发和压电极化效应感生的，$Al_xGa_{1-x}N$ 势垒层需要大于一定厚度，一般是 10 nm 左右，才能形成高密度的 2DEG，导致随着器件栅长的减小，基于 $Al_xGa_{1-x}N$/GaN 异质结构的 HEMT 器件中短沟道效应越来越严重，大大限制了其频率特性的进一步提升。为此，国际上首先在基于 $Al_xGa_{1-x}N$/GaN 异质结构的 HEMT 器件结构中引入了凹槽栅技术[18]，并采用了一系列有利于提高器件频率特性的制备工艺。2010 年，美国 MIT 的 J. W. Chung 等采用低损伤的凹槽栅技术，用以抑制短沟道效应，研制的 GaN 基 HEMT 器件的最大振荡频率 $f_{max}$ 达到了 300 GHz[18]。该器件的 $f_{max}$ 为目前国际上基于 $Al_xGa_{1-x}N$/GaN 异质结构的 HEMT 器件的最高报道值。

同年，美国 MIT 的研究组进一步报道了基于 $Al_xGa_{1-x}N$/GaN 异质结构的 HEMT 器件。该器件也采用凹槽栅结构，先采取浅刻蚀技术将栅下区域的 $Al_xGa_{1-x}N$ 势垒层厚度从 22 nm 减至 17 nm，并在蒸发栅金属之前对栅区域表面进行氧处理，蒸发金属之后选择腐蚀金属，使器件最终的栅长达到了 55 nm。在欧姆接触工艺上，采用先刻蚀后蒸发 Si/Ge/Ti/Al/Ni/Au 的工艺使源和漏的欧姆接触电阻率降低到了 0.21 Ωmm。研制的器件 $f_T$ 为 225 GHz，如图 4.13 所示[30]。这也是迄今国际上基于 $Al_xGa_{1-x}N$/GaN 异质结构的 HEMT 器件的 $f_T$ 最高报道值。

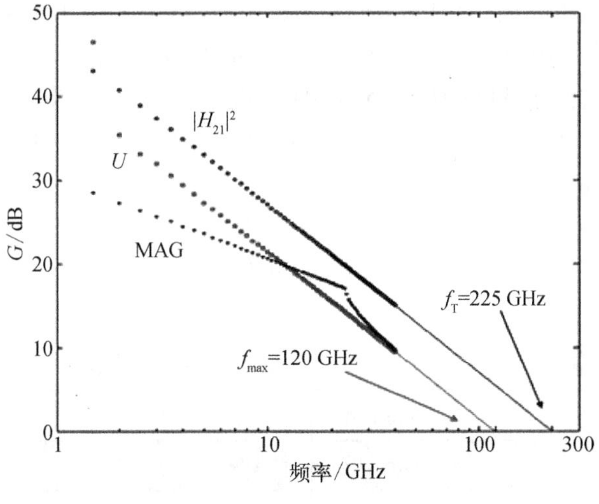


图 4.13 基于 $Al_xGa_{1-x}N$/GaN 异质结构的 HEMT 器件增益(G)随频率的变化曲线[30]

采用凹槽栅技术对 GaN 基 HEMT 器件的频率特性有一定提升，但相关的工艺技术重复性和均匀性较差，尚达不到产业化应用的要求。为了克服 $Al_xGa_{1-x}N$/GaN 异质结构自身性质上的限制，进一步提升 GaN 基 HEMT 器件的频率特性，近年来国际上采用了新型的 GaN 基异质结构材料，主要包括 AlN/GaN 异质结构、

$In_{0.18}Al_{0.82}N$/GaN 晶格匹配异质结构等，其共同特点就是超薄势垒层下异质结构依然可保持高密度的 2DEG。另外，具有天热背势垒结构的 N 面 GaN 基异质结构也受到了一定重视。

1. 基于超薄势垒层 AlN/GaN 异质结构的 HEMT 器件

AlN/GaN 异质结构具有远高于 $Al_xGa_{1-x}N$/GaN 异质结构的自发极化和压电极化效应，因此仅有数纳米的 AlN 势垒层厚度就能在异质界面形成高密度的 2DEG。基于超薄势垒层 AlN/GaN 异质结构的 HEMT 器件能够有效抑制短沟道效应，大幅度提升器件的频率特性，这是 AlN/GaN 异质结构相比于 $Al_xGa_{1-x}N$/GaN 异质结构最大的优势。国内外很多研究机构都开展了基于 AlN/GaN 异质结构的 HEMT 器件研发，其中美国休斯研究实验室（Hughes Research Laboratories, HRL）的成果最为引人注目[31,32]。

2012 年，HRL 的 K. Shinohara 等基于 AlN/GaN 异质结构，结合再生长重掺杂的 $n^+$-GaN 欧姆接触工艺，有效缩小了 HEMT 器件尺寸，研制出耗尽型（D-mode）和增强型（E-mode）两种类型的超高频 HEMT 器件，如图 4.14 所示[31]，AlN/GaN 异质结构中插入了 $Al_{0.08}Ga_{0.92}N$ 背势垒。在器件制备上，通过优化再生长的$n^+$-GaN欧姆接触工艺，接触电阻降至 0.101 Ωmm，源漏间 $n^+$-GaN 有效间距缩减至160 nm（栅源和栅漏间距分别为 70 nm），器件金属栅为 20 nm 的 T 型栅。他们研制的 HEMT 器件 $f_T$ 和 $f_{max}$ 分别达到了 342 GHz 和 518 GHz。随后，他们进一步将器件的栅源和栅漏等间距缩减至 50 nm，器件的 $f_T$ 达到了 454 GHz，为迄今国际上 GaN 基 HEMT 器件 $f_T$ 报道的最高值[31]。

2013 年，HRL 的研究组在前期工作基础上，进一步改进了基于 AlN/GaN 异质结构的 HEMT 器件结构，器件栅长 20 nm，栅源间距 30 nm，栅漏间距 80 nm。非对

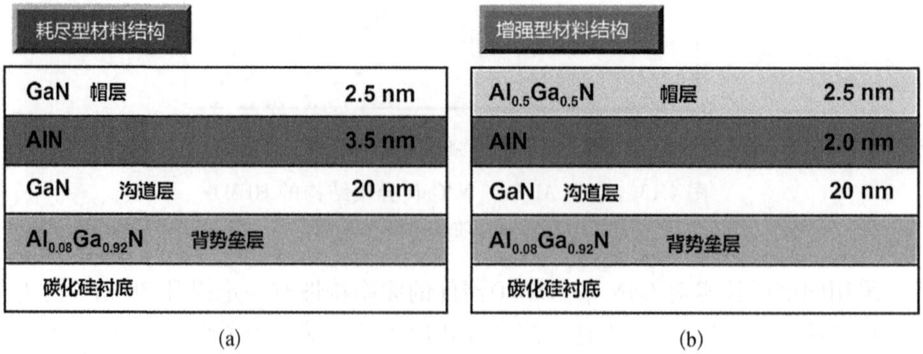


图 4.14　用于（a）耗尽型和（b）增强型 HEMT 器件的超薄势垒层 AlN/GaN 异质结构示意图[31]

称的器件结构提升了器件的击穿电压，进而提升了器件的$f_{max}$特性。HEMT 器件的$f_T$和$f_{max}$分别为 310 GHz 和 582 GHz，为迄今国际上 GaN 基 HEMT 器件中$f_{max}$报道的最高值[32]。

2. 基于超薄势垒层 $In_{0.18}Al_{0.82}N$/GaN 晶格匹配异质结构的 HEMT 器件

$In_{0.18}Al_{0.82}N$/GaN 晶格匹配异质结构相比于常用的低 Al 组分 $Al_xGa_{1-x}N$/GaN 异质结构，界面带隙差更大，自发极化效应更强，因此只需要很薄的 $In_{0.18}Al_{0.82}N$ 势垒层，一般为 3～5 nm，就可在异质界面感应出高密度的 2DEG，不仅可有效抑制 HEMT 器件尺寸等比例缩小带来的短沟道效应，还能大幅度降低器件的寄生沟道电阻。同时，$In_{0.18}Al_{0.82}N$ 在 $c$ 面上与 GaN 晶格匹配，异质结构中没有或只有很弱的残留应力和压电极化效应，可有效降低异质结构中的缺陷密度，防止高压下逆压电效应导致的器件失效，提升器件的可靠性。

国际上迄今在超薄势垒层 $In_{0.18}Al_{0.82}N$/GaN 异质结构和 HEMT 器件研究上取得了一系列研究成果。2010 年，瑞士联邦理工学院 H. Sun 等采用 55 nm 栅长实现了$f_T$为 205 GHz，$f_{max}$为 191 GHz 的 HEMT 器件[33]。2011 年，美国 MIT 的 D. S. Lee 等采用氧等离子处理技术减小了 HEMT 器件栅漏电和射频跨导崩塌，研制出$f_T$为 245 GHz 的 HEMT 器件[34]。2013 年，美国圣母大学 Y. Yue 等采用再生长 $n^+$-GaN 欧姆接触工艺大幅度缩减了 HEMT 器件的尺寸，源漏间距缩小至 270 nm，结合 30 nm直栅工艺，研制出$f_T$为 400 GHz 的 HEMT 器件，该结果为迄今国际上基于 $In_{0.18}Al_{0.82}N$/GaN 异质结构的 HEMT 器件$f_T$报道的最高值[35]。

国内虽然在 $In_{0.18}Al_{0.82}N$/GaN 异质结构和 HEMT 器件研究上较国外起步较晚，但近几年材料和器件研制均取得了显著进展。2015 年中国电科十三所房玉龙、冯志红等采用 MOCVD 方法外延出高质量的超薄势垒层 $In_{0.18}Al_{0.82}N$/GaN 晶格匹配异质结构，势垒层厚度为 3 nm，异质结构中 2DEG 面密度为 $1.39\times10^{13}$ $cm^{-2}$，室温迁移率高达 2 175 $cm^2/(V\cdot s)$，如图4.15所示[36]。其 2DEG 室温迁移率为迄今国际报道的最高值。另外，北京大学、西安电子科技大学在超薄势垒层 $In_{0.18}Al_{0.82}N$/GaN 晶格匹配异质结构和 HEMT 器件研究上也取得了重要进展。

2018 年，中国电科十三所在基于超薄势垒层 $In_{0.18}Al_{0.82}N$/GaN 异质结构的 HEMT 器件研究取得了重要突破，他们采用再生长 $n^+$-GaN 工艺使器件的欧姆接触电阻降至 0.13 Ωmm，通过缩小源漏间距，结合 34 nm 直栅和 40 nm T 型栅工艺，研制出$f_T$和$f_{max}$分别为 350 GHz 和 405 GHz 的 HEMT 器件，如图 4.16 所示[37]，其中$f_{max}$为迄今基于 $In_{0.18}Al_{0.82}N$/GaN 异质结构的 HEMT 器件国际报道的最高值。随后，他们研制的基于超薄势垒层 $In_{0.18}Al_{0.82}N$/GaN 异质结构的 HEMT 器件在结温 150℃下平均失效时间（MTTF）达到了 $8.9\times10^6$ h，验证了基于 $In_{0.18}Al_{0.82}N$/GaN 异质结构的超高频射频电子器件具备高可靠性的潜力[38]。

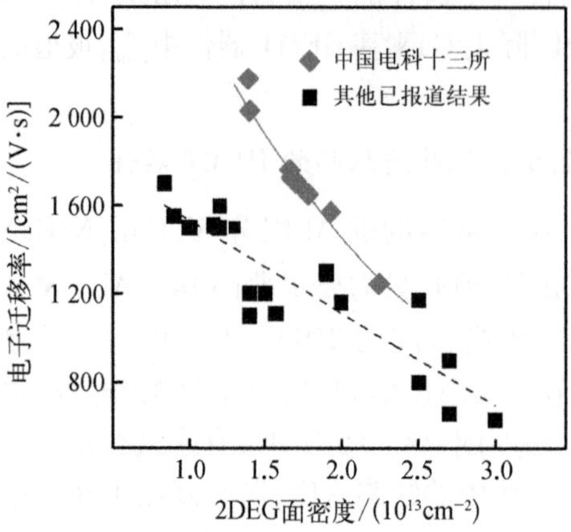


图 4.15　超薄势垒层 $In_{0.18}Al_{0.82}N/GaN$ 晶格匹配异质结构中 2DEG 室温迁移率随面密度的变化关系[36]

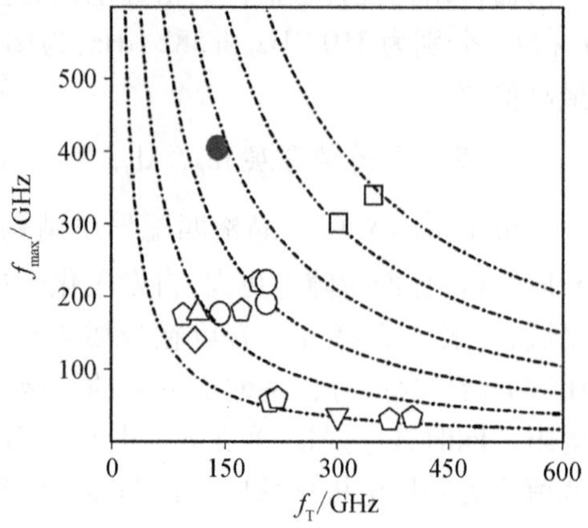


图 4.16　基于 $In_{0.18}Al_{0.82}N/GaN$ 晶格匹配异质结构的 HEMT 器件的频率特性[37]

### 3. 基于 N 极性面 GaN 基异质结构的 HEMT 器件

如本书第 2 章所述，GaN 晶体沿着[0001]方向（$c$ 轴）的两个相反方向上展现出两种不同的原子排列顺序和极性，从而对应不同的表面极性面，沿着 $c$ 轴方向的稳态表面为 Ga 极性面，而沿着 $c$ 轴反方向的稳态表面自然为 N 极性面。与基于 Ga 极性面异质结构的 GaN 基 HEMT 器件相比，基于 N 极性面异质结构的 HEMT 器件能够实现更低的欧姆接触电阻，更好的沟道电子限阈性，以及对器件短沟道效应更强的抑制能力，这些性质非常有利于提升 GaN 基 HEMT 器件的频率特性。

Ga 极性面 GaN 基异质结构的外延生长和 HEMT 器件制备技术已相对成熟，而 N 极性面 GaN 基异质结构的外延生长和 HEMT 器件研制近几年才在国际上受到关注[39]。现阶段 N 极性面 GaN 基异质结构一般使用蓝宝石或 SiC 作为衬底，采用 MOCVD 或 MBE 方法外延生长。迄今采用 MBE 方法制备的 N 极性面 GaN 基异质结构质量更好一些[40]。

2013 年，美国 UCSB 的 D. J. Denninghoff 等报道了基于 N 极性面 GaN 基异质结构的 HEMT 器件，$f_{max}$ 为 405 GHz，器件结构如图 4.17 所示[40]。其外延结构为 5.4 nm的 GaN 沟道层、$In_xAl_{1-x}N/Al_xGa_{1-x}N$ 背势垒层以及 2 nm 的 $SiN_x$ 盖帽层。器件制备采用二次外延 $n^+$-GaN 欧姆接触工艺，漏源间距为 200 nm，栅长 90 nm。与同样栅结构和栅长尺寸的 Ga 极性面 GaN 基 HEMT 器件相比，N 极性面 HEMT 器件具有更好的频率特性，器件的 $f_{max}$ 更高[40]。

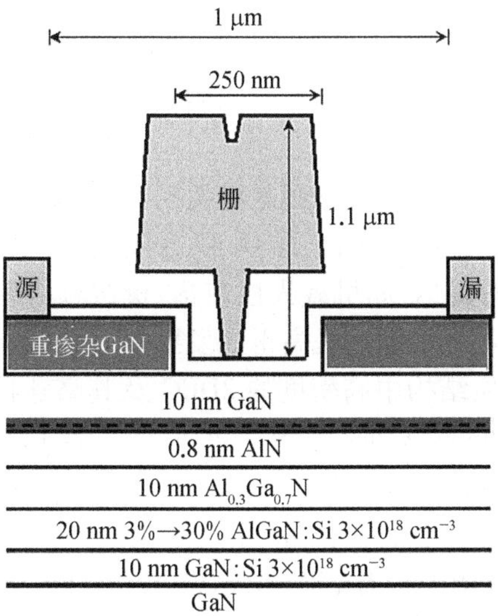


图 4.17　N 极性面 GaN 基异质结构和 HEMT 器件的结构示意图[40]

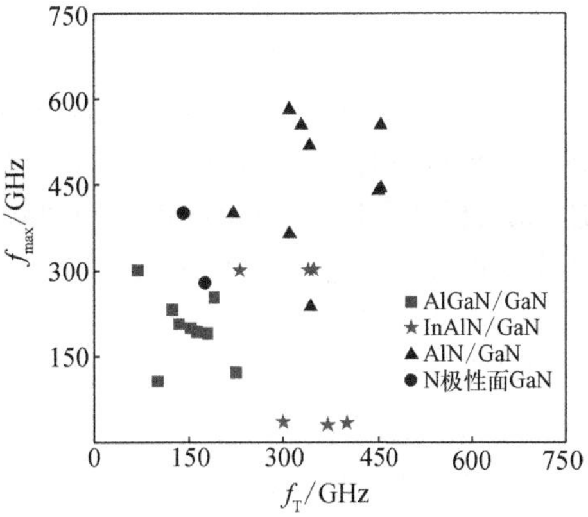


图 4.18　基于各种 GaN 基异质结构的 HEMT 器件的频率特性对比[18,19,31,32,40]

图 4.18 比较了基于各种 GaN 基异质结构的 HEMT 器件的频率特性[18,19,31,32,40]。总之,常规的 $Al_xGa_{1-x}N$/GaN 异质结构受自身物理性质的限制,HEMT 器件尺寸的大幅度缩减会导致其产生短沟道效应,难以实现更高的工作频率,而 AlN/GaN 异质结构、$In_{0.18}Al_{0.82}N$/GaN 晶格匹配异质结构等在超薄势垒层结构下依然可保持高密度的 2DEG,能够用以继续提升 HEMT 器件的频率特性。近期美国 HRL 已实现了工作频率 183 GHz 的单级 GaN 基功率放大器[41]。可以预计基于新型 GaN 基异质结构的 HEMT 器件未来有望实现亚太赫兹频段,甚至太赫兹频段的应用。

## 4.5　GaN 基射频电子器件的应用

### 4.5.1　GaN 基射频电子器件的雷达应用

雷达研究始于 20 世纪 30 年代,其英文名字"radar"是"radio detection and rangin"(无线电探测与测距)的缩写。雷达最早主要应用于军事领域,随着时代的发展,雷达也逐步开始进入人民生活的方方面面。包括气象预报、海洋监测、资源勘探、汽车、民航以及无人驾驶等诸多领域。雷达中最核心的固态元件之一便是射频信号的功率放大器(PA)。功率放大器的性能决定了雷达的搜索距离、探测精度等性能。目前 VHF、UHF、L 波段(1~2 GHz)、S 波段(2~4 GHz)雷达广泛采用 Si 基功率放大器。而毫米波雷达广泛采用 GaAs 基功率放大器。近年来,随着 GaN 基宽禁带半导体材料和器件技术的快速发展,GaN 基射频电子器件在雷达应用中的优势逐步彰显。与 Si 基、GaAs 基功率放大器相比，GaN 基功率放大器在输出功率、工作带宽、功率附加效率以及工作频率等方面具有显著优势。同时，GaN 基功率放大器还具有耐高温、抗辐照等适应严苛工作环境的能力，其在雷达领域的应用可以认为是一次意义深远的雷达技术革命。

雷达的功率孔径积决定了雷达的性能。而功率孔径积则是由发射机的平均功率和天线孔径面积决定。现代雷达观察隐身飞机、无人机、导弹、隐身舰船等低雷达截面积目标时，一些天线孔径严格受限制的雷达，如机载火控雷达、机载预警雷达、无人机载雷达、直升机载雷达和弹载雷达等只能通过提高雷达发射信号的输出功率密度和输出总功率实现观测。GaN 基异质结构中高密度的 2DEG 及其高迁移率使得 GaN 基射频功率器件的饱和电流密度可达 A/mm 量级，同时 GaN 的高临界击穿场强使 GaN 基射频功率器件的击穿电压可达 200~450 V，这两个决定器件输出功率密度的关键参数均远高于 Si 基和 GaAs 基器件。因此，雷达采用 GaN 基器件和功率放大器后，其射频输出功率将获得大幅度提升。例如，敌友识别（IFF）雷达与二次监视雷达（SSR）工作于 L 波段，其地基雷达的发射机需要 4 000 W 的功率输出能力。为便于功率合成，同时考虑到功率合成中的效率降低，需要 1 200 W 左右的功率放大器模块以满足其需求。美国 Integra Technologies 公司采用 GaN 基 HEMT 器件研制出 L 波段饱和输出功率大于 1 200 W 的功率放大器和 UHF 频段饱和输出功率大于 1 100 W 的功率放大器，偏压为 150 V 的 GaN 基 HEMT 器件饱和输出功率接近 30 W/mm，且具有很高的效率，完全可代替真空行波管用于该种雷达[42,43]。

随着雷达工作频率的提高，混合集成（HMIC）形式的功率放大器由于较大的寄生效应和较差的重复性，难以适应高工作频率雷达研制的需求。GaN 基单片集成（MMIC）功率放大器具有电路损耗小、噪声低、频带宽、动态范围大、功率大、附加效率高、抗电磁辐射能力强等特点而收到了高度重视。目前国际上 X 波段（8~12 GHz）的 GaN 基 MMIC 功率放大器的饱和输出功率最高达到了 74 W，功率附加效率大于 45%，芯片尺寸仅有 3.5 mm×3.8 mm[44]。Ka（18~27 GHz）波段 GaN 基 MMIC 功率放大器的饱和输出功率最高达 40 W，功率附加效率大于 32%，芯片尺寸仅有 13.5 $mm^2$[45]。W 波段（60~80 GHz）GaN 基 MMIC 功率放大器的饱和输出功率最高达 3.2 W，工作频率覆盖了 75~100 GHz，芯片尺寸仅有 2.75 mm×5.4 mm[46]。

有源相控阵雷达工作频带宽度（带宽）的提高对雷达发射信号的抗干扰能力、雷达的高分辨率探测能力以及目标成像识别的实现等关键性能具有非常重要的意义。此外，多功能一体化现代雷达的发展，要求雷达不仅需要具有预警探测功能，还应具有通信、电子对抗、导航等功能，提高雷达工作带宽，可以使雷达具有多频段工作能力。GaN 基射频功率器件高输出阻抗的固有特性功率放大器的带宽大幅度提高，并使电路的宽带阻抗匹配更易实现。日本住友公司研制的 GaN 基宽带功率放大器产品在 4~17 GHz 频段范围内的平均输出功率达 20 W,功率附加效率大于为 28%[47]。美国 HRL 研制的一款 GaN 基宽带功率放大器的频率范围可覆盖 5~125 GHz,饱和输出功率为 80 mW,同时具有非常低的噪声和良好的线性性能[48]。

射频功率放大器的输出效率对于提高星载、机载雷达发射输出功率有重要影响,同时功率放大器的效率越低,其功率耗散导致的发热越多,用于雷达发射机的冷却系统越庞大,导致设备成本增加、使用寿命下降。因此 GaN 基射频功率器件的输出效率是一个对雷达应用有关键影响的重要指标。图 4.19 展示了近年来 GaN 基 HEMT 器件功率附加效率随工作频率的变化关系,工作在 Ka 波段的 GaN 基 HEMT 器件 PAE 最高达 55%,同时具有 9.7 W/mm 的输出功率密度[49]。美国 UCSB 实现的 W 波段 GaN 基 HEMT 器件 PAE 达到了 34.2%[50]。

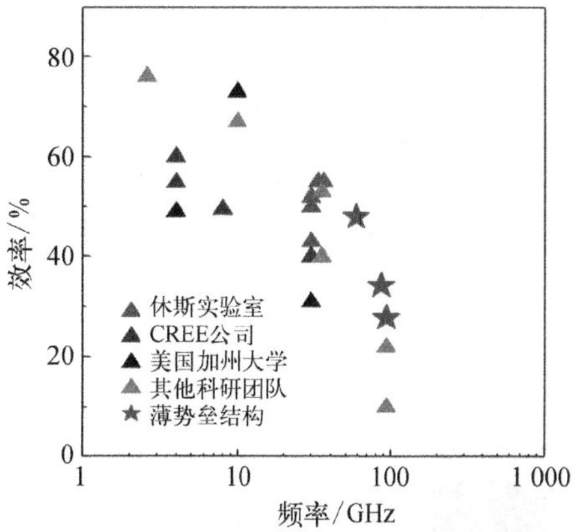


图 4.19 GaN 基 HEMT 器件的功率附加效率 PAE 随工作频率的变化关系[49]

### 4.5.2 GaN 基射频电子器件的移动通信应用

移动通信技术自 20 世纪 80 年代出现以来发展非常迅速,为人们的工作和生活方式带来了革命性的变化,今天,手机等移动通信终端已经成为现代社会工作和生活必不可少的必备工具。在整个移动通信发展演进历程中,基本每十年出现一代新的革命性技术,推动着信息通信技术和产业的发展,为全球经济社会发展注入了源源不断的强劲动力。截至目前,移动通信技术已经历了 1G 至 4G 四个时代,正朝着第五代移动通信技术(5G)快速发展。

1G 系统直接使用模拟语音调制技术,传输速率约 2.4 kb/s,首次实现了终端设备随个人的移动。但存在通信业务量小、话音质量不高、安全性差、移动速度低等缺点。2G 系统实现了数字语音调制技术,传输速率达 100 kb/s,比 1G 系统提高约 40 倍,通话质量得到了质的改进,系统容量提高近一倍,可以进行低水平数据业务传输。应用最广、最具代表性的是 GSM 系统。3G 系统也称 IMT2000,有 WCDMA、CDMA2000 和 TD-SCDMA 等分支,传输速率高达 100 Mb/s,比 2G 系统提高约1 000 倍,可以提供慢速图像等数据业务。4G 系统采用了包含 OFDM(正交频分复用)和 MIMO(多入多出)的 LTE 调制技术,传输速率最高可达 1 Gb/s,比 3G 系统又提高了约 10 倍,现阶段正在广泛应用,真正实现了高速数据传输,为人们在工作、社交、购物、出行、学习、娱乐等许多方面提供了极大的便利。5G 系统将以一种全新的网络架构,提供峰值 10 Gb/s 以上的带宽、毫秒级时延和超高密度连接,我国已于

2020 年实现商用,开启万物互联的新时代。

1. 移动通信系统及其通信基站的构成

图 4.20 是一个典型的 4G 移动通信系统示意图,其中涉及射频功率器件的主要是位于基站中的远端射频单元(RRU)。

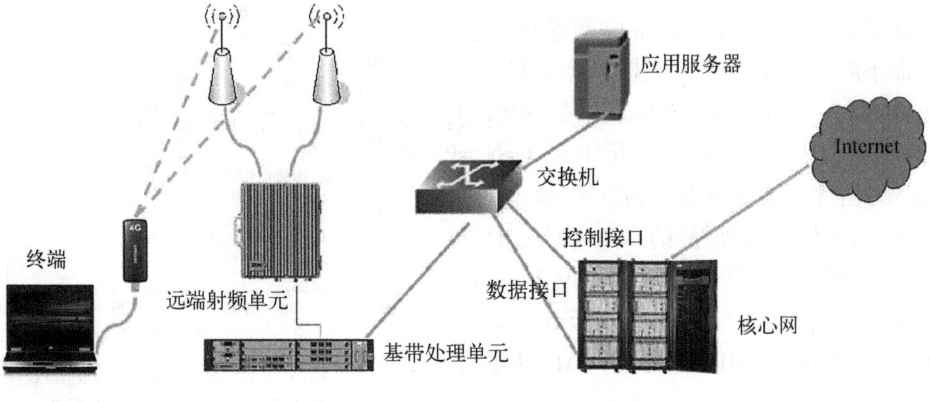


图 4.20　4G 移动通信系统构成示意图

图 4.21 是 4G 移动通信基站中 RRU 单元的组成框图,其中在射频功放模块(PA&LNA)部分,半导体射频功率器件及其 PA 模块是其主体。5G 移动通信系统的基站采用 MASSIVE MIMO 架构,在 6 GHz以下的工作频段采用全数字波束成形技术,典型的配置为 64T/64R。在毫米波频段一般采用数字、模拟混合波束成形技术,典型的配置为 4T/4R 共 512 个天线单元。系统中的射频前端模块由功放、低噪放和射频开关三部分组成,这部分电路要求工作频率高、带宽大、能耗低,需要使用 GaN 基射频功率器件及其 PA 模块。

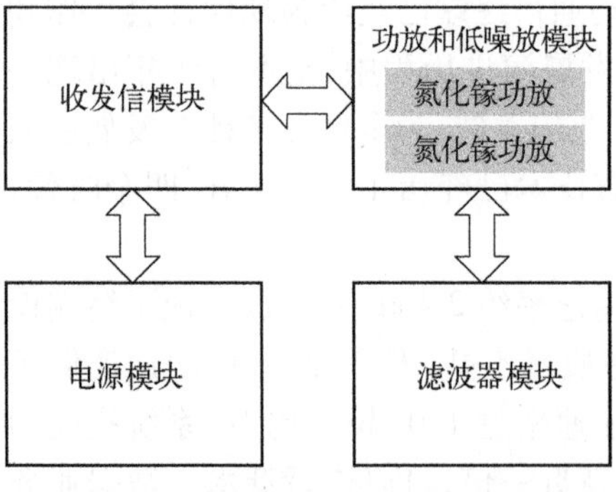


图 4.21　4G 基站中远端射频单元 RRU 的组成框图

2. GaN 基射频功率器件在新一代移动通信基站中的作用

近年来,随着绿色环保理念的深入人心,对移动通信基站的电能使用效率提出了越来越高的要求。与此同时,由于移动通信市场数据业务的飞速增长,移动通信基站的带宽要求也从最初的 20 MHz 向 40 MHz、100 MHz 一路攀升,5G 系统的带宽要求将达到 200~500 MHz,甚至 1 GHz。而在基站设备中,射频功放是其主要能耗单元,在 4G 及以前的基站中占到总能耗的 60%以上。因此,大带宽、高效率、小体积、轻重量、低成本的射频器件及其 PA 模块成为移动运营商提高传输速率、降低运营成本、实现绿色节能最为迫切的需求之一。

迄今移动通信基站主要使用基于 Si 基横向扩散金属氧化物半导体(laterally-diffused metal-oxide-semiconductor, LDMOS)器件的射频 PA。Si 基 LDMOS 器件自 20 世纪 90 年代应用于移动通信基站以来,以其优异的性能迅速占领了绝大部分市场份额。由于巨大的出货量支撑使其成本迅速降低,从而形成了其他射频功率器件和模块难以与其竞争的格局。经过多年的技术发展和市场竞争,国际上,包括中国在内,Si 基 LDMOS 器件及其射频 PA 市场主要被 NXP、Ampleon 和 Infineon 三家欧美公司所垄断。

然而随着高频段、大带宽、高效率移动通信技术的不断发展,Si 基 LDMOS 器件和模块已经难以满足新一代基站的需求。在 4G 时代,无论 FDD 还是 TDD 的 LTE 技术,其主流工作频段都在 2.6 GHz 以下,而 Si 基 LDMOS 器件的最高工作频率难以超过 4 GHz,并且在 2.6 GHz 以上频段其效率大幅度下降。同时,面对 100 MHz 以上的超宽带信号,为满足 DPD(digital pre-distortion)的校正需求,功放模块的 VBW(video band width)至少要大于 300 MHz,Si 基 LDMOS 器件难以达到。根据国际电信联盟的规定,未来 5G 系统的主流工作频段包括 3.5 GHz、4.5 GHz、4.9 GHz、24~28 GHz、39~42 GHz 及 70 GHz 等,Si 基 LDMOS 器件及其射频 PA 模块不可能满足这些频段的要求。

对比 GaN 基、GaAs 基和 Si 基等射频功率器件频率和功率性能可以发现: Si 基 LDMOS 器件的最高输出功率可超过 800 W,但工作频率最高不超过 4 GHz。基于 GaAs 和 SiGe 的射频功率器件最高工作频率近 100 GHz,但最高输出功率不超过5 W。而 GaN 基射频功率器件的最高输出功率可达 700 W,同时最高工作频率接近 100 GHz,在饱和输出功率和工作频率两个关键指标上均优势显著,是迄今唯一能满足 5G 移动通信基站技术需求的射频功率器件,因此 GaN 基射频功率器件和模块逐步代替 Si 基 LDMOS 器件和模块用于新一代移动通信基站成为不可阻挡的发展趋势。

3. GaN 基射频功率器件的主要制造企业及产品

应用于移动通信基站的 GaN 基射频功率器件和 PA 模块产品最早出现于 2014 年,目前总体上处于群雄争霸的状态。国际上进行 GaN 基射频功率器件和模块研发、生产的公司有数十家,但技术相对领先的主流厂家不超过 10 家。大部分企业的技术路线是 SiC 衬底上 GaN 基 HEMT 器件,以 MACOM 为代表的少数厂家采取的技术路线是 Si 衬底上 GaN 基 HEMT 器件。

美国 CREE 公司是全球领先的宽禁带半导体材料和器件制造商。CREE 的优势来源于其 SiC 和 GaN 材料的先进制备技术,在市场上几乎垄断了全球 SiC 优质晶片和衬底的供应,占全球市场 85%以上,CREE 公司也是全球高亮度 GaN 基 LED 的龙头企业。CREE 公司旗下的 Wolfspeed Power & RF 部门拥有全球一流的 GaN 基射频功率器件和模块工艺线,2018 年 3 月收购了 Infineon 的射频功率业务,同时专注于 SiC 衬底上 GaN 基射频功率器件管芯工艺代工,RFHIC、NXP 等公司均选择在该公司流片。

日本的 Sumitomo Electric Indutries(住友电工)成立于 1897 年,总部位于日本大阪,产品涉及光电子、新材料、电子系统及能源等领域。2004 年住友电工的 Electron Devices 事业部门与富士通公司旗下的 Fujitsu Quantum Devices 部门合并成立 Eudyna 公司,2009 年住友电工收购富士通所持 Eudyna 公司股权,成立独资子公司 Sumitomo Electric Device Innovations,主要进行 GaN 基和 GaAs 基射频功率器件和模块的研发、生产。

韩国的 RFHIC 公司成立于 1999 年,2008 年与 CREE 公司达成 GaN 晶圆代工服务合作协议,开始推出 GaN 基射频功率器件和 PA 模块产品。目前可提供包括 GaN 基和 GaAs 基射频 MMIC、裸片贴装、引线、封装、板上芯片、混合电路、表面贴装、射频测试等产品及服务。

美国的 NXP(恩智浦)公司是全球知名的半导体芯片研发和制造企业,产品涉及射频、模拟、电源管理、接口、安全和数字处理等领域。其射频功率器件部门的前身是 Motorola(摩托罗拉)公司的半导体部门 Freescale,在 Si 基 LDMOS 技术时代拥有全球最大的射频功率模块市场份额。近年来快速推出 GaN 基射频功率器件和模块,采用自主设计、外部流片的 Fabless 模式,目前在 CREE 公司的 Wolfspeed 部门流片,技术和产品水平提升很快。

美国的 Qorvo Inc(科沃)公司 2015 年由 RFMD 和 TriQuint 半导体两家公司合并而成,是全球领先的化合物半导体射频技术产品设计者和制造商。其产品主要用于移动通信系统的射频集成电路放大装置(RFICs)和信号处理传输设备等方面。该公司基于前期 TriQuint 和 RFMD 的技术积累,目前致力于面向 5G 移动通信应用的 GaN 基射频功率器件和模块产品开发。

美国的 MACOM 公司是国际领先通信基础设施供应商,成立于 20 世纪 50 年代,总部位于美国马萨诸塞州,专注于模拟、微波、毫米波和光子半导体产品,设有 Si 基、GaAs 基和 InP 基半导体芯片制造、装配和测试机构。2014 年 MACOM 收购 Nitronex 公司进入 GaN 基射频功率器件领域,是 Si 衬底上 GaN 基射频功率器件和模块的龙头企业,致力于低成本 GaN 基射频功率器件和模块的研发、生产。目前正在进行产品推广。

#### 4. 用于移动通信的 GaN 基射频功率器件和模块的发展趋势

##### 1) 更高的工作频率

5G 移动通信系统,以及后 5G(B5G)时代的移动通信系统,除了目前正在使用的频段外，工作频率将覆盖到 26 GHz、39 GHz 甚至 70 GHz 的毫米波频段，因此，进一步提升 GaN 基射频功率器件和 PA 模块的截止频率 $f_T$，拓展其工作频率将是其首要的技术发展方向。

2）更大的带宽

现今的移动通信数据业务量正在以每年增长一倍的速度快速发展，只有更宽的信号带宽才能满足新一代移动通信系统的需求，尤其是未来毫米波基站的信号带宽可能会达到 1 GHz，甚至 2 GHz，相应地要求 GaN 基射频功率器件和模块具备更宽频带的信号处理能力。

3）更高的效率

绿色环保、低碳节能是现代社会每个行业的永恒追求，目前 GaN 基 PA 的线性化效率在 40%左右，一半以上的电能都变为热能耗散了。为了快速散热、降低设备工作温度，往往要使用庞大而笨重的金属散热装置，导致移动运营商设备成本和运营成本增加。提升 GaN 基射频功率器件和模块的能量转化效率无疑是其重要的发展方向。

4）更低的成本

GaN 基射频功率器件和模块在工作频率、带宽、输出功率等多个方面比前 Si 基和 GaAs 基器件和模块优势明显，之所以尚未大规模实现对 Si 基器件和模块的替代，主要原因就是产品成本和价格高。因此，降低成本是 GaN 基射频器件和模块实现大规模应用迫切需要解决的问题。

5）更高的集成度

5G 移动通信系统，以及后 5G（B5G）时代的移动通信系统，必然会采用 MASSIVE MIMO 架构，射频通道数将达到 128、256、512 甚至 1 024，如果没有高度集成的器件和模块，整个系统设备的体积将可能庞大到无法商用。实现高度集成则必须解决不同器件共芯片及多通道集成遇到的干扰及良好匹配等技术难题。

## 参 考 文 献

[ 1 ] Ambacher O, Foutz B, Smart J, et al. Two dimensional electron gases induced by spontaneous and piezoelectric polarization in undoped and doped AlGaN/GaN heterostructures [J]. Journal of Applied Physics, 2000, 87(1): 334 - 344.

[ 2 ] Asif Khan M, Bhattarai A, Kuznia J N, et al. High electron mobility transistor based on a GaN-$Al_xGa_{1-x}N$ heterojunction [J]. Applied Physics Letters, 1993, 63(9): 1214 - 1215.

[ 3 ] Runton D, Trabert B, Shealy J, et al. History of GaN: high-power RF gallium nitride (GaN) from infancy to manufacturable process and beyond [J]. IEEE Micro-wave Magazine, 2013, 14(3): 82 - 93.

[ 4 ] Timothy B. GaN-on-Silicon-Present capabilities and future directions [C]. AIP Conference Proceedings, 2018, 1934: 020001.

[ 5 ] Medjdoub F, Zegaoui M, Rolland N. Beyond 100 GHz AlN/GaN HEMTs on silicon substrate [J]. Electronics Letters, 2011, 47(24): 1345 - 1346.

[ 6 ] Chao P C, Chu K, Diaz J, et al. GaN-on-diamond HEMTs with 11 W/mm output power at 10 GHz [J]. MRS Advances, 2016, 1: 147 - 155.

[ 7 ] 周玉刚,沈波,刘杰,等.肖特基 C-V 法研究 $Al_xGa_{1-x}N/GaN$ 异质结界面二维电子气[J].半导体学报,2001,22(11): 1420 - 1423.

[ 8 ] 潘沛霖.AlGaN/GaN HEMT 短沟道效应与耐压新结构探索[D].成都: 电子科技大学,2016.

[ 9 ] 宋雨竹.3 毫米振荡器的设计[D].长春: 长春理工大学,2008.

[10] Jarndal A, Kompa G. An accurate small-signal model for AlGaN/GaN HEMT suitable for scalable large-signal model construction [J]. IEEE Microwave and Wireless Components Letters, 2006, 16(6): 333 - 335.

[11] Bouzid S, Maher H, Defrance N, et al. AlGaN/GaN HEMTs on silicon substrate with 206 - GHz $f_{max}$ [J]. IEEE Electron Device Letters, 2012, 34(1): 36 - 38.

[12] Weitzel C E. RF power amplifier for wireless communications [C]. IEEE RFIC Digest, 2002: 369 - 372.

[13] Wu S B, Gao J F, Wang W B, et al. W-Band MMIC PA with ultrahigh power density in 100 - nm AlGaN/GaN technology [J]. IEEE Electron Device Letters, 2016, 63(10): 3882 - 3886.

[14] Wells A M, Uren M J, Balmer R S, et al. Direct demonstration of the 'virtual gate' mechanism for current collapse in AlGaN/GaN HFETs [J]. Solid State Electronics, 2005, 49(2): 279 - 282.

[15] Wan X J, Wang X L, Xiao H L, et al. Investigation of the current collapse induced in InGaN back barrier AlGaN/GaN high electron mobility transistors [J]. Journal of Semiconductors, 2013, 34(10): 104002.

[16] Wang M J, Yan D W, Zhang C, et al. Investigation of surface- and buffer-induced current collapse in GaN high-electron mobility transistors using a soft switched pulsed I−V measurement [J]. IEEE Electron Device Letters, 2014, 35(11): 1094 - 1096.

[17] Palacios T, Chakraborty A, Heikman S, et al. AlGaN/GaN high electron mobility transistors with InGaN back-barriers [J]. IEEE Electron Device Letters, 2006, 27(1): 13 - 15.

[18] Chung J W, Hoke W E, Chumbes E M, et al. AlGaNGaN HEMT with 300 - GHz $f_{max}$ [J]. IEEE Electron Device Letters, 2010, 31(3): 195 - 197.

[19] Lv Y J, Song X B, Guo H Y, et al. High-frequency AlGaN/GaN HFETs with $f_T/f_{max} > 149/263$ GHz for D-band PA applications [J]. Electronics Letters, 2016, 52(15): 1340 - 1342.

[20] Wu Y F, Saxler A, Moore M, et al. 30−W/mm GaN HEMTs by field plate optimization [J]. IEEE Electron Device Letters, 2004, 25(3): 117 - 119.

[21] Wu Y F, Moore M, Saxler A, et al. 40−W/mm double field-plated GaN HEMTs [C]. State College: IEEE 64th Device Research Conference, 2006: 151 - 152.

[22] Hao Y, Yang L, Ma X H, et al. High-performance microwave gate-recessed AlGaN/AlN/GaN MOS−HEMT with 73% power-added efficiency [J]. IEEE Electron Device Letters, 2011,

32(5): 626 - 628.

[23] Palacios T, Chakraborty A, Rajan S, et al. High-power AlGaN/GaN HEMTs for Ka-band applications [J]. IEEE Electron Device Letters, 2005, 26(11): 781 - 783.

[24] Brown D F, Williams A, Shinohara K, et al. W-band power performance of AlGaN/GaN DHFETs with regrown $n^+$- GaN ohmic contacts by MBE [C]. Washington: IEEE Electron Devices Meeting (IEDM), 2011: 461 - 464.

[25] Dumka D C, Lee C, Tserng H Q, et al. AlGaN/GaN HEMT's on Si substrate with 7 W/mm output power density at 10 GHz [J]. Electron Letter, 2004, 40(16): 1023 - 1024.

[26] Ducatteau D, Minko A, Hoel V, et al. Output power density of 5.1 W/mm at 18 GHz with an AlGaN/GaN HEMT on (111) Si substrate [J]. IEEE Electron Device Letter, 2006, 27(1): 7 - 9.

[27] Sun H F, Alt A R, Benedickter H, et al. High performance 0.1 - μm gate AlGaN/GaN HEMTs on silicon with low-noise figure at 20 GHz [J]. IEEE Electron Device Letter, 2009, 20(2): 107 - 110.

[28] Medjdoub F, Zegaoui M, Grimbert B, et al. First demonstration of high-power GaN-on-silicon transistors at 40 GHz [J]. IEEE Electron Device Letter, 2012, 33(8): 1168 - 1170.

[29] Marti D, Lugani L, Carlin J, et al. W-Band MMIC amplifiers based on AlInN/GaN HEMTs grown on silicon [J]. IEEE Electron Device Letter, 2016, 37(8): 1025 - 1028.

[30] Chung J W, Kim T W, Palacios T. Advanced gate technologies for state-of-the-art $f_T$ in AlGaN/GaN HENMTs [C]. San Francisco: IEEE Electron Devices Meeting (IEDM), 2010: 676 - 678.

[31] Shinohara K, Regan D C, Corrion A, et al. Deeply-scaled self-aligned-gate GaN DH-HEMTs with ultrahigh cutoff frequency [C]. Washington: IEEE Electron Devices Meeting (IEDM), 2012: 617 - 620.

[32] Shinohara K, Regan D C, Tang Y, et al. Scaling of GaN HEMTs and Schottky diodes for submillimeter-wave MMIC applications [J]. IEEE Electron Device Letter, 2013, 60(10): 2982 - 2996.

[33] Sun H, Alt A R, Benedickter H, et al. 205 - GHz (Al,In)N/GaN HEMTs [J]. IEEE Electron Device Letters, 2010, 31: 957 - 959.

[34] Lee D S, Gao X, Guo S, et al. 245 - GHz InAlN/GaN HEMTs with oxygen plasma treatment [J]. IEEE Electron Device Letters, 2011, 32: 755 - 757.

[35] Yue Y, Hu Z, Guo J, et al. Ultrascaled InAlN/GaN high electron mobility tansistors with cutoff frequency of 400 GHz [J]. Japanese Journal of Applied Physics, 2013, 52: 08JN14 - 08JN14 - 2.

[36] Fang Y L, Feng Z H, Yin J Y, et al. Ultrathin InAlN/GaN heterostructures with high electron mobility [J]. Physica Status Solidi B, 2015, 252(5): 1006 - 1010.

[37] Fu X C, Lv Y J, Zhang L J, et al. High-frequency InAlN/GaN HFET with fmax over 400 GHz [J]. Electronics Letters, 2018, 54(12): 783 - 785.

[38] Wang Y G, Lv Y J, Song X B, et al. Reliability assessment of InAlN/GaN HFETs with lifetime

$8.9\times10^6$ h [J]. IEEE Electron Device Letters, 2017, 38(5): 604－606.

[39] Romanczyk B, Guidry M, Wienecke S, et al. W-band N-polar GaN MISHEMTs with high power and record 27.8% efficiency at 94 GHz [C]. San Francisco: IEEE Electron Devices Meeting (IEDM), 2016: 67－70.

[40] Denninghoff D J, Dasgupta S, Brown D F, et al. N-polar GaN HEMTs with $f_{max}$>300 GHz using high-aspect-ratio T-gate design [C]. Santa Barbara: 69th Device Research Conference, 2011: 269－270.

[41] Margomenos A, Kurdoghlian A, Micovic M, et al. GaN technology for E, W and G-band applications [C]. La Jolla: IEEE Compound Semiconductor Integrated Circuit Symposium (CSICS), 2014: 1－4.

[42] Custer J, Formicone G, Walker J L, et al. Recent advances in kW-level pulsed GaN transistors with very high efficiency [C]. Krakow: International Conference on Microwave, Radar and Wireless Communications (MIKON), 2016: 1－4.

[43] Formicone G, Burger J, Custer J, et al. 150 V-Bias RF GaN for 1 kW UHF Radar Amplifiers [C]. Austin: Compound Semiconductor Integrated Circuit Symposium (CSICS), 2016: 1－4.

[44] Tao H Q, Hong W, Zhang B, et al. A compact 60 W X-band GaN HEMT power amplifier MMIC [J]. IEEE Microwave and Wireless Components Letters, 2017, 27(1): 73－75.

[45] Din S, Wojtowicz M, Siddiqui M. High power and high efficiency Ka band power amplifier [C]. Phoenix: IEEE MTT-S International Microwave Symposium, 2015: 1－4.

[46] Schellenberg J M. A 2－W W-band GaN traveling-wave amplifier with 25－GHz bandwidth [J]. IEEE Transactions on Microwave Theory and Techniques, 2015, 63(9): 2833－2840.

[47] Tran P, Smith M, Callejo L, et al. 2 to 18 GHz high-power and high-efficiency amplifiers [C]. Honololu: IEEE MTT-S International Microwave Symposium (IMS), 2017: 126－129.

[48] Brown D F, Kurdoghlian A, Grabar R, et al. Broadband GaN DHFET Traveling Wave Amplifiers with up to 120 GHz Bandwidth [C]. Austin: IEEE Compound Semiconductor Integrated Circuit Symposium (CSICS), 2016: 1－4.

[49] Moon J S, Wong D, Hu M, et al. 55% PAE and high power Ka-band GaN HEMTs with linearized transconductance via $n^+$-GaN source contact ledge [J]. IEEE Electron Device Letters, 2008, 29(8): 834－837.

[50] Romanczyk B, Guidry M, Wienecke S, et al. Record 34.2% efficient mm-wave N-polar AlGaN/GaN MISHEMT at 87 GHz [J]. Electronics Letters, 2016, 52(21): 1813－1814.

# 第 5 章　氮化物半导体功率电子器件

## 5.1　GaN 基功率电子器件概述

GaN 基电子器件，特别是基于 $Al_xGa_{1-x}N$/GaN 异质结构的 HEMT 器件具有高效率、高开关频率、耐高温、小体积、抗辐照等优势，突破了 Si 基功率电子器件在效率、开关速度以及工作温度等方面的物理限制和不足，正成为新一代电能管理系统中最具竞争力的功率电子器件之一，可满足新一代功率半导体技术对小型化、高效率、智能化的需求[1]。

具体来说，由于极强的自发和压电极化效应，$Al_xGa_{1-x}N$/GaN 异质结构在不掺杂的条件下依然可在异质界面产生高达 $10^{13}$ $cm^{-2}$量级的 2DEG，同时 2DEG 室温迁移率可达约 2 000 $cm^2/(V \cdot s)$ 以上[2]，这大大降低了 GaN 基 HEMT 器件的导通电阻。如图 5.1 所示[1]，理论上，在相同阻断电压下 GaN 基 HEMT 器件的比导通电阻比 Si 基 MOSFET 或 IGBT 器件小 2 个数量级以上，比 SiC 基 MOSFET 器件小 1 个数量级。另外，GaN 基 HEMT 器件是多数载流子器件，开关过程中基本不存在少数载流子的复合过程，因此可在高达 10 MHz 以上的工作频率下进行功率转换，远远大

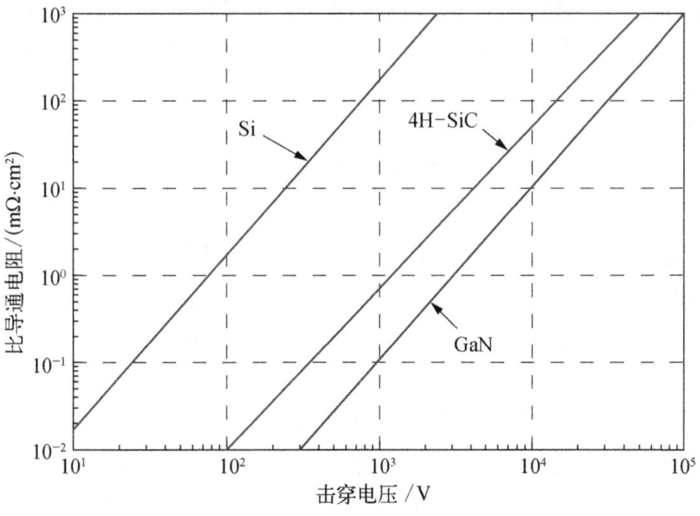


图 5.1　Si、SiC 和 GaN 基功率电子器件关态耐压和比导通电阻的关系对比[1]

于 Si 基功率电子器件工作频率 1 MHz 的上限，进而可减小电路和系统模块中的无源器件，如电容、电感的体积，降低能量损耗，提高应用系统的电能使用效率。

采用大尺寸 Si 衬底制备 GaN 基功率电子材料和器件可降低衬底和外延成本，更重要的是可实现与现有 Si 集成电路广泛使用的互补金属氧化物半导体（CMOS）制备工艺的兼容，将大幅度降低器件的制造成本[3]。因此，Si 衬底上 GaN 基功率电子材料和器件近年来在国际上受到了高度重视，美、日、欧等西方主要发达国家和地区都投入大量人力、物力用于该领域研发，国际上从事 Si 基功率电子器件和模块产业的前 15 家公司至少有 10 家已涉足 Si 衬底上 GaN 基功率电子器件的研发[4]，正在形成继 GaN 基蓝白光 LED 后宽禁带半导体研究的又一热潮。根据法国专业咨询机构 Yole Development 以及赛迪顾问公司预测[5]，GaN 基 HEMT 器件将在今后几年快速发展，特别是在新能源汽车、快充电源、无线充电、大数据中心以及功率因素矫正等领域获得广泛应用。

当前，Si 衬底上 GaN 基功率电子器件已进入产品化初期阶段，国际上已有多家公司推出了 650 V 以下的多款功率电子器件以及相应的驱动电路。虽然 Si 衬底上 GaN 基功率电子器件在实验室和初期的产品化过程中展现了其优异特性，但依然存在制约其性能和可靠性的一系列关键科学技术问题有待解决，严重制约了其大规模产业化推广。这些问题主要有：① 增强型 GaN 基功率电子器件与异质结构能带调制工程；② GaN 基功率电子器件的表面/界面局域态特性与调控；③ GaN 基器件中的深能级陷阱与强电场下的性能退化等[6]。

射频电子用 GaN 基 HEMT 器件是耗尽型的，而功率电子器件由于安全性要求，必须采用增强型结构，即不施加栅压时栅下的 2DEG 沟道是断开的。另外，功率电子器件的耐压要求在 200 V 以上乃至上千伏，而射频电子器件的工作电压一般在 100 V 以下，这不仅对 Si 衬底上 GaN 基异质结构的外延质量提出了更高要求，而且在器件的栅和场板结构、表面钝化等器件制备技术上也带来了新的挑战。高电压带来的高电场使得器件中陷阱态的作用被放大，从而引起一系列的器件可靠性问题[7]。

随着自支撑 GaN 衬底的晶体质量和晶圆尺寸的不断增大，垂直结构 GaN 基功率电子器件近年来在国际上也获得了重视。目前已实现了高耐压的 GaN 基垂直结构 Schottky 二极管、p-n 结二极管和三极管，展现了 GaN 单晶材料在垂直结构功率电子器件上的优势。但 GaN 基垂直结构器件需要在 GaN 外延层中插入 p 型掺杂层，如何实现 p 型插入层的可控掺杂和载流子激活，是 GaN 基垂直结构功率电子器件研制的关键问题之一[8]。另外，随着 Si 衬底上 GaN 厚膜外延技术的不断突破，Si 衬底上 GaN 基准垂直结构功率电子器件也引起了人们的重视，有望大幅度降低 GaN 基垂直结构功率电子器件的制备成本。但如何大幅度减小 Si 上 GaN 外延层中的缺陷密度，提高器件的耐压特性是 Si 衬底上 GaN 基垂直结构功率电子器件研发首先需要解决的关键问题[8]。

## 5.2 增强型 GaN 基功率电子器件及异质结构能带调制工程

增强型工作是指器件在栅极不加电压时沟道不导通,器件是关闭的,需要在栅极施加正电压或负电压使得器件开启。对于功率电子领域应用的 GaN 基 HEMT 器件来说,由于电子(2DEG)的迁移率远大于空穴,一般利用电子作为导电沟道的载流子,因此需要器件的阈值电压 $V_{th}$大于 0 V,即施加正电压使器件导通。其主要出发点是为了避免栅极失效时的误开启,提高应用系统的失效安全性。增强型器件的另一好处是在功率转换电路中可实现单级电源供电,进而减小系统复杂度。高性能增强型工作的实现是 GaN 基 HEMT 器件研制的核心挑战之一。

从本质上讲,GaN 也可以和 Si 或 SiC 半导体一样,在体材料上通过制备 MOSFET 结构,利用外加电场导致的反型形成增强型器件。在 GaN 基电子器件的早期研究中有不少这方面的报道[9-11]。但 GaN 基异质结构中高密度、高迁移率的 2DEG 是 GaN 基电子材料的最大优势,可大幅度降低器件的导通电阻。但极化效应产生的高密度 2DEG 决定了 GaN 基 HEMT 器件的栅沟道在常态下是导通的,器件阈值电压为负值,需要在栅极施加反向电压才能使器件关闭。因此 GaN 基增强型器件问题的焦点是如何在强极化、高密度 2DEG 的 GaN 基异质结构基础上形成 HEMT 器件正的阈值电压,以实现其增强型工作模式。

目前实现 GaN 基 HEMT 器件增强型工作模式的技术路线主要有 3 种:① 采用栅槽刻蚀方法减薄 $Al_xGa_{1-x}N$ 势垒层以削弱异质结构中的极化效应,从而耗尽 2DEG[12];② 采用 F 离子注入在 $Al_xGa_{1-x}N$ 势垒层中引入电负性较强的间隙 F 离子,利用其产生的电场来耗尽栅下沟道中的 2DEG[13];③ 采用 p 型 GaN 帽层方法,即通过在 $Al_xGa_{1-x}N$ /GaN 异质结构上加一层 p 型 GaN 或 $Al_xGa_{1-x}N$,通过 p-n 结形成的空间电荷区耗尽栅下沟道中的 2DEG[14]。这三种方法均是通过去除或耗尽栅极下异质结构中 2DEG 的途径来实现增强型,另外,国际上还发展了在功率电路模块中采用级联的方法来实现增强型工作模式,即采用天然增强型的 Si 基 MOSFET 器件与耗尽型的 GaN 基 HEMT 器件级联实现整个电路模块增强型[15],在工作原理上与前三个技术路线完全不同,本质上是一种电路技术。

### 5.2.1 基于栅刻蚀技术的增强型 GaN 基 HEMT 器件

栅刻蚀方法是国际上最早实现增强型 GaN 基 HEMT 器件的技术,它利用刻蚀工艺，部分或全部去除栅下的 $Al_xGa_{1-x}N$ 势垒层，削弱极化电场的作用，使沟道 2DEG 耗尽，进而实现增强型。栅刻蚀方法中一般需要结合绝缘栅来减小栅极漏电，提高栅压摆幅，即形成 MIS 结构的 GaN 基 HEMT(MIS-HEMT)器件。图 5.2 给出了 GaN 基 MIS-HEMT 器件结构示意图和栅极区域纵向的能带结构示意图[16]。

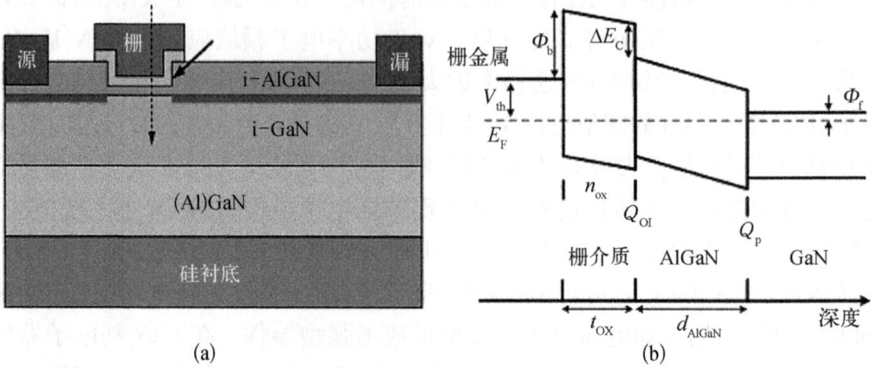


图 5.2　GaN 基 MIS-HEMT 的(a) 器件结构示意图
和(b) 栅极区域纵向能带结构示意图[16]

通过分析可知，GaN 基 MIS-HEMT 器件的阈值电压 $V_{th}$ 可表示为[16]

$$V_{th} = \frac{\Phi_b}{q} - \frac{\Delta E_C}{q} - \frac{\Phi_f}{q} - \frac{qt_{ox}}{\varepsilon_{ox}}Q_{OI} - \frac{qt_{ox}^2}{2\varepsilon_{ox}}n_{ox} - q\left(\frac{t_{ox}}{\varepsilon_{ox}} + \frac{d_{AlGaN}}{\varepsilon_{AlGaN}}\right)Q_p \quad (5.1)$$

式中，$\Phi_b$ 为栅金属与栅介质之间的势垒高度；$\Delta E_C$ 为栅介质和 $Al_xGa_{1-x}N$ 势垒之间的导带不连续的大小；$\Phi_f$ 为 GaN 体内导带离费米能级 $E_F$ 的能量间距；$Q_{OI}$ 是栅介质和 $Al_xGa_{1-x}N$ 界面的界面态电荷密度；$n_{ox}$ 为栅介质中的平均体电荷浓度；$Q_p$ 为 $Al_xGa_{1-x}N$ 和 GaN 界面的极化电荷面密度；$t_{ox}$ 和 $\varepsilon_{ox}$ 分别为栅介质的厚度和介电常数。由公式(5.1)可见与异质结构密切相关的是 $Al_xGa_{1-x}N$ 势垒层的厚度和极化电荷的大小，如果极化电荷的面密度为 $1\times10^{13}$ cm$^{-2}$，则器件阈值电压随势垒层厚度的变化为 0.2 V/nm。因此调控 GaN 基 HEMT 器件阈值电压最有效的方法是减小势垒层的厚度和 Al 组分，即减少异质界面的极化电荷[17]。国际上第一只增强型 GaN 基 HEMT 器件就是美国南卡罗莱纳大学的 M. A. Khan 等在薄势垒层 $Al_{0.1}Ga_{0.9}N$/GaN 异质结构上实现的[17]，他们采用的 $Al_{0.1}Ga_{0.9}N$ 势垒层厚度为 10 nm，并且利用了 Schottky 栅对沟道下 2DEG 的耗尽作用形成增强型工作。而为了在栅源和栅漏之间的接触区域维持较小的导通电阻，需要在栅极下方的局部区域减小势垒层的厚度乃至去除整个势垒层。

在 GaN 基 HEMT 器件工艺中一般采用基于反应离子刻蚀(RIE)或者电感耦合

等离子体(ICP)的 Cl 基等离子体对 $Al_xGa_{1-x}N$ 势垒层进行刻蚀,其反应方程为:$2Al_xGa_{1-x}N + 3Cl_2 = 2xAlCl_3 + 2(1-x)GaCl_3 + N_2$。由于 Ga—N 键和 Al—N 键很高的键能,分别为 19.97 eV 和 20.62 eV[18],在等离子体刻蚀中需要采用大的射频功率,因而会引起 $Al_xGa_{1-x}N$ 或 GaN 晶格较大的损伤以及较高的表面粗糙度,导致增强型器件沟道电子迁移率的降低,器件导通电阻上升。针对这一问题,2011 年,韩国庆北大学和三星公司 K. W. Kim 等提出采用 TMAH 湿法处理方法,可有效去除刻蚀表面附近的高缺陷层,减小刻蚀表面的粗糙度,如图 5.3 所示[19],把 GaN 基增强型器件沟道中的载流子迁移率从 60 $cm^2/(V\cdot s)$ 提高到了 74 $cm^2/(V\cdot s)$。但此方法仍然不能完全去除反应等离子体造成的晶格损伤,另一个可行的思路是采用 GaAs 基器件工艺常用的低损伤湿法腐蚀技术。但低 Al 组分 $Al_xGa_{1-x}N$ 和 GaN 在普通化学溶剂中极其稳定,难以被湿法腐蚀。

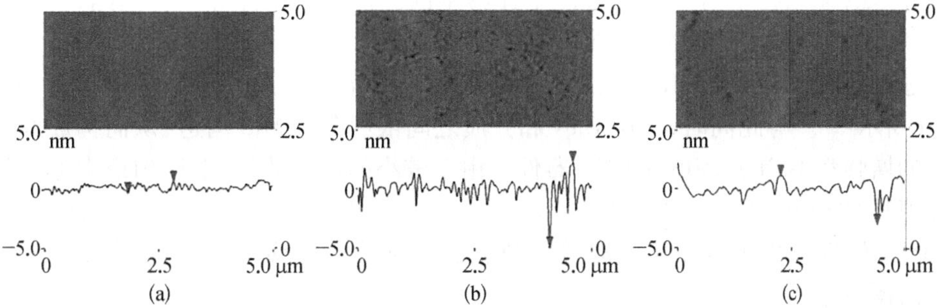


图 5.3 (a) 外延生长后、(b) RIE 刻蚀后、(c) 经 TMAH 湿法处理后 GaN 表面的 AFM 形貌像和表面粗糙度[19]

北京大学王茂俊等采用氧等离子体氧化加湿法腐蚀的数字化 $Al_xGa_{1-x}N$ 势垒层刻蚀方法,极大地减小了普通干法刻蚀过程中引入的晶格损伤,在刻蚀后仍可获得好的表面形貌。他们采用该方法把增强型 GaN 基器件沟道中载流子峰值场效应迁移率提高到了 251 $cm^2/(V\cdot s)$[20]。

全刻蚀 $Al_xGa_{1-x}N$ 势垒层之后形成的增强型沟道本质上是 MOS 沟道,由于无法制备出像 Si 器件中近乎完美的 $SiO_2$ 介质层,除了刻蚀引入的晶格损伤和表面粗糙之外,GaN 和介质层之间存在着高密度的界面态,绝缘层靠近界面的位置还存在边界陷阱(border trap)。器件 MOS 沟道的载流子迁移率可表达为[21]

$$\mu = \left[\frac{1}{\mu_B} + \frac{1}{\mu_{AC}} + \frac{1}{\mu_{SR}} + \frac{1}{\mu_C}\right]^{-1} \tag{5.2}$$

式中,$\mu_B$ 为 GaN 沟道体材料的迁移率;$\mu_{AC}$ 为表面声学波散射限制迁移率;$\mu_{SR}$ 为 GaN 表面粗糙度散射限制迁移率;$\mu_C$ 为界面电荷散射限制迁移率。众多的散射机制使得 GaN 基 MOS 沟道中载流子的总迁移率较低,制约了器件的性能。近年来国际上的发展趋势是采用 $Al_xGa_{1-x}N$ 势垒层局部刻蚀技术在器件中形成增强型 2DEG 沟道,即增强型 MIS-HEMT 器件[22]。这种器件结构使得导电沟道和栅区的 MIS 界面在实空间上分离,大大减小了对沟道中 2DEG 的散射,提高了沟道电子迁移率。

GaN 基半导体材料的干法刻蚀技术本身在近几年也得到了很大改进和发展。和高温离子注入工艺类似,在超过常温的温度下进行 ICP 刻蚀可减小等离子体损伤。2014 年,中科院微电子所黄森等利用 ICP 在 180℃温度下对 $Al_xGa_{1-x}N$ 势垒层进行部分刻蚀,有效减小了刻蚀损伤,把增强型沟道中载流子迁移率提高到 600 $cm^2/(V \cdot s)$[23]。但离 2DEG 的 Hall 迁移率依然还有较大差距,说明即使是在高温条件下,基于 ICP 的干法刻蚀对沟道仍然存在一定的损伤。另外一种可有效提高 GaN 基增强型器件沟道载流子迁移率的方法是采用深埋的异质结构沟道。2015 年,香港科技大学陈敬等通过在 GaN 沟道以下 6 nm 的位置引入 AlN 插入层,通过势垒层全刻蚀可利用插入的 AlN 与下层 GaN 形成增强型异质结构沟道,如图 5.4 所示[24]。与此同时,上层 GaN 和介质之间依然存在 MIS 沟道,从而构成双沟道的增强型 GaN 基 MIS-HEMT 器件。由于较小的界面散射,下层沟道中电子的峰值场效应迁移率可达 1 801 $cm^2/(V \cdot s)$。但由于极化电场的影响,GaN 基 MIS-HEMT 器件难以在实现沟道中载流子高场效应迁移率时,同步实现 3 V 以上的阈值电压。

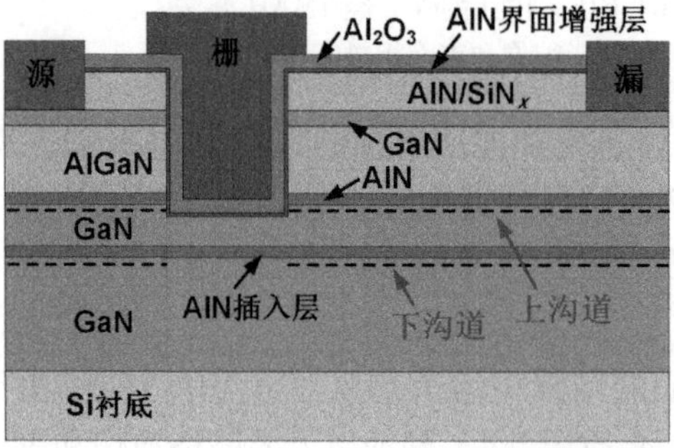


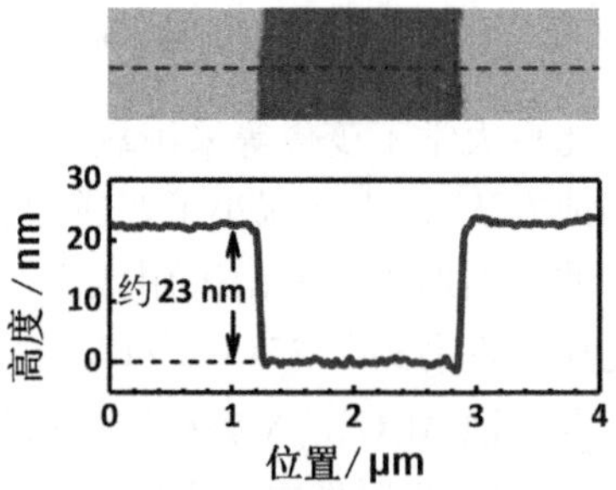


图 5.4　深埋异质结沟道的栅刻蚀增强型 GaN 基 MIS-HEMT 的 (a) 器件结构示意图和(b) 栅区下方的异质结沟道结构[24]

从实际应用角度看,GaN 基增强型沟道中的载流子迁移率所反映的沟道导通电阻只是一方面,如何实现片内和不同批次间阈值电压的均匀性是栅刻蚀工艺的另一重要技术问题。前面提到,GaN 基半导体化学稳定性好,刻蚀难度大。与此同时,由于在 $Al_xGa_{1-x}N$ 或 GaN 表面存在氧化层,基于 Cl 基的等离子体刻蚀存在刻蚀速率不稳定、刻蚀深度重复性差等问题。更为严重的是由于强极化电场的存在，$Al_xGa_{1-x}N$ 势垒层的能带弯曲很剧烈，所保留的 $Al_xGa_{1-x}N$ 势垒层厚度决定了器件所能达到的阈值电压。因此在 $Al_xGa_{1-x}N/GaN$ 异质结构上采用常规的干法刻蚀方法制备的增强型器件阈值电压均匀性普遍较差[24]，难以满足大规模产业化的要求，迫切希望发展高阈值电压一致性的栅刻蚀方案。

为了减小 GaN 基异质界面极化电荷对器件阈值电压的影响，一种可行的方法是利用极化电荷的成对性，通过在 GaN 基异质结构中引入极化电荷中和层补偿 $Al_xGa_{1-x}N/GaN$ 异质界面的正极化电荷，削弱极化电荷对阈值电压的影响。2009 年，日本 NEC 公司的 K. Ota 等在 $Al_xGa_{1-x}N$ 势垒层中引入 $Al_{0.07}Ga_{0.93}N$ 的极化电荷中和层，如图 5.5 所示[25]，利用 $Al_{0.07}Ga_{0.93}N/Al_{0.15}Ga_{0.85}N$ 界面的负极化电荷有效屏蔽了下层异质结构中正极化电荷的影响，使得阈值电压随刻蚀深度的变化量只有 1.7 mV/nm，大幅度提高了增强型 GaN 基 MIS-HEMT 器件阈值电压的一致性[25]。与此类似，香港科技大学提出的带有 AlN 插入层的结构也可获得同样的效果[24]。

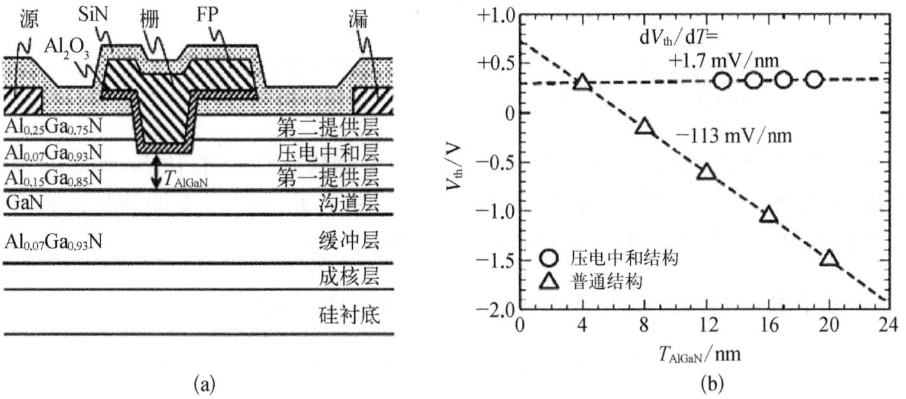


图 5.5 带有 $Al_{0.07}Ga_{0.93}N$ 的极化电荷中和层的栅刻蚀增强型 GaN 基 MIS-HEMT 的(a) 器件结构示意图和(b) 器件阈值电压随势垒层厚度的变化关系[25]

另外一种提高增强型 GaN 基 MIS-HEMT 器件阈值电压均匀性的有效方法是自停止刻蚀，利用自停止特性实现刻蚀深度的精确控制。由于自停止刻蚀中被刻蚀层的深度一般由外延结构所决定，对外延厚度控制精度要求极高。2013 年，美国 MIT 的 B. Lu 等采用 AlN 插入层和 $SF_6$ 作为刻蚀气体，利用 $AlF_3$ 不易挥发的特点，在 n-GaN/AlN/GaN 结构中实现了自停止刻蚀[26]。同年，北京大学王金延等发展了基于干法氧化加湿法腐蚀的自停止 $Al_xGa_{1-x}N$ 势垒层刻蚀方法，由于 $Al_xGa_{1-x}N$ 和 GaN 之间存在差异较大的氧化选择性，后续的基于碱性的湿法处理只会腐蚀被氧化的 $Al_xGa_{1-x}N$，因而刻蚀会自动停止在 GaN 层，有效提高了栅刻蚀的厚度一致性[27]。2016 年，北京大学王茂俊等进一步发展了自停止、无等离子体、部分势垒层刻蚀的材料结构，如图 5.6 所示[28]。他们在 $Al_xGa_{1-x}N$ 势垒层中插入“AlN/GaN”刻蚀停止层，刻蚀将自停止在 GaN 插入层的位置，从而在下层 4 nm 厚的 $Al_{0.2}Ga_{0.8}N$/GaN 异质结中形成增强型 2DEG 沟道，使得载流子迁移率提升到了 1 400 $cm^2/(V \cdot s)$，而阈值电压均匀性偏差可保持在±0.1 V。

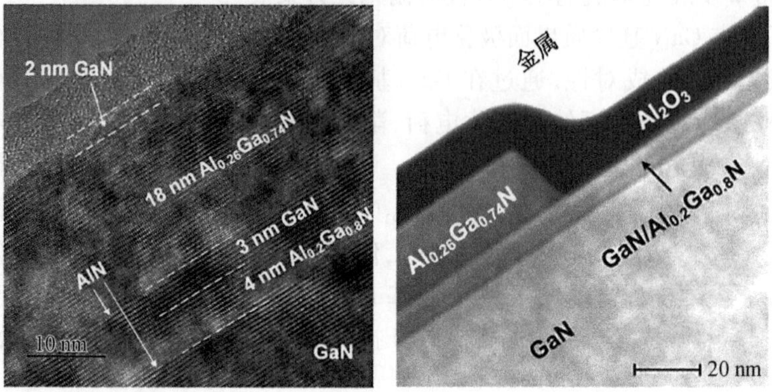


图 5.6　实现自停止/无等离子体/部分势垒层刻蚀的增强型 GaN 基 MIS-HEMT 的(a) 势垒层复合结构和(b) 栅区结构的 TEM 照片[28]

由此可见，通过充分利用 GaN 基异质结构中强极化效应的特点，通过对异质结构的能带进行有效剪裁，可获得其他半导体材料体系难以实现的器件结构和性能，是 GaN 基半导体材料和电子器件的特点和优势之一。

### 5.2.2　基于 F 离子注入技术的增强型 GaN 基 HEMT 器件

香港科技大学陈敬等提出的 F 离子注入法是增强型 GaN 基 HEMT 器件发展过程中富有特色的技术路线[13]。由于 F 离子具有较强的电负性，在离子注入或等离子体处理后进入 $Al_xGa_{1-x}N$ 势垒层，形成带负电的固定电荷，从而调制 $Al_xGa_{1-x}N$/GaN 异质结构的能带结构，耗尽沟道中的 2DEG，形成增强型 HEMT 器件。图5.7给出了 F 离子注入前后 $Al_xGa_{1-x}N$/GaN 异质结构的能带结构变化[29]。

从图中可看到，带负电的 F 离子使得 $Al_xGa_{1-x}N$ 势垒的能带向上弯曲，相应的异质界面 2DEG 沟道处的导带底也向上移动并越过费米能级，使得沟道中 2DEG 被耗尽，形成器件的增强型工作模式。F 离子注入增强型 GaN 基 HEMT 器件的阈值电压可表达为[29]

$$
\begin{aligned}
V_{\mathrm{th}} &= \phi_{\mathrm{B}}/e - \mathrm{d}\sigma/\varepsilon - \Delta E_{\mathrm{C}}/e + E_{\mathrm{f0}}/e \\
&\quad - \frac{e}{\varepsilon}\int_0^d \mathrm{d}x \int_0^x [N_{\mathrm{Si}}(x) - N_{\mathrm{F}}(x)]\,\mathrm{d}x \\
&\quad - edN_{\mathrm{st}}/\varepsilon - eN_{\mathrm{b}}/C_{\mathrm{b}}
\end{aligned}
\tag{5.3}
$$

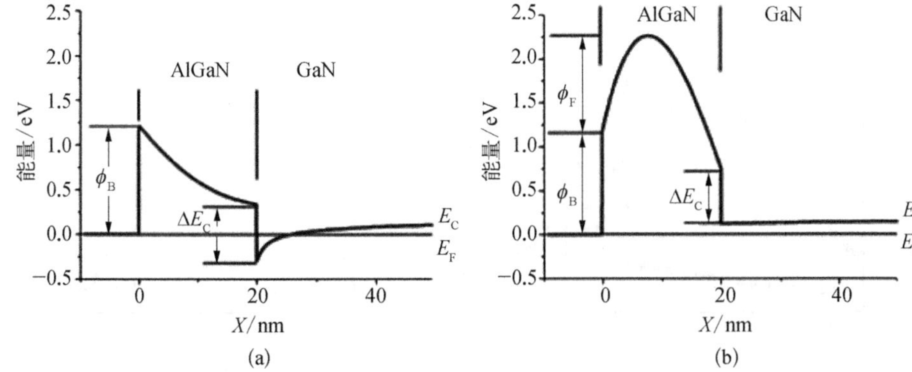


图 5.7 $Al_xGa_{1-x}N$/GaN 异质结构在 F 离子(a) 注入前和(b) 注入后的导带变化示意图[29]

式中，$\phi_B$ 为肖特基结的势垒高度；$\sigma$ 为极化电荷的面密度；$d$ 为 $Al_xGa_{1-x}N$ 势垒层的厚度；$N_{Si}(x)$ 为势垒层中的 n 型掺杂浓度；$N_F(x)$ 为 F 离子的浓度；$\Delta E_C$ 为$Al_xGa_{1-x}N$/GaN 异质界面的导带不连续的大小；$E_{f0}$ 为 GaN 体内费米能级离导带的距离；$N_{st}$ 为表面陷阱态的面密度；$N_b$ 为体内陷阱态的有效面密度；$C_b$ 为缓冲层和沟道之间的有效电容面密度。从公式(5.3)可见靠近异质界面的 F 离子更有利于阈值电压的调控，但更深的注入会导致沟道中载流子的迁移率下降。由于异质结中 $Al_xGa_{1-x}N$ 势垒层一般只有约 20 nm，离子注入的沟道效应使得 F 离子易于注入异质界面，对沟道产生晶格损伤，带负电的 F 离子也会对沟道中的载流子引入较强的散射，从而降低沟道中载流子的迁移率。一种可行的技术方案是在异质结表面生长一层保护介质，之后再进行 F 离子注入，使得 F 离子分布在势垒层表面附件，从而抑制其对沟道中载流子迁移率的影响[30]。与此同时，保护介质可以作为栅介质，有利于提高器件阈值电压并增加栅压摆幅。

F 离子在异质结中的稳定性是人们对 F 离子注入法最大的顾虑。如图 5.8 所示[31]，分子动力学模拟表明，F 离子更倾向占据 Ga 原子的位置，离子注入后 F 离子的扩散途径主要是通过 $F_{Ga}$-I 的方式进行[31]。进一步的离子注入退火实验以及正电子湮灭谱表明[32]，F 离子注入产生的空位在高温退火后易于聚集，形成双空位、三空位乃至空位的团簇，而 F 离子在退火后易于聚集在 Ga 空位的周围，这与分子动力学模拟的结果一致。SIMS 测试结果进一步说明空位集聚之后空位链条的断裂使得 F 离子在 GaN 体内可以保持较好的稳定性。在增强型器件中，由于 F 离子处在异质结的势垒层中，离表面较近，在高温以及高电场下易于扩散，从表面逃逸，引起器件阈值电压移动。后续工作发现通过表面 $Si_3N_4$钝化可以有效阻挡 F 离子的移动，提高 GaN 基 HEMT 器件阈值电压的稳定性[33]。

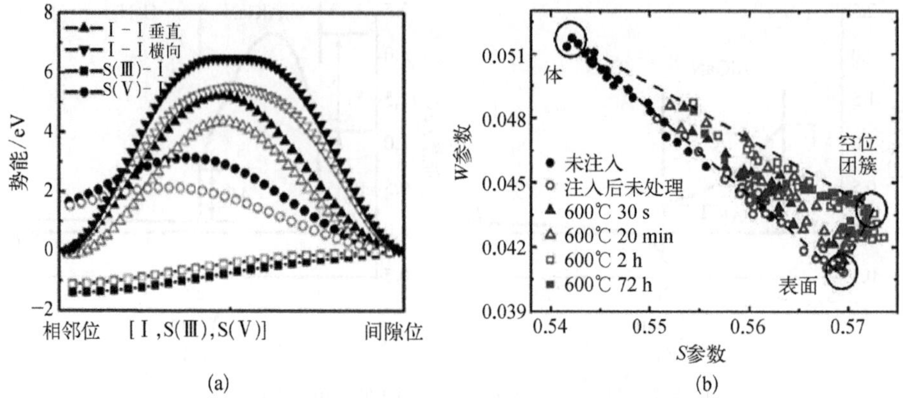


图 5.8　(a) F 离子在 GaN 不同位置的势能;(b) F 离子注入 GaN 退火前后正电子湮灭谱的变化[31]

### 5.2.3　基于 p 型帽层技术的增强型 GaN 基 HEMT 器件

采用 p 型帽层技术的增强型 GaN 基 HEMT 器件从半导体器件的角度看属于结型场效应型晶体管(JFET)的类型。2002 年,美国南卡罗莱纳大学 M. A. Khan 等首先研制出此种类型的 GaN 基 HEMT 器件[33]。他们通过在栅电极和 $Al_xGa_{1-x}N$ 势垒层之间插入一层 p 型 $Al_xGa_{1-x}N$ 或 p 型 GaN,通过调节 p 型层的掺杂浓度和厚度,即利用 p-n 结的空间电荷区耗尽 $Al_xGa_{1-x}N$/GaN 异质结构沟道中的 2DEG,从而实现增强型沟道。在栅极以外的区域没有 p 型帽层,可维持接入区域较低的导通电阻,从而实现器件的增强型工作模式。对于 p 型帽层增强型器件来说,器件阈值电压近似由 p-n 结的开启电压决定。如图 5.9 所示[14],日本松下公司称其研制的 p 型帽层增强型 HEMT 器件为栅极注入晶体管(GIT),当栅极充分开启时,p 型

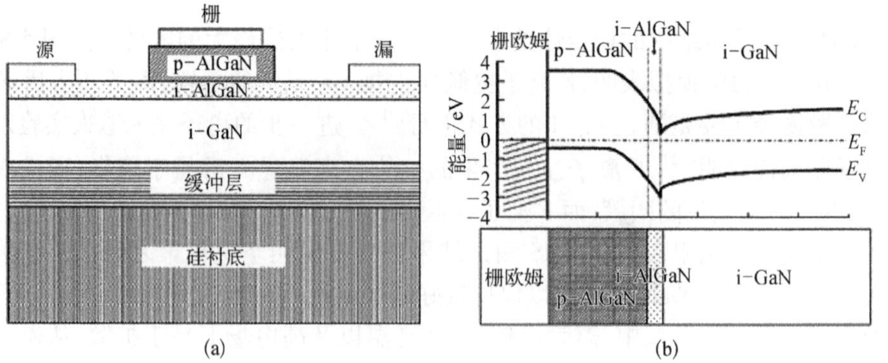


图 5.9　日本松下公司研制的 p 型 $Al_xGa_{1-x}N$ 帽层增强型 GaN 基 HEMT 的(a) 器件结构和(b) 能带结构示意图[14]

层中的空穴注入沟道中,来不及复合的空穴对沟道产生电导调控,可以增加器件跨导,因此被称为栅注入晶体管。2009 年美国 EPC 公司开发出第一个实用化的基于 p-GaN 帽层的增强型 HEMT 器件商业化产品[33]。

p 型帽层增强型 GaN 基器件的难点主要有:① 器件工作过程中需要去除栅极区域以外的 p 型帽层,刻蚀精度要求很高。而 GaN 基半导体材料由于非常好的化学稳定性,精确刻蚀难度大,特别是实现自停止的精确刻蚀;② 栅金属与 p 型层为欧姆接触的器件,当栅压摆幅增加时,存在 p-n 结的正向导通电流,器件正向最大电压只能限制在 5 V 以下;③ 作为 p 型帽层的 $Al_xGa_{1-x}N$ 或 GaN 外延生长过程中 Mg 掺杂易引起 MOCVD 外延系统的记忆效应,使得 GaN 基异质结构的输运性质退化。

由于器件结构中存在 p-n 结,可利用空穴注入补偿高阻 GaN 层中陷阱态捕获的电子,对 GaN 基 HEMT 器件电流坍塌有较好的抑制作用。2015 年,日本松下公司 S. Kaneko 等在漏端电极旁边生长了一个额外的 p-GaN,并且与漏极相连,被称为"混合漏极嵌入式栅注入晶体管",如图 5.10 所示[34]。其工作原理是当器件在

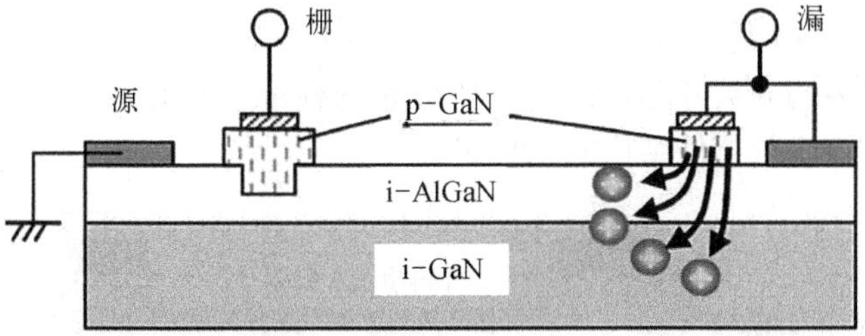


(a)

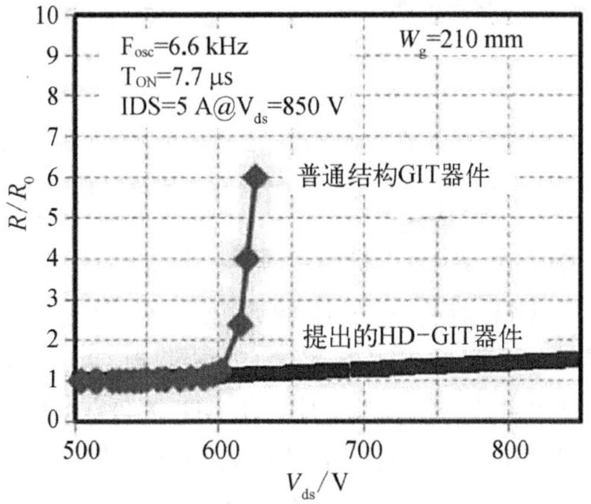


(b)

图 5.10　GaN 基混合漏极嵌入式栅注入晶体管的(a) 器件结构示意图和(b) 动态导通电阻特性[36]

注:$F_{osc}$ 为开关频率;$T_{ON}$ 为开态时间

开关切换过程中,存在从漏极旁路 p-GaN 到高阻 GaN 层的空穴注入,从而补偿了外延层中捕获的电子。因此,栅漏之间的接入区域在关态应力条件下没有被负电荷占据,极大地减小了器件的动态导通电阻增加。由图可见,这种结构的器件电流坍塌抑制能力可以达到 800 V 以上,而常规结构的器件在工作电压超过 600 V 之后,动态导通电阻就会急剧上升[34]。

此器件结构要求在实现栅极区域增强型工作的同时维持靠近漏极 p 型区域下方沟道的导通状态,因此不能直接在常规的 p-GaN 帽层 GaN 基 HEMT 外延结构上制备器件。需要对栅极区域进行部分刻蚀后再生长 p-GaN 帽层,然后通过刻蚀工艺选择性保留 p-GaN,实现混合漏极嵌入式栅注入晶体管。如前所述,基于 ICP 或 RIE 的等离子体刻蚀存在刻蚀深度不一致的问题,会影响器件阈值电压的一致性,不利于规模化生产。为了解决这一问题,2016 年,日本松下公司 H. Okita 等进一步发展了一种新的器件结构,如图 5.11 所示[35]。其步骤是在薄势垒层$Al_xGa_{1-x}N$/GaN 异质结构上对栅极区域进行全刻蚀,然后再外延生长一薄层$Al_xGa_{1-x}N$和p-GaN。此器件结构和图 5.10 中展示的器件类似,但好处是器件的阈值电压由再生长的薄层 $Al_xGa_{1-x}N$ 和 p-GaN 的参数决定,可以精确控制,从而提高了阈值电压的一致性。片内测量结果表明 6 英寸芯片阈值电压分布的标准差只有 60 mV,远小于基于部分势垒层刻蚀再生长器件结构的 229 mV。

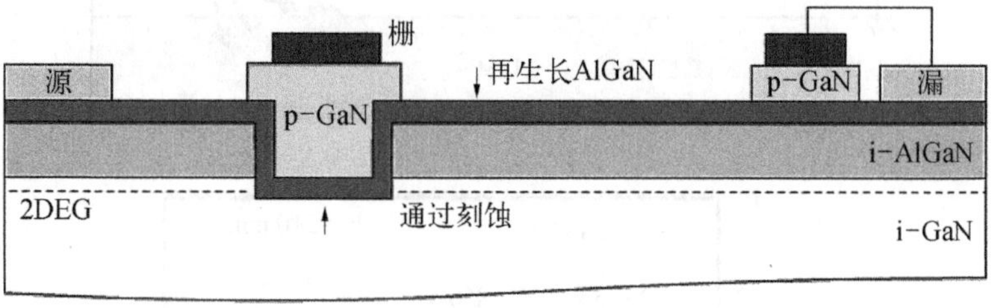


图 5.11　基于 $Al_xGa_{1-x}N$ 和 p-GaN 再生长的 p 型帽层混合漏极嵌入式栅注入晶体管的器件结构示意图[35]

p 型 GaN 帽层增强型 HEMT 器件的另一问题是存在较严重的栅极漏电,增加了栅驱动的负担。GIT 器件的工作原理就是利用栅的 p-n 结在开启时,由 p-$Al_xGa_{1-x}N$ 向沟道注入空穴,利用空穴的电导调制效应提高沟道中的 2DEG 密度,从而进一步减小器件的导通电阻。因此在 GIT 器件中,栅金属与 p-$Al_xGa_{1-x}N$ 之间是欧姆接触,为了实现电导调制,GIT 的栅极电压一般需要达到 7 V,栅极存在较大的正向电流。为了减小栅极漏电,一个可能的方案是采用肖特基 p 型接触。在金属上施加正向电压后,由于 $Al_xGa_{1-x}N$ 势垒的能带被拉低,形成 2DEG 沟道。但金属栅和 p-GaN 之间存在的肖特基势垒处于反偏状态,因此漏电较小。基于 p 型帽层的 GaN 基增强型 HEMT 器件的栅压摆幅较小,最大工作电压一般不超过 7 V。

在实际应用过程中,更需要综合考虑电路的拓扑结构和性能,避免浪涌造成的栅极击穿,或者为器件栅极配置栅极保护电路,以避免失效。图 5.12 展示了一种集成的栅极保护电路[3],当栅极电压超过 12 V 时,与增强型 GaN 基 HEMT 并联的二极管回路开启,串联电阻上的压降使得用来作为分流的低压增强型 HEMT 开启从而释放电荷。ESD 保护电路在人体放电模型(HBM)下所能承受的电压在室温至 150℃时可超过 5 kV,从而有效提升了 p 型帽层 GaN 基增强型功率电子器件的栅极可靠性。

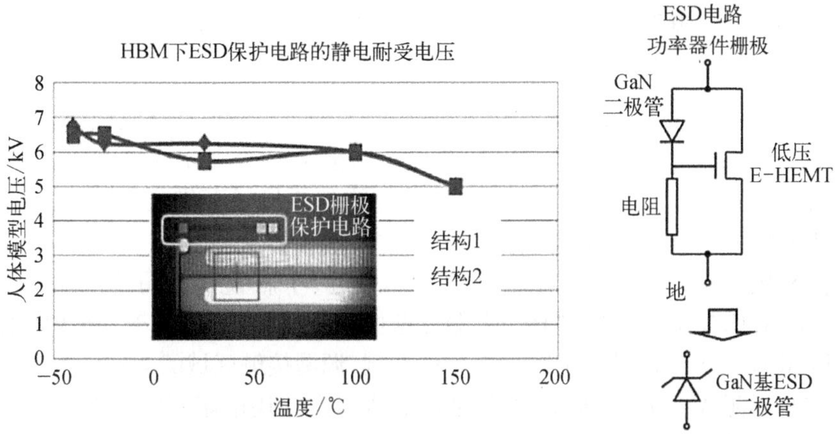


图 5.12 集成 ESD 栅极保护电路的 GaN 基单片增强型功率电子器件,其中栅保护电路面积占比小于 2%。该栅极能承受超过 5 kV 的 ESD 电压[3]

### 5.2.4 增强型 GaN 基功率电子器件的其他实现方法

共源共栅(cascode)级联方法是从电路层次调整 GaN 基功率电子器件阈值电压的电路技术,由美国 Transphorm 公司 X. C. Huang 等于 2014 年提出,其电路结构如图5.13所示[15]。其原理是将一个天然为增强型的低压 Si 基 MOSFET 器件的源极与常开高压的 GaN 基 HEMT 器件栅极相连,并将 Si 基 MOSFET 的漏极与 GaN 基 HEMT 的源极相连形成 Cascode 级联结构。等效器件的阈值电压由低压的 Si 基 MOSFET 决定,而 GaN 基 HEMT 承担高的反向电压,避开了制备 GaN 基本征增强型器件的难题,因此对 GaN 基异质结构材料和器件制备工艺的要求可大大降低。国际上第一个商业化的 GaN 基功率开关产品即基于此结构,由美国 Transphorm 公司出品[15]。Cascode 级联技术的不足是封装时的互联使得器件寄生电感较大,影响了器件在高开关频率下的应用。同时 Si 器件的引入使得 Cascode 的器件失去了 GaN 基电子器件可高温工作的优点,整个电路模块的工作温度被限定在 150℃以下。

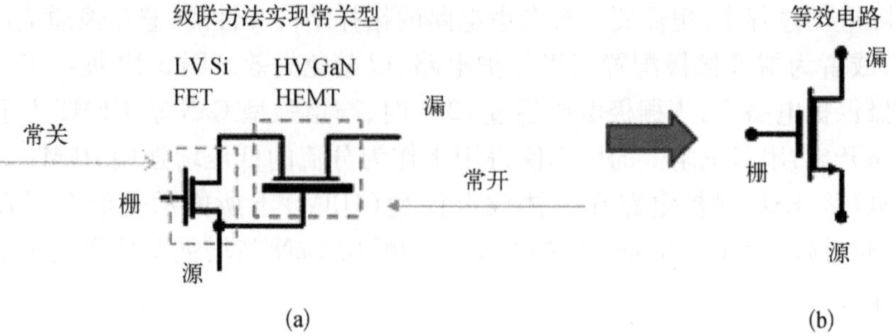


图 5.13　基于 Cascode 级联技术的增强型 GaN 基器件的(a) 电路结构和(b) 等效器件示意图[15]

除此之外,实现增强型 GaN 基功率电子器件的方法还包括薄势垒层、InGaN 反极化帽层等技术路线[38]。如前所述,第一个增强型 GaN 基 HEMT 器件就是在薄 $Al_xGa_{1-x}N$ 势垒层异质结构上实现的,利用肖特基耗尽栅下异质界面沟道中的电子,实现器件的增强型工作模式。这种器件结构的好处是器件阈值电压由薄层 $Al_xGa_{1-x}N$势垒的厚度决定,均匀性较好。最近,中科院微电子所黄森等采用 LPCVD 钝化 GaN 基薄势垒层 HEMT 器件栅极之外的有源区,由于 LPCVD 生长的 $Si_3N_4$和 $Al_xGa_{1-x}N$ 之间的正电荷对能带的调制,源漏接触区域的 2DEG 密度大幅度上升,减小了薄 $Al_xGa_{1-x}N$ 势垒带来的异质结构高方块电阻,从而实现了 GaN 基 HEMT 器件低的导通电阻[37]。

## 5.3　GaN 基功率电子器件表面/界面局域态特性与调控

与 Si 基半导体不同,GaN 基半导体异质结构中存在很强的自发和压电极化效应,表/界面存在高密度的极化电荷。另外,与 $SiO_2$/Si 体系很不一样,在 GaN 表面很难制备出高质量的本征绝缘介质,如 $Ga_2O_3$。目前介质层/(Al)GaN 界面态密度最低只能达到 $10^{12}$ $cm^{-2}$ 量级[38],远不及热氧化形成的 $SiO_2$/Si 系统($10^{10}$ ~ $10^{11}$ $cm^{-2}$量级)。阳离子悬挂键、表面氧化、氮空位、界面晶格无序等是 GaN 基材料和器件表/界面态的主要来源。2009 年,美国得克萨斯大学达拉斯分校 C. L. Hinkle 等发现在含有 Ga 元素的Ⅲ-V 化合物半导体表面,低晶体质量的含有三价 $Ga^{3+}$氧化物的自然氧化层是其表面费米钉扎的主要原因[39],它们会在Ⅲ-V 化合物半导体 MOSFET 器件中产生高密度的界面态。同年,英国剑桥大学J. Robertson和 L. Lin 认为 GaAs 基 FET 器件中氧化物/半导体界面的 Ga 和 As 悬挂键是阻碍费米能级移动的主要因素。因此可推测,在纤锌矿结构的 $Al_xGa_{1-x}N$/GaN 异质结构中,自然氧化所导致的表面(Al)Ga—O 键可能是表/界面态的主要来源之一[40]。2010

年,美国 UCSB 的 M. S. Miao 等所做的杂化密度泛函计算表明表面氧化会导致 GaN 或 $Al_xGa_{1-x}N$ 表面重构,从而产生表面施主态[41]。另外,由于高温退火工艺,如欧姆接触退火,导致的(Al)GaN 近表面 N 空位也是诱发表/界面态不可忽视的来源之一[42]。

表面施主态一直被认为是 $Al_xGa_{1-x}N$/GaN 异质结构中 2DEG 的主要物理来源之一,它也是(Al)GaN 表面钉扎或部分钉扎的主要原因[43],如图 5.14 所示。当 $Al_xGa_{1-x}N$ 势垒层厚度超过某一临界厚度 $t_{CR}$时,表面施主态逐渐电离,激发出的电子在异质界面形成 2DEG。对 HEMT 结构而言,由于表面态会被栅金属覆盖,处于金属的费米海中,因此易于和金属电子发生交换作用,所以常规结构的 GaN 基 HEMT 器件栅极一般不会发生阈值电压漂移,如图 5.15 所示[44,45]。

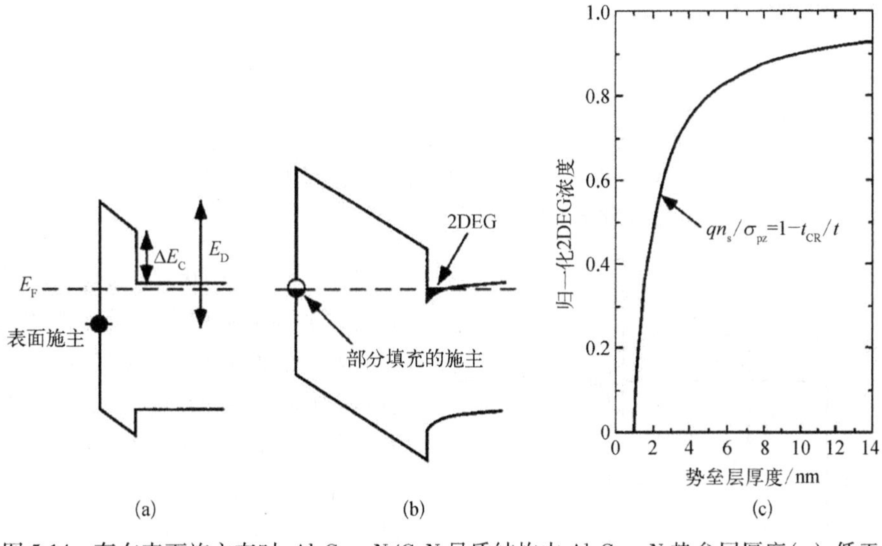


图 5.14 存在表面施主态时,$Al_xGa_{1-x}N$/GaN 异质结构中 $Al_xGa_{1-x}N$ 势垒层厚度(a) 低于临界厚度,(b) 高于临界厚度时的能带弯曲示意图,(c) 为基于表面施主态模型计算的 2DEG 密度随 $Al_xGa_{1-x}N$ 势垒层厚度变化的关系曲线[43]

但在 GaN 基 MIS-HEMT 器件中,由于 GaN 本身的宽禁带属性,绝缘体/半导体间的界面态分布较宽,图 5.16 所示[44,45]。因此大部分界面态能级位置较深,特征放电时间就非常长,禁带中央的界面态能级放电时间可能长达数年[38]。这些深能级界面态的充放电会造成严重的阈值电压漂移,即如图 5.15 所示的阈值电压不稳定性($V_{th}$-instability)。实验发现,GaN 基 MIS-HEMT 器件的正向栅压一旦超过某一数值,转移特性曲线在直流来回扫描(double mode)过程中就出现较大回滞,这主要是因为深能级界面态一旦被正向电流的电子填充,由于特征放电时间较长,即使施加反向偏压,它也很难在扫描过程中释放出来,从而导致了阈值电压漂移或回滞($\Delta V_{th}$)。

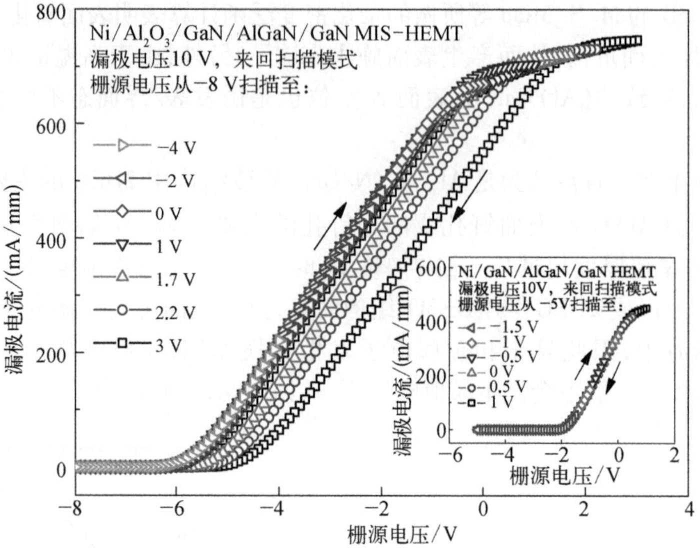


图 5.15　基于 $Al_2O_3$/GaN/$Al_xGa_{1-x}N$/GaN 结构的 MIS-HEMT 器件和基于 $Al_xGa_{1-x}N$/GaN 异质结构的常规 HEMT 器件在不同 $V_{gs,max}$时的转移特性曲线对比[44,45]

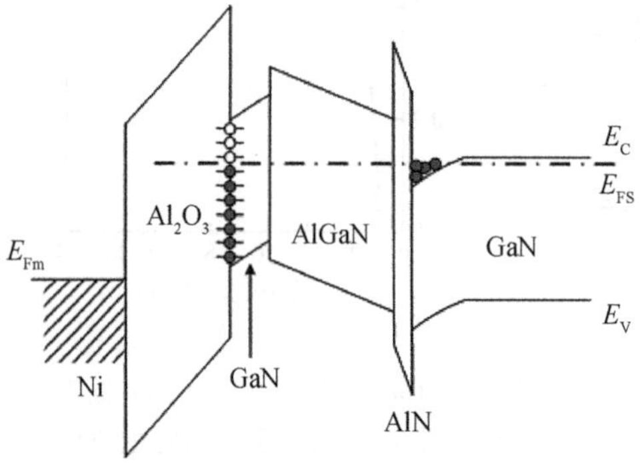


图 5.16　基于 $Al_2O_3$/GaN/$Al_xGa_{1-x}N$/GaN 结构的 MIS-HEMT 器件正向栅压下的能带示意图[44,45]

GaN 基 MIS-HEMT 器件被认为是新一代的 GaN 基功率电子器件主流器件结构。然而器件在开关转换过程中，栅极阈值漂移会导致栅沟道误开启，将给功率电子系统的可靠性带来严重安全隐患。为了抑制由深界面态导致的阈值电压漂移，香港科技大学陈敬等创新采用等离子体增强原子层沉积（PEALD）技术，研发出一种原位低损伤 GaN 表面处理技术[38]。他们先采用 $NH_3$/Ar 远程等离子体去除（Al）GaN 表面的自然氧化层，然后进行 $N_2$ 等离子体处理补偿（Al）GaN 近表面的 N 空位，紧接着用 PEALD 沉积一层 $Al_2O_3$栅介质[38]。X 射线光电子能谱（XPS）分析表明 $NH_3$/Ar/$N_2$原位处理能有效去除 GaN 表面的 Ga—O 键，尤其是充分的氮化处理能防止氧化物栅介质沉积造成的表面再氧化，达到对（Al）GaN 表面“去氧补氮”的效果。高分辨 TEM 分析表明，该低损伤介质制备工艺在 $Al_2O_3$/GaN 界面产生了一层近似单晶的 AlN 插入层，约 0.7 nm，有效钝化了（Al）GaN 表面的阳离子悬挂键，如图 5.17 所示[38]，它能将导带下 $E_C$−0.3 eV 到 $E_C$−0.78 eV 范围内的界面

态密度降低到 $2.0\times10^{12}\ cm^{-2}eV^{-1}$[38]。采用该技术制备的 GaN 基 MIS-HEMT 的阈值回滞从 1.5 V 降低到 0.09 V,亚阈摆幅从 199 mV/dec 降低到 64 mV/dec。

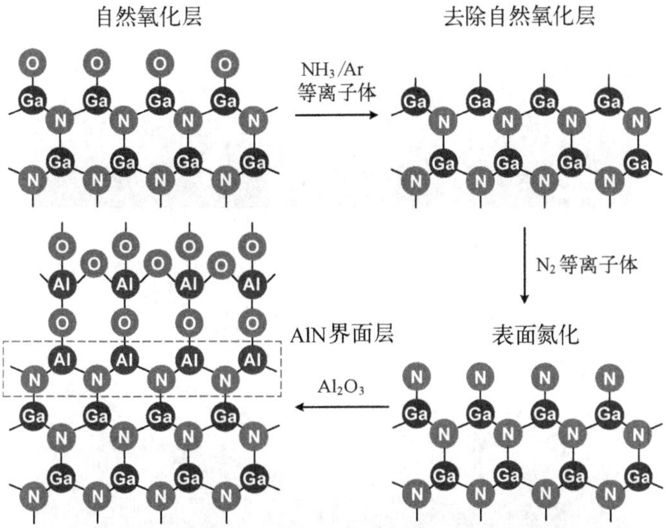


图 5.17 用 PEALD 沉积 $Al_2O_3$ 前采用 $NH_3/Ar/N_2$ 远程等离子体处理 GaN 表面的原理示意图[38]

在 GaN 基 MIS-HEMT 器件中,除了上述 AlN 插入层钝化 GaN 表面的悬挂键,SiN 介质插入层方法也被用来抑制由界面态导致的阈值电压回滞。目前制备 SiN 介质的方法主要有三种,分别是低压化学气相沉积(LPCVD)[46]、等离子增强化学气相沉积(PECVD)[47]和 PEALD[48]。LPCVD 采用 $SiH_4$或 $SiH_2Cl_2$与 $NH_3$在高温下化合反应在(Al)GaN 表面沉积 SiN 层,生长温度一般在 600℃以上。研究发现,这种高温生长技术能在 SiN/GaN 界面形成一层约 2 nm 的 $SiO_xN_y$晶化插入层,可有效钝化异质界面的深能级[49]。但对经过干法刻蚀的(Al)GaN 表面,LPCVD 腔体的高温环境会导致(Al)GaN 表面的部分分解,表面变得更加粗糙,界面态导致的频散效应变大,造成栅沟道中载流子低场迁移率的下降。为有效保护(Al)GaN 表面,2016 年,香港科技大学陈敬等采用低温 PECVD 方法,在 300℃下制备了一层约 2 nm 的 $SiN_x$界面层,然后转移到 LPCVD 中沉积高温 $SiN_x$栅介质。这种方法可显著改善 $SiN_x$/GaN 界面的平整度,如图 5.18 所示[49]。基于该技术研制的增强型 GaN 基 MIS-HEMT 器件的阈值电压达到了 2.4 V,阈值电压回滞仅为 0.12 V,同时器件从室温到 200℃阈值电压漂移很小[49]。与此同时,韩国首尔大学的 W. Choi 等效仿 AlN 插入层技术,采用 PEALD 方法低温生长一层 5 nm 厚 SiN 插入层,也显著抑制了增强型 GaN 基 MIS-HEMT 器件的阈值电压漂移[48]。但 PEALD 生长 $SiN_x$的难度要大于用该方法生长 AlN 插入层,晶体质量也比 AlN 要差一些。

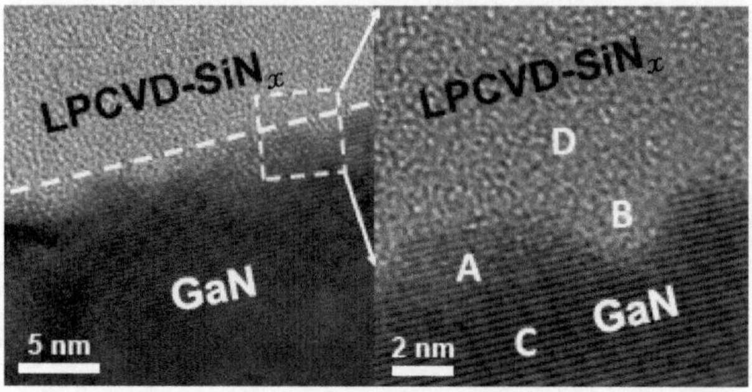


(a)

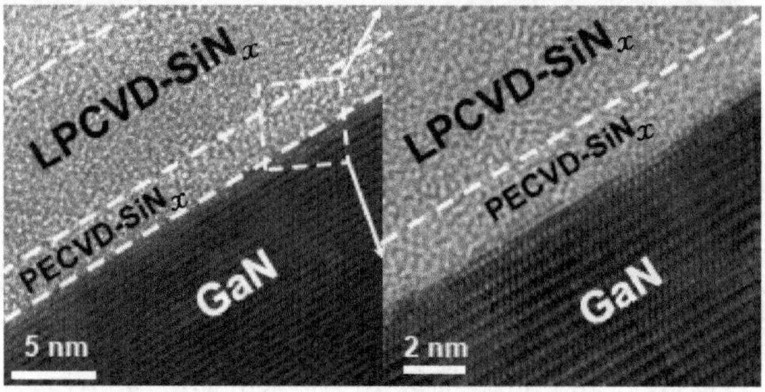


(b)

图 5.18　在 GaN 表面不插入(a)和插入(b)PECVD-SiN$_x$界面层的 LPCVD-SiN$_x$/GaN 界面高分辨 TEM 形貌[49]

# 5.4　GaN 基垂直结构功率电子器件

半导体垂直结构功率电子器件利用本征区实现耐压,避免了表面电场集中效应,适用于高压场合。而且垂直结构器件受界面态的影响较小,有利于制备高速开关器件。随着 GaN 自支撑同质衬底材料制备技术的不断发展,基于高质量 GaN 自支撑衬底的垂直结构二极管和三极管表现出卓越的性能,近年来在国际上受到了高度重视[50]。在 GaN 自支撑衬底上同质外延的 GaN 层位错密度低,如果衬底采用低阻 GaN,器件电极可位于芯片上下端而形成垂直结构。在低成本的 Si 衬底上研制 GaN 基垂直结构功率电子器件,要求生长较厚的 Ga(Al)N 缓冲层,为降低器件的导通电阻,通常会采用衬底转移技术或在晶圆上形成台面结构沉积金属电极,从而形成准垂直结构器件[51]。

## 5.4.1　GaN 基垂直结构二极管

如第 3 章所述,随着 GaN 单晶衬底制备技术的进步,目前用 HVPE、氨热法和钠流法等方法制备的 GaN 自支撑衬底的位错密度已可低至 $10^4\ cm^{-3}$ 量级[52]，基本可满足 GaN 基垂直结构高压功率器件的要求。采用位错密度 $10^4 \sim 10^6\ cm^{-3}$ 的 GaN 自支撑衬底，通过设计合理的器件结构，研制的垂直结构 p-n 结二极管已经实现了 3.47 kV 的击穿电压[53]，充分证明了 GaN 基垂直结构功率电子器件的优越特性。GaN 基垂直结构器件靠 GaN 体材料的纵向厚度来承担压降，大大减小了器件面积，具有很强的电流输出能力，在高压、大功率电能管理系统中有广泛的应用前景。

GaN 自支撑衬底上的低缺陷密度、低背景载流子浓度、厚度较大的 GaN 外延薄膜是实现高耐压、低漏电 GaN 基垂直结构 p-n 结二极管的必要条件。其材料和器件结构如图 5.19(a)所示[54]，由上往下依次为重掺的 $p^+$ 型 GaN、近本征的 n 型 GaN 和重掺杂的 $n^+$ 型 GaN(自支撑衬底)，从而形成 pin 结。GaN 的禁带宽度为 3.4 eV，因此 GaN 基垂直结构 p-n 结二极管开启电压均大于 3 V，在二极管开启后，由于存在电导调制，正向导通电阻较小。在反偏情况下，电场分布与单边突变结类似，如图 5.19(b)所示。这里仅考虑了理想情况，实际的器件由于尺寸是有限的，根据泊松方程，电极边界势必会引起电场集聚。

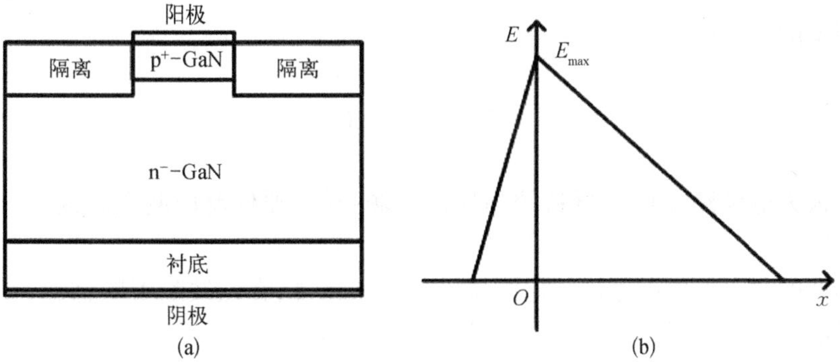


图 5.19 GaN 基垂直结构 p-n 结二极管的(a) 器件结构示意图和(b) 反偏情形下电场分布示意图[54]

随着 GaN 同质外延生长技术的进步，研究者通过改变近本征区的厚度和掺杂浓度，设计出适用于不同场合的 GaN 基垂直结构 p-n 结二极管。在器件工艺上，采用合适的结边缘处理技术以抑制边缘电场积聚，常见的方法有结终端、台面隔离、介质钝化及场板技术[53]。通过优化漂移层结构，可进一步提高器件的击穿电压[55]。

GaN 基垂直结构肖特基二极管结合了肖特基二极管作为多子器件反应快和 GaN 中电子迁移率高的特点，能最大限度地降低器件导通损耗和开关损耗[56]。正向偏压下，电子从阳极通过热电子发射越过肖特基势垒，经过漂移层到达阴极。根据热电子发射理论，器件导通电压由肖特基势垒决定，其理想肖特基二极管电流密度由下式给出[57]：

$$J = A^* \times T^2 \exp\left(-\frac{q\Phi_B}{kT}\right)\left[\exp\frac{q(\Delta\Phi + V)}{nkT} - 1\right] \tag{5.4}$$

式中，$A^*$ 为理查德森常数；$T$ 为温度；$k$ 为玻尔兹曼常数；$\Phi_B$ 为势垒高度；$\Delta\Phi$ 为由镜像力引起的势垒高度降低；$V$ 为外加偏压；$n$ 为理想因子。导通电阻由阴极接触电阻、衬底电阻和漂移层电阻共同构成，表达式为

$$R_{on} = R_C + R_S + R_{Dri} \tag{5.5}$$

反向偏压下，电子无法越过肖特基势垒，通过耗尽漂移层载流子实现反向阻断。随着反向偏压增大，耗尽区展宽，耗尽区宽度由下式给出[57]：

$$W = \sqrt{\frac{2\varepsilon_s}{qN_D}\left(V_{bi} - V - \frac{kT}{q}\right)} \tag{5.6}$$

式中，$\varepsilon_s$ 为 GaN 介电常数；$N_D$ 为漂移层载流子浓度；$V_{bi}$ 为自建势。最大电场与耗尽区宽度的关系如下[57]：

$$E_{max} = \frac{qN_D}{\varepsilon_s}W \tag{5.7}$$

当最大电场接近 GaN 材料的临界击穿场强时，器件反向漏电急速上升，器件发生击穿。

早期的研究集中在通过优化同质外延生长条件，在低缺陷密度、低 C 浓度、高迁移率的 GaN 上形成性能良好的垂直结构肖特基结二极管。2010 年，日本住友电气公司 Y. Saitoh 等在国际上首次研制出小尺寸的垂直结构 GaN 基肖特基结二极管，耐压 1 100 V，导通电阻只有 0.71 $m\Omega \cdot cm^2$[58]。在此基础上，2015 年，日本丰田公司 N. Tanaka 等通过设计场板结构形成的大尺寸（3 mm×3 mm）垂直结构 GaN 基肖特基结二极管的输出电流达到了 50 A，击穿电压达 790 V[59]。虽然 GaN 基垂直结构器件与横向结构器件相比在很大程度上克服了表面电场集聚效应，但器件阳极尺寸有限导致的电场积聚不可避免。B. J. Baliga 等采用自对准的结终端技术[60]，利用阳极金属作为掩模进行氩离子注入，使阳极金属以外区域的 GaN 变成高阻的非晶材料，从而抑制结漏电。浙江大学杨树等采用 N 等离子体结终端技术，同时利用打氧腐蚀去除表面自然氧化物，进一步抑制了结漏电，开关比达到了约 $10^{13}$ 量级[61]。GaN 基垂直结构肖特基二极管一般采用 Ni/Au 或者 Pt/Au 作为阳极金属，Ni 与 GaN 接触的肖特基势垒约为 1.0 eV[59]，Pt 与 GaN 接触的肖特基势垒约为 0.9 eV[61]。2017 年，深圳大学刘新科等采用 CMOS 工艺兼容的 TiN 作阳极金属

形成的肖特基二极管耐压能达到 1 200 V[62]。

GaN 基垂直结构肖特基二极管虽然已经表现出良好的应用前景,但仍有一些科学技术问题亟待解决。一方面是 GaN 自支撑衬底和同质外延材料质量仍需提高。研究发现螺位错是漏电的主要来源之一,C 杂质易于聚集在螺位错周围[63],而用 MOCVD 方法同质外延的 GaN 层引入 C 杂质不可避免,因此如何优化 MOCVD 外延生长条件,进一步降 C 杂质浓度是一个关键问题。另一方面是受肖特基二极管自身器件结构的限制,在反向高压下,肖特基势垒降低导致器件的漏电比较严重。针对反向漏电问题,有研究表明可在金属和 GaN 之间插入一层很薄的 $Al_xGa_{1-x}N$层[64],由于 $Al_xGa_{1-x}N$ 亲和势较低,因此提高了肖特基势垒高度,附带作用是 $Al_xGa_{1-x}N$ 层中的极化电荷可缩短耗尽区宽度,提高载流子隧穿概率,从而降低器件导通电阻。

优化器件结构也可减小漏电,常用的有结终端和场板技术。另一种思路是采用混合阳极的肖特基二极管,如沟槽型金属绝缘层半导体肖特基二极管(TMBS)和结型肖特基二极管(JBS)。2016 年,美国 MIT 的 Y. Zhang 等首次研制出 GaN 基垂直结构 TMBS[65],TMBS 结构是在传统肖特基二极管结构基础上通过在阳极金属旁边开槽形成 MIS 结构。在反偏情况下,通过 MIS 结构耗尽肖特基接触下方 GaN 中的载流子,从而实现屏蔽电场的作用。在 TMBS 结构中,槽的形状对器件性能有很大影响。2017 年,MIT 的研究人员进一步利用湿法腐蚀形成圆滑凹槽进一步优化了器件的性能[66]。与 TMBS 结构类似,JBS 结构是在阳极附近形成 p-n 结来实现阳极下方电场屏蔽的作用,但是由于离子注入形成的 p 型 GaN 激活效率很低,基于离子注入工艺的 GaN 基垂直结构 JBS 正向性能较差,难以实用化[67,68]。2017 年,美国康奈尔大学 W. S. Li 等通过优化 GaN 材料结构,在漂移层上生长一层 p 型 GaN,去除部分 p 型 GaN 后沉积阳极金属,利用同一平面的 p-n 结实现电场屏蔽作用[69]。但是肖特基结和 p-n 结处于同一平面,屏蔽作用依然有限。

在 GaN 自支撑衬底上同质外延 GaN 漂移层不存在晶格失配,且位错密度很低,并且同质衬底上的器件制备工艺相对简单,因此 GaN 基垂直结构二极管的器件性能最能发挥 GaN 优越的材料特性。但是迄今 GaN 自支撑衬底的制备成本和价格依然十分高昂,因此研究低成本的 Si 衬底上 GaN 基垂直结构功率电子器件非常有必要[70]。为此目标,在 Si 衬底上异质外延 GaN 必须要同时实现厚膜和低位错密度这两个方面的要求。由于 Si 和 GaN 之间存在很大的晶格失配和热失配,在 Si 衬底上异质外延低缺陷密度的 GaN 厚膜仍然是当前该领域的最大挑战之一。迄今,在 Si 衬底上异质外延 GaN 基础上研制的准垂直结构肖特基二极管器件性能依然较差[71],相关研究集中在垂直结构 p-n 结二极管上。

在 Si 衬底上异质外延 GaN 漂移层之前,由于会首先外延生长 GaN 高阻层,因此很难采用 GaN 自支撑衬底上垂直结构器件的制备工艺,一般需要采用准垂直结构或者使用衬底转移技术形成 Si 衬底上 GaN 基垂直结构器件。Si 衬底上准垂直结构 p-n 结二极管的器件结构如图 5.20(a)所示[71]，刻蚀形成台面之后，阳极和阴极在台面上、下形成。刻蚀形成的侧壁是漏电的主要通道，刻蚀会在侧壁形成 N 空位而引起漏电，采用 TMAH 腐蚀受损伤的区域、离子注入以及等离子钝化都可以抑制侧壁漏电[71]。在正向电流较大的情况下，准垂直结构 p-n 结二极管阴极收集电流的能力有限而导致电流集中，增加了导通电阻[72]。同时准垂直结构 p-n 结二极管还存在电场分布不均匀的弱点，场板结构能一定程度抑制电场集中。另外，采用衬底转移技术，结合衬底剥离并去除高阻 GaN 缓冲层，可实现性能更好的 GaN 基垂直结构 p-n 结二极管，其器件结构如图 5.20(b)所示[73]。

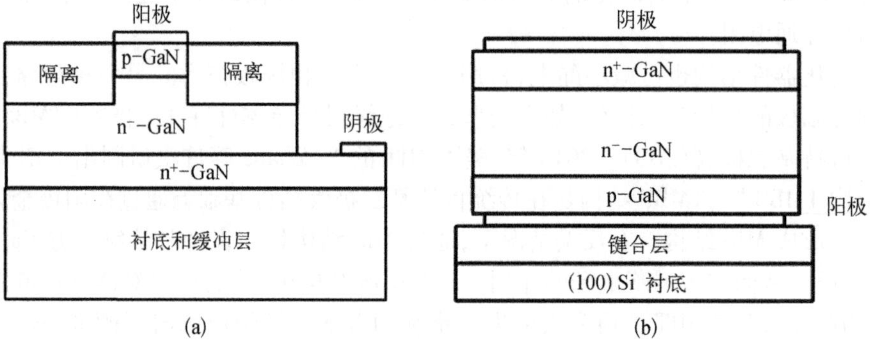


图 5.20 Si 衬底上 GaN 基 p-n 结二极管的(a) 衬底未剥离的准垂直结构[73]、(b) 衬底剥离转移后的垂直结构[73]的器件结构示意图

目前，Si 衬底上 GaN 基垂直或准垂直结构 p-n 结二极管的性能仍主要受限于 Si 上异质外延 GaN 的晶体质量。在 Si 衬底上外延生长 GaN，应力释放产生的缺陷以及引入的 N 空位、O 杂质会提升背景电子浓度，因此通常需要掺 C 杂质通过补偿效应来降低背景电子浓度，但是 C 杂质又会使漂移层的载流子迁移率降低，因此在 Si 衬底上外延生长低杂质浓度、低缺陷密度以及一定厚度的 GaN 依然是一个巨大的挑战。2018 年，瑞士联邦工学院 R. A. Khadar 等在 Si 衬底上生长出 4 μm 厚的 GaN 漂移层，室温电子迁移率 720 $cm^2/(V \cdot s)$，制备的器件比导通电阻为 0.33 $m\Omega \cdot cm^2$，耐压达 820 V，为目前国际上报道的最好器件水平[74]。

综上所述，GaN 基垂直结构 p-n 结二极管和肖特基二极管都有突出的优点和一定的缺陷。GaN 基垂直结构 p-n 结二极管漏电小，击穿电压大，电流输出能力强，且可高温稳定工作，缺点是开启电压太大。而 GaN 基垂直结构肖特基二极管的优点是开启电压较小，缺点是很难实现高耐压，高温稳定性也较差。结合两者的优点，JBS 结构是一种较理想的 GaN 基垂直结构二极管的实现方法，但是在 GaN 外延技术上，材料改性和微区选择性外延生长困难很大，仍需进一步探索和研究。而要实现低成本的 Si 衬底上 GaN 基垂直或准垂直结构二极管，最大的挑战依然是实现低杂质浓度、低缺陷密度 GaN 厚膜的外延生长。

### 5.4.2 GaN 基垂直结构三极管

对于 GaN 基垂直结构三极管来说，除了类似于垂直结构二极管的优点之外，表面态和界面态对器件性能的影响很小，因此能免受横向结构器件，如 HEMT 中电流坍塌的影响。目前 GaN 基垂直结构三极管的研究集中在耗尽型 MOSFET(DMOSFET)和槽栅型 MOSFET 两种类型的器件上[52]。

GaN 基 DMOSFET 与 Si 基 DMOSFET 结构类似，但最初的 GaN 基 DMOSFET 都是常开型器件，其结构如图 5.21(a)所示[75]。利用栅电极对 2DEG 的耗尽，实现器件的关断。在器件关断时，p-n 结反偏实现高耐压，而且耐压能力与 $n^-$-GaN 的掺杂浓度直接相关，理论上掺杂浓度越低，耐压能力越强。源区 $Al_xGa_{1-x}N$/GaN 异质界面处高浓度的 2DEG 有效降低了器件的导通电阻，同时垂直结构能够充分利用体材料的耐压性能，提高 GaN 基器件的输出功率密度。未经过任何处理的异质结构界面处 2DEG 天然存在，因此图 5.21(a)所示的垂直结构器件属于耗尽型[75]。出于系统设计可靠性及简洁性的考虑，半导体功率电子器件领域更青睐于增强型器件。在图 5.21(a)的器件结构基础上，在栅的位置上沉积 p 型 GaN，之后沉积栅金属形成类似于 JFET 的结构，p 型 GaN 能够有效耗尽异质界面处的 2DEG，从而形成增强型沟道，阈值电压可提升到 0.6 V[76]。在 GaN 基 DMOSFET 发展过程中，出现了两种获得 p-GaN 的器件工艺，一种是离子注入方法[77]，获得的 p-GaN 因 Mg 杂质激活困难，很难得到高掺杂浓度的 p-GaN，因此在较高压情况下容易导致源漏电极穿通。另一种工艺是在衬底上外延生长 p-GaN，然后用再生长方法制备通孔区和 $Al_xGa_{1-x}N$ 层[78]。由于目前离子注入工艺获得的 p-GaN 质量较差，而且无法实现高浓度掺杂，因此国际上多采用开孔方法制备 GaN 基 DMOSFET。这种方法仍存在以下问题：一是栅漏电问题，由于 GaN 基 DMOSFET 器件中，在外延生长的 p-GaN 上开孔，然后用再生长的方法沉积 GaN 和 $Al_xGa_{1-x}N$，导致通孔中 GaN 的生长方向与 $c$ 轴有一定偏差而使得 GaN 晶体质量下降，从而形成漏电通道。另一问题是源区漏电问题，特别在漏压比较大的情况下，由于源区存在高密度 2DEG，在漏电压的作用下，栅极控制能力下降，从而引发源漏穿通漏电[78]。

槽栅型 MOSFET 器件结构如图 5.21(b)所示[79]，其关键在于槽栅的形成以及栅介质的沉积。通过施加正向栅压使 p-GaN 反型形成沟道从而导通，在栅压低于阈值电压时，p-n 结反偏，由于 $n^-$-GaN 区的掺杂浓度较低，而且厚度很大，因此能承受比较大的电压，而且槽栅型 GaN 基 MOSFET 电流分布均匀，能实现很大的输出功率密度。2008 年，日本丰田公司 M. Kodama 等发现用 Cl 基 ICP 刻蚀得到的槽栅侧墙表面粗糙而不规整，干法刻蚀对表面的损伤很大，同时界面不平整而导致栅

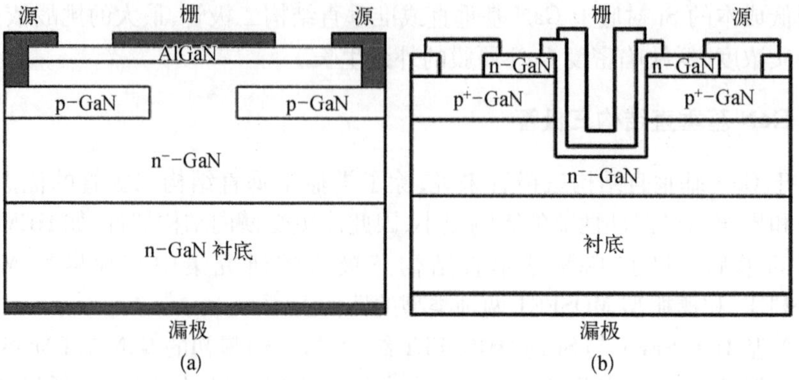


图 5.21　GaN 基 DMOSFET(a)[75]、槽栅型 MOSFET(b)[79]的器件结构示意图

介质层生长质量无法提高。他们利用 GaN(0001)晶面的腐蚀速率低于其他晶面的特点,用 TMAH 溶液处理从而形成 U 型槽栅结构。TMAH 湿法刻蚀能够修复干法刻蚀带来的界面损伤,可有效抑制界面态,从而有效提高了沟道中载流子迁移率[80]。2016 年,该公司 T. Oka 等研制出国际上首个槽栅型 MOSFET 结构的 GaN 基 1 200 V 功率晶体管芯片,工作电流超过 20 A[81]。源极场板结构延伸到 p-n 结界面能有效抑制电场尖峰从而提高器件的耐压能力,单个槽栅型 MOSFET 结构输出能力有限,通过金属引线将大量单元并联,形成复合单元,其输出电流可达到 23.2 A。

GaN 基槽栅型 MOSFET 的导通电阻限制了器件的输出特性,使得芯片面积利用率降低。用 ICP 干法刻蚀不可避免地会对 p-GaN 侧墙造成损伤,即使 TMAH 溶液湿法腐蚀也无法完全修复这些损伤。在现有器件工艺基础上,介质层与 p-GaN 界面之间存在高密度的界面态。同时,由于 p-GaN 中 $Mg^{2+}$ 的激活率很低,大剂量掺杂形成的高密度库仑散射中心使得器件沟道中载流子迁移率无法提高。针对限制沟道电导率的这两个因素,2016 年,美国 UCSB 的 C. Gupta 等提出一种新型的槽栅型 MOSFET 器件结构[82],即在常规槽栅型 MOSFET 结构基础上,通过在介质层和 p-GaN 之间再生长一层很薄的 GaN,在减少界面态的同时提供了额外的导电通道,沟道载流子迁移率从 7~10 $cm^2/(V \cdot s)$ 提高到了 25~40 $cm^2/(V \cdot s)$,为槽栅型 MOSFET 降低导通电阻提供了一种新的思路。另外,槽栅型 MOSFET 对栅槽形貌以及介质的稳定性都有很高的要求,在反偏电压下,栅槽区域电场最集中,因此设计合理的栅槽结构以及采用稳定性高的介质是实现可承受高压的 GaN 基槽栅型 MOSFET 器件的关键。

受 Si 衬底上 GaN 外延材料晶体质量的限制,迄今 Si 衬底上 GaN 基垂直结构三极管的研究还很少,除了在 Si 衬底上外延生长高质量 GaN 厚膜这一挑战外,外延生长 GaN 的 npn 结构也是不小的挑战,因为 Mg 离子容易在高温下扩散,从而导致在 p-GaN 上生长的 n-GaN 导通电阻较大。2018 年,瑞士联邦理工学院 C. Liu 等研制出国际上首只 Si 衬底上 GaN 基准垂直结构槽栅型 MOSFET 器件,比导通电阻为 6.8 mΩ·$cm^2$,耐压达到了 645 V,为未来发展低成本高性能的 GaN 基垂直结构三极管做了有益的探索[83]。

# 5.5 GaN 基功率电子器件的可靠性

## 5.5.1 GaN 基功率电子器件的动态特性与电流坍塌效应

由于与异质外延衬底存在很大的晶格失配和热失配,GaN 及其异质结构存在高密度的位错和点缺陷,同时 GaN 基半导体材料的表面态一般也明显高于 Si 和 GaAs 等半导体材料,因此 GaN 基 HEMT 或 MIS-HEMT 器件一般会经历高漏极偏置 OFF 态,在该状态下构成栅极漏电的电子在栅边缘强场作用下极易隧穿到 $Al_xGa_{1-x}N$ 势垒层的表面态上构成所谓“虚栅”,同时有部分电子也会填充栅介质/(Al)GaN 界面态,这两个因素都会导致栅下和栅漏之间区域沟道 2DEG 的耗尽[84]。另外,GaN 基异质结构高阻外延层中的深能级在高漏极偏置下也会被填充,从而导致 2DEG 的部分耗尽,如图 5.22 所示[85]。当器件再次回到 ON 态时,由于表/界面态以及 GaN 缓冲层中深能级的放电时间常数较长,跟不上器件工作的特征频率(1 MHz 以上),异质界面的 2DEG 一直处于被耗尽状态,最终导致 GaN 基器件的高场电流坍塌[85]。对 GaN 基射频功率器件,电流坍塌效应表现为直流-射频(DC-RF)频散,微波输出功率严重压缩。而对 GaN 基功率电子器件,电流坍塌则表现为动态导通电阻(dynamic $R_{ON}$)的急剧增加,在高速开关过程中功率开关的静态能耗和动态损耗变大,造成电能转换效率严重降低,以及热可靠性等系列问题。

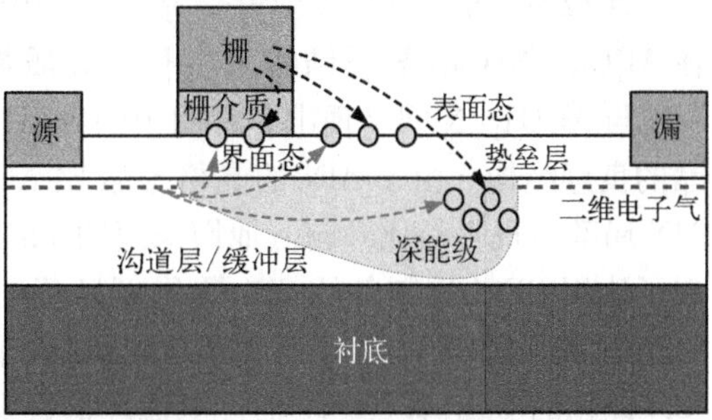


图 5.22 基于 $Al_xGa_{1-x}N$/GaN 异质结构的 HEMT 器件的电流崩塌效应机制示意图[85]

为了抑制 GaN 基功率电子器件的表/界面态缓慢释放电子造成的电流坍塌,目前国际上的主导技术是采用 PECVD 方法在 HEMT 或 MIS-HEMT 器件表面沉积一层较厚的 $SiN_x$ 钝化层,一般为 200 nm 左右,以钝化深能级表面态[86]。由于工作电压一般低于 100 V,用 PECVD 方法制备的 $SiN_x$ 的钝化效果在 GaN 基微波功率器件中非常有效,然而对于工作电压高于 100 V 的 GaN 基功率电子器件,在没有栅场板和源场板的情况下,用 PECVD 方法制备的 $SiN_x$ 的钝化效果受到限制,无法有效抑制表面/界面态和电流坍塌。其主要原因是 PECVD 生长过程中采用的电感耦合等离子体直接轰击到(Al)GaN 表面上,这种高能量等离子体的轰击会对(Al)GaN 表面造成一定的损伤,从而产生新的表面缺陷。同时 $SiN_x$ 与 GaN 间的晶格失配较大,会直接影响 $SiN_x$ 钝化层的晶体质量和体缺陷密度,而在高压强场条件下,栅极甚至源极的电子会注入栅介质或钝化介质的体缺陷能级上。一般而言,栅介质和钝化介质一般是多晶或非晶态,其中的体缺陷能级局域性更强,电子填充后释放出来很慢,因此会耗尽一部分沟道中的 2DEG。另外用 PECVD 方法制备的 $SiN_x$ 钝化层对侧壁覆盖能力较差,特别是对栅漏边缘的高场区域。因此需要研发高压条件下的器件钝化技术,以满足 GaN 基功率电子器件在更高工作电压下低动态导通电阻的要求。

前面提到,采用 PEALD 生长技术可以在(Al)GaN 表面制备出高质量的 AlN 钝化层。而且 AlN 与 GaN 同属Ⅲ族氮化物体系,它们之间的晶格失配远低于 $SiN_x$/GaN 界面,因此可采用 PEALD 方法在(Al)GaN 层上低温外延出钝化效果更好的 AlN 层。AlN 材料的热导率是 $SiN_x$ 的 200 多倍,也有助于大功率 GaN 基 HEMT 器件的表面散热。美国康奈尔大学 J. Hwang 和日本名古屋工业大学 S. L. Selvaraj 等曾尝试采用 MBE 和 MOCVD 方法外延 AlN 来钝化 GaN 基器件的表面态[87,88],获得了较好的电流坍塌抑制能力。然而 AlN 的外延生长一般在高于 600℃的温度下实现,与现有 GaN 基 HEMT 或 MIS-HEMT 的器件工艺存在兼容性问题。

2012 年,香港科技大学黄森等采用 RPP 和 PEALD 沉积技术,在 300℃低温下在 $Al_xGa_{1-x}N$/GaN 异质结构上生长出高质量的 AlN 薄膜[89],PEALD 方法制备的 AlN 与 $Al_xGa_{1-x}N$ 间呈现出非常明锐的界面,且接近界面的约 4 nm AlN 具有近似单晶的良好结构。由于 AlN 的晶格常数比 $Al_xGa_{1-x}N$ 小,当生长厚度大于 4 nm 时,AlN 局部出现多晶化倾向。他们采用约 4 nm 的 AlN 来钝化 GaN 基 HEMT 器件,实现了比用 PECVD 制备的 SiN 钝化更显著的电流坍塌抑制能力。在从栅压 $V_{gs}=-3$ V、$V_{ds}=200$ V 向 $V_{gs}=0$ V、$V_{ds}=1$ V 开关转换测试过程中,用 PEALD 制备的 AlN 钝化的 GaN 基 HEMT 器件电流降低很少,说明其能有效抑制 GaN 基器件在高压下导通电阻的升高。基于准静态 C-V 表征和能带模拟,确认 2 nm 厚 PEALD 制备的 AlN 薄膜能在其与(Al)GaN 间的界面诱导出高达 $3.2\times10^{13}$ e/cm$^2$ 的正电荷[90],其密度已经接近于约 4 nm 厚 AlN/GaN 异质结构间自发和压电极化电荷的总和($6.1\times10^{13}$ e/cm$^2$)。因此采用低温 PEALD 技术生长的 AlN 具有极化特性,它在 $Al_xGa_{1-x}N$/GaN 异质结构表面诱导产生的高密度正电荷能有效补偿捕获电子的深能级表面态,抑制了这些充电表面态对栅漏间沟道中 2DEG 的耗尽,防止了器件高压下的电流坍塌。需要指出的是,接近 GaN 导带底的浅能级界面态可能还未被这些极化电荷有效补偿,但是由于它们充放电时间较短,对 GaN 基功率电子器件的动态导通电阻影响较小。为了进一步提高 AlN 钝化的抗氧化和抗腐蚀性能,同时植入场板缓解栅漏边缘尖峰电场,2013 年,香港科技大学陈敬等开发出了 AlN/SiN 复合钝化层结构[91],利用较厚的 $SiN_x$ 表面覆盖层保护约 4 nm 厚的 PEALD 制备 AlN,进一步提高了 AlN 钝化的可靠性。同年,他们采用该复合钝化结构,研制出了基于 Si 衬底上 GaN 基异质结构的 600 V 耗尽型和增强型功率电子器件,并实现了 Si 衬底上 GaN 基增强型/耗尽型器件的单片集成[92]。

采用 PECVD 沉积的 SiN 钝化层除了电流坍塌抑制能力有限外,其耐高温能力、致密性、元素化学比、元素纯度等方面也有待优化。CMOS 器件工艺中用 LPCVD 高温生长( >600℃ )的 SiN 钝化层具有致密性好、击穿电压高、热稳定性好等优点,尤其是生长过程中不涉及等离子体表面损伤,在 GaN 基功率电子器件的高温钝化中具备一定的优势。中科院微电子所王鑫华等将 LPCVD 高温制备 SiN 钝化层引入 GaN 基 HEMT 器件制备中,他们在所有器件工艺前先对 $Al_xGa_{1-x}N$/GaN 异质结构进行钝化保护,有效防止了后期工艺,特别是高温退火导致的 $Al_xGa_{1-x}N$/GaN 异质结构表面氧化和表面态密度的增加[46]。他们的工作证实用 LPCVD 沉积的 SiN 钝化层能有效防止 $Al_xGa_{1-x}N$/GaN 异质结构表面的氮空位以及再氧化问题。尽管 LPCVD 沉积的 SiN 钝化层能防止 GaN 基功率器件表面的氧化,但其沉积中缺乏等离子体,无法有效去除( Al) GaN 表面的自然氧化层,所以必须研发基于 LPCVD 沉积的原位低损伤表面处理技术,在 SiN 生长之前先对( Al) GaN 表面进行去氧化层和氮化处理,从而有效抑制 GaN 基功率电子器件高压条件下的电流坍塌。

除了低温 PECVD 方法、PEALD 方法以及高温 LPCVD 方法沉积 SiN 钝化层,国际上还尝试了 $SiO_2$、$Al_2O_3$ 等氧化物钝化层[93],但由于本身存在氧元素,在高温下氧化物与( Al) GaN 之间会发生界面反应与氧化,甚至 O 原子扩散进入 $Al_xGa_{1-x}N$ 势垒层,产生更多的界面态和近界面深能级,导致 GaN 基功率电子器件的动态特性退化。因此,氧化物钝化层很少被用于 GaN 基功率电子器件的制备。

如前所述,GaN 高阻缓冲层中的深能级也是 GaN 基 HEMT 和 MIS-HEMT 器件高压下电流坍塌不可忽视的重要因素。为提高器件的纵向击穿电压,通常需要在 GaN 外延生长过程中有意掺入深受主或深施主能级以实现 GaN 缓冲层的高阻。通过优化 GaN 高阻缓冲层,GaN 基器件的击穿电压可达到 2 000 V 以上。在 GaN 基射频电子器件中,一般通过引入 Fe 掺杂实现 GaN 高阻缓冲层。而在 GaN 基功率电子器件中,通常是引入 C 掺杂实现 GaN 高阻缓冲层[86]。但在高压强场动态条件下,C 掺杂引入的深能级会缓慢放电,并与表面态效应叠加,进一步加重器件的电流坍塌。

为了抑制由 GaN 缓冲层中深能级导致的电流坍塌,2015 年,香港科技大学陈敬等发展了漏极“光泵”技术[94]。他们在靠近 GaN 基 MIS-HEMT 器件漏极的 $Al_xGa_{1-x}N$/GaN 异质结构上引入肖特基接触形成肖特基型发光二极管,如图

5.23(a)所示[94]，将其与漏极连接，在 MIS-HEMT 器件开启的同时，肖特基二极管依靠其与漏极的电势差也正向开启，$Al_xGa_{1-x}N$/GaN 异质界面由于电子的跃迁辐射发光，从而使其附近，特别是 GaN 缓冲层中被填充在深能级上的电子重新释放，可抑制对器件沟道中 2DEG 的耗尽，从而有效降低了 GaN 基 MIS-HEMT 器件的动态导通电阻。2015 年，日本松下公司 S. Kaneko 等发展了一种基于 p-GaN 技术的增强型 HEMT 器件的电流坍塌抑制技术[34]，他们在栅极和漏极之间的引入 p-GaN/$Al_xGa_{1-x}N$/GaN 结构，利用空穴注入抑制深能级的陷阱效应，促进了器件开启时沟道中 2DEG 密度的快速恢复，具体结构在 5.2.3 小节已经给出。基于该技术，他们实现了 850 V 下 GaN 基器件动态导通电阻的有效抑制，该技术已被用于松下公司新一代的 GaN 基功率电子器件(X-GaN 晶体管)中。

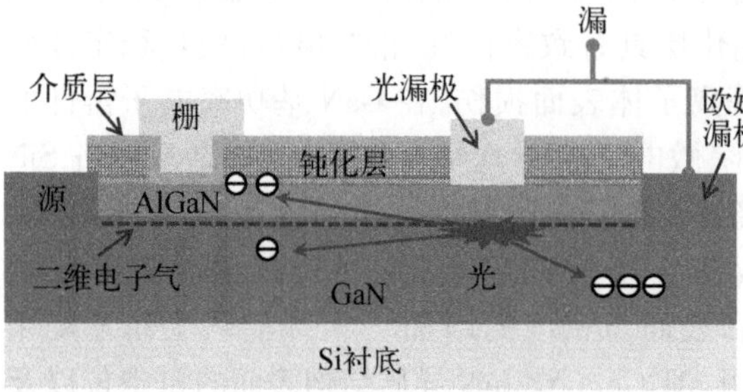


图 5.23　GaN 基 MIS-HEMT 器件中抑制动态导通电阻增加的漏极“光泵”技术图[94]

### 5.5.2　GaN 基功率电子器件的击穿特性与逆压电效应

用于功率电子器件研制的 GaN 基异质结构一般采用异质外延，晶体中位错和点缺陷密度高，导致 GaN 基功率电子器件还不具备真正的雪崩能力，软击穿是其失效的主导因素。在高压关态偏置下，GaN 基 HEMT 或 MIS-HEMT 器件主要存在四种导致器件击穿的漏电机制，如图 5.24 所示。① 栅极沿器件垂直方向上的反向泄漏电流，该漏电在 HEMT 结构中最为常见，直接影响着器件的击穿电压和射频输出功率；② 经由 $Al_xGa_{1-x}N$ 势垒层与介质钝化层界面的泄漏电流，主要与表面态相关；③ 漏极引入的势垒降低效应(DIBL)，导致高电压下源漏间漏电增大，该效应与栅长和 GaN 缓冲层的掺杂相关；④ 由衬底和漏极之间的垂直漏电导致的击穿，它是 Si 衬底等导电衬底上 GaN 外延片特有的现象，也与 GaN 高阻缓冲层的深能级相关。

GaN 基 HEMT 器件栅极肖特基接触一般采用 Ni 等金属，接触势垒在 0.8 V 以上，所以在反向偏压下，由热电子发射(thermionic emission)和直接隧穿(tunneling)导致的漏电成分较少，其漏电主要还是由 $Al_xGa_{1-x}N$ 势垒层中的线缺陷、深能级辅助的隧穿或 Frenkle-Poole 发射电流所导致。对 GaN 基 MIS-HEMT 器件，由于绝缘介质的加入，由 $Al_xGa_{1-x}N$ 势垒层中缺陷导致的漏电被削弱，代之以绝缘栅中的缺陷辅助机制。2003 年，日本名古屋工业大学 S. Arulkumaran 等采用变温 $I$-$V$ 方法研究 GaN 基 HEMT 器件栅肖特基接触从室温到 400℃的反向漏电行为[95]，他们

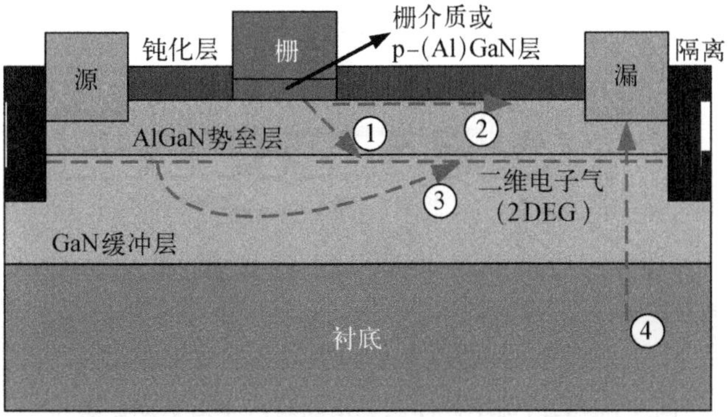


图 5.24 GaN 基 HEMT 或 MIS-HEMT 器件在高压关态下的漏电机制示意图

发现漏电电流呈现先下降后上升的趋势。从室温到 80℃,漏电电流随温度升高下降,对应的激活能为+0.61 eV,该负温度变化行为被认为是由深受主诱导的碰撞电离导致;在 80~150℃范围内,栅极漏电电流转向随温度升高而升高,对应的激活能为-0.2 eV,他们认为该漏电主要是由表面态导致的横向漏电(第 2 种漏电机制);当温度上升到 150℃以上,漏电电流以激活能-0.99 eV随温度上升而上升,他们认为这主要是由热场辅助的隧穿机制产生。对基于 p-(Al) GaN/$Al_xGa_{1-x}N$/GaN 结构的 HEMT 器件,由于 p-(Al) GaN 盖帽层一般较厚(50~100 nm),其反向漏电主要与(Al)GaN 的禁带宽度,金属与 p-(Al) GaN 层的接触势垒相关。

栅极反偏状态下不可忽视的漏电机制是沿 $Al_xGa_{1-x}N$ 势垒层/钝化层界面的横向漏电(第 2 种漏电机制),它是一种电子由 $Al_xGa_{1-x}N$ 表面/界面态辅助的二维可变程跳跃传导电流机制(2D-VRH),如图 5.25 所示[96]。这些表/界面态与造成电流坍塌和 MIS-HEMT 器件中阈值电压漂移的深能级密切相关。在栅反向偏置下,栅漏边缘附近高电场集中,会引起电子隧穿,使得栅金属上电子横向注入$Al_xGa_{1-x}N$表面的高密度表面态上,其中的高能电子克服这些表面态之间的势垒,从一个表面态跳跃传导至另一个表面态。电子通过表面态跳跃传导至漏极,产生过大的表面泄漏电流,造成器件击穿。这是一个表面态充放电的过程,势垒层表面态密度、电场分布、光照和环境温度都会影响表面横向漏电行为。虚栅效应也会影响表面横向漏电电流,表面态填充使得栅极附近的表面态带负电,形成虚栅,使得有效栅长大于物理栅长,器件栅漏间距缩短。

由 DIBL 效应导致的源漏穿通漏电(第 3 种漏电机制)和漏极与衬底间的垂直漏电(第 4 种漏电机制)都与 GaN 高阻缓冲层中的深能级相关。尽管 GaN 基功率电子器件的栅长相对较长(一般为 0.5~2 μm),但在 600 V 以上的高压下,由 DIBL

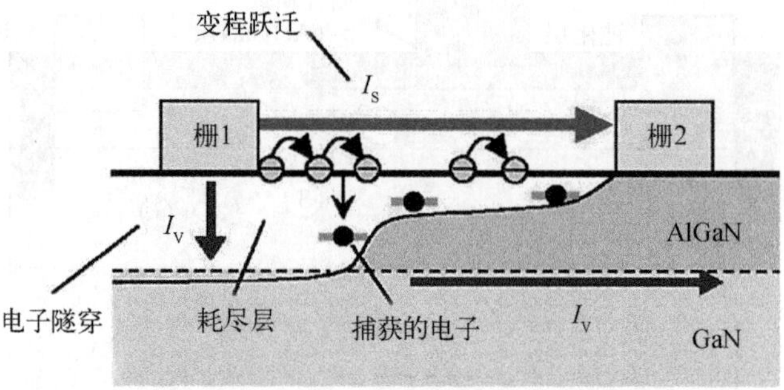


图 5.25　GaN 基 HEMT 器件中栅极电子沿势垒层表面态跳跃式移动产生的横向漏电机制示意图[96]

效应导致源漏间导带势垒高度显著降低,如图 5.26 所示[97]。这样源极电子通过热电子发射等机制极易跨过该势垒流向漏极,导致源漏间泄漏电流变大,器件发生击穿。为了有效抑制 GaN 基功率电子器件的 DIBL 效应,可在势垒层引入 C 或 Fe 等深受主杂质,甚至可以注入带负电的 F 离子[98]或采用 $Al_xGa_{1-x}N$ 背势垒技术抬高 GaN 缓冲层的导带,但这些深能级和背势垒 GaN/GaN 界面的引入可能加重电流坍塌,设计器件结构时需折衷考虑。

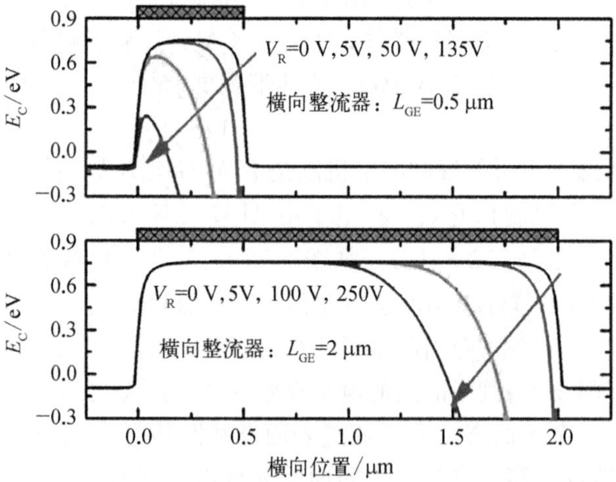


图 5.26　GaN 基功率二极管在不同漏极电压下源漏间导带能带图的变化规律[97]

Si 衬底上 GaN 基异质结构目前是 GaN 基功率电子器件使用的主体材料结构。一般情况下,器件的击穿电压是该材料体系垂直击穿的两倍,因此 Si 衬底上 GaN 基外延材料的垂直击穿电压直接决定着器件的耐压等级。图 5.27 给出了 Si 衬底上基于 $Al_xGa_{1-x}N$/GaN 异质结构的 HEMT 器件在漏极高压下的能带弯曲示意图[99]。从图中可以看出,强电场下 Si 衬底中的电子较易热激发越过 Si/AlN(成核层)间的导带带阶,加速流向漏极,同时 GaN 中非故意掺杂施主和 C 杂质相关受主态逐渐被激活,形成空间电荷区域,并对载流子浓度和电场分布产生影响,从而产生空间电荷区限制电流(SCLC)。通过变温 $I-V$ 测量可在 GaN 中探测出 $E_V$+543 meV 受主型和 $E_C$-616 meV 施主型两种深能级的存在,其中 $E_V$+543 meV 与报道的 C 掺杂引入的深能级位置接近[100]。

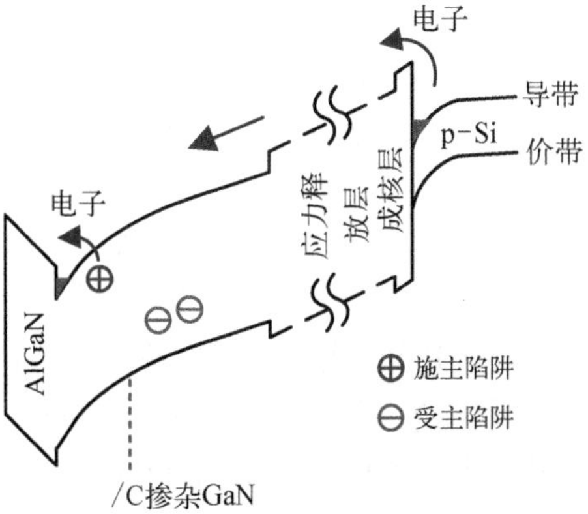

图 5.27 Si 衬底上基于 $Al_xGa_{1-x}N$/GaN 异质结构的 HEMT 器件在漏极正偏时的能带弯曲示意图[99]

在高电压下 GaN 基 HEMT 器件另外一个不可忽视的效应是逆压电效应。由于 Si 衬底上异质外延的 $Al_xGa_{1-x}N$/GaN 异质结构中存在很强的晶格应变和压电效应,在外加电场作用下,晶格也会产生应力,产生的应力反过来会导致晶体内产生电场,这就是 GaN 基器件中的逆压电效应[101]。由于 GaN 基 HEMT 或 MIS-HEMT 器件中电场峰值一般处于栅漏边缘,此处的 $Al_xGa_{1-x}N$ 势垒层受到的逆压电效应最强,如图 5.28 所示[101]。进一步,该处的 $Al_xGa_{1-x}N$ 晶格由于逆压电效应受到拉伸,导致其晶格结构被破坏产生晶格缺陷。2008 年,美国 MIT 的 U. Chowdhury 等通过 TEM 观测发现,在长时间强电场累计作用下,晶格被拉伸直至断裂,可以在栅下靠近漏极一侧出现小裂缝[102]。高电压下另一个重要的可靠性退化机制是热电子效应,强电场下电子在两次散射间获得的能量将超过它在散射中失去的能量,从而使一部分电子的能量显著高于热平衡时的平均动能而成为热电子。尤其是 GaN 基 HEMT 或 MIS-HEMT 器件处于半开态时(semi ON-state),强电场和大电流的双重作用使得热电子急剧增加,导致带内甚至产生带间碰撞电离,从而导致器件的开态

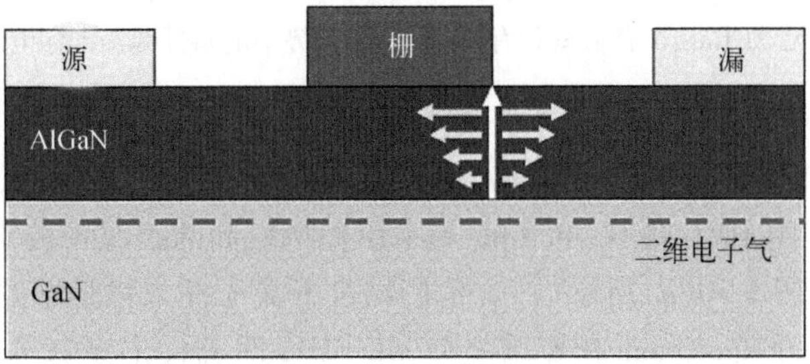

图 5.28 基于 $Al_xGa_{1-x}N$/GaN 异质结构的 HEMT 器件中逆压电效应示意图[101]

击穿。开态击穿电压与关态击穿电压共同决定了 GaN 基功率电子器件的安全工作区(safe operation area)。

为了抑制 GaN 基功率电子器件中的强电场,提高器件可靠性和击穿电压,需首先在 GaN 基异质结构外延上有效控制 GaN 高阻缓冲层中的位错和点缺陷,调整 C 掺杂的方式,也可以设计低 Al 组分 $Al_xGa_{1-x}N$ 背势垒层以提高载流子的限域特性,甚至可以采用 $Al_xGa_{1-x}N$ 沟道层结构。2012 年,美国 MIT 的 H. S. Lee 等在基于 SiC 衬底上 $In_xAl_{1-x}N/GaN$ 异质结构的 MOS-HEMT 器件中嵌入一层 850 nm 的 $Al_{0.04}Ga_{0.96}N$ 背势垒层,如图 5.29 所示[103],可有效抑制 DIBL 效应,将器件的源漏击穿电压从 1 800 V 提高到 3 000 V,从而使器件的功率品质因子 $BV^2/R_{ON,SP}$ 突破 2 000 MW/cm$^2$。2011 年,比利时 IMEC 的 P. Srivastava 等采用 $Cl_2$-ICP 干法刻蚀技术去掉了基于 $Al_xGa_{1-x}N/GaN$ 异质结构的 HEMT 器件有源区背面的 Si 衬底,成功获得了击穿电压 2.2 kV 的 GaN 基 HEMT 器件[104]。

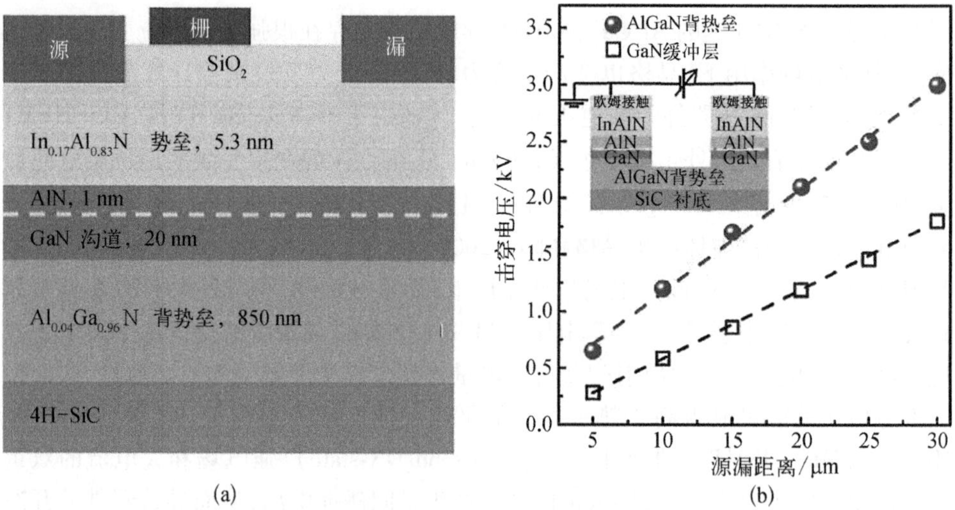


图 5.29　(a) 基于带有 $Al_xGa_{1-x}N$ 背势垒的 $In_xAl_{1-x}N/GaN$ 异质结构的 MIS-HEMT 器件结构示意图;(b) 无 $Al_xGa_{1-x}N$ 背势垒和有 $Al_xGa_{1-x}N$ 背势垒的器件源漏击穿电压对比曲线[103]

从 GaN 基功率电子器件角度开发 V 形、U 形栅等阶梯栅场板,以及多层源场板以有效分散栅漏边沿的尖峰电场,也可从根本上抑制强场效应,提高器件的耐压。2011 年,美国 HRL 的 R. M. Chu 等采用栅场板和两级源场板来抑制栅漏边缘的尖峰电场,如图 5.30(a)所示[105]。他们结合 F 离子注入增强型方法和 ALD 方法制备的 $Al_2O_3$栅介质,40 mm 栅宽增强型 MIS-HEMT 器件击穿电压达到了1 200 V,600 V 下动态导通电阻仅仅上升了 60%。2017 年,北京大学的王茂俊等采用两次刻蚀方法形成了以高温 LPCVD 制备的 SiN 为垫层的阶梯栅场板结构,如图 5.30 所示[106]，实现了击穿电压 1 021 V 的 GaN 基增强型 MIS-HEMT 器件，测算的击穿场强达 3.4 MV/cm，逼近了 GaN 材料的理论值。

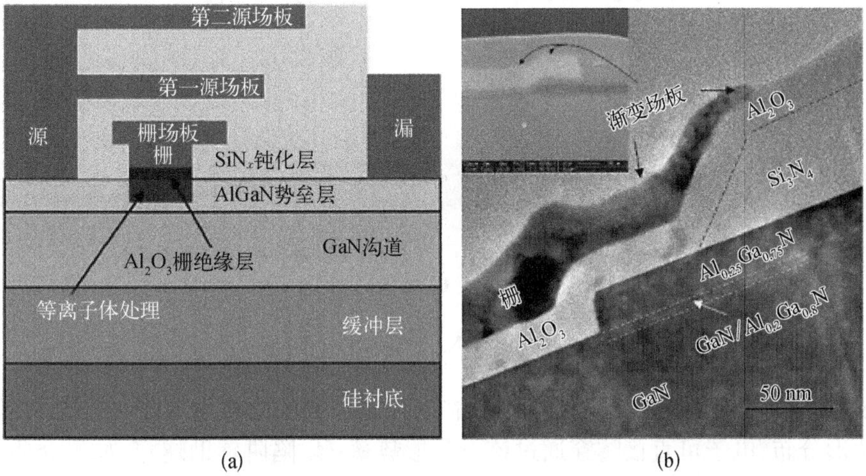


图 5.30 (a) 采用栅场板和两级源场板技术的 GaN 基增强型 MIS-HEMT 器件结构示意图[105]；(b) 采用阶梯式栅场板技术的 GaN 基增强型 MIS-HEMT 器件的 TEM 截面形貌[106]

### 5.5.3 GaN 基功率电子器件栅极的长期可靠性

GaN 基 MIS 结构功率电子器件可靠性的核心问题是高绝缘、低界面态栅介质的实现，良好的栅介质经时击穿(time dependent dielectric breakdown, TDDB)特性是决定器件长期工作可靠性的关键因素，而介质中的正固定电荷直接影响着增强型器件阈值电压的实现。目前器件常用的栅介质有 $Al_2O_3$ 和 SiN，两者与 GaN 之间呈现不同的能带过渡，如图 5.31 所示[107,108]。$Al_2O_3$ 的价带顶要比 GaN 低，呈现 Type-Ⅰ 型界面，两者之间的导带带阶为 2.1 eV，该势垒可有效阻止栅极的反向电子和空穴电流。而 $SiN_x$ 的价带顶要比 GaN 高 0.6 eV，呈现 Type-Ⅱ 型界面，两者之间的导带带阶为 2.5 eV，所以在栅介质端金属电极施加反向偏压时，该势垒无法阻止空穴从 GaN 向 SiN 绝缘层注入。

对 GaN 基 MIS-HEMT 器件，当栅极正向偏置时，栅介质/GaN 界面之间出现多数载流子积累，绝缘栅介质的主要漏电机制有[109]：① 直接隧穿，主要发生在介质层厚度较小的情况(<5 nm)，GaN 基器件中栅介质层厚度一般远大于 5 nm，这种机制导致的漏电电流很小；② 热电子发射，这种机制主要和器件环境温度有关，主要在高温下起作用，但由于介质/GaN 之间的导带带阶一般高于 2 eV，由这种机制导致的漏电电流也很小；③ Fowler-Nordheim 隧穿，由于介质的绝缘特性，在高偏置电

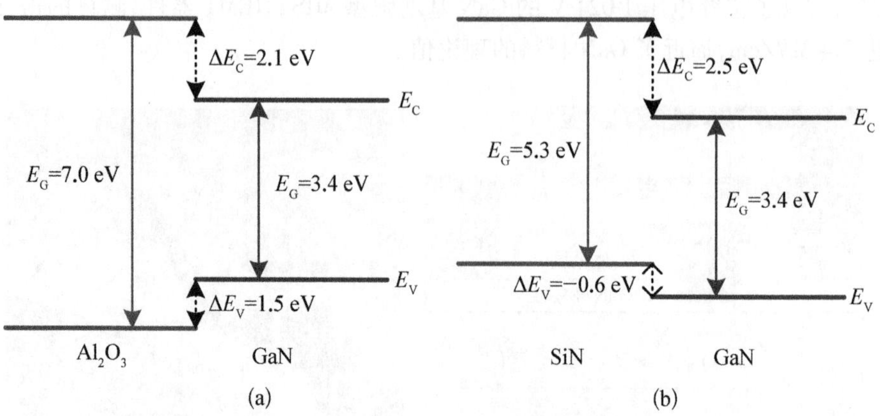


图 5.31　(a) $Al_2O_3$和(b) $SiN_x$与 GaN 的界面能带示意图[107,108]

压下，绝大部分电压施加在介质层上，靠近金属一侧的栅介质导带被拉至很低，呈三角形分布，电子可直接隧穿通过该三角形势垒；④ 陷阱辅助隧穿，如果介质层中存在边界缺陷，那么电子可以先被该缺陷态捕获，再释放隧穿，这种情况相当于减薄势垒层，可加大电子的隧穿；⑤ 跃迁效应，如果介质层缺陷较多，分布于整个介质层内，电子就可以依靠跃迁效应从 GaN 一侧通过陷阱的捕获/释放效应连续跃迁到金属一侧，引起漏电；⑥ Poole-Frenkel 发射，这种机理和陷阱辅助隧穿类似，电子被介质层中缺陷态捕获，然后热激发脱离陷阱态流向金属，其电流-电压表达式与肖特基发射公式相同，只是势垒高度由介质/GaN 之间的导带带阶变为陷阱能级的深度。

利用 ALD 方法制备的 $Al_2O_3$是目前 GaN 基 MIS-HEMT 器件中广泛采用的栅介质。但研究发现，由于 ALD 中 TMA（Al 源）和 $H_2O$ 源的不充分反应，生长的 $Al_2O_3$介质中含有一定量的 Al—Al 和 Al—O—H 等缺陷，它们被认为是栅氧介质中正固定电荷的来源，正电荷的存在会导致阈值电压的负向移动，阻碍了增强型的形成。研究发现采用活性较强的 $O_3$取代 $H_2O$ 作为 ALD 中的 O 源[107]，不仅能使 TMA 充分反应，而且能避免采用等离子 $O_2$源所引入的表面轰击损伤等问题。采用 $O_3$源生长的 $Al_2O_3$击穿场强能达到 8.5 MV/cm，也具有良好的 TDDB 特性。最重要的是，$O_3$能有效抑制栅介质中的正固定电荷，电荷密度可控制在 $9\times10^{11}\ cm^{-2}$。

如前所述，采用 LPCVD 方法高温制备的 $SiN_x$ 介质也具有良好的抗击穿和 TDDB 特性，不仅可用作 GaN 基功率电子器件的钝化层，同时可作为高绝缘栅介质。LPCVD 制备的 SiN 介质的击穿场强可达 13 MV/cm，显著高于 PECVD 制备的 $SiN_x$栅介质，因此采用 LPCVD 制备的 $SiN_x$栅介质极大地扩展了栅极的安全阈值范围。2017 年，香港科技大学华梦媛等研究发现当栅极正向偏压相对较低时，Poole-Frenkel 发射机制在 GaN 基 MIS-HEMT 器件中占主导地位，拟合发现在 SiN 导带下 0.27 eV 存在一个类施主能级，如图 5.32 所示[110]。当栅压较高时，基于 Fowler-Nordheim 效应的隧穿占优，由此可得出 GaN 与 LPCVD 制备的 $SiN_x$ 间导带带阶。在高温高场条件下，由于 Fowler-Nordheim 隧穿机理导致大量电子隧穿进入栅介质导带中，而高温则强化了介质中陷阱辅助电子跃迁的过程，电子在输运过程中与介质层的分子碰撞造成损伤，从而产生新的陷阱态，并随时间而不断增多，当介质层内新的陷阱态密度达到某一临界值时，就会形成导电通道，从而发生介质击穿。此种现象被称为 TDDB（time-dependent dielectric breakdown），该特性直接决定了 GaN 基功率电子器件的长期可靠性。

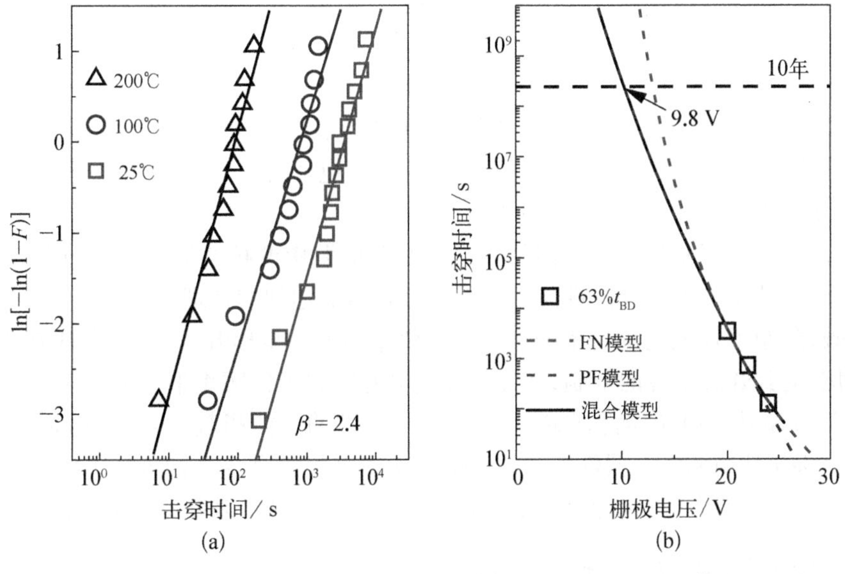


图 5.32　(a) 采用 LPCVD 制备的 $SiN_x$ 绝缘栅 GaN 基 MIS 二极管的 TDDB 特征时间 $t_{BD}$ 随栅压的分布；(b) 基于 TDDB 的寿命分析曲线[110]

采用韦伯统计失效分析方法得到 LPCVD 制备的 SiN 介质的韦伯斜率 $\beta$ 值可达 2.4，说明其 TDDB 特征时间呈现很好的一致性。以 10 年寿命为计量标准，63% 的失效率对应可承受的栅压是 9.8 V。同时 LPCVD 制备的 SiN 介质在 100~200℃ 高温下可靠性良好。为了进一步提升 GaN 基增强型 MIS-HEMT 器件中 LPCVD 制备的 $SiN_x$ 栅介质的可靠性，2016 年，香港科技大学陈敬等报道在 LPCVD 制备的 $SiN_x$ 与器件凹槽栅之间插入一层低温 PECVD 制备的约 2 nm 厚 $SiN_x$ 层，以有效保护栅区被刻蚀后的(Al)GaN 表面因 LPCVD 高温生长可能导致的 GaN 表面退化，从而制备出阈值电压 2.37 V，击穿电压 650 V 的高性能绝缘栅 GaN 基 MIS-HEMT 器件[49]。其中该复合栅介质在栅压 11 V 时 TDDB 寿命超过 10 年，显示了 LPCVD

制备的 $SiN_x$ 栅介质在绝缘栅 GaN 基功率电子器件中良好的长期可靠性。

## 5.6 GaN 基功率电子器件的应用

电能的供应和使用需要功率电子变换装置进行转换，使得供电电压、电流、频率、相位等各种性能参数与负载需求相匹配。开关电源是一种常见的功率电子变换装置，广泛应用于各类用电设备和电器中。

功率密度与转换效率是开关电源最核心的技术指标。在开关电源中，半导体功率开关器件（即功率电子器件）工作于高频的开关状态，在开通与关断切换的过程中有开关损耗，在导通过程中也有导通损耗，是影响开关电源转换效率的主要因素。提高功率开电子器件的开关频率，可以显著减小电源中的无源器件，如隔离变压器、滤波电感、滤波电容的体积，从而提高开关电源的功率密度。但随着开关频率的提高，功率电子器件的开关损耗成比例增加，降低了开关电源的转换效率。因此高开关速度、低开关损耗、低导通损耗的功率电子器件是提高开关电源开关频率、转换效率的关键[111]。

长期以来，Si 基功率电子器件一直是开关电源中的核心器件。经过几十年的发展，Si 基功率电子器件的性能已接近其材料所能达到的物理极限，不可能再有大的突破，限制了开关电源功率密度与转换效率的进一步提升。以 Si 基 MOSFET 器件为例，受其开关损耗的限制，在商用开关电源中的工作频率很难突破 1 MHz[111]。相比于 Si 基功率电子器件，GaN 基功率电子器件的性能指数（figure of merit）显著提高。GaN 基功率电子器件的优异性能为功率电子变换器突破功率密度和效率的瓶颈开启了新的大门，也为电力电子技术拓展应用领域带来新的发展空间。

### 5.6.1 GaN 基功率电子器件的典型应用

1. 数据中心服务器

随着互联网、云计算和大数据的高速发展，数据中心作为基础设施之一，数据容量和计算能力逐年增加，随之而来的能耗问题也日益突出，对供电设备的效率提出了更高的要求。以数据中心中的服务器电源为例，美国能源信息署 80 PLUS 认证 2011 年发布钛金标准[112]，要求整机半载效率高达 96%，包括其中的 PFC（功率因数校正）电路和 DC/DC 直流变换电路，对整个电路设计和器件都提出了更高的要求。

如图 5.33 所示，图腾柱（totem pole）无桥 PFC 电路是近年来服务器电源技术和产品研发的热点，相比传统的 PFC 电路可有效提高效率。当前图腾柱 PFC 电路应用最大的问题是 Si 基 MOSFET 器件寄生的体二极管在续流关断时存在较大的反向恢复过程,即二极管 p-n 结需要抽取存储电荷之后才能恢复反向电压阻断,该过程会产生较大的反向恢复损耗,因此目前该电路多以电流断续或临界连续模式控制,可避免体二极管的续流状态和反向恢复现象,但会导致纹波电流较大的问题,需要采用多路交错并联。GaN 基 HEMT 器件没有寄生的体二极管,使电流连续模式控制成为可能,同时 GaN 基器件更低的寄生参数也使 PFC 电路可以向高频化发展。美国电力电子系统研究中心(CPES)研发的 1.2 kW 的图腾柱 PFC,采用 600 V GaN 基功率电子器件,在 1 MHz 开关频率下,效率可达 99%,功率密度可达 700 W/in$^3$[113]。

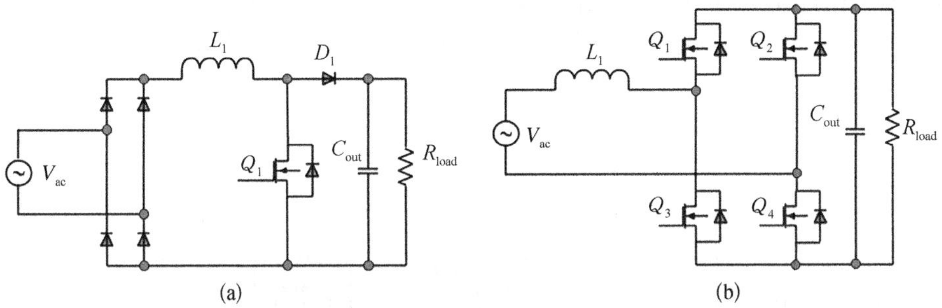


图 5.33　数据中心服务器电源用(a) 传统 PFC 电路和(b) 图腾柱 PFC 电路[112]

## 2. 移动通信基站

在移动通信领域,基站和手机等设备中射频功放需要对基带调制信号进行线性功率放大,效率较低,在系统中占据着主要的能耗。如何提高射频功放的效率对基站乃至整个通信系统的节能减排,以及提高手机等终端设备电池的使用时长有着重要意义。

当前基站中射频功放供电电压为恒定的直流电压,电压大小需要满足射频功放在峰值功率下的线性度要求,在输出功率较小时,效率较低。随着通信速率的不断提高,射频信号瞬时功率的峰均比呈不断提高趋势,也导致了功放效率呈进一步下降的趋势。基于此,需对功放供电电压幅值进行调制,采用动态跟随射频功率的包络跟踪(envelope tracking)技术[114]。在较小输出功率下采用较低电压供电,可以有效提升射频功放的效率。该技术对电源调制器提出了很高的要求,相对于传统数万赫兹带宽的 DC/DC 电源,以单载波 4G LTE 信号为例,需要电源调制器跟踪的带宽达 20 MHz,提高了近 1 000 倍。如果以传统的开关电源实现,要求开关频率至少达到 100 MHz,采用 Si 基 MOSFET 器件将难以实现。而采用 GaN 基 HEMT 器件,利用其高速开关特性,可将开关频率提升至几千万赫兹甚至更高。例如,通过开关频率 245.76 MHz 的单路 Buck 变换器实现对 80 MHz 带宽 LTE 信号的包络跟踪供电，功放效率将达 35.3%[115]。

3. 消费类电子

1）便携式电源适配器

功率电子器件在消费类电子领域的一大应用是电源适配器。随着笔记本电脑、手机等便携电子设备体积越来越小，对电源适配器的便携性也提出了更高要求。提高开关频率是实现电源适配器小型化的有效途径，在这一方面，GaN 基 HEMT 器件有着很大的优势。2016 年，美国电力电子系统研究中心（CPES）采用 GaN 基 HEMT 器件研制的有源钳位反激电路，如图 5.34 所示[116]，实现了 1 MHz 开关频率下 65 W 输出的电源适配器，体积仅为 1.6 $in^3$（58 mm×45 mm×10 mm），效率达到了 93%。

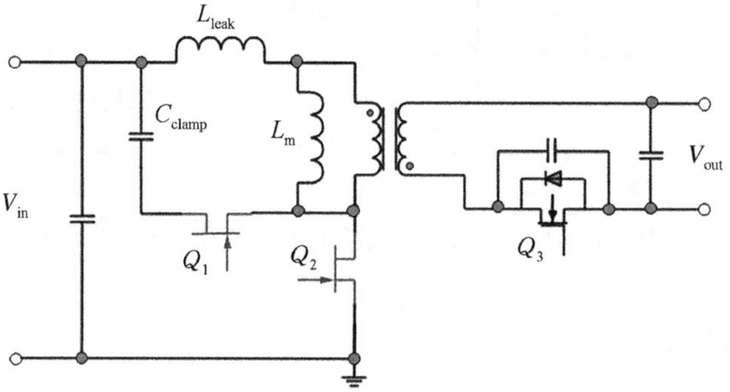


图 5.34　基于 GaN 基 HEMT 器件的有源钳位反激电路[116]

手机、平板电脑等终端设备受限于体积及电池能量密度，提高其充电速度逐渐变为主流的解决方案，QC 4.0 快充标准中将充电器功率从传统的 5 W 提高到了 28 W[117]。特别是在 USB PD 功率传输协议推出后[118]，通过与终端设备自适应的电压输出，适配器最高功率将达 100 W，可给笔记本电脑、手机等不同电压、不同功率的设备自适应供电，对适配器的功率密度提出了更高的要求。最近，美国 MIT 的研究组提出将开关频率提升至 30 MHz 的 VHF 变换器方案，可以将电源适配器的体积减至三分之一至五分之一，重量减至六分之一[119]。

2）无线充电

提高充电的便捷性是解决移动终端设备用电池寿命问题的另一发展方向。当前无线充电技术也已发展到从最早的小功率的特定应用环境，发展到手机等终端设备上的广泛使用。与此同时，新能源汽车用大功率无线充电技术也已成为当前电源技术的研发热点。

无线充电技术按实现原理主要分为电磁感应方案和磁共振方案[120]。电磁感应方案利用发送线圈产生的变化磁场耦合到接收线圈上产生感应电动势，从而实现能量的传递，原来如图 5.35 所示[120]。该方案是当前便携设备无线充电的主流技术方案，与传统带变压器的隔离开关电源类似，开关器件工作在几十到几百千赫兹，用 Si 基 MOSFET 器件可以较好地实现。该技术方案的性能取决于磁场的耦合度，需要发送线圈和接收线圈垂直距离靠近，且水平方向尽量对齐，因此只适用于近距离传输。

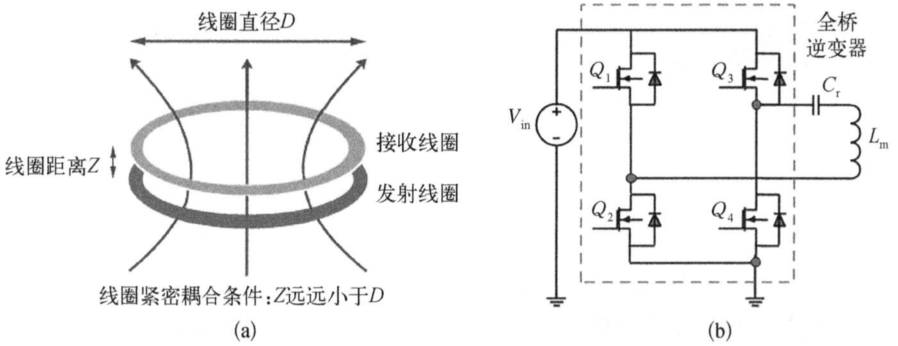


图 5.35 电磁感应式无线充电方案的原理示意图(a)和工作电路(b)[120]

磁共振方案的原理是利用两个谐振频率一致的线圈工作在某一特定频率时，两线圈发生电磁共振，高频电磁能量可在两个谐振线圈之间传输。2007 年，美国 MIT 的 A. Karalis 等提出了基于磁共振的中距离无线能量传输技术[121]，实现了超过 2 m 的传输距离，点亮一盏 60 W 的灯泡，线圈的共振频率为10.56 MHz。

目前推动磁共振原理应用于便携式设备无线充电的 A4WP(Alliance for Wireless Power)联盟标准提出的共振频率为 6.78 MHz[122]，由于磁共振方案的驱动信号频率是传统开关电源频率的数十倍，采用 Si 基功率电子器件来实现会导致很大的开关损耗，效率较低，这也是该方案当前大规模应用的主要障碍。而采用 GaN 基 HEMT 器件就可实现更快的开关速度和更低的开关损耗，将使磁共振方案在无线充电技术发展上发挥更大的作用，推动中距离无线充电方案的进一步商用化[122]。

4. 激光雷达(LiDAR)

LiDAR，全称为 light detection and ranging，即激光探测和测距，也称为激光雷达。其工作原理是根据激光遇到照射物后的折返时间，可计算目标与激光源间的相对距离，原理如图 5.36 所示[123]。激光光束可以准确测量视场中物体的轮廓边沿与设备间的相对距离，根据轮廓信息组成的点可绘制出 3D 的照射物形状或激光源附件的环境地图。相对于传统雷达技术,LiDAR 采用更短的毫米波甚至纳米波,探测精度可达到厘米甚至毫米级别。

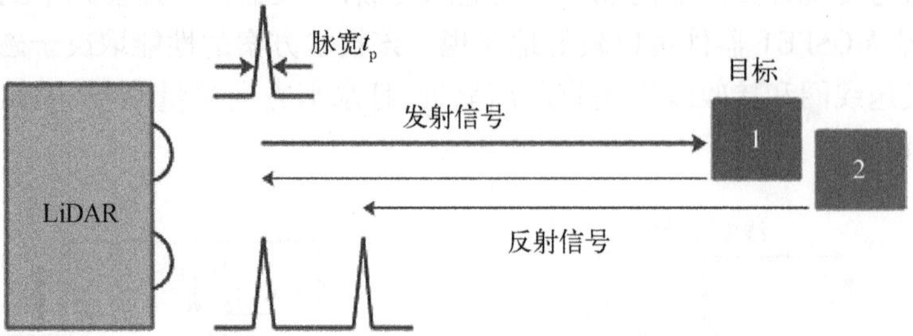


图 5.36　LiDAR 系统的工作原理示意图[123]

LiDAR 系统的核心部件之一是高频激光脉冲发生器,通过半导体功率开关器件控制激光二极管的导通和关断,产生激光脉冲,LiDAR 的分辨精度和成像速率主要取决于激光脉冲的最小宽度。激光二极管的典型开关时间为 1 ns 左右,可支持发生 1~100 ns 的激光脉冲宽度。而 Si 基功率电子器件的开关时间在 10 ns 左右,是影响 LiDAR 系统进一步提高分辨和成像速度的关键因素。而采用 GaN 基 HEMT 器件能驱动激光二极管发射更短的脉冲,使 LiDAR 系统获得更高的分辨精度,并使成像速率较基于 Si 基 MOSFET 驱动的系统快 10 倍以上[123]。随着 GaN 基功率电子器件的广泛应用和 LiDAR 技术的进一步发展,特别是系统成像精度和速率的进一步提升,将会进一步推动增强现实(augmented reality, AR)、无人驾驶等新技术的成熟和发展。

5. 新能源

1) 电动汽车

随着新能源产业的发展,汽车工业正在开始一场尾气排放标准的变革,混合动力汽车(HEV)和纯电动汽车(EV)成为当前新能源汽车的研发热点。其中,纯电动汽车电力电子变换模块主要包含马达驱动逆变模组和充电模组两大部分。

马达驱动逆变模组的常用拓扑为如图 5.37 所示的两电平三相电压源型逆变器[124]。传统

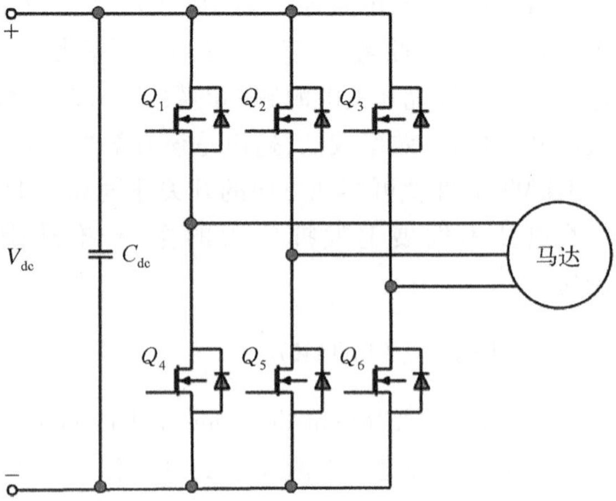


图 5.37　电动汽车马达驱动逆变模组两电平三相电压源型逆变器[124]

的大功率逆变器多采用 Si 基 IGBT 功率电子器件，以满足高耐压和大电流应用的需求。但 Si 基 IGBT 功率开关器件存在电流拖尾和二极管反向恢复等问题，其开关损耗较大，其工作频率多在 20～100 kHz，难以进一步提高。采用宽禁带半导体的 SiC 功率开关模块的逆变器，工作频率提升至 100 kHz 以上，可大大减小逆变器的体积。日本三菱公司研制的基于 SiC 基 MOSFET 驱动电路的60 kW新型 EV 用电机，较基于 Si IGBT 驱动的 EV 用电机体积减小了 44%[124]。同时，基于 GaN 基 HEMT 器件的功率逆变器研究也是当前这一领域的研发热点，有望进一步提升其工作频率。2017 年，日本安川电机公司发布了首款基于 GaN 基 HEMT 器件的驱动器内置型伺服电机，体积只有使用 Si 基 IGBT 的原产品的 1/2[125]。

电动汽车车载充电模组中包含有 AC/DC 和 DC/DC 两部分，如图 5.38 所示[126]。AC/DC 部分为 PFC 电路，DC/DC 功率转换部分多采用 DAB(dual active bridge)电路。EV/HEV 的充电模组功率等级通常在数千瓦量级，电池电压等级从 250 V 到 450 V 不等。前级的 PFC 部分与数据中心服务器电源类似，常采用无桥图腾柱拓扑以提高其效率。GaN 基 HEMT 器件因其更好的开关性能和无反向恢复问题等优势成为该电路的应用热点。后级 DC/DC 部分输出电压较高，开关损耗对效率影响较大，应用 GaN 基 HEMT 器件可进一步提高其开关频率和效率。

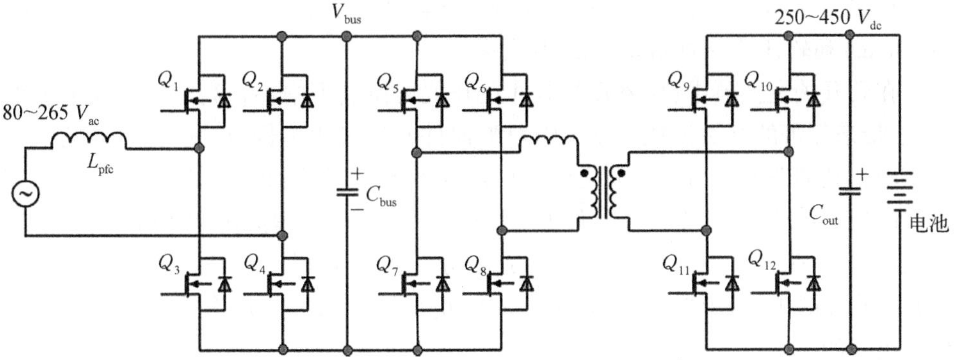


图 5.38 电动汽车车载充电模组中的电池充电电路图[126]

2）光伏发电

太阳能光伏发电系统是当前新能源利用的热点领域之一。光伏发电系统通常需要通过基于电力电子变换器的逆变系统将直流电压转换为满足电能质量标准的交流电压以接入电网。集中式逆变器功率通常在 30～650 kW，功率开关器件多采用 Si 基 IGBT，为大部分中大型光伏电站的首选。常用的逆变拓扑为三相电压型，通常由单个或多个独立的功率逆变器并联运行。光伏逆变系统中，输入电压通常在 200～1 000 V，输出电压为 500 V。在 1 200 V 耐压等级，属于宽禁带半导体的 SiC 基 MOSFET 以相对 IGBT 更低的导通和驱动损耗，可推动功率逆变器工作在更高的开关频率,在中大功率应用场合已开始逐渐取代 Si 基 IGBT。而在600 V耐压等级, GaN 基 HEMT 以其开关频率的优势,可推动功率逆变器的开关频率进一步提升到 MHz 范围,在中低功率太阳能光伏逆变器领域有望后来居上,逐步取代 Si 基 IGBT 和 MOSFET 器件。

### 5.6.2　GaN 基功率电子器件应用的关键电路技术

如前所述,GaN 基功率电子器件在应用性能指数上具有显著优势,其应用有望进一步突破当前处于主流地位、基于 Si 基功率电子器件的电力电子系统在效率和功率密度等性能上存在的技术瓶颈,为半导体功率开关器件的性能提升打开新的空间。但与此同时,更高的开关速度与工作频率,也给电力电子系统的设计,包括在电路拓扑、控制驱动、无源器件、布局与互联、散热设计、电磁兼容、封装工艺等诸多方面带来了新的技术问题和挑战,甚至影响到电力电子系统的设计理念。限于篇幅,这里主要介绍高频功率变换拓扑、驱动技术、布局与互联设计等方面面临的问题和挑战,以及需要发展的电路新技术。

1. 高频功率变换拓扑

按照半导体功率开关器件的开关条件,电力电子变换器可分为硬开关(hard switching)和软开关(soft switching)两大类。

在硬开关变换器中,功率开关器件在开关切换过程中存在高电压与大电流的交叠,带来显著的开关损耗。以 MOSFET 器件开通过程为例,在漏-源之间的电流从零增大到通态电流后,漏-源之间的电压才开始下降,因此在开通过程中伴随有较大的损耗。此外,功率开关器件的输出电容 $C_{oss}$放电过程损耗、栅极驱动损耗、反向恢复损耗都是开关损耗的主要组成部分。在相同耐压的情况下,相比 Si 基 MOSFET,GaN 基 HEMT 有更小的 $R_{dson}\times Q_{g}$,更小的 $C_{oss}$,因此开关损耗更小,可以工作在更高的频率。

相比硬开关变换器,软开关与谐振变换器能降低功率电子器件开关过程相关的损耗。例如,零电压开关(ZVS)变换器中功率开关管的开通换流损耗与 $C_{oss}$相关的损耗降为零,零电流开关(ZCS)变换器中功率开关管的关断换流损耗降为零[127]。但在软开关与谐振变换器中,栅极驱动损耗仍然存在。

由于 GaN 基 HEMT 器件开关速度快、驱动阈值电压低,驱动信号容易受到影响。又由于 GaN 基 HEMT 器件无雪崩击穿效应,在高速开关条件下,电路寄生参数会引起振荡与过电压,从而影响到器件的可靠性。采用软开关与谐振变换拓扑,可以减小电路寄生参数对 GaN 基 HEMT 器件的电压应力和驱动信号的影响,是采用 GaN 基 HEMT 器件的电力电子变换器需要发展的技术。

### 2. 驱动技术

采用 p 型栅的增强型 GaN 基 HEMT 器件的特性与 Si 基 MOSFET 相比,开关速度要快很多。但其阈值电压($V_{th}$)较低,输入电容($C_{iss}$)较小,驱动信号容易受到干扰。如关断状态的 GaN 基 HEMT 的漏源电压快速上升,即存在高的 $dV/dt$,此时栅漏寄生电容 $C_{gd}$和栅源寄生电容 $C_{gs}$被快速充电,有可能导致栅源电压上升而超出其阈值电压,使得 HEMT 误开通,产生较大的损耗甚至损坏器件。应用设计时应减小驱动电路放电回路的阻抗以避免此问题。

由于采用 p 型栅的增强型 GaN 基 HEMT 器件最大允许栅源电压相对较低,应用中需要有稳定的驱动电源电压,以免导致栅源过电压。此外,在驱动回路中,应有一定的电阻以起阻尼作用,减小开通过程中栅源电压的振荡,防止栅源间电压过高而导致击穿。由于 0 V 即可关断 p 型栅 GaN 基 HEMT,相比开通过程,关断过程中有更大的栅-源电压裕量,可以采用更快的驱动速度。因此,驱动电路设计时,分开控制 GaN 基 HEMT 开通过程与关断过程更具灵活性。

共源共栅(cascode)结构的 GaN 基功率开关器件,其驱动特性主要取决于其内部的低压 Si 基 MOSFET,其驱动电路的设计与一般低压 MOSFET 类似。与采用 p 型栅的增强型 GaN 基 HEMT 相比,共源共栅 GaN 功率开关器件封装内部互联寄生参数更大,会对开关速度产生负面影响。

### 3. 布局与互联设计

相比 Si 基 MOSFET 器件,GaN 基 HEMT 器件具有开关速度高、开关损耗小的优势。但开关速度越快,电路寄生电感、电容对电路工作性能的影响越大。减小电路元器件布局与互联所带来的寄生电感、电容才能充分发挥 GaN 基 HEMT 器件的优势。下面以 Buck 变换电路为例加以说明[128]。

如图 5.39 所示[128],在 Buck 变换电路中,有两个关键的高频电流回路,分别对应两个寄生电感。其一是由输入滤波电容和开关管(图 5.39 中 $Q_1$)、续流管(图 5.39中 $Q_2$)所围成的高频功率电流回路,对应功率电路的寄生电感;其二是由驱动器滤波电容、驱动器、开关管/续流管栅极与源极所围成的高频驱动电流回路,对应驱动电路的寄生电感。由于高频功率电流与高频驱动电流都流经开关管/续流管的源极,因此上述两个寄生电感有一部分是公共的(图 5.39 中 $L_{S1}$和 $L_{S2}$),称之为共源寄生电感[128]。

设计电路时首先需要减小共源寄生电感。在 Buck 电路续流管的驱动信号关闭后,续流管仍保持反向导通状态,流过续流电流。当开关管开通时,电流从续流管向开关管换流,此时续流管中的电流快速减小,续流管的共源寄生电感两端将产生感应电压。如续流管驱动回路阻尼不足,将引起振荡,可能会导致续流管误开通,引起开

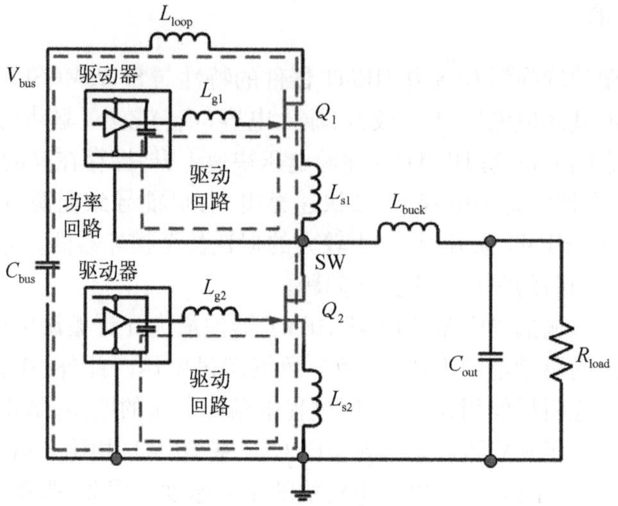


图 5.39　Buck 变换电路[128]

关管、续流管短路。此外,在硬开关变换器中,开关管开通过程伴随着漏-源电流逐渐增大,其共源寄生电感所产生的感应电压极性与驱动电压相反,从而减小开关管的开通速度,增大开通过程的损耗。因此在电路布局走线时,需要分离功率回路和驱动回路走线,并在 GaN 基 HEMT 的源极采用凯文连接,以减小共源寄生电感。

功率回路寄生电感也需要减小。在 GaN 基 HEMT 关断时,功率回路寄生电感将与漏-源寄生电容产生振荡,增大系统的 EMI,也增大漏-源电压应力,严重时将导致漏-源击穿。此外,在 GaN 基 HEMT 的关断过程中,功率回路寄生电感减缓了关断过程,从而增大了关断损耗。

第三个需要减小的是驱动回路的寄生电感 $L_g$。其与驱动回路的电阻 $R_g$、栅源寄生电容 $C_{gs}$构成 LCR 串联谐振腔,当驱动回路阻尼不足时,驱动波形将出现振荡。开通过程中的栅-源电压振荡容易导致驱动电压超出器件允许值,引起器件损坏。而关断过程中的栅-源电压振荡,可能导致栅源电压超出 $Q_2$ 的阈值电压而误开通。设计时要将驱动器靠近功率开关器件放置,加宽驱动走线,减小驱动电流回路面积,以减小驱动回路的寄生电感。

在高频开关场合并联使用 GaN 基 HEMT 器件时,需要对称布局,使得并联的各个 GaN 基 HEMT 具有一致的共源寄生电感、功率回路寄生电感和驱动回路寄生电感。将功率开关器件、驱动器、高频滤波电容采用系统级集成封装乃至单芯片集成设计,可以减少上述几种寄生电感,有助于提高变换器电路的性能。

在实际的电路设计中,互联线路中存在的寄生电容也需要控制。例如,要减小 GaN 基 HEMT 漏极与栅极的外围线路所形成的寄生电容,该电容会与器件本身的

漏栅寄生电容 $C_{gd}$共同起作用。又如上述 Buck 电路中的 SW 节点与系统机壳间存在寄生电容 $C_p$,在开关管/续流管的开关切换过程中,SW 节点对地存在高的 $dV/dt$,会通过 $C_p$在 Buck 电路与机壳间形成共模电流,带来 EMI(电磁骚扰)。因此电路设计中需要减小 SW 节点对机壳的寄生电容。

## 参 考 文 献


[1] Kazior T E, Laroche J R, Hoke W E. More than Moore: GaN HEMTs and Si CMOS get it together [C]. Monterey, CA, USA, 2013.

[2] Ambacher O, Foutz B, Smart J, et al. Two dimensional electron gases induced by spontaneous and piezoelectric polarization in undoped and doped AlGaN/GaN heterostructures [J]. Journal of Applied Physics, 2000, 87(1): 334-344.

[3] Chen K J, Haberlen O, Lidow A, et al. GaN-on-Si power technology: devices and applications [J]. IEEE Transactions on Electron Devices, 2017, 64(3): 779-795.

[4] Jones E A, Wang F, Ozpineci B. Application-based review of GaN HFETs [C]. Knoxvile: IEEE Workshop on Wide Bandgap Power Devices and Applications, October 13-15, 2014 .

[5] Power GaN 2019: epitaxy, devices, applications & technology trends [EB/OL]. https://www.i-micronews.com/products/power-gan-2019-epitaxy-devices-applications-technology-trends/ [2020-4-26].

[6] Huang S, Yang S, Tang Z, et al. Device physics towards high performance GaN-based power electronics [J]. Scientia Sinica Physica, Mechanica & Astronomica, 2016, 46(10): 107307.

[7] Meneghesso G, Verzellesi G, Danesin F, et al. Reliability of GaN high-electron-mobility transistors: state of the art and perspectives [J]. IEEE Transactions on Device and Materials Reliability, 2008, 8(2): 332-343.

[8] Amano H, Baines Y, Beam E, et al. The 2018 GaN power electronics roadmap [J]. Journal of Physics D: Applied Physics, 2018, 51(16): 163001.

[9] Ren F, Abernathy C R, Mackenzie J D, et al. Demonstration of GaN MIS diodes by using AlN and $Ga_2O_3(Gd_2O_3)$ as dielectrics [J]. Solid-State Electronics, 1998, 42(12): 2177-2181.

[10] Pearton S J, Zolper J C, Shul R J, et al. GaN: processing, defects, and devices [J]. Journal of Applied Physics, 1999, 86(1): 1-78.

[11] Lee C T, Lee H Y, Chen H W. GaN MOS device using $SiO_2$-$Ga_2O_3$ insulator grown by photoelectrochemical oxidation method [J]. IEEE Electron Device Letters, 2003, 24(2): 54-56.

[12] Huang W, Li Z, Chow T P, et al. Enhancement-mode GaN hybrid MOS-HEMTs with $R_{on,sp}$ of 20 $m\Omega \cdot cm^2$ [C]. Orlando: Proceedings of the 20th International Symposium on Power Semiconductor Devices & Ics, May 18-22, 2008.

[13] Cai Y, Zhou Y G, Chen K J, et al. High-performance enhancement-mode AlGaN/GaN HEMTs using fluoride-based plasma treatment [J]. IEEE Electron Device Letters, 2005, 26(7): 435-437.

[14] Uemoto Y, Hikita M, Ueno H, et al. Gate injection transistor (GIT): a normally-off AlGaN/GaN power transistor using conductivity modulation [J]. IEEE Transactions on Electron Devices, 2007, 54(12): 3393－3399.

[15] Huang X C, Liu Z Y, Li Q, et al. Evaluation and application of 600 V GaN HEMT in cascode structure [J]. IEEE Transactions on Power Electronics, 2014, 29(5): 2453－2461.

[16] Huang S, Liu X Y, Wang X H, et al. Ultrathin-barrier AlGaN/GaN heterostructure: a recess-free technology for manufacturing high-performance GaN-on-Si power devices [J]. IEEE Transactions on Electron Devices, 2018, 65(1): 207－214.

[17] Khan M A, Chen Q, Sun C J, et al. Enhancement and depletion mode GaN/AlGaN heterostructure field effect transistors [J]. Applied Physics Letters, 1996, 68(4): 514－516.

[18] Talwar D N, Sofranko D, Mooney C, et al. Elastic, structural, bonding, and defect properties of zinc-blende BN, AlN, GaN, InN and their alloys [J]. Materials Science and Engineering B: Solid State Materials for Advanced Technology, 2002, 90(3): 269－277.

[19] Kim K W, Jung S D, Kim D S, et al. Effects of TMAH treatment on device performance of normally off $Al_2O_3$/GaN MOSFET [J]. IEEE Electron Device Letters, 2011, 32(10): 1376－1378.

[20] Wang Y, Wang M J, Xie B, et al. High-performance normally-off $Al_2O_3$/GaN MOSFET using a wet etching-based gate recess technique [J]. IEEE Electron Device Letters, 2013, 34(11): 1370－1372.

[21] Zhang J F, Hao Y, Zhang J C, et al. The mobility of two-dimensional electron gas in AlGaN/GaN heterostructures with varied Al content [J]. Science in China: F Information Sciences, 2008, 51(6): 780－789.

[22] Wei J, Liu S H, Li B K, et al. Low on-resistance normally-off GaN double-channel metal-oxide-semiconductor high-electron-mobility transistor [J]. IEEE Electron Device Letters, 2015, 36(12): 1287－1290.

[23] Huang S, Jiang Q, Wei K, et al. High-temperature low-damage gate recess technique and ozone-assisted ALD-grown $Al_2O_3$ gate dielectric for high-performance normally-off GaN MIS－HEMTs [C]. San Francisco: IEEE International Electron Devices Meeting, December 15－17, 2014.

[24] Wei J, Liu S H, Li B K, et al. Enhancement-mode GaN double-channel MOS－HEMT with low on-resistance and robust gate recess [C]. Washington: IEEE International Electron Devices Meeting, December 7－9, 2015.

[25] Ota K, Endo K, Okamoto Y, et al. A normally-off GaN FET with high threshold voltage uniformity using a novel piezo neutralization technique [C]. Baltimore: IEEE International Electron Devices Meeting, December 7－9, 2009.

[26] Lu B, Sun M, Palacios T. An etch-stop barrier structure for GaN high-electron-mobility transistors [J]. IEEE Electron Device Letters, 2013, 34(3): 369－371.

[27] Xu Z, Wang J Y, Liu Y, et al. Fabrication of normally off AlGaN/GaN MOSFET using a self-terminating gate recess etching technique [J]. IEEE Electron Device Letters, 2013, 34(7):

855 - 857.

[28] Lin S X, Wang M J, Sang F, et al. A GaN HEMT structure allowing self-terminated, plasma-free etching for high-uniformity, high-mobility enhancement-mode devices [J]. IEEE Electron Device Letters, 2016, 37(4): 377 - 380.

[29] Cai Y, Zhou Y, Lau K M, et al. Control of threshold voltage of AlGaN/GaN HEMTs by fluoride-based plasma treatment: from depletion mode to enhancement mode [J]. IEEE Transactions on Electron Devices, 2006, 53(9): 2207 - 2215.

[30] Chen C, Liu X Z, Tian B L, et al. Fabrication of enhancement-mode AlGaN/GaN MISHEMTs by using fluorinated $Al_2O_3$ as gate dielectrics [J]. IEEE Electron Device Letters, 2011, 32(10): 1373 - 1375.

[31] Yuan L, Wang M J, Chen K J. Molecular dynamics simulation study on fluorine plasma ion implantation in AlGaN/GaN heterostructures [C]. Beijing: 9th International Conference on Solid-State and Integrated-Circuit Technology, October 20 - 23, 2008.

[32] Wang M J, Yuan L, Cheng C C, et al. Defect formation and annealing behaviors of fluorine-implanted GaN layers revealed by positron annihilation spectroscopy [J]. Applied Physics Letters, 2009, 94(6): 061910 - 061910 - 3.

[33] Yi C W, Wang R N, Huang W, et al. Reliability of enhancement-mode AlGaN/GaN HEMTs fabricated by fluorine plasma treatment [C]. Washington: IEEE International Electron Devices Meeting, December 10 - 12, 2007.

[34] Kaneko S, Kuroda M, Yanagihara M, et al. Current-collapse-free operations up to 850 V by GaN-GIT utilizing hole injection from Drain [C]. Hongkong: Proceedings of the 27th International Symposium on Power Semiconductor Devices & IC's (ISPSD), May 10 - 14, 2015.

[35] Okita H, Hikita M, Nishio A, et al. Through recessed and regrowth gate technology for realizing process stability of GaN-GITs [C]. Prague: Proceedings of the 28th International Symposium on Power Semiconductor Devices and Ics (Ispsd), June 12 - 16, 2016.

[36] Mizutani T, Ito M, Kishimoto S, et al. AlGaN/GaN HEMTs with thin InGaN cap layer for normally off operation [J]. IEEE Electron Device Letters, 2007, 28(7): 549 - 551.

[37] Huang S, Liu X, Wang X, et al. High uniformity normally-off GaN MIS-HEMTs fabricated on ultra-thin-barrier AlGaN/GaN heterostructure [J]. IEEE Electron Device Letters, 2016, 37(12): 1617 - 1620.

[38] Yang S, Tang Z, Wong K Y, et al. Mapping of interface traps in high-performance $Al_2O_3$/AlGaN/GaN MIS-heterostructures using frequency- and temperature-dependent $C-V$ techniques [C]. Washington: IEEE International Electron Devices Meeting, December 9 - 11, 2013.

[39] Hinkle C L, Milojevic M, Brennan B, et al. Detection of Ga suboxides and their impact on Ⅲ-V passivation and Fermi-level pinning [J]. Applied Physics Letters, 2009, 94(16): 162101.

[40] Robertson J, Lin L. Fermi level pinning in Si, Ge and GaAs systems — MIGS or defects? [C]. Baltimore: IEEE International Electron Devices Meeting, December 7 - 9, 2009.

[41] Miao M S, Weber J R, van de Walle C G. Oxidation and the origin of the two-dimensional

electron gas in AlGaN/GaN heterostructures [J]. Journal of Applied Physics, 2010, 107 (12): 123713.

[42] Hashizume T, HasegawA H. Effects of nitrogen deficiency on electronic properties of AlGaN surfaces subjected to thermal and plasma processes [J]. Applied Surface Science, 2004, 234 (1/4): 387 - 394.

[43] Ibbetson J P, Fini P T, Ness K D, et al. Polarization effects, surface states, and the source of electrons in AlGaN/GaN heterostructure field effect transistors [J]. Applied Physics Letters, 2000, 77(2): 250 - 252.

[44] Huang S, Yang S, Roberts J, et al. Threshold voltage instability in $Al_2O_3$/GaN/AlGaN/GaN metal-insulator-semiconductor high-electron mobility transistors [J]. Japanese Journal of Applied Physics, 2011, 50(11): 110202.

[45] Huang S, Yang S, Roberts J, et al. Characterization of $V_{th}$-instability in $Al_2O_3$/GaN/AlGaN/GaN MIS-HEMTs by quasi-static $C-V$ measurement [J]. Physica Status Solidi (C), 2012, 9(3/4): 923 - 926.

[46] Wang X H, Huang S, Zheng Y K, et al. Robust $SiN_x$/AlGaN interface in GaN HEMTs passivated by thick LPCVD-Grown $SiN_x$ layer [J]. IEEE Electron Device Letters, 2015, 36 (7): 666 - 668.

[47] Koley G, Tilak V, Eastman L F, et al. Slow transients observed in AlGaN HFETs: effects of $SiN_x$ passivation and UV illumination [J]. IEEE Transactions on Electron Devices, 2003, 50(4): 886 - 893.

[48] Choi W, Ryu H, Jeon N, et al. Improvement of $V_{th}$ instability in normally-off GaN MIS-HEMTs employing PEALD - $SiN_x$ as an interfacial layer [J]. IEEE Electron Device Letters, 2014, 35(1): 30 - 32.

[49] Hua M, Zhang Z, Wei J, et al. Integration of LPCVD-$SiN_x$ gate dielectric with recessed-gate E-mode GaN MIS-FETs: toward high performance, high stability and long TDDB lifetime [C]. San Francisco: IEEE International Electron Devices Meeting, December 3 - 7, 2016.

[50] Chowdhury S, Mishra U K. Lateral and vertical transistors using the AlGaN/GaN heterostructure [J]. IEEE Transactions on Electron Devices, 2013, 60(10): 3060 - 3066.

[51] Zhang Y H, Sun M, Piedra D, et al. GaN-on-Si vertical Schottky and p-n diodes [J]. IEEE Electron Device Letters, 2014, 35(6): 618 - 620.

[52] Kachi T. State-of-the-art GaN vertical power devices [C]. IEEE International Electron Devices Meeting, December 7 - 9, 2015.

[53] Nomoto K, Hu Z, Song B, et al. GaN-on-GaN p-n power diodes with 3.48 kV and 0.95 mΩ · $cm^2$: a record high figure-of-merit of 12.8 $GW/cm^2$ [C]. Washington: IEEE International Electron Devices Meeting, December 7 - 9, 2015.

[54] Kizilyalli I C, Edwards A P, Nie H, et al. 3.7 kV vertical GaN PN diodes [J]. IEEE Electron Device Letters, 2014, 35(2): 247 - 249.

[55] Ohta H, Kaneda N, Horikiri F, et al. Vertical GaN p-n junction diodes with high breakdown

voltages over 4 kV [J]. IEEE Electron Device Letters, 2015, 36(11): 1180-1182.

[56] Nomoto K, Song B, Hu Z Y, et al. 1.7 kV and 0.55 mΩ·cm$^2$ GaN p-n diodes on bulk GaN substrates with avalanche capability [J]. IEEE Electron Device Letters, 2016, 37(2): 161-164.

[57] Sze S M, Ng K K. Physics of Semiconductor Devices [M]. 3 rd ed. Hoboken: John Wiley & Sons, Inc.

[58] Saitoh Y, Sumiyoshi K, Okada M, et al. Extremely low on-resistance and high breakdown voltage observed in vertical GaN Schottky barrier diodes with high-mobility drift layers on low-dislocation-density GaN substrates [J]. Applied Physics Express, 2010, 3(8): 081001.

[59] Tanaka N, Hasegawa K, Yasunishi K, et al. 50 A vertical GaN Schottky barrier diode on a free-standing GaN substrate with blocking voltage of 790 V [J]. Applied Physics Express, 2015, 8(7): 071001.

[60] Ozbek A M, Baliga B J. Planar nearly ideal edge-termination technique for GaN devices [J]. IEEE Electron Device Letters, 2011, 32(3): 300-302.

[61] Han S W, Yang S, Sheng K. High-voltage and high-$I_{ON}/I_{off}$ vertical GaN-on-GaN Schottky barrier diode with nitridation-based termination [J]. IEEE Electron Device Letters, 2018, 39(4): 572-575.

[62] Liu X K, Liu Q, Li C, et al. 1.2 kV GaN Schottky barrier diodes on free-standing GaN wafer using a CMOS-compatible contact material [J]. Japanese Journal of Applied Physics, 2017, 56(2): 026501.

[63] Sang L W, Ren B, Sumiya M, et al. Initial leakage current paths in the vertical-type GaN-on-GaN Schottky barrier diodes [J]. Applied Physics Letters, 2017, 111(12): 122102.

[64] Cao Y, Chu R, Li R, et al. Improved performance in vertical GaN Schottky diode assisted by AlGaN tunneling barrier [J]. Applied Physics Letters, 2016, 108(11): 112101.

[65] Zhang Y, Sun M, Liu Z, et al. Novel GaN Trench MIS Barrier Schottky Rectifiers with Implanted Field Rings [C]. San Francisco: 2016 IEEE International Electron Devices Meeting (IEDM), 2016.

[66] Zhang Y H, Sun M, Liu Z H, et al. Trench formation and corner rounding in vertical GaN power devices [J]. Applied Physics Letters, 2017, 110(19): 193506.

[67] Koehler A D, Anderson T J, Tadjer M J, et al. Vertical GaN junction barrier Schottky diodes [J]. ECS Journal of Solid State Science and Technology, 2017, 6(1): Q10-Q12.

[68] Zhang Y H, Liu Z H, Tadjer M J, et al. Vertical GaN junction barrier Schottky rectifiers by selective ion implantation [J]. IEEE Electron Device Letters, 2017, 38(8): 1097-1100.

[69] Li W S, Nomoto K, Pilla M, et al. Design and realization of GaN trench junction-barrier-Schottky-diodes [J]. IEEE Transactions on Electron Devices, 2017, 64(4): 1635-1641.

[70] Piedra D, Lu B, Sun M, et al. Advanced power electronic devices based on gallium nitride (GaN) [C]. Washington: 2015 IEEE International Electron Devices Meeting (IEDM), 2015.

[71] Zhang Y H, Sun M, Wong H Y, et al. Origin and control of off-state leakage current in GaN-on-

Si vertical diodes [J]. IEEE Transactions on Electron Devices, 2015, 62(7): 2155－2161.

[72] Zhang X, Zou X B, Lu X, et al. Fully- and quasi-vertical GaN-on-Si p－i－n diodes: high performance and comprehensive comparison [J]. IEEE Transactions on Electron Devices, 2017, 64(3): 809－815.

[73] Zou X B, Zhang X, Lu X, et al. Breakdown ruggedness of quasi-vertical GaN-based p－i－n Diodes on Si substrates [J]. IEEE Electron Device Letters, 2016, 37(9): 1158－1161.

[74] Khadar R A, Liu C, Zhang L Y, et al. 820-V GaN-on-Si quasi-vertical p－i－n diodes with BFOM of 2.0 GW/cm$^2$ [J]. IEEE Electron Device Letters, 2018, 39(3): 401－404.

[75] Ben-Yaacov I, Seck Y K, Mishra U K, et al. AlGaN/GaN current aperture vertical electron transistors with regrown channels [J]. Journal of Applied Physics, 2004, 95(4): 2073－2078.

[76] Chowdhury S, Swenson B L, Mishra U K. Enhancement and depletion mode AlGaN/GaN CAVET with Mg-ion-implanted GaN as current blocking layer [J]. IEEE Electron Device Letters, 2008, 29(6): 543－545.

[77] Chowdhury S, Wong M H, Swenson B L, et al. CAVET on bulk GaN substrates achieved with MBE-Regrown AlGaN/GaN layers to suppress dispersion [J]. IEEE Electron Device Letters, 2012, 33(1): 41－43.

[78] Nie H, Diduck Q, Alvarez B, et al. 1.5 kV and 2.2 m$\Omega\cdot$cm$^2$ vertical GaN transistors on bulk-GaN substrates [J]. IEEE Electron Device Letters, 2014, 35(9): 939－941.

[79] Li R, Cao Y, Chen M, et al. 600 V/1.7 Ω normally-off GaN vertical trench metal-oxide-semiconductor field-effect transistor [J]. IEEE Electron Device Letters, 2016, 37(11): 1466－1469.

[80] Kodama M, Sugimoto M, Hayashi E, et al. GaN-Based trench gate metal oxide semiconductor field-effect transistor fabricated with novel wet etching [J]. Applied Physics Express, 2008, 1(2): 021104.

[81] Oka T, Ina T, Ueno Y, et al. Over 10 a operation with switching characteristics of 1.2 kV-class vertical GaN trench MOSFFTs on a bulk GaN substrate [C]. Prague: Proceedings of the 28th International Symposium on Power Semiconductor Devices and Ics (ISPSD), 2016.

[82] Gupta C, Chan S H, Enatsu Y, et al. OG-FET: an *in-situ* oxide, GaN interlayer-based vertical trench MOSFET [J]. IEEE Electron Device Letters, 2016, 37(12): 1601－1604.

[83] Liu C, Abdul Khadar R, Matioli E. GaN-on-Si quasi-vertical power MOSFETs [J]. IEEE Electron Device Letters, IEEE, 2018, 39(1): 71－74.

[84] Mishra U K, Shen L, Kazior T E, et al. GaN-based RF power devices and amplifiers [J]. Proceedings of the IEEE, 2008, 96(2): 287－305.

[85] 黄森,王鑫华,康玄武,等.绝缘栅 GaN 基平面功率开关器件技术[J].电力电子技术,2017, 51(8): 65－70.

[86] Uren M J, Moreke J, Kuball M. Buffer design to minimize current collapse in GaN/AlGaN HFETs [J]. IEEE Transactions on Electron Devices, 2012, 59(12): 3327－3333.

[87] Hwang J, Schaff W J, Green B M, et al. Effects of a molecular beam epitaxy grown AlN

passivation layer on AlGaN/GaN heterojunction field effect transistors [J]. Solid-State Electronics, 2004, 48(2): 363-366.

[88] Selvaraj S L, Ito T, Terada Y, et al. AlN/AlGaN/GaN metal-insulator-semiconductor high-electron-mobility transistor on 4 in. silicon substrate for high breakdown characteristics [J]. Applied Physics Letters, 2007, 90(17): 173506.

[89] Huang S, Jiang Q, Yang S, et al. Effective passivation of AlGaN/GaN HEMTs by ALD-Grown AlN thin film [J]. IEEE Electron Device Letters, 2012, 33(4): 516-518.

[90] Huang S, Jiang Q, Yang S, et al. Mechanism of PEALD-Grown AlN passivation for AlGaN/GaN HEMTs: compensation of interface traps by polarization charges [J]. IEEE Electron Device Letters, 2013, 34(2): 193-195.

[91] Tang Z, Huang S, Jiang Q, et al. High-voltage (600 V) low-leakage low-current-collapse AlGaN/GaN HEMTs with AlN/$SiN_x$ passivation [J]. IEEE Electron Device Letters, 2013, 34(3): 366-368.

[92] Tang Z, Jiang Q, Huang S, et al. Monolithically integrated 600-V E/D-mode $SiN_x$/AlGaN/GaN MIS-HEMTs and their applications in low-standby-power start-up circuit for switched-mode power supplies [C]. Washington: IEEE International Electron Devices Meeting, December 9-11, 2013.

[93] Hashizume T, Ootomo S, Inagaki T, et al. Surface passivation of GaN and GaN/AlGaN heterostructures by dielectric films and its application to insulated-gate heterostructure transistors [J]. Journal of Vacuum Science & Technology B: Microelectronics and Nanometer Structures, 2003, 21(4): 1828.

[94] Tang X, Li B, Lu Y, et al. Ⅲ-Nitride transistors with photonic-ohmic drain for enhanced dynamic performances [C]. Washington: IEEE International Electron Devices Meeting (IEDM), December 7-9, 2015.

[95] Arulkumaran S, Egawa T, Ishikawa H, et al. Temperature dependence of gate-leakage current in AlGaN/GaN high-electron-mobility transistors [J]. Applied Physics Letters, 2003, 82(18): 3110-3112.

[96] Kotani J, Tajima M, Kasai S, et al. Mechanism of surface conduction in the vicinity of Schottky gates on AlGaN/GaN heterostructures [J]. Applied Physics Letters, 2007, 91(9): 093501.

[97] Zhou C, Chen W, Piner E L, et al. AlGaN/GaN dual-channel lateral field-effect rectifier with punchthrough breakdown immunity and low on-resistance [J]. IEEE Electron Device Letters, 2010, 31(1): 5-7.

[98] Wang M, Chen K J. Source injection induced off-state breakdown and its improvement by enhanced back barrier with fluorine ion implantation in AlGaN/GaN HEMTs [C]. San Franciscio: IEEE International Electron Devices Meeting, December 15-17, 2008.

[99] Yang S, Zhou C, Han S, et al. Impact of substrate bias polarity on buffer-related current collapse in AlGaN/GaN-on-Si power devices [J]. IEEE Transactions on Electron Devices, 2017, 64(12): 5048-5056.

[100] Zhou C, Jiang Q, Huang S, et al. Vertical leakage/breakdown mechanisms in AlGaN/GaN-on-Si devices [J]. IEEE Electron Device Letters, 2012, 33(8): 1132 - 1134.

[101] Del Alamo J A, Joh J. GaN HEMT reliability [J]. Microelectronics Reliability, 2009, 49(9/11): 1200 - 1206.

[102] Chowdhury U, Jimenez J L, Lee C, et al. TEM observation of crack- and pit-shaped defects in electrically degraded GaN HEMTs [J]. IEEE Electron Device Letters, 2008, 29(10): 1098 - 1100.

[103] Lee H S, Piedra D, Sun M, et al. 3000-V 4.3-mΩcm$^2$ InAlN/GaN MOSHEMTs with AlGaN back barrier [J]. IEEE Electron Device Letters, 2012, 33(7): 982 - 984.

[104] Srivastava P, Das J, Visalli D, et al. Record breakdown voltage (2,200 V) of GaN DHFETs on Si with 2-μm buffer thickness by local substrate removal [J]. IEEE Electron Device Letters, 2011, 32(1): 30 - 32.

[105] Chu R, Corrion A, Chen M, et al. 1 200-V normally off GaN-on-Si field-effect transistors with low dynamic on-resistance [J]. IEEE Electron Device Letters, 2011, 32(5): 632 - 634.

[106] Tao M, Wang M, Wen C P, et al. Kilovolt GaN MOSHEMT on silicon substrate with breakdown electric field close to the theoretical limit [C]. Proceedings of the 29th International Symposium on Power Semiconductor Devices and IC's (ISPSD), May 28-June 1, 2017.

[107] Huang S, Liu X, Wei K, et al. $O_3$-sourced atomic layer deposition of high quality $Al_2O_3$ gate dielectric for normally-off GaN metal-insulator-semiconductor high-electron-mobility transistors [J]. Applied Physics Letters, 2015, 106(3): 033507.

[108] Hua M, Wei J, Bao Q, et al. Reverse-bias stability and reliability of hole-barrier-free E-mode LPCVD-$SiN_x$/GaN MIS-FETs [C]. IEEE International Electron Devices Meeting (IEDM), December 2 - 6, 2017.

[109] Eller B S, Yang J, Nemanich R J. Electronic surface and dielectric interface states on GaN and AlGaN [J]. Journal of Vacuum Science & Technology A: Vacuum, Surfaces, and Films, AVS, 2013, 31(5): 050807.

[110] Hua M, Liu C, Yang S, et al. Characterization of leakage and reliability of $SiN_x$ gate dielectric by low-pressure chemical vapor deposition for GaN-based MIS-HEMTs [J]. IEEE Transactions on Electron Devices, 2015, 62(10): 3215 - 3222.

[111] Hughes B, Chu R, Lazar J, et al. Increasing the switching frequency of GaN HFET converters [C]. Washington: IEEE International Electron Devices Meeting (IEDM), December 7 - 9, 2015.

[112] 80 PLUS certified power supplies and manufacturers [EB/OL]. https://www.plugloadsolutions.com/80PlusPowerSupplies.aspx [2018 - 03 - 30].

[113] Lee F C, Li Q, Liu Z Y, et al. Application of GaN devices for 1 kW server power supply with integrated magnetics [J]. Transactions on Power Electronics and Applications, 2016, 1(1): 3 - 12.

[114] Wang Z C. Demystifying envelope tracking: use for high-efficiency power amplifiers for 4G and

beyond [J]. IEEE Microwave Magazine, 2016, 16(3): 106 - 129.

[115] Sakata S, Lanfranco S, Kolmonen T, et al. An 80 MHz modulation bandwidth high efficiency multi-band envelope tracking power amplifier using GaN single-phase buck-converter [C]. Honololu: IEEE MTT-S International Microwave Symposium (IMS), June 4 - 9, 2017.

[116] Huang X C, Feng J J, Du W J, et al. Design consideration of MHz active clamp flyback converter with GaN devices for low power adapter application [C]. Long Beach: IEEE Applied Power Electronics Conference and Exposition (APEC), March 20 - 24, 2016.

[117] Qualcomm. Qualcomm quick change [EB/OL]. https://www. qualcomm. com/products/features/quick-charge [2018 -03 - 30].

[118] USB Charger (USB Power Delivery) [EB/OL]. https://www. usb. org/developers/powerdelivery/ [2018 - 03 - 30].

[119] Sagneri A. VHF Power: The SMPS Revolution [EB/OL]. http://www.finsix.com [2018 - 03 - 30].

[120] Magnetic Resonance and Magnetic Induction [EB/OL]. https://airfuel.org [2018 - 03 - 30].

[121] Kurs A, Karalis A, Moffatt R. Wireless power transfer via strongly coupled magnetic resonances [J]. Science Magazine, 2007, (5834): 83 - 86.

[122] Rezence Alliance for Wireless Power, A4WP Wireless Power Transfer System Baseline System Specification (BSS), A4WP-S-0001 v1.3, 2014 [EB/OL]. https: www.androidauthority.com/alliance-wireless-power-interview-579635.

[123] Glaser J. How GaN power transistors drive high-performance lidar [J]. IEEE Electronics Magazine, 2017, 4(1): 25 - 35.

[124] 吴海雷,陈彤.碳化硅功率器件与新能源汽车[J].新材料产业,2014,(6): 34 - 37.

[125] YASKAWA [EB/OL]. http://www.yaskawa.com.cn/ [2018 -03 - 30].

[126] Liu Z Y, Li B, Lee F C, et al. High-efficiency high-density critical mode rectifier/inverter for WBG-device-based on-board charger [J]. IEEE Transactions on Industrial Electronics, 2017, 64(11): 9114 - 9123.

[127] 阮新波,严仰光.直流开关电源的软开关技术[M].北京: 科学出版社,2000.

[128] 亚历柯斯 · 利多,约翰 · 斯其顿.氮化镓功率晶体管——器件、电路与应用[M].北京: 机械工业出版社,2018: 51 - 63.

# 第6章　SiC 半导体单晶衬底及外延材料

## 6.1　SiC 半导体的基本物理性质

SiC 半导体的发展历史最早可追溯到 1824 年，瑞典科学家 J. J. Berzelius 在人工合成金刚石的过程中偶然发现同时合成了 SiC 晶体[1]。1905 年，法国科学家 H. Moissan 在美国 Dablo 大峡谷的陨石里发现了天然 SiC 单晶[1]。1920 年 SiC 基探测器已应用于早期的无线电接收机上，1924 年国际上已出现 SiC 基发光二极管[1]。但由于 SiC 单晶的生长技术难度非常高，SiC 半导体材料和器件的发展曾一度停滞。直到 1955 年，荷兰飞利浦实验室 J. A. Lely 等发明了晶体生长的升华法（简称 Lely 法）用于 SiC 单晶的制备[2-4]，使 SiC 材料和器件的研究在国际上再次焕发出生机。

20 世纪 60~70 年代，SiC 单晶生长的研究主要在苏联开展。1978 年，苏联科学院电子工程研究所 Y. M. Tairov 和 V. F. Tsvetkov 发明了改良的 Lely 法，成功获得了较大尺寸的 SiC 单晶[5]。他们的这一突破使 SiC 半导体材料和器件的研究进入了新的历史阶段。1979 年，国际上第一只 SiC 蓝色发光二极管问世[6]。1981 年，日本京都大学 H. Matsunami 等发明了 Si 衬底上外延生长单晶 SiC 的技术[7]。1991 年，美国 CREE 公司采用升华法生长出 6H-SiC 单晶片，并成功实现了产业化[8]。1994 年该公司又进一步生长出 4H-SiC 单晶[9]。这一系列技术突破在国际上引发了 SiC 基半导体材料和器件的研发热潮。

近年来，随着 SiC 单晶生长技术的不断进步，SiC 单晶的直径已达到 8 英寸，晶体缺陷密度不断下降，4 英寸单晶微管密度已低于 0.1 $cm^{-2}$，穿透性螺位错和基平面位错密度可控制在 $10^2$ $cm^{-2}$量级。目前美国 CREE 公司掌握着国际上最先进的 SiC 单晶生长技术，其 6 英寸 4H-SiC 单晶衬底最早投放市场[10]。单晶衬底制备技术的进步促进了基于 SiC 衬底的各类电子器件的研制和产业化，目前国际市场上基于 SiC 单晶衬底的半导体器件产品包括 GaN 基 HEMT、GaN 基 LED、SiC 基 SBD、SiC 基 MOSFET 等。

作为一种第三代半导体材料，SiC 具有优良的物理和化学性质，是制备新一代功率电子器件不可替代的半导体材料。SiC 独特的物理和化学性质与其晶体结构密切相关，为此我们首先讨论 SiC 的晶体结构。SiC 晶体有超过 200 种的多型结构，最常见的是立方 3C、六角 4H、六角 6H 和菱方 15R 结构[11,12]。这些多型结构以 Si-C 双原子为基本单元，由于堆垛方式、排列方式不同而形成不同的 SiC 晶体结构,如图 6.1 所示[11,12]。从图中可看出：2H 晶体具有最简单的六角结构,即纤锌矿结构,其堆垛顺序为 AB;在半导体电子器件上应用最广的为 4H 和 6H 结构 SiC 晶体,其堆垛顺序分别为 ABCB 和 ABCACB。3C 具有最简单的立方闪锌矿结构,其堆垛顺序为 ABCABC;15R 晶体为菱方结构,如果用六角晶系描述,其沿 $c$ 轴方向的堆垛顺序为 ABCACBCABACABCB。

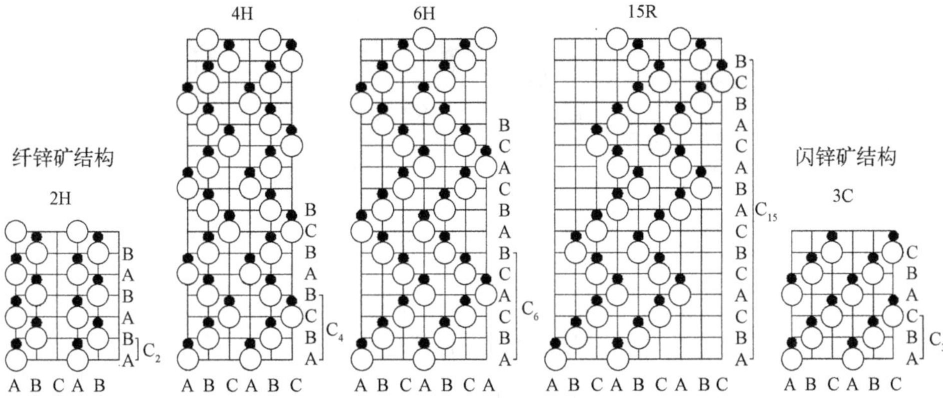


图 6.1　从[$11\bar{2}0$]方向观察的五种不同的 SiC 晶体的堆垛排列结构[12]

从图 6.1 中可看出：对于 6H-SiC,Si-C 双原子层在 A 位置上与其最近邻的上、下层呈六方堆垛关系,而 B 和 C 位置与各自最近邻的上、下层均呈立方堆垛关系。因此,在 6H-SiC 中,称 A 位置为六方位置;而 B 和 C 位置称为立方位置。在 6H-SiC 结构中,六角和立方结构比例分别为 33%和 67%[12]。对于 4H-SiC,Si-C 双原子层在 A 和 C 位置上与其最近邻的上、下层呈六方堆垛关系,而 B 位置则与其最相邻的上、下层呈立方堆垛关系。因此,在 4H-SiC 中,称 A、C 位置为六方位置;而 B 为立方位置(标记为 K)。在 4H-SiC 结构中,六角和立方结构各占 50%[12]。

SiC 半导体的禁带宽度与 Si-C 双原子层的堆垛方式有关。图 6.2 表示不同多型结构的 SiC 在布里渊区各 $k$ 点带隙的理论和实验数据[13]。对于 M 和 L 位置,禁带宽度的理论值随六角的比例增加而增加。而对于 K 位置,禁带宽度的理论值则随六角的比例增加而减少。六角比例超过 90%,K 位置有最窄的禁带宽度[13]。

目前国际上商用的 SiC 单晶衬底为 4H-SiC 和 6H-SiC 晶体结构,主要采用物理气相传输(PVT)法或升华法等晶体生长方法制备。SiC 单晶结构的控制依赖于晶体生长中的参数控制,主要控制参数有：生长温度和压力[14,15]、温度梯度[16]、晶体生长的籽晶面[17]等。表 6.1 列出了 Si、GaAs 和 SiC 的主要性质参数对比[18],与 Si 和 GaAs 半导体相比,除了在硬度、耐腐蚀性、耐高温性、对光的透明度等方面的优势外,SiC 半导体优越的物理、化学性质主要包括[18]：

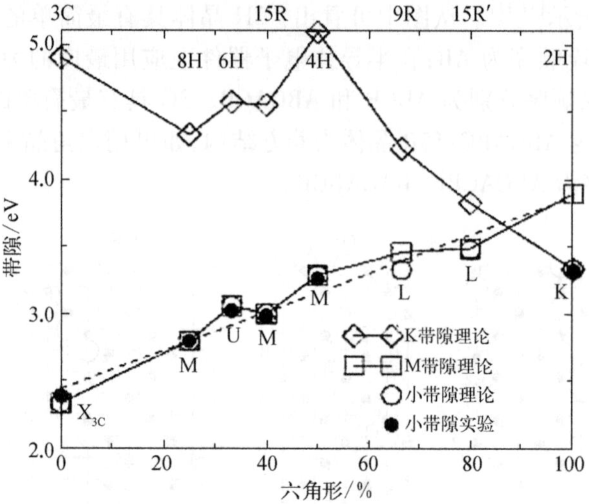


图 6.2　主要的 SiC 多型结构晶体带隙随六角比例的变化规律的理论和实验值[13]

**表 6.1　SiC 与其他半导体材料的基本性质对比[18]**

| 性　　质 | 4H-SiC | 6H-SiC | Si | GaAs |
|---|---|---|---|---|
| 热导率/[W/(cm·K)] | 4.9 | 4.9 | 1.3 | 0.5 |
| 带隙/eV | 3.2 | 3.0 | 1.12 | 1.42 |
| 本征材料的透明性 | 是 | 是 | 否 | 否 |
| 可用掺杂类型 | n, p | n, p | n, p | n, p |
| 饱和电子迁移速率/($10^7$ m/s) | 2.0 | 2.0 | 1.0 | 2.0 |
| 电子迁移率/[$cm^2$/(V·s)] | 1 000 | 600 | 1 450 | 8 500 |
| 临界击穿场强/(MV/cm) | 3 | 3.2 | 0.3 | 0.6 |
| 晶格常数 $a$/Å | 3.073 | 3.081 | 3.84 | 4.00 |
| 与 GaN 的晶格失配/% | 3.8 | 3.5 | -17 | -22 |
| 与 GaN 的热膨胀系数失配/% | -0.11 | -0.12 | -0.17 | 0.11 |

(1) 禁带宽度大,接近于 Si 的 3 倍。禁带宽度大可保证电子器件在高温下工作的稳定性。禁带宽度越大,器件的耐受工作温度越高。Si 基器件的极限工作温度一般不超过 300℃,而 SiC 基器件的极限工作温度可达到 600℃以上[18,19]。

(2) 临界击穿场强高,是 Si 的 10 倍。用 SiC 制备器件可极大地提高器件的反向击穿电压和电流密度,并大大降低器件的导通损耗。使得 SiC 更适用于制备高压、大功率电子器件,如功率晶体管、功率闸流管等[20-23]。

(3) 热导率高,是 Si 的 3 倍以上。高热导率有助于 SiC 基电子器件的散热,在同样的输出功率密度下保持更低的结温。与常规的 Si 基器件相比,SiC 基器件工作产生的热量可以很快地从衬底散发,而不需要额外的散热装置,从而实现电路模块的小型化,这对于航空航天、军用雷达等领域的应用非常重要。

(4) 饱和电子漂移速率大,是 Si 的 2 倍。这决定了 SiC 基电子器件可以实现更高的工作频率和更高的功率密度[24]。

因为上述半导体材料特性优势,SiC 基电子器件可满足高温、高频、大功率条件下的应用需求。SiC 材料的高硬度和高化学稳定性也保证了 SiC 基电子器件的耐腐蚀、抗辐照特性上的优势。

# 6.2 SiC 半导体单晶衬底材料的生长

## 6.2.1 SiC 晶体中的微管和位错缺陷

用升华法生长的 SiC 晶体中存在一种特殊的中空缺陷,即微管。1951 年,英国布里斯托大学 F. C. Frank 等研究确认 SiC 单晶中的微管是具有较大伯格斯矢量的空芯螺位错,又称超螺位错,直径从几十纳米至几十微米[25]。在超螺位错的中心区域由于存在高应变,使中心区域的原子在高温晶体生长过程中优先蒸发,从而产生了中空管道。SiC 晶体中微管直径 $D$ 与其伯格斯矢量大小 $\boldsymbol{b}$ 之间存在如下关系[25]:

$$D = \frac{\mu \boldsymbol{b}^2}{4\pi^2 \gamma} \tag{6.1}$$

式中,$D$ 为微管的直径;$\mu$ 为晶体的剪切模量; $\boldsymbol{b}$ 为伯格斯矢量;$\gamma$ 为晶体的比表面自由能。

图 6.3 是 SiC 单晶原生面微管典型的原子力显微镜和透射偏光显微镜照片[26]。从图 6.3(a)可看出 SiC 的生长台阶从微管缺陷处产生。图 6.3(b)展示了在透射偏光显微像下微管具有的独特形貌,其呈现中心带黑点的高亮度蝴蝶形状,不同微管的蝴蝶形翅膀大小不同,且亮度随距中心的距离不同而变化。微管对高电压或大电流条件下工作的 SiC 基功率电子器件危害极大,因此被称为 SiC 基电子器件的“杀手型”缺陷。

SiC 晶体中的位错类型主要包括穿透型位错和基平面位错。根据位错线与伯格斯矢量的方向关系,穿透型位错又分为穿透型螺位错和穿透型刃位错[27-30]。对螺位错,其伯格斯矢量方向与位错线方向平行,柏格斯矢量为$\langle 0001 \rangle$。对刃位错,其伯格斯矢量方向与位错线方向垂直,柏格斯矢量为 $1/3\langle 11\bar{2}0 \rangle$。而基平面位错是躺在(0001)面内的一种刃位错,其位错线方向沿$\langle 10\bar{1}0 \rangle$,柏格斯矢量为 $1/3\langle 11\bar{2}0 \rangle$。

缺陷择优腐蚀是表征 SiC 晶体中位错缺陷的一种快速而有效的方法[31]。SiC 抛光晶片经 KOH 溶液等择优腐蚀剂处理后将在位错露头位置产生腐蚀坑,腐蚀坑的大小不同是由位错线应变能的不同造成的,而应变能正比于柏格斯矢量的平方

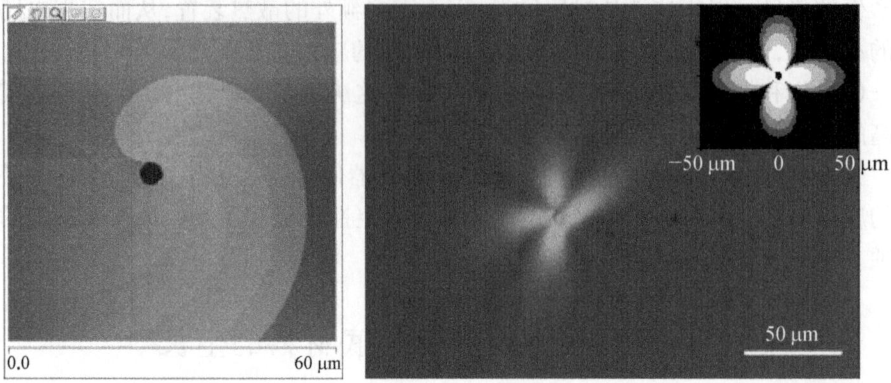


(a)　　(b)

图 6.3　(a) AFM 观察到的微管像;(b) 透射偏光显微镜下微管呈高亮度蝴蝶形[26]

值。图 6.4 给出了刃位错、螺位错和基平面位错腐蚀坑的 SEM 照片[31]。从图中可看出,刃位错和螺位错腐蚀坑中心具有一个黑色芯状,具有明显的六方对称性,且刃位错腐蚀坑尺寸明显小于螺位错,而基平面位错为典型的贝壳形状。

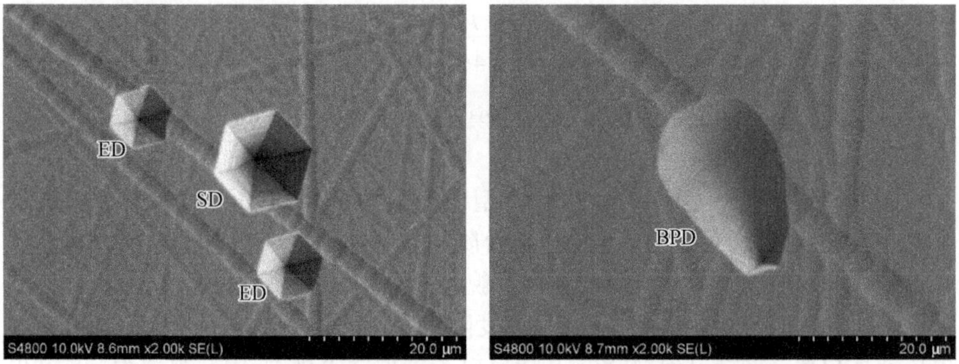


(a)　　(b)

图 6.4　SiC 晶体中典型的腐蚀坑 SEM 形貌像:(a) 螺位错(SD)和刃位错(ED);(b) 基平面位错(BPD)[31]

### 6.2.2　低微管密度 SiC 单晶的生长

SiC 晶体中微管缺陷的产生有诸多原因,如多型夹杂、第二相包裹物、籽晶背面升华、杂质等,且晶体炉中温场的均匀性和籽晶的品质也有重要影响[32-44]。随着 SiC 单晶尺寸的不断增大,精确控制各生长工艺参数越来越困难。近年来,国际上在 SiC 晶体尺寸不断增大的同时,通过对晶体生长工艺的持续改进,SiC 单晶的微管密度不断下降。由于 SiC 中微管的延伸沿[0001]$c$ 轴方向,无微管的 SiC 晶体可从沿着[1120] $a$ 轴方向生长得到。1997 年,日本 Toyata 公司 J. Takahashi 等按照这一思路,采用"重复 $a$ 面"生长技术,实现了 50.8 mm 尺寸 SiC 单晶的无微管生长[45]。2005 年,美国 Intrinsic 公司 C. Basceri 等也获得了零微管的 SiC 单晶,并于 2006 年生长出 76.2 mm 尺寸的无微管 SiC 单晶[41]。2007 年,美国 CREE 公司推出了 4 英寸零微管密度的 4H-SiC晶片产品,基于该衬底研制的 SiC 基电子器件的成品率达到了 90%以上,标志着 SiC 单晶衬底材料开始了产业化应用[45]。目前,CREE 公司功率电子器件用 6 英寸 SiC 晶片产品的微管密度可控制在 5 个/$cm^2$以下,最低可达到 1 个/$cm^2$。

迄今,SiC 单晶材料依然存在位错密度相对较高的问题,典型值为 $10^3$ ~ $10^4$ $cm^{-2}$量级[42],严重制约了 SiC 材料在高功率电子器件中更广泛的应用。采用 SiC 单晶衬底同质外延时,衬底中的穿透型位错会向外延层中延伸,导致外延层中产生大量的扩展型缺陷,这些缺陷的存在严重影响着 SiC 基功率电子器件的性能。

如果采用熔体法生长 SiC 单晶,做不到像生长 Si 单晶那样,利用先缩颈再扩径技术获得无位错的 Si 单晶材料,导致 SiC 晶体中大部分的位错缺陷来自籽晶中位错的继承延伸。2000 年,美国卡内基-梅隆大学 S. Ha 等指出晶体中的热应力使得晶体发生滑移范性形变[46],为了弛豫弹性应力场,晶体生长过程会在 SiC 晶体中产生大量的位错缺陷。2004 年,美国 CREE 公司的 A. R. Powell 等发现籽晶亚表面的应力损伤也会导致 SiC 单晶生长初期增殖大量位错[47]。

2006 年,德国晶体生长研究所 H. Rost 等发现沿 SiC 的非极性面生长时,SiC 单晶中微管和位错密度会大大降低,但会产生大量堆垛层错[48]。他们提出采用图案化籽晶进行 SiC 单晶生长,即通过在 SiC 籽晶表面上制作周期性图案台面和沟槽,使得台面侧壁显露面为$\{11\bar{2}0\}$和$\{1\bar{1}00\}$非极性面,利用不同晶面生长速率的差异,选择合适的生长条件,可使显露的侧壁非极性面快速生长,阻断 SiC 籽晶中位错沿 $c$ 轴方向延伸,从而降低 SiC 单晶的位错密度。

图案化籽晶周期性台面和沟槽可通过机械或化学方法获得[49-51],如刻蚀、金刚石多线切割、锯片等。典型的沟槽尺寸宽 100~500 μm,槽深度 100~200 μm,台面宽度 200~1 000 μm。台面侧壁显露面均为非极性面$(11\bar{2}0)$ $a$ 面和$(1\bar{1}00)$ $m$ 面的等价面。图 6.5 为图案化籽晶表面的 SEM 形貌图[51]。

SiC 图案化籽晶制作完毕后,依次采用氢氟酸、丙酮、去离子水等超声清洗,以去除制作沟槽时产生的碎屑和沾污。晶体生长前,首先对 SiC 籽晶进行高温退火处理。图 6.6 显示了 2 030℃、800 mbar 气压下退火 2 h 前后的 SiC 籽晶表面的显微镜照片[51]。从图中可看出退火后沟槽宽度由 130 μm 变宽至 280 μm,原因是机械处理过程引入的侧壁损伤层在高温下的分解。因此可通过优化高温退火时间来完全去除 SiC 图案化籽晶的侧壁损伤层。另外,可明显观察到台面上起源于螺位错的螺旋生长形貌。

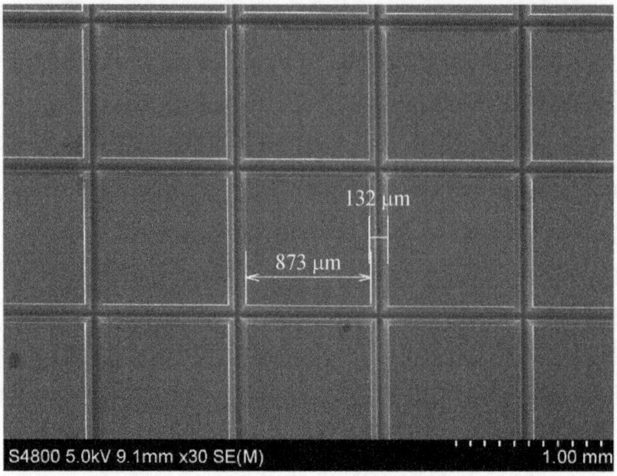


图 6.5 SiC 图案化籽晶的 SEM 形貌像[51]

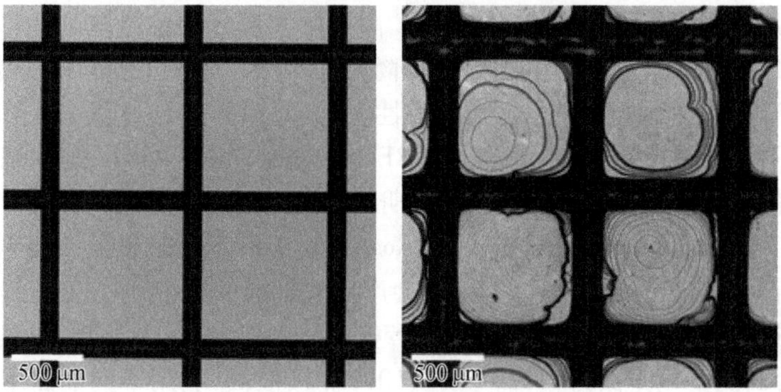


(a) (b)

图 6.6 2 030℃、800 mbar 条件下退火 2 h 前(a)、后(b)SiC 籽晶表面的显微镜照片[51]

为了促进 SiC 沿着图案化籽晶台面侧壁非极性面进行侧向生长,同时抑制沿 $c$ 轴方向的生长,一般选择较低温度下的晶体生长。同时,为了保证晶体炉坩埚底部粉料分解的气相组分能够向上传输到 SiC 籽晶表面,一般也选择较低的生长压力。典型的晶体生长温度为 1 866℃,生长压力为 10 mbar。经过短时间生长后,根据台面边缘的侧向推移距离可测定侧向生长速率。生长 5 h 和 10 h 后的 SiC 晶体生长表面形貌如图 6.7 所示[51],可明显观察到 SiC 生长速率的各向异性,沿$\langle 11\bar{2}0\rangle$方向的侧向生长速率远大于沿$\langle 1\bar{1}00\rangle$方向。此外,在沿$\langle 11\bar{2}0\rangle$沟槽和沿$\langle 1\bar{1}00\rangle$沟槽的十字叉处,出现了四个明显的晶面,实验确认这四个晶面分别是$\{1\bar{1}00\}$晶面的四个等价面,指标化为$(01\bar{1}0)$、$(10\bar{1}0)$、$(0\bar{1}10)$和$(\bar{1}010)$面。根据布拉维法则,生长晶面互相竞争,生长速率快的晶面消失,而生长速率慢的晶面显露[51]。根据这一原理可确认 SiC 沿⟨$1\bar{1}00$⟩方向的生长速率在所有垂直于 $c$ 轴的非极性生长方向中最小。

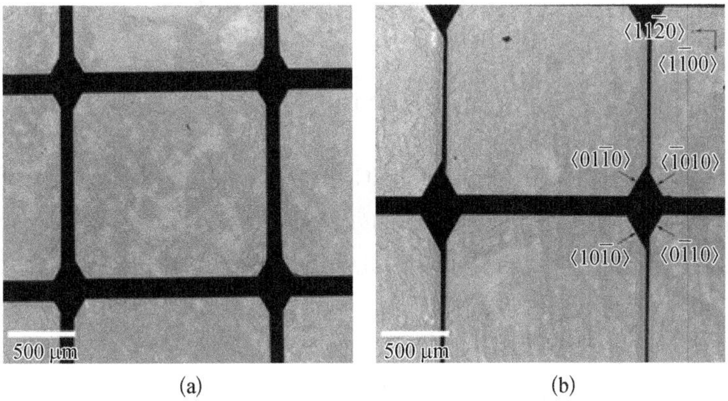


图 6.7　1 866℃、10 mbar 条件下生长（a）5 h 和（b）10 h后 SiC 晶体表面的显微镜照片[51]

将 1 866℃、10 mbar 条件下生长 10 h 后的 SiC 晶体放置在 KOH 溶液中腐蚀后，可通过显微镜观察到其位错腐蚀坑的分布情况，如图 6.8 所示[51]。从中看到方形台面位置处穿透位错密度平均为 $8\times10^5$ $cm^{-3}$，与籽晶中位错密度基本一致。根

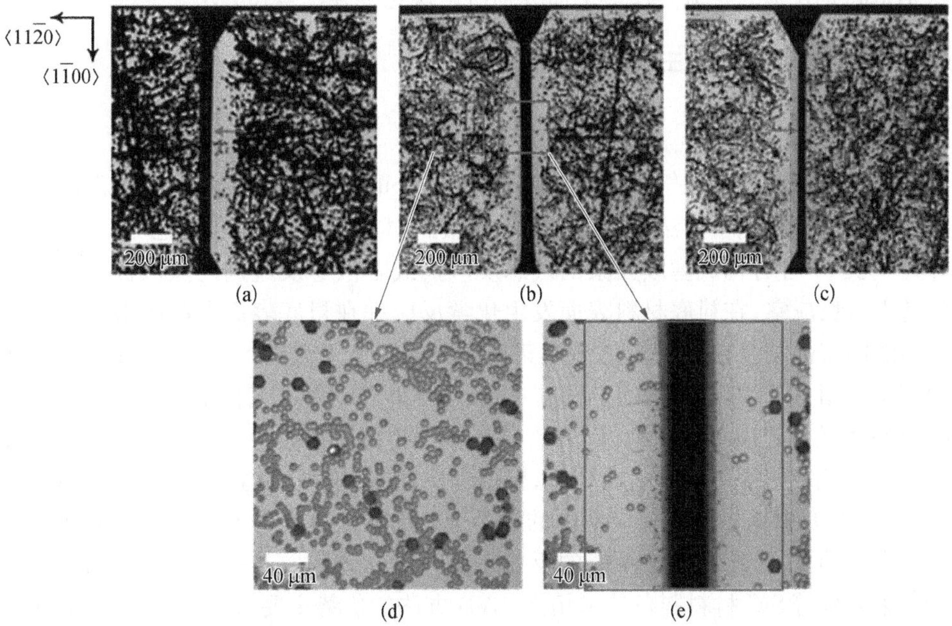


图 6.8　SiC 晶体生长层表面腐蚀坑分布的显微镜形貌：(a) 中心轴左侧区域；(b) 晶片中心区域；(c) 中心轴右侧区域；(d)和(e)分别为图(b)台面处和沟槽处的放大图[51]

据穿透位错延伸机制[52]，SiC 晶体沿 $c$ 轴方向生长时，穿透位错会从籽晶延续到生长层。然而在沟槽侧向生长区域穿透位错密度仅为 $3\times10^4$ $cm^{-3}$，相比台面区域降低 1~2 个数量级，很显然与沿⟨$11\bar{2}0$⟩方向侧向生长相关。

## 6.3　SiC 半导体材料的外延生长

采用 PVT 等晶体生长方法制备的 SiC 单晶材料，由于晶体生长炉系统的复杂性和高温生长，不利于控制 SiC 晶体中的残留杂质和掺杂浓度及其均匀性，难以满足 SiC 基功率电子器件研制的要求。因此需要在 SiC 单晶衬底上进行 SiC 的同质外延生长。由于外延生长温度远低于 SiC 的晶体生长温度，可非常方便地进行 SiC 外延薄膜的 n 型或 p 型原位掺杂。

SiC 外延生长目前主要有三种方法：① 化学气相沉积（chemical vapor deposition，CVD）；② 分子束外延（MBE）；③ 液相外延（LPE）。一般而言，MBE 方法得到的 SiC 外延薄膜晶体质量最好，CVD 和 LPE 方法次之。按照生长速率比较，MBE 和 LPE 方法速率很低，难以实现大批量的产业化生产。采用 CVD 方法得到的 SiC 同质外延材料质量高，可直接用于器件制备，同时 CVD 系统相对没有 MBE 系统复杂，对真空度的要求也没有 MBE 高。因此目前 CVD 方法是 SiC 外延，特别是同质外延的主流方法。下面分别讨论这几种外延生长方法。

### 6.3.1　SiC 外延生长的主要方法

1. 化学气相沉积

化学气相沉积是在气相外延（vapor phase epitaxy，VPE）生长基础上发展起来的一种外延材料制备方法，广泛运用于半导体材料和器件的制备工艺[53]。在 CVD 外延生长中，含有构成薄膜元素的气态反应剂或者液态反应剂的蒸汽被以合理的流速引入反应室，在衬底材料表面发生化学反应并在衬底表面上沉积形成有特定功能的固态薄膜。在 Si 基超大规模集成电路的制造工艺中，多种半导体或介质薄膜都是采用 CVD 方法制备的。反过来，半导体集成电路工艺技术的发展也带动了 CVD 技术的迅速发展。目前，CVD 设备有多种类型。根据生长时反应室侧壁的温度，分为热壁式 CVD 和冷壁式 CVD；根据反应室的形状分为垂直式（立式）CVD 和水平式 CVD；根据生长时反应室内的压力，分为低压 CVD 和常压 CVD。图 6.9 为几种常见的 CVD 外延生长系统的反应室结构示意图[54]。与升华法、液相外延和分子束外延等 SiC 材料制备技术相比，CVD 方法的优势主要有：① 在采用 CVD 方法进行 SiC 外延生长时，各种生长源气体及掺杂源气体流量可由质量流量控制器精确控制，保证了外延材料的组分、厚度及掺杂浓度的精确可控；② 采用 CVD

方法生长的 SiC 外延材料均匀性好，掺杂范围较大，可满足制备各种电子器件的需求；③ CVD 外延生长系统结构相对简单，操作方便，便于进行大规模的产业化推广。

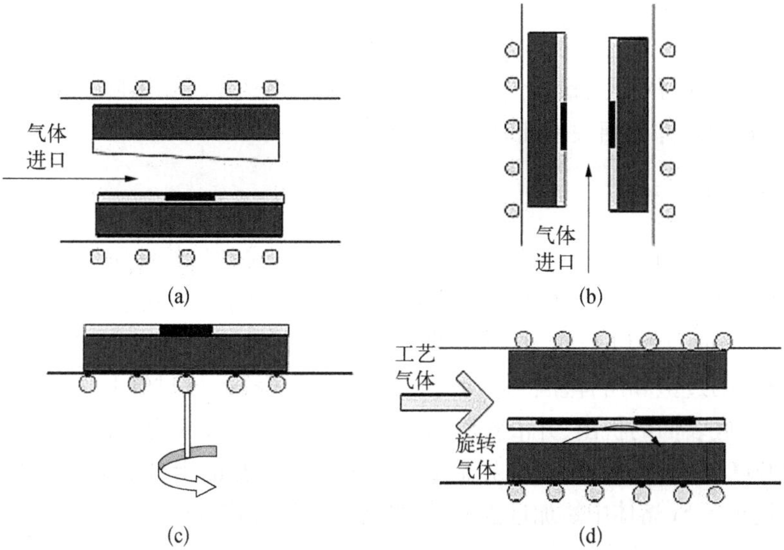


图 6.9 几种用于 SiC 外延生长的 CVD 系统的反应室结构示意图：(a) 水平热壁式；(b) 烟囱热壁式；(c) 垂直冷壁式；(d) 行星热壁式[54]

采用 CVD 方法进行 SiC 的外延生长时，主要采用高纯 $SiH_4$、$SiHCl_3$ 或 $SiCl_4$ 等作为 Si 源，高纯 $CH_4$、$C_2H_6$、$C_3H_8$ 或 $CCl_4$ 等作为 C 源，氢气或氩气作为载气。通常情况下，SiC 同质外延的生长温度和生长压力分别为 1 200~1 800℃ 和 10~1 000 mbar，生长速率为 5~10 μm/h[55,56]。采用 CVD 方法可获得高质量的 SiC 同质外延薄膜[57]。

对于高压、高功率的 SiC 基功率电子器件，高质量的 4H-SiC 外延厚膜十分必要。常规的 CVD 外延方法受 SiC 生长速率的限制，并不适用于制备 4H-SiC 外延厚膜。升华法外延生长速率虽然较高，但晶体生长中的气相难以控制，也不利于制备高纯和高质量的 SiC 外延厚膜。而高温化学气相沉积(HT-CVD)方法的出现很好地满足了制备 4H-SiC 外延厚膜的需求[57]。在 HT-CVD 外延工艺中，生长温度可高达 2 300℃，且外延过程中气相条件完全可控。因此，在获得较高的外延生长速率的同时，可提高 SiC 外延材料的纯度，降低其非故意掺杂杂质的背景浓度，非常有利于高纯度 SiC 半绝缘外延材料的制备[57]。采用 HT-CVD 方法进行外延生长的缺点是相对常规的 CVD 方法成本很高。

2. 分子束外延

用于氮化物半导体材料制备的 MBE 方法和系统在本书第 3 章已有详细介绍，

用于 SiC 外延生长的 MBE 方法和系统与此大同小异，这里不再重复讨论。对 SiC 薄膜的同质外延生长，MBE 方法的主要优势在于低生长温度、对不同 SiC 晶型的精确控制以及快速的界面切换，因此非常适合于不同晶型 SiC 基异质结构的外延生长，如 6H-/3C-/6H-SiC 异质结构和 4H-/3C-/4H-SiC 异质结构的制备[58]。然而，由于相对其他 SiC 外延生长方法的生长速率过低，一般小于 1 μm/h，MBE 方法不适用于 SiC 外延材料的批量化制备。因此，目前 MBE 方法在国际上主要用于 SiC 半导体材料和器件的相关基础研究领域[58]。

3. 液相外延方法

液相外延(liquid phase epitaxy, LPE)是一种可成功生长高质量 SiC 外延薄膜的方法[59]。由于常压下 SiC 和 C 原子都没有液态，国际上最初采用 LPE 方法制备 SiC 外延薄膜时只能以 C 作为溶质，熔体 Si 作为溶剂，在超过 Si 熔点的高温条件下形成 SiC 的过饱和熔体。将外延用 SiC 单晶衬底浸入该过饱和熔体中时，就会有 SiC 在衬底表面的析出，并沿衬底的晶体结构方向生长成为晶体[60]。但由于即使在 2 000℃ 的高温条件下，C 在熔体 Si 中的溶解度也十分有限，如图 6.10 所示[60]。通过向 Si 熔体中添加过渡金属，如钪(Sc)的方式可提高 C 在 Si 熔体中的溶解度。通过过渡金属元素的添加，在较低的生长温度下，液相外延可保持 SiC 适当的外延生长速率。通过生长温度调控，SiC 液相外延的生长速率可达 150 μm/h[61]。采用 LPE 方法生长的 SiC 外延薄膜晶体质量很好，具有较低的深能级缺陷密度和

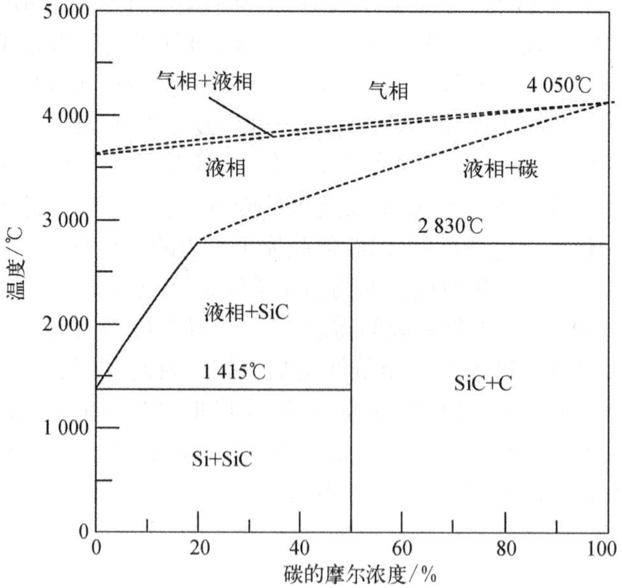


图 6.10　用于 SiC 液相外延的 Si-C 系统的相图[60]

较高的载流子霍尔迁移率[62]。

4. 各种 SiC 外延生长方法的比较

上述几种常用的 SiC 外延生长方法的优缺点对比如表 6.2 所示。从表中可看出，每种方法都有各自的优缺点。在进行 SiC 外延生长时，可根据对 SiC 外延材料的不同需求选择合适的外延生长方法。对于 SiC 厚膜外延生长，在获得较快生长速率、较高外延质量、较低的背景杂质浓度和厚度均匀性的同时，从产业化的角度出发，还需要降低 SiC 外延生长的成本。从各种常用 SiC 外延生长方法的对比中可以看出，CVD 方法，包括 HT-CVD 方法，迄今依然是 SiC 外延生长最主流的方法。

**表 6.2 各种 SiC 外延生长方法的优缺点对比**

| 外延生长方法 | 优 点 | 缺 点 |
|---|---|---|
| 升华法 | 生长技术简单，温度高，生长速率快 | 升华不均匀，难以获得高质量的 SiC 外延材料，主要用于 SiC 衬底材料生长 |
| 液相外延(LPE) | 成本低，微管缺陷闭合效率高，生长速率高 | 需准确控制热平衡条件，掺杂浓度难以控制，表面形貌粗糙 |
| 分子束外延(MBE) | 生长温度低，可生长不同的 SiC 晶型，利于超精细结构及异质结构的生长 | 生长速率低，不适于功率器件所需外延材料的制备 |
| 化学气相沉积(CVD) | 外延材料厚度和掺杂浓度的精确控制，表面形貌好，生长速率合适 | 需要高纯的生长源 |

### 6.3.2 SiC 的同质外延生长机理

国际上发展的 SiC 同质外延生长技术主要基于“台阶流控制”和“位置竞争”的生长动力学机理，也就是所谓的“台阶流生长”方法，是由日本京都大学的 N. Kuroda 等于 1987 年最早提出的[63]。该方法通过选择 SiC 衬底的切割倾角，即不是平行于晶面切割，而是偏离一定的角度进行切割。以 4H-SiC 为例，衬底晶面为(0001)面，切割时偏向[$11\bar{2}0$]方向 4°~8°，因而具有一定偏角的 SiC 衬底表面布满了一个个原子台阶。当 SiC 同质外延生长时，吸附原子迁移到原子台阶处，并在台阶处成核，即可延续 SiC 衬底的晶型。这种方法一方面降低了外延生长温度，另一方面提高了外延薄膜的晶体质量。正是由于该技术的突破，极大地推动了 SiC 基功率电子材料和器件技术的发展[63-66]。

1. CVD 外延生长的基本过程

图 6.11 是 SiC 半导体的 CVD 外延生长基本过程示意图[67]。从图中可看出，

CVD 外延生长需要多个连续步骤才能完成，主要步骤包括：① 生长源气体以合理的流速通入反应室中，经过衬底处的加热及气相中生长源的化学反应，生长源气体分裂为气相原子（分子），即反应产物或分解物，化学反应产物再以扩散的方式通过边界层到达衬底表面；② 反应物被吸附在衬底表面，成为吸附原子（分子）；③ 吸附的原子（分子）在衬底表面发生迁移，一部分到达合适的位置，并入外延层晶体中，另一部分则解吸附；④ 气态的副产物从衬底表面脱吸附并扩散进入主气流中随载气一起进入尾气处理系统[67]。

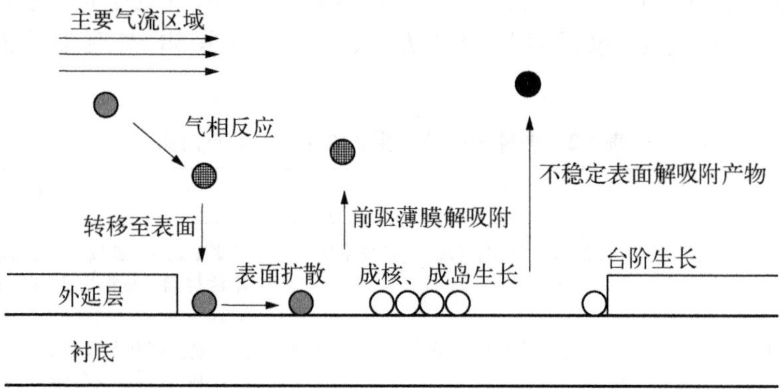


图 6.11　SiC 半导体的 CVD 外延生长的基本过程示意图[67]

当扩散到达衬底表面的反应物能够迁移到表面上的台阶处并在台阶处进行外延层晶体生长，这种生长方式就被称为“台阶流生长”。对于 4H-SiC 材料的同质外延生长来说，这是我们希望看到的生长模式。当吸附原子在 SiC 衬底表面相互碰撞失去原来的迁移动能而停留在台阶表面并成核时，生长模式就变为二维成核或三维成核生长[67]。

SiC 半导体的 CVD 外延生长还需满足以下两个条件：① 在外延生长温度下，生长源气体必须具备足够高的蒸气压，而沉积的 SiC 外延薄膜本身具有足够低的蒸气压；② 化学反应均发生在 SiC 衬底表面，以避免过早的气相中成核现象，导致 SiC 外延生长速率的降低和外延层晶体缺陷的增加[68]。

2. SiC 同质外延的成核过程

CVD 生长过程中的成核指的是气相生长源形成固相物质的过程，包括发生在气相氛围中的匀质成核和发生在固相表面的异质成核。英国飞利浦研究实验室 Brice 等给出了 CVD 外延生长过程中匀质成核率的表达式[65]：

$$\frac{\mathrm{d}N}{\mathrm{d}t} = C\exp\frac{-\Delta F}{kT} \tag{6.2}$$

式中,$C$ 为常数,$\Delta F$ 为成核形成能,为气相与固相(晶体)自由能的差,与温度及生长源物质的分压有关,$k$ 为玻尔兹曼常数,$T$ 为热力学温度。当气相中生长源物质浓度增大时,生长源物质的分压也变大,气相中成核率的增大会导致气相成核现象的发生,这对于薄膜的外延生长是十分不利的[65]。异质成核发生在固相表面,可以是衬底或反应腔壁。外延薄膜的成核生长与沉积物原子和衬底原子之间相互作用的强度有着很大的关系。根据沉积物原子和衬底原子之间相互作用的强度大小,衬底表面晶体生长初始阶段的生长模式可分为三维岛状生长(Volmer-Weber, VW)模式、层状生长(Frank-van der Merwe, FM)模式和混合生长(Stranski-Krastanow, SK)模式。图 6.12 为这三种生长模式的示意图[69]。

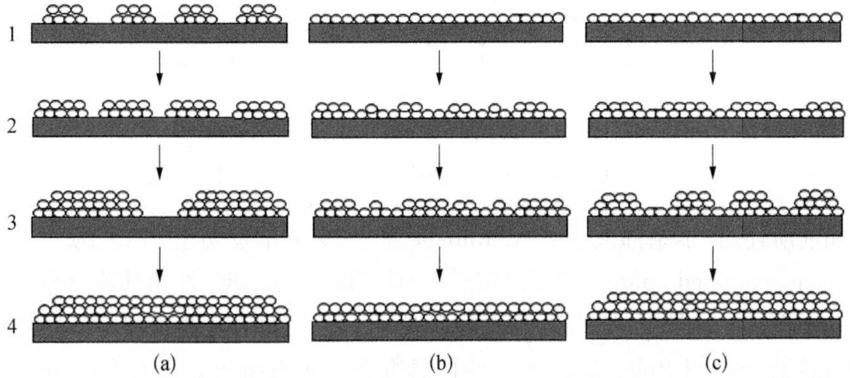


图 6.12 CVD 外延生长中三种生长模式示意图:
(a) VW模式;(b) FM 模式;(c) SK 模式[69]

三维岛状生长指的是当沉积原子之间相互作用大于被沉积物原子与衬底原子之间的相互作用时,沉积原子更倾向于自身相互结合,形成三维原子团簇或生长岛,这种生长模式主要出现在异质外延生长过程中。在层状生长中,沉积原子更倾向与衬底原子结合,在衬底表面形成二维单原子层,并以相同的方式逐层生长,这种生长模式主要出现在同质外延生长中。SK 生长模式是在薄膜生长初始阶段按照 FM 模式在衬底上进行二维单原子层生长,达到临界厚度时,转化为岛状生长,临界厚度与衬底材料的表面能量、晶格常数等参数相关[69]。

### 3. SiC 同质外延的台阶流生长

早期用于同质外延生长的 SiC 衬底为(0001)Si 面衬底,即所谓的零偏衬底。采用该衬底外延生长的主要问题由于零偏衬底表面台面很长,晶体的生长主要是通过衬底表面上的 2D 成核来进行。因此,在 SiC 外延层中会出现 3C 多型,如图 6.13所示[63]。为了避免 3C 多型的出现,在零偏衬底上的 SiC 外延生长需要在很高的温度下进行,一般高于 1 800℃。

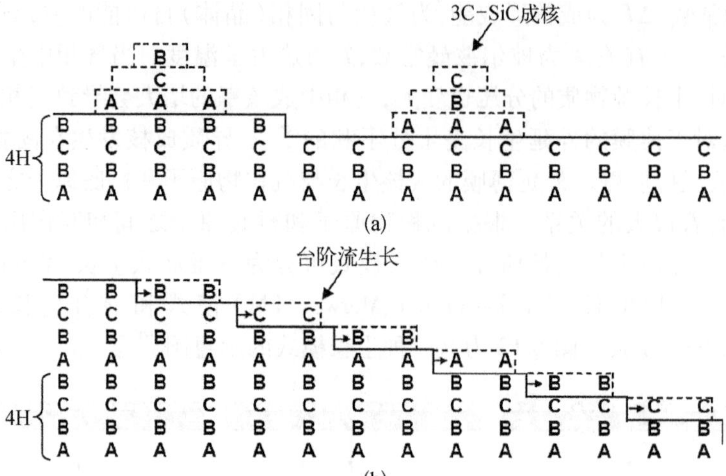


图 6.13　4H-SiC 外延的生长模式：(a) 3C-SiC 二维生长模式；(b) 4H-SiC 的台阶流生长模式[70]

如前所述，日本京都大学的 N. Kuroda 等于 1987 年发明了 SiC 同质外延的台阶流(step-controlled epitaxy)生长方法[63]。采用该方法，SiC 外延薄膜在保持晶型一致的同时，同质外延生长温度大幅度降低[70]。台阶流生长采用的是与 SiC (0001)面有一定偏角的 SiC 衬底。具有偏角的衬底表面包含有台面(terrace)、台阶(ledge)及扭折(kink)[70,71]，该结构被称为 TLK 结构，如图 6.14 所示[71]。由于台阶和扭折处的表面势能较低，在采用偏角的 SiC 衬底进行同质外延生长时，衬底表面的吸附原子更趋于向台阶和扭折处迁移，并与台阶和扭折处具有悬挂键的原子成键结合，并按照衬底的堆垛顺序生长为晶体。在这种生长模式下，各个台阶和

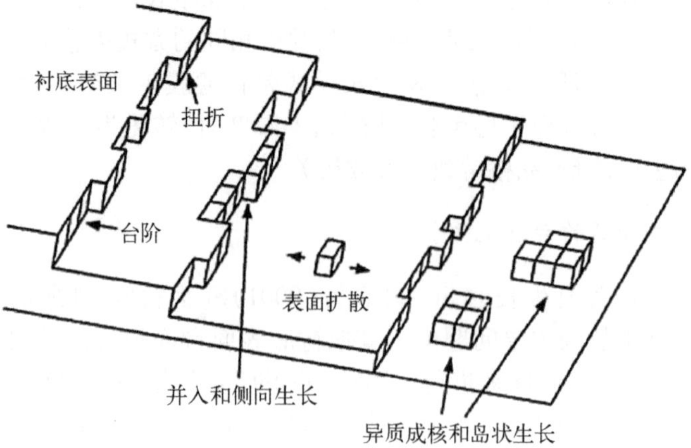


图 6.14　有一定偏角的 SiC 衬底表面的 TLK 结构[71]

扭折处不断吸收吸附原子而进行横向移动,从而实现高质量的同质外延生长。当台面较大、过饱和度较大时,在晶体表面仍可能会发生自发的 2D 成核。同时,衬底表面的缺陷也会成为吸附原子的成核位置,从而影响 SiC 外延薄膜的晶体质量[71]。

### 6.3.3 SiC 外延生长的工艺流程

1. 外延生长的主要工艺流程

根据 SiC 基功率电子器件的结构设计需要,SiC 外延生长的主要工艺流程如图 6.15 所示。

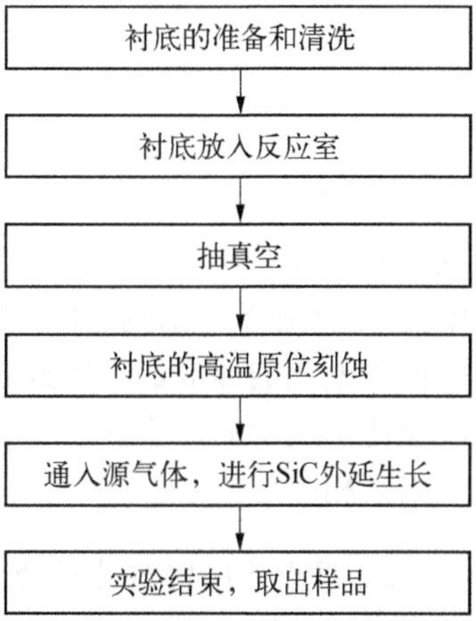

图 6.15 SiC 同质外延生长的主要工艺流程

(1) 衬底清洗:由于 SiC 衬底的表面状态对 SiC 同质外延质量有着重要影响,因此,为保证衬底表面尽可能洁净,需对衬底进行清洗。一般首先用丙酮对 SiC 衬底进行超声波清洗,然后采用 RCA 标准清洗法对衬底进行清洗,最后用氢氟酸溶液去除 SiC 衬底表面的氧化层。每个步骤完成后 SiC 衬底都需使用去离子水冲洗干净,并用无水乙醇脱水。生长前将衬底用高纯氩气吹干,并迅速放入 CVD 系统的进样室,防止衬底表面再次被氧化。

(2) 装片及抽真空:通过自动机械臂将 SiC 衬底装入 CVD 系统的反应腔,然后对反应腔进行抽真空至本底真空度达到 $10^{-7}$ mbar 以上。

(3) 衬底高温原位刻蚀:原位刻蚀是 SiC 外延生长过程中重要的工艺步骤。通过原位刻蚀,可去除衬底表面的划痕,减少外延薄膜的缺陷密度。

(4) SiC 薄膜的外延生长:原位刻蚀结束后,将 CVD 系统的反应腔温度调节至外延生长所需的温度,并向反应腔中通入生长源和掺杂气体,进行 SiC 薄膜的外延生长。

(5) 降温冷却、取样:SiC 薄膜的外延生长结束后,关闭反应腔加热的 RF 电源,利用大量的氢气流对样品进行降温冷却。当温度降低到一定程度后向反应腔内通入氩气,待反应室内外的压强一致时便可以打开舱门取出样片。

在 4H-SiC 同质外延生长过程中,一般是将生长源 $SiH_4$和丙烷 $C_3H_8$同时引入反应室,反应气体在高温衬底的周围(主要是上方)和衬底表面发生化学反应,生成 4H-SiC 分子沉积在衬底表面。衬底表面和上方所发生的物理、化学反应过程可描述为:① 硅烷 $SiH_4$和丙烷 $C_3H_8$注入反应室;② 硅烷 $SiH_4$和丙烷 $C_3H_8$在反应室前端充分混合，并输运到沉积区（衬底表面上方的局部区域）；③ 在沉积区，高温导致源的分解和其他气相反应，形成对薄膜生长非常有用的外延先驱气体以及副产品；④ 外延先驱气体输运到衬底生长表面，被吸附在生长表面；⑤ 在生长表面，原子通过表面化学反应相互结合进入外延薄膜中；⑥ 表面反应的副产品从表面解吸附出来脱离表面；⑦ 副产品离开沉积区输运到主气流区被带向反应室出口。

以上几个步骤按照先后顺序进行。普遍的观点是 4H-SiC 的同质外延生长主要由两类不同部位的化学反应构成。其一是气相反应，即硅烷 $SiH_4$和丙烷 $C_3H_8$在反应室沉积区空间的热分解；其二是在外延表面的化学反应，即源气体及其分解产物被外延表面吸附后，吸附的分子之间或吸附分子与外延表面原子之间发生化学反应生成 SiC 晶体。

通过模拟分析表明，气相反应中丙烷 $C_3H_8$基本完全分解，产物主要为甲烷 $CH_4$，其次是乙炔 $C_2H_2$。硅烷 $SiH_4$的热分解产物主要是 $SiH_2$和 Si。因此 SiC 的生成反应主要参与者是提供 C 原子的 $CH_4$和提供 Si 原子的 $SiH_2$或 Si。在气相反应中，并不存在 SiC 结构。SiC 是通过外延表面的原子之间的化学反应，分别在相应的位置上成键形成的。因此在 SiC 的 CVD 外延生长过程中，其生长速率是由表面反应速率决定的。表面反应速率与反应室结构、源气体流量、载气流速及温度等诸多因素相关。

### 2. 用于 SiC 同质外延的 CVD 设备

如图 6.16 所示，VP508 型号的 CVD 设备是目前国际上最为成熟和用户最多的 SiC 外延生长设备之一。VP508 GFR 型号设备的组成如图 6.17 所示，主要包括外延生长反应腔、加热系统、真空系统、冷却系统、供气系统、尾气处理系统、计算机控制系统及检测报警系统等。

VP508 型号的 SiC 外延生长设备有 2 个反应腔，分别用于非故意掺杂和故意掺杂 SiC 的同质外延生长。每个反应腔都具有一次生长 3 片 2 英寸、一片 3 英寸或者一片 4 英寸的生长能力。反应腔是一个外面 RF 线圈包围的石英管，中间为绝热保温层，保温层内有石墨基座。石墨基座表面有 TaC 涂层以防止高温下石墨中 N 杂质的逸出。另外，GFR 可使石墨基座匀速旋转，提高外延薄膜的厚度和掺杂均匀性。该设备反应源气体为硅烷 $SiH_4$和丙烷 $C_3H_8$，掺杂源为三甲基铝（TMA），高纯 $N_2$和 $H_2$作为载气，高纯 Ar 气作为保护气体。

真空机组系统主要包括干泵、分子泵、过滤器、排风机和尾气处理中和箱等，采用干泵预抽低真空，再通过分子泵实现生长系统的高真空。压力控制系统是通过压力自动控制程序实现对阀控、压力曲线设定、恒压等功能的控制。源气体和掺杂气体由质量流量计得到定量，然后利用载气对其进行均匀稀释后通过气路管道输

图 6.16 用于 SiC 外延的 VP508 GFR 型号 CVD 设备的照片

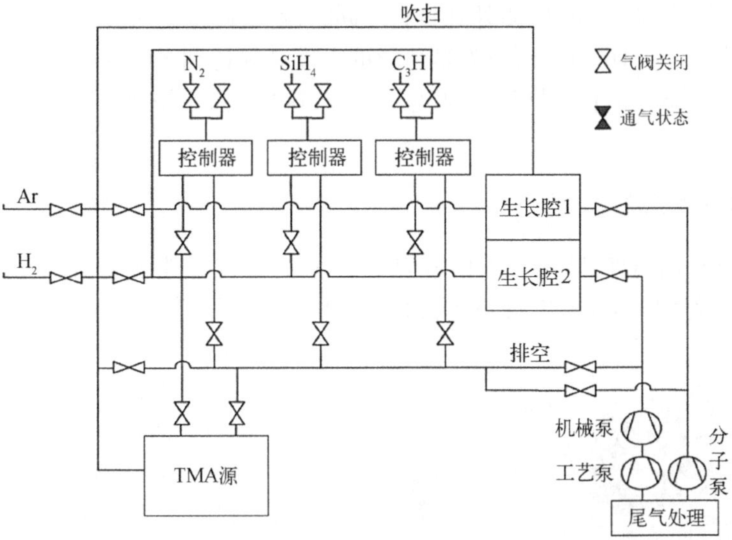


图 6.17 VP508 GFR 型号的 SiC 外延生长设备结构示意图

运到反应室上方。反应后残留气体通过工艺干泵进入尾气处理系统。为了精确控制 N 掺杂浓度,生长环境必须为高真空,所以在生长前必须用分子泵把生长腔的真空度提高到 $2\times10^{-7}$ mbar 以上。

冷却系统主要是在外延生长的过程中通过采用水循环的方式对 RF 加热系统、分子泵等设备进行水冷降温。计算机控制系统由工控机、PLC、电磁阀、压力传感器、热电偶、压力控制器、流量控制器等以及相应的组态控制软件等组成。检测报警系统主要对生长外延过程中各项工艺参数，如生长温度、气体流量、生长压强等进行实时监测并同步反馈给控制系统。同时，检测系统对外延生长设备的各仪器仪表进行实时检测，在系统出现问题时及时报警。尾气处理系统主要对系统剩余硅烷、丙烷以及氢气等易燃易爆物等进行燃烧，以防止产生危险或有毒物质的排放对环境产生影响。

### 6.3.4　SiC 的快速同质外延生长技术

当前国际上 SiC 基高压、大功率电子器件的研发日益受到关注。1 200～1 700 V的 SiC 基肖特基势垒二极管（SBD）、金属氧化物半导体场效应晶体管（MOSFET）以及结型场效应晶体管（JFET）在国际上已经商品化，并广泛应用于电力电子系统的功率变流器、光伏逆变器和混合动力汽车等领域。更高功率的 MOSFET、JFET 及 SBD、PIN 二极管的研究也相继被报道研制成功。在电力传输应用领域，甚至要求 SiC 基功率电子器件的反向击穿电压要高于 10 kV（万伏以上）。这些高压、大功率电子器件的研制迫切需要低缺陷密度、低背景掺杂浓度以及表面形貌好的高质量 4H-SiC 同质外延材料。同时，对于耐压 10 kV 及以上的 SiC 基功率电子器件，要求 4H-SiC 同质外延薄膜的厚度必须达到 80～100 μm。为此，国际上先后发展了 SiC 的快速同质外延生长方法，这里主要讨论低压生长法和氯基外延生长法。

1. 低压生长法

对于 SiC 同质外延厚膜，采用常规的 CVD 方法进行外延生长时，由于生长速率较低，一般为 6～8 μm/h，使得生长时间较长，增加了外延材料制备的成本。通过提高源气体流量可将 SiC 外延的生长速率最高提升到 10 μm/h 左右，但会遇到气相中 Si 的同质成核问题。即在外延生长过程中，当混合源气体中含 Si 的源流量增大到一定程度时，会出现气相成核现象，导致生长源中 Si 的含量因同质成核而大量消耗，从而抑制 SiC 外延生长速率的进一步提高，并且气相成核会导致 SiC 外延层表面形貌的退化和生长均匀性的恶化，如图 6.18 所示[72]。因此，在 SiC 常规的 CVD 外延工艺中，生长源流量增加到一定程度时，不仅外延生长速率不会进一步提高，反而会导致

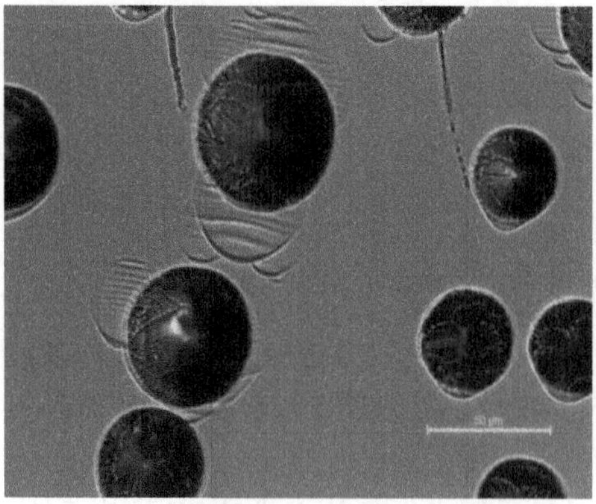

图 6.18　SiC 薄膜 CVD 外延生长中因气相成核形成的 Si 滴的光学显微照片[72]

SiC 外延层晶体质量的下降。

为获得更高的 SiC 生长速率，2008 年，日本电力工业中央研究院 M. Ito 等在 13～67 mbar 较低的压强下，利用传统的气体 $H_2+SiH_4+C_3H_8$，在温度 1 650℃、压强 20 mbar、$H_2$流量 70 slm，C/Si 比为 1.0 的条件下，利用垂直热壁 CVD 方法，获得了高达 250 μm/h 的 4H-SiC 生长速率[70,71]。与此同时，日本产业技术综合研究所 Y. Ishida 等也报道了在 20 Torr 的压强下，温度为 1 580℃，利用 $H_2+SiH_4+C_3H_8$气体，得到了 140 μm/h 的 4H-SiC 生长速率[72]。

2016 年，西安电子科技大学胡继超、张玉明等系统研究了低压 CVD 外延生长过程中反应室压强对 SiC 外延生长速率、结晶质量、表面缺陷及形貌等的影响[73]。研究发现，随着生长压强的降低，SiC 同质外延薄膜表面的三角形缺陷密度将降低。在 40 mbar 时，三角形缺陷密度约为 7 $cm^{-2}$，与常规的 CVD 外延生长方法相比下降了一个数量级。但由于低压下吸附原子表面扩散长度和表面自由能的增加，SiC 外延薄膜表面出现了台阶聚簇（step-bunching）现象，使外延层表面粗糙度增大。他们通过刻蚀工艺的优化，有效减少了 SiC 外延层表面的台阶聚簇缺陷密度，获得了厚度和掺杂浓度均匀性较高、缺陷密度较小的高质量 4 英寸 SiC 同质外延材料。他们获得的 SiC 外延生长速率最高可达 15 μm/h，10 μm 厚外延材料的厚度均匀性为 1.66%，掺杂浓度均匀性为 3.52%，测试表明表面缺陷密度约为1 $cm^{-2}$[75]。

通过研究生长压强和刻蚀条件对 SiC 外延薄膜表面形貌的影响，西安电子科技大学的研究组进一步对 SiC 的快速外延生长工艺进行了优化，得出的低压外延生长优化工艺为：生长温度 1 580℃，生长压强 40 mbar，刻蚀温度 1 500℃，刻蚀时间 10 min，氢气流量 60 sccm，C/Si 比为 1。在该外延生长条件下，当 $SiH_4$流量为 50 sccm时，外延生长速率可达 15 μm 以上。采用该生长条件制备的厚度为 20 μm 的 SiC 外延样品表面几乎没有三角形缺陷等形貌缺陷，如图 6.19 所示[73]。测量确认该样品表面的三角形缺陷密度约为 3 $cm^{-2}$。从图中可以看出，SiC 外延材料表面光滑，表面粗糙度为 0.192 nm，基本没有台阶聚簇现象。该研究表明，通过对外延生长工艺的优化，在外延生长速率提高的同时，SiC 表面缺陷密度和粗糙度均可大幅度下降，外延材料的表面形貌可得到大幅度提升。

### 2. 氯基外延生长方法

为了抑制 SiC 高速外延生长过程中 Si 滴的形成，减少由 Si 滴产生的缺陷，卤族元素化合物被引入基于 Si-C-H 的 CVD 生长系统中。实验表明含卤素化合物具有非常高的反应活性，在 SiC 外延生长的气氛环境中，更易于促进 Si 与 C 的成键，在外延生长温度范围内不易聚合，在提高 SiC 生长速率的同时不会导致外延薄膜质量的退化。在该方法研究的初期，SiC 外延生长中主要是向生长源气体中通入含

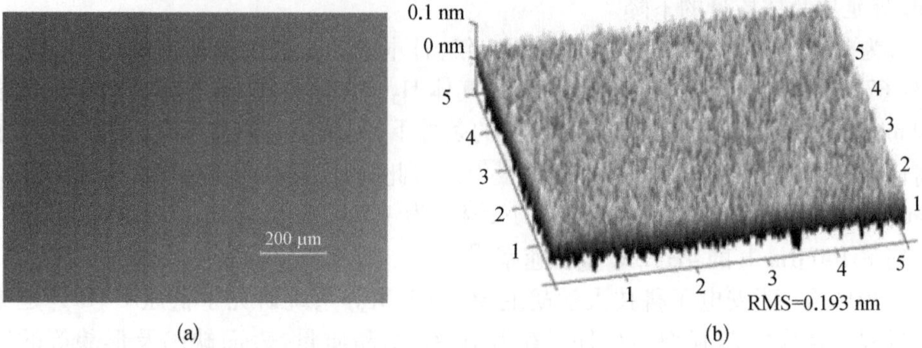


图 6.19　优化工艺条件下制备的 20 μm 厚 SiC 外延层表面的光学显微图片(a)和 AFM 形貌像(b)[73]

Cl 的 HCl 气体。2005 年,意大利 LPE SPA 的 D. Crippa 等发展了在 SiC 外延生长时向反应室通入 HCl 的方法[74]。通过 HCl 的引入,可有效抑制生长源中 Si 浓度较高时气相中 Si 的成核现象,从而提高了 SiC 生长速率,可达到 20 μm/h,同时与不使用 HCl 气体的常规外延生长工艺相比,SiC 外延层中缺陷密度、掺杂浓度均匀性及厚度均匀性等指标基本相同。同年,美国佛罗里达州立大学 R.L. Myers-Ward 等用相近的方法将 SiC 外延生长速率提高到了 55 μm/h[75]。2006 年,意大利 LPE SPA 的研究组进一步发展了相关技术,并用其技术制备的 SiC 外延薄膜制备了性能很好的肖特基势垒二极管[76-77]。同年,该研究组通过相关工艺参数的优化,将 SiC 外延生长速率提高到了 112 μm/h,是常规 CVD 外延工艺生长速率的 19 倍[78]。

除了 HCl 气体,$SiCl_4$、$SiHCl_3$、$CH_3Cl$、$SiCCl_3H_3$等也是 4H-SiC 外延生长中常用的含氯气体。2006 年,美国纽约州立大学 G. Dhanara 等报道了用 $SiCl_4$代替 $SiH_4$在 1 800℃高温下进行 SiC 快速外延生长的相关研究工作[79,80]。在生长速率高达 200 μm/h的条件下得到了高质量的 SiC 外延层。同年,意大利 LPE SPA 的 D. Crippa和美国道康宁公司 M. J. Loboda 等分别报道了用 $SiHCl_3$(TCS)和 $SiH_3Cl$ 作为生长源进行 SiC 外延生长的研究[77,82],他们的生长速率分别达到了 16 μm/h 和 20 μm/h。2007 年,意大利 LPE SPA 的研究组进一步优化了外延生长工艺,将 SiC 的生长速率进一步提高到 100 μm/h 以上[83]。

2005 年,美国密西西比州立大学 H. D. Lin 等首先报道了采用含氯碳源 $CH_3Cl$ 及 $SiH_4$作为生长源进行 SiC 外延生长的研究工作[84]。他们的外延生长温度为 1 600℃,在生长速率为 7 μm/h 的条件下得到了表面形貌较好的 SiC 外延层。2006 年,该研究组在 1 600℃的条件下将外延生长速率提高到了 10 μm/h,在 1 700℃条件下生长速率可进一步提高到 20 μm/h[85]。在接下来的研究中,他们在 1 300℃的低温条件下生长了 4H-SiC 同质外延层[86]。2008 年,该研究组对 $CH_3Cl$ 工艺的生长机理进行了研究,发现在气相条件下,出现了 Si-$Si_xC_{1-x}$相[87]。

2005 年,美国堪萨斯州立大学 P. Lu 等首次报道了采用 $SiCCl_3H_3$(MTS)进行 4H-SiC 及 6H-SiC 外延生长的工作[88],生长速率最高达到了 90 μm/h。2007 年,瑞典林雪平大学 H. Pederson 等采用 MTS 进行了 4H-SiC 的外延生长,生长速率高达 104 μm/h[89]。他们进一步研究了 C/Si 和 C/Cl 对 SiC 外延生长速率及背景掺杂浓度的影响。2009 年,该研究组进一步将 SiC 外延生长速率提高到了 170 μm/h[90]。

### 6.3.5 SiC 的异质外延生长技术

迄今,国际上大部分的 SiC 异质外延研究都是基于 Si 衬底。但是 Si 晶体的晶格常数与 SiC 晶体相差太大,导致 SiC 外延层的缺陷密度很高。虽然通过碳化、缓冲层等技术能有效降低 Si 衬底上 SiC 外延层中的缺陷密度,但对于器件研制的要求而言,Si 衬底上 SiC 外延层中的缺陷密度依然太高。

另一种 SiC 的异质外延是指在六方晶系 SiC 上外延立方晶系 SiC[91-93]。六方晶系 SiC 的(0001)面与立方晶系 SiC 的(111)面晶格常数相差无几,3C-SiC(111)面的投影如图 6.20 所示[93],立方晶系 SiC 的(111)面在其投影上能够与六方晶系 SiC 的(0001)面完美地连接起来。立方晶系的 SiC 绕{111}轴是三重对称结构,也就是每隔 120°旋转,其晶体对称性不变。但是,当立方晶系的 SiC 绕{111}轴旋转 60°时,其投影也能与六方晶系完美连接起来[93]。当这两种方式的投影共同连接在同一个六方晶系的面上时,由于 SiC 堆叠次序的不同会引起双边位置边界(double position boundaries, DPB),这种孪晶缺陷属于非共格的边界,是 6H-SiC 衬底上3C-SiC 外延层中影响电学性质的主要因素之一。除了 6H-SiC(0001)面上外延 3C-SiC 外,6H-SiC 的(01$\bar{1}$4)面与 4H-SiC 的(0338)面晶格失配也较低,可作为外延 4H-SiC 的衬底面[93]。

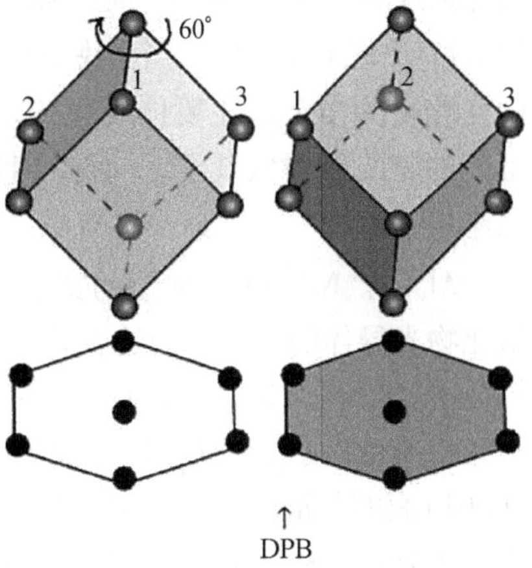


图 6.20 6H-SiC(0001)面上外延 3C-SiC 形成 DPB 缺陷的成因[93]

SiC 基异质结构主要包括 3C/nH-SiC 异质结构和 nH/3C/nH-SiC 双异质结构(量子阱)两大类。由立方晶系及六方晶系组成的异质结构属于Ⅱ型异质结构[94,95]。带阶的差异主要体现在导带上,价带的带阶差异很小。X 射线吸收(X-ray absorption, SXA)及 X 射线发射(X-ray emission, SEX)谱的相关研究证实了这一点[94]。以 3C-SiC 和 4H-SiC 为例,二者的带隙差为 0.9 eV。因此 3C/4H-SiC 可以在其异质界面形成 2DEG[96],如图 6.21 所示。

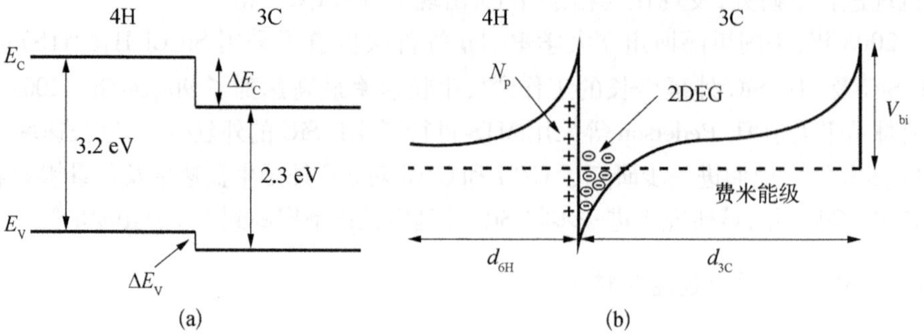


图 6.21　(a) 未形成异质结构前 3C-SiC 和 4H-SiC 的能带图;(b) 理想的 3C/4H-SiC 异质结构能带图[96]

影响 SiC 基异质结构能带结构的一个重要因素是纤锌矿结构 SiC 中的自发极化效应。六方晶系 SiC 具有很强的自发极化,而立方晶系 SiC 无自发极化特性,根据计算,2H-SiC 的宏观自发极化强度可达 $3.33\times10^{-2}$ C/m$^2$[97]。SiC 晶体的自发极化强度与其晶型的六方百分比呈线性关系,4H-SiC 有 50%的六方百分比,其自发极化强度为 $1.665\times10^{-2}$ C/m$^2$。而 6H-SiC 有 33%的六方百分比,其自发极化强度为 $1.11\times10^{-2}$ C/m$^2$[97]。当考虑 SiC 的自发极化效应后,SiC 基异质结构的能带结构变化更为复杂。主要体现在 3C-SiC 在 6H-SiC 的 Si 面上外延,在其异质界面得到的是二维空穴气[98]。而在 6H-SiC 的 C 面上外延,在其异质界面得到的是二维电子气[96]。

$Al_xGa_{1-x}N$/GaN 等典型的宽禁带半导体异质结构是通过上下晶体结构相同的氮化物半导体的化学组分比变化形成的。而 SiC 基异质结构中上下半导体的化学组分不变,均为 SiC,然后通过晶型突变而形成。因此 SiC 基多晶型半导体构具有其独特的性质,主要有:① 具有很好的晶格匹配和热匹配,3C-SiC 和 4H-SiC 在(0001)面的晶格失配小于 0.1%,二者的热失配小于 0.1%[99],相比于 $Al_xGa_{1-x}N$/GaN 等异质结构,SiC 基多型异质结构具有更好的界面特性,基于该异质结构的电子器件应具有更好的工作稳定性和可靠性;② 基本相同的化学性质,不存在异质界面间的元素互扩散等问题;③ 3C/4H-SiC 异质结构中 2DEG 的面电子密度可达到 $3\times10^{12}$ cm$^{-2}$,室温迁移率可达到 2 000 cm$^2$/(V·s)[99],其 2DEG 输运性质可与 $Al_xGa_{1-x}N$/GaN 异质结构相媲美。

基于 SiC 基多晶型异质结构的特点,加上 SiC 本身的优异特性,使其在高功率射频电子器件研制上有一定的发展前景。但迄今,国际上只有少数几个研究组,如瑞典的林雪平大学和美国的康奈尔大学、NASA 等研究机构的研究人员开展了 SiC 基多晶型异质结构的研究[96-99]。

# 参考文献

[1] Kordina O. Introduction of SiC [D]. Linköping: Linköping University, 1994.

[2] Lely J A. Preparation of single crystals of silicon carbide and control of the nature and the quantity of the combined inpurities [J]. Berichte der Deutschen Keramischen Gesellschaft, 1955, 32: 229 - 250.

[3] Tairov Y M, Tsvetkov V F. General principles of growing large-size single crystals of various silicon carbide polytypes [J]. Journal of Crystal Growth, 1981, 52: 146 - 150.

[4] Knippenberg W F. Growth phenomena in silicon carbide [J]. Philips Research Reports, 1963, 18: 16 - 274.

[5] Tairov Y M, Tsvetkov V F. Investigation of growth processes of ingots of silicon carbide single crystals [J]. Journal of Crystal Growth, 1978, 43(2): 209 - 212.

[6] Ikeda M, Hayakawa T, Yamagiwa S, et al. Fabrication of 6H-SiC light-emitting diodes by a rotation dipping technique: electroluminescence mechanisms [J]. Journal of Applied Physics, 1979, 50(12): 8215 - 8225.

[7] Matsunami H, Hatayama T, Fuyuki T. Hetero-interface control and atomic layer epitaxy of SiC [J]. Applied Surface Science, 1997, 112: 171 - 175.

[8] Cree [EB/OL]. http://www.cree.com [2014 - 3 - 27].

[9] Cree [EB/OL]. https://www.cree.com/about/history-and-milestones [2014 - 3 - 27].

[10] Powell A R, Sumakeris J J, Khlebnikov Y, et al. Bulk growth of large area SiC crystals [J]. Materials Science Forum, 2016, 858: 5 - 10.

[11] Nakashima S, Hangyo M. Raman intensity profiles and the stacking structure in SiC polytypes [J]. Solid State Communications, 1991, 80(1): 21 - 24.

[12] Fisher G R, Barnes P. Toward a unified view of polytypism in silicon carbide [J]. Phil. Mag. B, 1990, 61(2): 217 - 223.

[13] Reshanov S A. Growth and high temperature performance of semi-insulating silicon carbide [J]. Diamond and Related Materials, 2000, 9(3/6): 480 - 482.

[14] Kanaya M, Takhashi J, Fujiwara Y, et al. Controlled sublimation growth of single crystalline 4H-SiC and 6H-SiC and identification of polytypes by X-ray diffraction [J]. Applied Physics Letters, 1991, 58(1): 56 - 58.

[15] Augustine G, Hobgood H M, Balakrishna V, et al. Physical vapor transport growth and properties of SiC monocrystals of 4H polytype [J]. Physica Status Solidi(B), 1997, 202(1): 137 - 148.

[16] Straubinger T L, Bickermann M, Hofmann D, et al. Stability criteria for 4H-SiC bulk growth [J]. Materials Science Forum, 2001, 55: 353 - 356.

[17] Stein R A, Lanig P. Control of polytype formation by surface energy effects during the growth of SiC monocrystals by the sublimation method [J]. Journal of Crystal Growth, 1993, 131(1/2): 71 - 74.

[18] Powell A R, Rowland L B. SiC materials-progress, status, and potential roadblocks [J]. Proceedings of the IEEE, 2002, 90(6): 942 - 955.

[19] Neudeck P G, Okojie R S, Chen L Y. High temperature electronics a role for wide bandgap semiconductor [J]. Proceedings of the IEEE, 2006, 90(6): 1065 - 1076.

[20] 钱照明,盛况.大功率半导体器件的发展与展望[J].大功率变流技术,2010,1: 1 - 9.

[21] van Wyk J D. Power electronics technology at the dawn of a new century-past achievements and future expectations [C]. Beijing: Proceedings of IPEMC, 2000.

[22] Tan J, Jr Cooper J A, Melloch M R. High voltage accumulation layer UMOSFETs in 4H-SiC [J]. IEEE Electron Device Letters, 1998, 19 (12): 487 - 489.

[23] Shenoy J N, Cooper J A Jr, Melloch M R. High voltage double implanted power MOSFETs in 6H-SiC [J]. IEEE Electron Device Letters, 1997, 18(3): 93 - 98.

[24] Baliga B J. Prospects for development of SiC power devices [C]. Kyoto: International Conference on Silicon Carbide and Related Materials, 1995.

[25] Frank F C. Capillary equilibria of dislocated crystals [J]. Acta Crystallographica, 1951, 4: 497 - 501.

[26] Ning L, Hu X B, Xu X G, et al. Birefringence images of micropipes viewed end-on in 6H-SiC single crystals [J]. Journal of Applied Crystallography, 2008, 41: 939 - 943.

[27] Sakwe S A, Müller R, Wellmann P J. Optimization of KOH teching parameters for quantitative defect recognition in n- and p-type doped SiC [J]. Journal of Crystal Growth, 2006, 289: 520 - 526.

[28] Wang S Z, He J B. Defects analysis in single crystalline 6H-SiC at different PVT growth stages [J]. Materials Science & Engineering B, 2001, 83: 8 - 12.

[29] Siche D, Klimm D, Holzel T, et al. Reproducible defect etching of SiC single crystals [J]. Crystal Growth, 2004, 270: 1 - 6.

[30] Takahashi J, Kanaya M, Fujiwara Y. Sublimation growth of SiC single crystalline ingots on faces perpendicular to the (0001) basal plane [J]. Journal of Crystal Growth, 1994, 135: 61 - 70.

[31] Takahashi J, Ohtani N. Modified-lely SiC crystals grown in [$1\bar{1}00$] and [$11\bar{2}0$] directions [J]. Physica Status Solidi(B), 1997, 202: 163 - 175.

[32] Gutkin M Y, Sheinerman A G, Argunova T S, et al. Micropipe evolution in silicon carbide [J]. Applied Physics Letters, 2003, 83: 2157 - 2159.

[33] Kuhr T A, Sanchez E K, Skowronski M, et al. Hexagonal voids and the formation of micropipes during SiC sublimation growth [J]. Journal of Applied Physics, 2001, 89: 4625 - 4630.

[34] Ma R H, Zhang H, Dudley M, et al. Thermal system design and dislocation reduction for growth of wide band gap crystals: application to SiC growth [J]. Journal of Crystal Growth, 2003, 258: 318 - 330.

[35] Bogdanov M V, Bord O V, Galyukov A O, et al. Virtual reactor: a new tool for SiC bulk crystal growth study and optimization [J]. Materials Science Forum, 2001, 353 - 356: 57 - 60.

[36] Prasad V, Chen Q S, Zhang H. A process model for silicon carbide growth by physical vapor

transport [J]. Journal of Crystal Growth, 2001, 229: 510 - 515.

[37] Basceri C, Khlebnikov I, Khlebnikov Y, et al. Growth of micropipe-free single crystal silicon carbide ingots via physical vapor transport [J]. Materials Science Forum, 2006, 527 - 529: 39 - 42.

[38] Schmitt E, Rasp M, Weber A D, et al. Defect reduction in sublimation grown silicon carbide crystals by adjustment of thermal boundary conditions [J]. Materials Science Forum, 2001, 353 - 356: 15 - 20.

[39] Herro Z G, Epelbaum B M, Bickermann M, et al. Effective increase of single-crystalline yield during PVT growth of SiC by tailoring of temperature gradient [J]. Crystal Growth, 2004, 262: 105 - 112.

[40] Hofmann D, Schmitt E, Bickermann M, et al. Analysis on defect generation during the SiC bulk growth process [J]. Materials Science and Engineering B, 1999, 61 - 62: 48 - 53.

[41] Basceri C, Khlebnikov I, Khlebnikov Y, et al. Growth of micropipe-free single crystal silicon carbide (SiC) ingots via physical vapor transport (PVT) [J]. Materials Science Forum, 2006, 527 - 529: 39 - 42.

[42] Schmitt E, Straubinger T, Rasp M, et al. Polytype stability and defects in differently doped bulk SiC [J]. Journal of Crystal Growth, 2008, 310: 996 - 970.

[43] Leonard R T, Khlebnikov Y, Powell A R, et al. 100 mm 4HN-SiC wafers with zero micropipe density [J]. Materials Science Forum, 2009, 600 - 603: 7 - 10.

[44] Berkman E, Leonard R T, Paisley M J, et al. Defect status in SiC manufacturing [J]. Materials Science Forum, 2009, 615 - 617: 3 - 6.

[45] Takahashi J, Ohtani N, Kanaya M. Structural defects in α-SiC single crystals grown by the modified-Lely method [J]. Journal of Crystal Growth, 1996, 167: 596 - 606.

[46] Ha S, Rohrer G S, Skowronski M, et al. Plastic deformation and residual stresses in SiC boules grown by PVT [J]. Materials Science Forum, 2000, 338 - 342: 67 - 70.

[47] Powell A R, Leonard R T, Brady M F, et al. Large diameter 4H-SiC substrates for commercial power applications [J]. Materials Science Forum, 2004, 457 - 460: 41 - 46.

[48] Rost H J, Schmidbauer M, Siche D, et al. Polarity- and orientation-related defect distribution in 4H-SiC single crystals [J]. Journal of Crystal Growth, 2006, 290: 137 - 143.

[49] Mokhov E N, Nagalyuk S S. Structural perfection of silicon carbide crystals grown on profiled seeds by sublimation method [J]. Materials Science Forum, 2013, 740 - 742: 60 - 64.

[50] 贾仁需.4H-SiC 同质外延的表征及深能级分析研究[D].西安：西安电子科技大学,2009.

[51] Yang X L, Chen X F, Peng Y, et al. Growth of SiC single crystals on patterned seeds by a sublimation method [J]. Journal of Crystal Growth, 2016, 439: 7 - 12.

[52] Yang X L, Chen X F, Peng Y, et al. Selective-area lateral epitaxial overgrowth of SiC by controlling the supersaturation in sublimation growth [J].CrystEngComm, 2018, 20: 1705.

[53] Burk A A, Rowland L B. Homoepitaxial VPE growth of SiC active layers [J]. Physica Status Solidi, 1997, 202(1): 263 - 279.

[54] Kimoto T, Itoh A, Matsunami H. Step-controlled epitaxial growth of high-quality SiC layers [J]. Physica Status Solidi, 1997, 202(1): 247 - 262.

[55] Nishino S, Powell J A, Will H A. Production of large-area single-crystal wafers of cubic SiC for semiconductor devices [J]. Applied Physics Letters, 1983, 42(5): 460.

[56] Kordina O, Hallin C, Ellison A, et al. High temperature chemical vapor deposition of SiC [J]. Applied Physics Letters, 1996, 69(10): 1456 - 1458.

[57] Strokan N B, Ivanov A M, Savkina N S, et al. Detection of strongly and weakly ionizing radiation by triode structure based on SiC films [J]. Journal of Applied Physics, 2003, 93(9): 5714.

[58] Tairov Y M, Tsvetkov V F. Semiconductor Compounds Aiv Biv//Handbook on Electrotechnical Materials [M]. 3rd. Russian: Energomashizdat, 1988: 446 - 471.

[59] Rendakova S V, Nikitina I P, Tregubova A S, et al. Micropipe and dislocation density reduction in 6H-SiC and 4H-SiC structures grown by liquid phase epitaxy [J]. Journal of Electronic Materials, 1998, 27(4): 292 - 295.

[60] 陈治明,李守智.宽禁带半导体电力电子器件及其应用[M].北京：机械工业出版社,2009.

[61] Kuroda N, Shibahara K, Yoo W S, et al. Extended abstract on the 19th conference on solid state devices and materials [C]. Tokyo: Business Center for Academic Societies, 1987: 227.

[62] Shibahara K, Kuroda N, Nishino S, et al. Fabrication of PN junction diodes using homoepitaxially grown 6H-SiC at low temperature by chemical vapor deposition [J]. Japanese Journal of Applied Physics, 1987, 26 (Part 2, No.11): L1815 - L1817.

[63] Ueda T, Nishino H, Matsunami H. Crystal growth of SiC by step-controlled epitaxy [J]. Journal of Crystal Growth, 1990, 104(3): 695 - 700.

[64] Kimoto T, Nishino H, Yoo W S, et al. Growth mechanism of 6H-SiC in step-controlled epitaxy [J]. Journal of Applied Physics, 1993, 73(2): 726 - 732.

[65] Brice J C, Laudise R A. The growth of crystals from liquids [J]. Physics Today, 1974, 27(4): 96 - 97.

[66] 吴自勤,王兵,孙霞.薄膜生长[M].北京：科学出版社,2013.

[67] Pedersen H, Leone S, Henry A, et al. Growth characteristics of chloride-based SiC epitaxial growth [J]. Physica Status Solidi Rapid Research Letters, 2008, 2(6): 278 - 280.

[68] Forsberg U, Danielsson Ö, Henry A, et al. Nitrogen doping of epitaxial silicon carbide [J]. Journal of Crystal Growth, 2002, 236(1/3): 101 - 112.

[69] Hu R X. Silicon carbide chemical vapor deposition, *in situ* doping and device fabrication [D]. Auburn: Auburn University, 1996.

[70] Ito M, Storasta L, Tsuchida H. Development of 4H-SiC epitaxial growth technique achieving high growth rate and large-area uniformity [J]. Applied Physics Express, 2008, 1(1): 88 - 90.

[71] Tsuchida H, Ito M, Kamata I, et al. Low-pressure fast growth and characterization of 4H-SiC epilayers [J]. Materials Science Forum, 2010, 645 - 648: 77 - 82.

[72] Ishida Y, Takahashi T, Okumura H, et al. *In situ* observation of clusters in gas phase during 4H-SiC epitaxial growth by chemical vapor deposition method [J]. Japanese Journal of Applied

Physics Part Regular Papers & Short Notes, 2004, 43(8A): 5140 - 5144.

[73] Jichao H, Renxu J, Bin X, et al. Effect of low pressure on surface roughness and morphological defects of 4H-SiC epitaxial layers [J]. Materials, 2016, 9(9): 743.

[74] Crippa D, Valente G L, Ruggiero A, et al. New achievements on CVD based methods for SiC epitaxial growth [J]. Materials Science Forum, 2005, 483 - 485: 67 - 71.

[75] Myers-Ward R L, Kordina O, Shishkin Z, et al. Increased growth rate in a SiC CVD reactor using HCl as a growth additive [J]. Materials Science Forum, 2005, 483 - 485: 73 - 76.

[76] Via F L, Galvagno G, Roccaforte F, et al. High growth rate process in a SiC horizontal CVD reactor using HCl [J]. Microelectronic Engineering, 2006, 83(1): 48 - 50.

[77] La Via F, Galvagno G, Firrincieli A, et al. Epitaxial layers grown with HCl addition: a comparison with the standard process [J]. Materials Science Forum, 2006, 527 - 529: 163 - 166.

[78] La Via F, Galvano G, Foti G, et al. 4H - SiC epitaxial growth with chlorine addition [J]. Chemical Vapor Deposition, 2006, 12: 509.

[79] Dhanaraj G, Dudley M, Chen Y, et al. Epitaxial growth and characterization of silicon carbide films [J]. Journal of Crystal Growth, 2006, 287(2): 344 - 348.

[80] Dhanaraj G, Chen Y, Dudley M, et al. Growth and surface morphologies of 6H SiC bulk and epitaxial crystals [J]. Materials Science Forum, 2006, 527: 67 - 70.

[81] MacMillan M F, Loboda M J, Chung G Y, et al. Homoepitaxial growth of 4H-SiC using a chlorosilane silicon precursor [J]. Materials Science Forum, 2006, 527 - 529: 175 - 178.

[82] La Via F, Leone S, Mauceri M, et al. Very high growth rate epitaxy processes with chlorine addition [J]. Materials Science Forum, 2007, 556 - 557: 157 - 160.

[83] Koshka Y, Lin H D, Melnychuck G, et al. Homoepitaxial growth of 4H-SiC using $CH_3Cl$ carbon precursor [J]. Materials Science Forum, 2005, 483 - 485: 81 - 84.

[84] Lin H D, Wyatt J L, Koshka Y. Investigation of the mechanism and growth kinetics of homoepitaxial 4H-SiC growth using $CH_3Cl$ carbon precursor [J]. Materials Science Forum, 2006, 527 - 529: 171 - 174.

[85] Koshka Y, Lin H D, Melnychuk G, et al. Epitaxial growth of 4H-SiC at low temperatures using $CH_3Cl$ carbon gas precursor: Growth rate, surface morphology, and influence of gas phase nucleation [J]. Journal of Crystal Growth, 2006, 294(2): 260 - 267.

[86] Melnychuk G, Lin H D, Kotamraju S P, et al. Effect of HCl addition on gas-phase and surface reactions during homoepitaxial growth of SiC at low temperatures [J]. Journal of Applied Physics, 2008, 104(5): 053517.

[87] Lu P, Edgar J H, Glembocki O J, et al. High-speed homoepitaxy of SiC from methyltrichlorosilane by chemical vapor deposition [J]. Journal of Crystal Growth, 2005, 285 (4): 506 - 513.

[88] Pedersen H, Leone S, Henry A, et al. Very high epitaxial growth rate of SiC using MTS as chloride-based precursor [J]. Surface and Coatings Technology, 2007, 201(22/23): 8931 - 8934.

[ 89 ] Pedersen H, Leone S, Henry A, et al. Very high growth rate of 4H-SiC using MTS as chloride-based precursor [J]. Materials Science Forum, 2009, 600 - 603: 115 - 118.

[ 90 ] Andreev A N, Tregubova A S, Scheglov M P, et al. Influence of growth conditions on the structural perfection of β - SiC epitaxial layers fabricated on 6H - SiC substrates by vacuum sublimation [J]. Materials Science & Engineering B, 1997, 46(1/3): 141 - 146.

[ 91 ] Takagi H, Nishiguchi T, Ohta S, et al. Crystal growth of 6H-SiC ($01\bar{1}4$) on 3C-SiC (001) substrate by sublimation epitaxy [J]. Materials Science Forum, 2004, 457 - 460: 289 - 292.

[ 92 ] Kimoto T, Nakazawa S, Fujihira K, et al. Recent achievements and future challenges in SiC homoepitaxial growth [J]. Materials Science Forum, 2002, 389 - 393: 165 - 170.

[ 93 ] Lüning J, Eisebitt S, Rubensson J E, et al. Electronic structure of silicon carbide polytypes studied by soft X-ray spectroscopy [J]. Physical Review B, 1999, 59(16): 10573 - 10582.

[ 94 ] Qteish A, Heine V, Needs R J. Polarization, band lineups, and stability of SiC polytypes [J]. Physical Review B, 1992, 45(12): 6534 - 6542.

[ 95 ] Lu J, Chandrashekhar M V S, Parks J J, et al. Quantum confinement and coherence in a two-dimensional electron gas in a carbon-face 3C-SiC/6H-SiC polytype heterostructure [J]. Applied Physics Letters, 2009, 94(16): 162115.

[ 96 ] Lu J, Thomas C I, Chandrashekhar M V S, et al. Measurement of spontaneous polarization charge in C-face 3C-SiC/6H-SiC heterostructure with two-dimensional electron gas by capacitance-voltage method [J]. Journal of Applied Physics, 2009, 105(10): 106108 - 106111.

[ 97 ] Lebedev A A, Mosina G N, Nikitina I P, et al. Investigation of the structure of (p)3C-SiC-(n)6H-SiC heterojunctions [J]. Technical Physics Letters, 2001, 27 (12) : 1052 - 1054.

[ 98 ] Xin B, Jia R X, Hu J C, et al. A step-by-step experiment of 3C-SiC hetero-epitaxial growth on 4H-SiC by CVD [J]. Applied Surface Science, 2015, 357: 985 - 993.

# 第 7 章　SiC 半导体功率电子器件

## 7.1　SiC 基功率电子器件概述

作为电能转换的重要组成部分,电力电子技术经过六十多年的发展,已在工业生产、电力系统、交通运输、国防军工、新能源系统以及日常生活等领域获得了广泛应用[1]。全球大约 70%的电力电子系统是由基于半导体功率电子器件的电力管理系统进行调控和管理,大到远距离输变电,小到一台笔记本电脑或智能手机,都离不开半导体功率电子器件,其主要应用于诸如变频、变压、整流逆变和功率矫正等电力控制电路中。

众所周知,在集成电路技术和产业的巨大推动下,Si 基半导体材料和器件得到了充分的研究和发展,迄今电力电子系统依然主要使用非常成熟的 Si 基功率电子器件。但随着电力电子技术的不断发展,出现了一系列挑战和问题,主要有: ① Si 基功率电子器件较大的导通电阻会产生自身的能量损耗,降低了电力电子系统的总体能量转换效率[2];② 虽然采用 Si 基器件的并联或串联可满足电力电子系统的高电压和大电流需求,但由此带来的器件可靠性问题使得电力电子系统的故障率增加; ③ Si 基功率电子器件在高功率、高频和耐高温等性能上已无法满足深空探测、深层油气勘探、超高压电能转换、高速机车驱动和核能开发等新型应用和极端环境应用的需求。由于 Si 半导体材料自身物理性质的限制,Si 基功率电子器件的性能现已接近其物理极限,难以大幅度提升。而以 SiC、GaN 为代表的具有更优异物理性质的宽禁带半导体材料已成为制备新一代功率电子器件的优选半导体材料体系。其中 SiC 基功率电子器件在高压、大电流、高温耐受性、抗辐射等特性上优势明显[3],将成为高压、大电流、适应极端环境工作的新一代电力电子系统不可替代的选择。

如第 6 章所述,经过多年的技术发展和产业化推广,国际上大尺寸、低缺陷密度 SiC 单晶衬底材料的晶体质量和电学性能已大幅度提升,并已广泛应用于半导体功率电子器件的研究和生产。目前国际上 600 ~ 3 300 V 的功率整流器件和 600 ~ 1 700 V的功率开关器件已实现商业化,反向击穿电压超过 20 kV 的功率开关器件也已被验证。图 7.1 展示了 Si、SiC 和 GaN 三种应用于功率电子器件的半导体材料的主要物理性质对比[3]。从图中可看出: ① SiC 具有 3 倍于 Si 的禁带宽度,这一特性决定了 SiC 材料的本征载流子浓度非常低,仅约为 $10^{-10}$ $cm^{-3}$,并可工作在高达 1 000℃的环境中,因此 SiC 基功率电子器件具有很高的热稳定性和较低的漏电流;② SiC 的临界击穿场强是 Si 的 10 倍,在相同的耐压要求下,SiC 基功率电子器件的耐压层厚度仅为 Si 基器件的 1/10,可有效地降低器件的导通电阻;③ SiC 的热导率远高于 Si,这一优势决定了 SiC 基功率电子器件很好的散热特性,可有效减少应用系统的冷却装置,可降低系统制造成本,延长其使用寿命;④ SiC 的电子饱和漂移速度是 Si 的 2 倍,这一特性使 SiC 基功率整流器件的反向恢复时间缩短,也可使 SiC 基功率开关器件的开关速度增加,因此,SiC 基功率电子器件具有较高的工作频率,有助于提升系统的能量转换效率[3]。

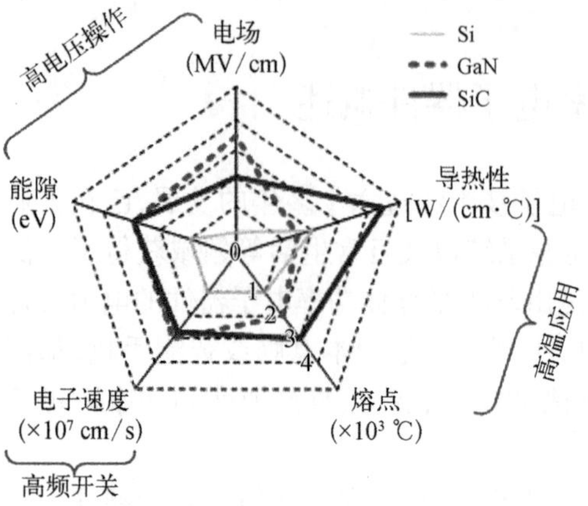


图 7.1　用于功率电子器件的 Si、SiC 和 GaN 三种半导体材料的主要物理性质对比[3]

自 20 世纪 90 年代开始,在高质量 SiC 单晶衬底材料取得突破的基础上,国际上报道了各式各样的 SiC 基功率电子器件。其中,SiC 基肖特基势垒二极管(Schottky barrier diode, SBD)由于工艺简单且用途广泛被率先商业化,如今国内外已有 10 多家企业具备了 SiC 基 SBD 的量产能力。而 SiC 基功率开关器件的工艺较为复杂,商业化发展相对 SBD 滞后一些。目前,研究较多的 SiC 基功率开关器件包括双极型晶体管(bipolar junction transisotr, BJT)、MOS 栅场效应晶体管(metal-oxide-semiconductor field effect transistor, MOSFET)、结型栅场效应晶体管(junction field effect transistor, JFET)和绝缘栅双极型晶体管(insulated gate bipolar transistor, IGBT)。从材料和器件特性来看,这四种 SiC 基功率开关器件均有望取代 Si 基 IGBT 器件,成为下一代高压、大功率电力电子系统的核心部件。

## 7.2　SiC 基整流二极管

功率整流器是半导体功率电子器件的重要电力电子应用领域。SiC 基整流二极管主要包括 SBD、pin 二极管和结势垒肖特基二极管(junction barrier Schottky diode, JBS diode)。SiC 基 SBD 是单极型器件,能有效避免反向恢复问题,从而降低二极管的开关功率损耗,使得器件能应用在开关频率较高的电力电子电路。但是在较高的反向偏压下 SiC 基 SBD 具有较大的漏电流。SiC 基 pin 二极管是双极型器件,正向导通时由于内部的电导调制作用而呈现出较低的导通电阻,反向阻断时具有很小地漏电流和高阻断电压,但是在高的工作频率下,SiC 基 pin 二极管反向恢复时能量损耗较大。SiC 基 JBS 二极管结合了 SiC 基 SBD 出色的开关特性和 SiC 基 pin 二极管低漏电流的特点。JBS 二极管导通时仅肖特基接触区域部分参与导电,关断时 p-n 结反偏形成耗尽层屏蔽肖特基表面高电场,同时承受耐压,多用于 600~3 300 V 阻断电压范围。下面将简要讨论这三种 SiC 基整流二极管。

### 7.2.1　SiC 基 SBD 和 pin 二极管

2003 年,美国新泽西州立罗格斯大学 J. H. Zhao 等采用多级结终端扩展(MJTE)技术研制出击穿电压高达 10.8 kV 的 SiC 基 SBD 器件,如图 7.2 所示[4],4H-SiC 外延层厚度为 115 μm,掺杂浓度为 $5.6\times10^{14}$ $cm^{-3}$,电流密度为 48 $A/cm^2$时,正向导通压降为 6 V,比导通电阻为 187 $m\Omega\cdot cm^2$。该器件的缺点在于反向漏电流较大。2008 年,日本东芝公司 J. Nishio 等报道了 SiC 基浮空结(FJ)SBD 器件,可较好地抑制反向漏电流,受到了国际上的广泛关注,其器件结构如图 7.3 所示[5],器件最高功率优值达 11.3 $GW/cm^2$。

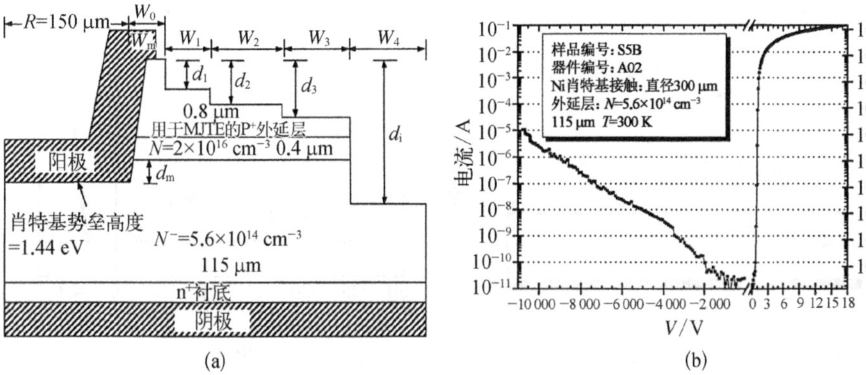


图 7.2　采用 MJTE 技术研制的 SiC 基 SBD(a) 器件结构示意图和(b) 器件的正反向 $I-V$ 特性曲线[4]

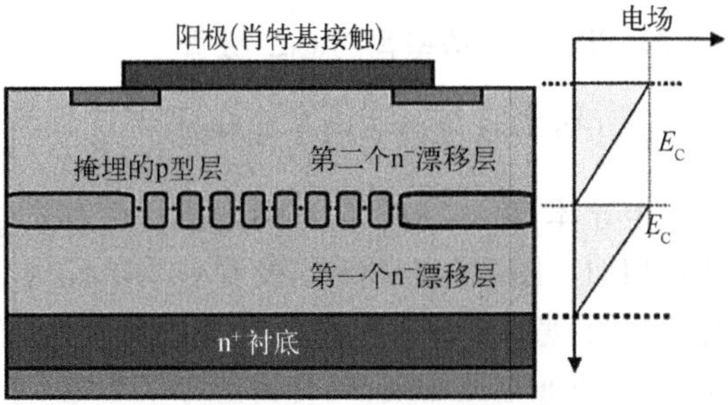


图 7.3　SiC 基 FJ SBD 器件结构及其电场分布示意图[5]

相比于 SiC 基 SBD 器件,SiC 基 pin 二极管的漏电流很小,击穿电压很高,并呈现较低的导通电阻,使得该种器件在 4~5 kV 或者更高电压时具有一定的优势,在电力电子系统,特别是高压柔性交直流输电领域具有应用价值。2001 年,日本关西电力公司和美国 CREE 公司 Y. Sugawara 等研制出阻断电压为 14.9 kV 和 19.5 kV 的 SiC 基 pin 二极管[6],是世界上首个耐压超过 10 kV 的 SiC 基功率电子器件。器件采用台阶-结终端扩展(mesa-JTE)技术,降低了器件边缘电场集中效应,提高了击穿电压,在电流密度为 100 $A/cm^2$时,正向压降分别为 4.4 V 和 6.5 V。但是 MESA 结构对斜面角度和掺杂浓度要求较高,在实际器件工艺中也会受到氧化层间电荷的影响,同时单区 JTE 结构对掺杂浓度尤其敏感。2015 年,日本京都大学 N. Kaji 等报道了击穿电压高达 26.9 kV 的 SiC 基 pin 二极管,是迄今同类器件击穿电压的国际报道最高值[7]。其器件结构如图 7.4 所示,4H-SiC 外延层厚度 268 μm,掺杂浓度 $1\times10^{14}\sim2\times10^{14}\ cm^{-3}$,采用改进的 SM-JTE 终端结构,克服了单区 JTE 存在的可优化掺杂浓度范围窄的缺点,器件总长度为 1 050 μm,内含 18 个场限环,在电流密度为 100 A/cm²时,正向压降为 4.72 V,比导通电阻为 9.72 mΩ·cm²。但该器件外延层内过多的深能级缺陷导致少子寿命较低,无法实现器件有效的电导调制。如何提升低掺杂浓度下 SiC 外延厚膜的少子寿命成为 SiC 基 pin 二极管研制关注的热点[7]。

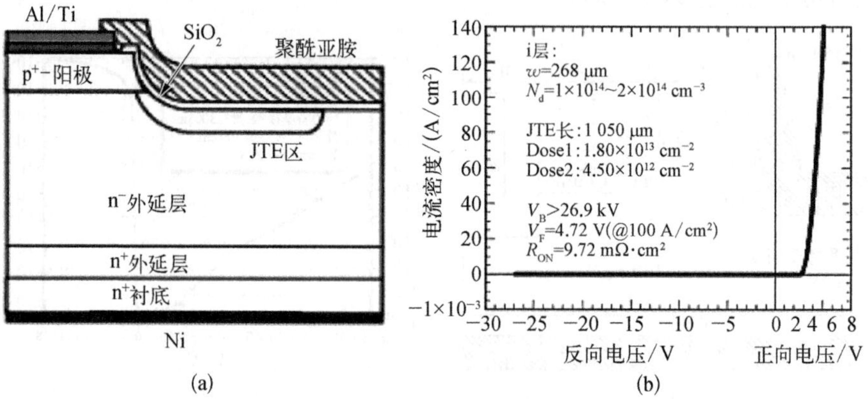


图 7.4　日本京都大学研制的 SiC 基 pin 二极管的器件结构示意图(a)和 $I-V$ 特性曲线(b)[7]

### 7.2.2　SiC 基结势垒肖特基二极管

1. JBS 二极管的正向导通特性

半导体 JBS 二极管的正向电流特性和 SBD 相似。图 7.5 是 JBS 二极管一个单元的截面图,考虑条形结构的 p-n 结网格,定义 $J_{FC}$为单元电流密度,则肖特基势垒的电流密度为[8]

$$J_{FS}=\frac{m+s}{d}J_{FC} \tag{7.1}$$

式中,$m$、$s$、$d$ 如图 7.5 所示。正向压降为[8]

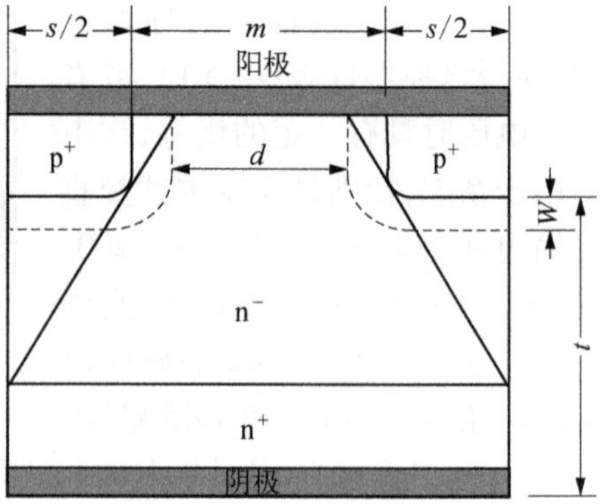


图 7.5　半导体 JBS 二极管模拟单元结构的示意图[8]

$$V_{FS} = \phi_B + \frac{KT}{q}\ln\left(\frac{m+s}{d}\frac{J_{FC}}{AT^2}\right) \tag{7.2}$$

式中，$\phi_B$ 是肖特基势垒高度；$K$ 是玻尔兹曼常数；$T$ 是器件温度；$q$ 是电子电荷。

由于 Si 材料的横向扩展是结深的 85%，而 SiC 材料采用离子注入后形成的 $P^+$ 区的横向扩展非常小，所以对 SiC 材料，肖特基接触的实际宽度可以近似表达为

$$d \approx m - 2W \tag{7.3}$$

式中，p-n 结耗尽层宽度 $W$ 为[8]

$$W = \sqrt{\frac{2\varepsilon_s}{qN_D}(V_{bi} - V_F)} \tag{7.4}$$

式中，$\varepsilon_s$ 为半导体的介电常数；$V_{bi}$ 为 p-n 结的自建电势差；$N_D$ 为离化施主杂质浓度。

除了肖特基势垒的压降外，还应该考虑漂移区的电压降。电流从宽度为 $d$ 的顶部流向宽度为 $(m+s)$ 的底部，所以漂移区的串联电阻为[8]

$$R_S = \rho\frac{(x_j + t)(m+s)}{m+s-d}\ln\left(\frac{m+s}{d}\right) \tag{7.5}$$

式中，$\rho$ 为电阻率；$t$ 为获得希望的击穿电压而需要的外延层厚度。$\rho$ 的表达式为

$$\rho = \frac{1}{q\mu_N N_D} \tag{7.6}$$

式中，$\mu_N$ 为电子迁移率。在 SiC 材料中，声学声子的晶格散射、离化杂质散射以及压电散射是限制载流子平均自由程的主要散射机制，因此载流子迁移率与掺杂浓度密切相关，这一点在计算其电子迁移率时必须考虑。

综合通过肖特基势垒和漂移区的压降，可得出器件的正向压降为[8]

$$V_{FS} = \phi_B + \frac{kT}{q}\ln\left(\frac{m+s}{d}\frac{J_{FC}}{AT^2}\right) + \frac{1}{q\mu_N N_D}\frac{(x_j + t)(m+s)}{m+s-d}\ln\left(\frac{m+s}{d}\right)J_{FC} \tag{7.7}$$

这个解析解仅适用于器件正向电压较小的情况，精确的计算应该采用迭代法来获得。

2. JBS 二极管的反向阻断特性

半导体 JBS 二极管的反向漏电流主要由两部分组成：一部分来自肖特基区

域；另一个部分来自 p-n 结耗尽层。肖特基区域的电流需要考虑三方面因素：① 肖特基区域的宽度；② 肖特基势垒受到穿通后相邻 p-n 结耗尽层屏蔽后的电场所引起的势垒降低效应；③ 肖特基区域的热-场发射电流。因此肖特基区域的反向电流可描述为[8]

$$J_{\mathrm{LS}} = \left(\frac{d}{m+s}\right) AT^2 \exp\left(-\frac{q\phi_{\mathrm{B}}}{kT}\right) \exp\left(\frac{q\Delta\phi_{\mathrm{B}}}{kT}\right) \exp(C_{\mathrm{T}} E_{\mathrm{S}}^2) \tag{7.8}$$

式中，$\Delta\phi_{\mathrm{B}} = \sqrt{\dfrac{qE_{\mathrm{S}}}{4\pi\varepsilon_{\mathrm{s}}}}$；$E_{\mathrm{S}}$为肖特基势垒处电场；$C_{\mathrm{T}}$为隧穿系数，对于 4H-SiC 该系数为 $8\times10^{-13}\ \mathrm{cm^2/V^2}$。

当 p-n 结的耗尽层穿通后，就在肖特基区域下方形成了一个耗尽层穿通区域，这个耗尽区将肖特基结界面屏蔽于高场之外，有效减弱了肖特基势垒上电场的增加。在耗尽层理想穿通的情况下，可以近似认为肖特基区域的电场不再增长，因此，JBS 二极管上的电场取决于 p-n 结穿通时的电压值，可表示为[8]

$$E_{\mathrm{S}} = \sqrt{\frac{2qN_{\mathrm{D}}}{\varepsilon_{\mathrm{s}}}(V_{\mathrm{P}} + V_{\mathrm{bi}})} \tag{7.9}$$

式中，$V_{\mathrm{P}}$为 p-n 结穿通时候的电压值，对 SiC 材料，$V_{\mathrm{P}}$可以表示为[8]

$$V_{\mathrm{P}} = \frac{qN_{\mathrm{D}}}{2\varepsilon_{\mathrm{s}}} m^2 - V_{\mathrm{bi}} \tag{7.10}$$

第二部分的反向漏电流密度为[8]

$$J_{\mathrm{LD}} = q\sqrt{\frac{D}{\tau}}\frac{n_i}{N_{\mathrm{D}}} + \frac{qn_iW}{\tau} \tag{7.11}$$

式中，$W$ 为 p 结耗尽层宽度[8]。

$$W = \sqrt{\frac{2\varepsilon_{\mathrm{s}}}{qN_{\mathrm{D}}}(V_{\mathrm{bi}} + V_{\mathrm{R}})} \tag{7.12}$$

因此，总的反向漏电流密度为第一部分电流密度和第二部分电流密度的和[8]：

$$J_{\mathrm{L}} = J_{\mathrm{LS}} + J_{\mathrm{LD}} = \left(\frac{d}{m+s}\right) AT^2 \exp\left(-\frac{q\phi_{\mathrm{B}}}{kT}\right) \exp\left(\frac{q\Delta\phi_{\mathrm{B}}}{kT}\right) \exp(C_{\mathrm{T}} E_{\mathrm{S}}^2) + q\sqrt{\frac{D}{\tau}}\frac{n_i}{N_{\mathrm{D}}} + \frac{qn_iW}{\tau} \tag{7.13}$$

3. JBS 二极管的反向恢复特性

对于半导体 JBS 二极管而言，正向导通时肖特基区域下方的载流子浓度为零，而 p-n 结处的载流子浓度也几乎为零。因此，当 $J_F$ 过零点后，器件能够迅速承受反向偏压，二极管两端的电压迅速变为反向偏压值 $V_R$。当 JBS 二极管反向电压值与外加反向偏压相同时，流经二极管的反向电流密度达到最大值，即反向恢复峰值电流密度 $J_{RM}$。

结合 JBS 二极管电流及两端电压的变化，可得到如图 7.6 所示的 JBS 二极管的反向恢复过程[8]。该过程分为三个阶段：第一阶段（$0\sim t_0$），JBS 二极管中的电流密度由正向开启状态下的 $J_F$ 减小到 $t_0$ 时刻的 0，此时 $V_F$ 保持不变；第二阶段（$t_0\sim t_1$），JBS 二极管开始承受反向增长的电压，反向电流密度增大，并在 $t_1$ 时刻达到最大值；第三阶段（$t_1\sim t_2$），反向电流迅速减小，此时 JBS 上的电压维持不变。

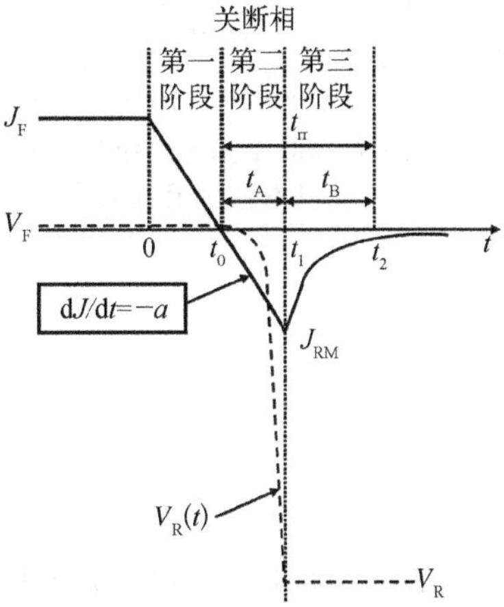


图 7.6 半导体 JBS 二极管的反向恢复过程示意图[8]

### 7.2.3 SiC 基 JBS 二极管的击穿电压

不同于理想平行平面结器件，SiC 基 JBS 二极管在制备过程中不可避免地在结的边缘处形成柱面结或球面结，易在此处出现电场集中现象，导致器件提早发生雪崩击穿。因此，在 SiC 基 JBS 二极管器件设计中，需要采用终端结构用于缓解结边缘的电场集中效应。最常用的终端结构有场板（FP）结构、场限环（FLRs）结构以及结终端扩展（JTE）结构，其中尤以 FLRs 和 JTE 结构用得最多。但是，单一 JTE 结构往往会因为注入剂量的一点偏差导致终端效率的大幅度下降，因此常常需要额外复杂的工艺形成复合 JTE 结构才能降低终端效率对注入剂量的敏感性，如台面结构、多区注入结构、n 型注入结构等，无形中增加了工艺的风险性和成本。因此，FLRs 结构以其对工艺容限高、可与主结注入区同时形成等优点在 SiC 基 JBS 二极管器制备中有很大的潜力。然而，由于 4H-SiC 材料的特殊性，不恰当的 FLRs 设计依然会严重影响到器件的终端效率。

现对 FLR 的工作原理进行介绍，并基于耐压 3.3 kV 的 SiC 基 JBS 二极管中 FLRs 终端结构参数仿真设计实例，通过对比 FLRs 区域电场和电势的变化分析 FLRs 各个参数对终端效率的影响。

1. FLRs 终端结构的工作原理

图 7.7 展示了 n 型 4H-SiC 外延层上的 FLRs 基本结构[9]。FLRs 结构以独立

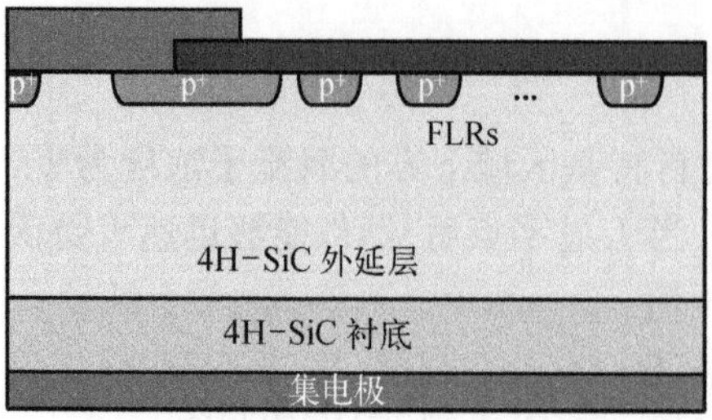


图 7.7　SiC 基 JBS 二极管中 FLRs 基本结构示意图[9]

p-n 结的形式排布在主结边缘，向器件的外部依次排开，一般与主结同时通过离子注入方式形成。

当器件工作在反偏状态时，FLRs 终端区的耗尽层及边界电场分布如图 7.8 所示[9]。刚开始施加反偏电压时，主结耗尽层开始向外部延伸，相关电势分布遵守柱面结的泊松方程，通过求解泊松方程，柱面结构电场 $E$ 和电势 $V$ 可以表示为[9]

$$E=\frac{qN_{\mathrm{D}}}{2\varepsilon\varepsilon_0}\left(\frac{r_{\mathrm{d}}^2-r^2}{r}\right) \tag{7.14}$$

$$V=\frac{qN_{\mathrm{D}}}{2\varepsilon\varepsilon_0}\left[\frac{r_{\mathrm{j}}^2-r^2}{2}+r_{\mathrm{d}}^2\ln\left(\frac{r}{r_{\mathrm{j}}}\right)\right] \tag{7.15}$$

式中，$N_{\mathrm{D}}$为外延层掺杂浓度，$r_{\mathrm{j}}$为主结的结深，$r_{\mathrm{d}}$为降落在柱面结两端的电势所产生的耗尽层宽度。当两端电势差为 $V_{\mathrm{R}}$，相应耗尽层宽度为 $r_0$时，二者关系可以表示为[9]

$$V_{\mathrm{R}}=\frac{qN_{\mathrm{D}}}{2\varepsilon\varepsilon_0}\left[\frac{r_{\mathrm{j}}^2-r_0^2}{2}+r_{\mathrm{d}}^2\ln\left(\frac{r_0}{r_{\mathrm{j}}}\right)\right] \tag{7.16}$$

而其主结边缘最大电场可以表示为[9]

$$E_{\max}=\frac{qN_{\mathrm{D}}}{2\varepsilon\varepsilon_0}\left(\frac{r_0^2-r^2}{r}\right) \tag{7.17}$$

随着 $V_{\mathrm{R}}$增大，$r_0$和 $E_{\max}$均逐渐增大，如果主结边缘没有 FLRs 结构，$E_{\max}$会由于柱面结边缘的电场集中效应迅速超过材料的临界击穿场强，发生过早击穿。当引入 FLRs 结构后，则可以在 $E_{\max}$到达临界击穿场强之前使得 $r_0$延伸到首个 FLR 处，形成首环与主结的穿通结构。此时继续增加 $V_{\mathrm{R}}$部分压降将降落在首环与阴极之间，主结处的电场将首环电场的影响，增长趋势被抑制。首环上的压降($V_1$)可以表示为[9]

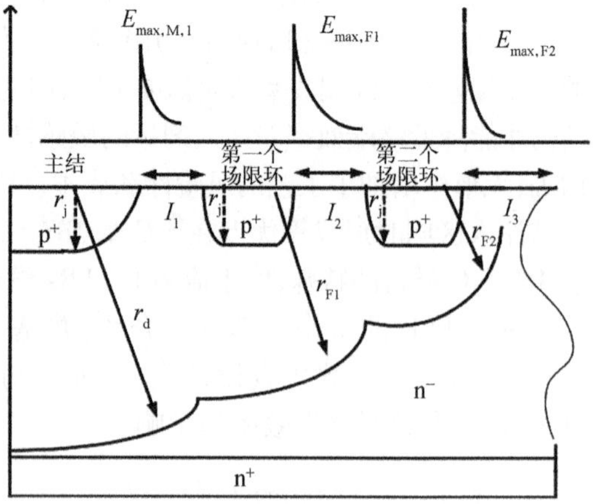


图 7.8　FLRs 终端在施加反向偏压后边界电场和耗尽层分布示意图[9]

$$V_1 = \begin{cases} V_R, & l_1 = 0 \\ 0, & l_1 + r_j \geq r_0 \\ x, & 0 < x < V_R,\ r_j < l_1 + r_j \end{cases} \tag{7.18}$$

式中，$l_1$为首环与主结之间的间距。当 $l_1$为零，$V_1$等于 $V_R$；当 $l_1 + r_j$ 大于 $r_0$，表示主结耗尽层到达首环处之前已经发生击穿，FLRs 结构对主结没有起到保护作用，首环处压降为 0；当 $r_j < l_1 + r_j < r_0$ 时，设计满足 FLRs 对主结的保护要求，场限环穿通，FLRs 结构对主结起保护作用。而 FLRs 结构其余环的工作原理可以以此类推。主结处最大电场为其本身产生的电场与首环在此处产生的最大电场，可以表达为[9]

$$E_{\max,\ \text{main}} = \frac{qN_D}{2\varepsilon\varepsilon_0}\left(\frac{r_0^2 - r_j^2}{r_j}\right) - \frac{qN_D}{2\varepsilon\varepsilon_0}\left[\frac{r_1^2 - (r_j + l_1)^2}{r_j + l_1}\right] \tag{7.19}$$

第 $n$ 个环的边缘最大电场为[9]

$$E_{\max,\ i} = \frac{qN_D}{2\varepsilon\varepsilon_0}\left(\frac{r_i^2 - r_j^2}{r_j}\right) - \frac{qN_D}{2\varepsilon\varepsilon_0}\left[\frac{r_{i+1}^2 - (r_j + l_{i+1})^2}{r_j + l_{i+1}}\right] \tag{7.20}$$

### 7.2.4 耐压 3.3 kV 的 SiC 基 JBS 二极管终端设计实例

我们以耐压 3.3 kV 的 SiC 基 JBS 二极管的终端设计为例来说明器件中 FLRs 结构的设计方法。在仿真中采用的 4H-SiC 外延层掺杂度和厚度参数分别为 $3.3\times 10^{15}\ \text{cm}^{-3}$和 31 μm。

在 FLRs 终端设计规则中，由于均匀场限环终端(uniform FLRs)不需要过多的结构参数，是比较常见的一种设计思路。因此，我们首先对均匀场限环终端进行说明，其结构如图 7.9 所示，各环之间间距均为 $S_1$，场限环个数为 $N_r$，环宽($w_r$)设置为 3 μm，环深度为 0.42 μm。

图 7.10 显示了采用均匀场限环终端结构的 SiC 基 JBS 二极管击穿电压随 $S_1$及 $N_r$的变化情况[10]。从图中可以看到，无论 $S_1$如何取值，击穿电压均随着 $N_r$的增加而增加，不同之处在于击穿电压达到饱和值所需要的 $N_r$不一样。当 $S_1$为 1 μm 时，器件击穿电压在环数为 100 时尚未达到饱和。随着 $S_1$的增大，达到饱和击穿电压所需的环数减少，$S_1$为 1.3 μm 时只需要 80 个场限环，$S_1$为 2 μm 时则仅仅需要 40 个。此外，可以发现 FLRs 的饱和击穿值随着 $S_1$的减小而升高，从 $S_1$为 2 μm 时的 3 300 V上升到 1 μm 时的 3 700 V。模拟结果说明在均匀场限环终端结构中，$S_1$与 $N_r$均对器件的击穿电压有着重要影响。

为了更清楚地理解均匀场限环终端的工作机理，图 7.11(a)显示了环数为 80

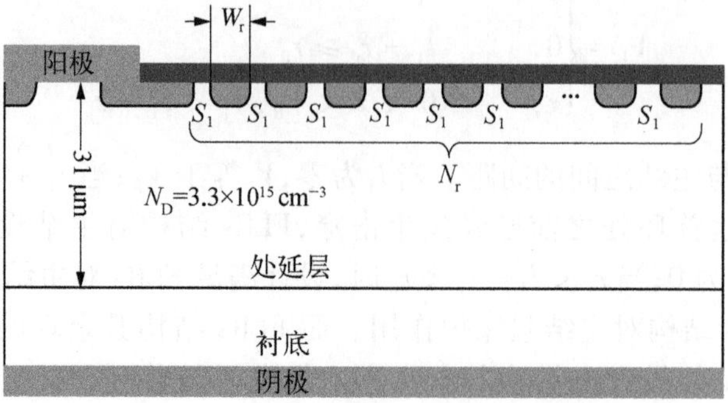


图 7.9　耐压 3.3 kV 的 SiC 基 JBS 二极管中均匀场限环终端示意图[10]

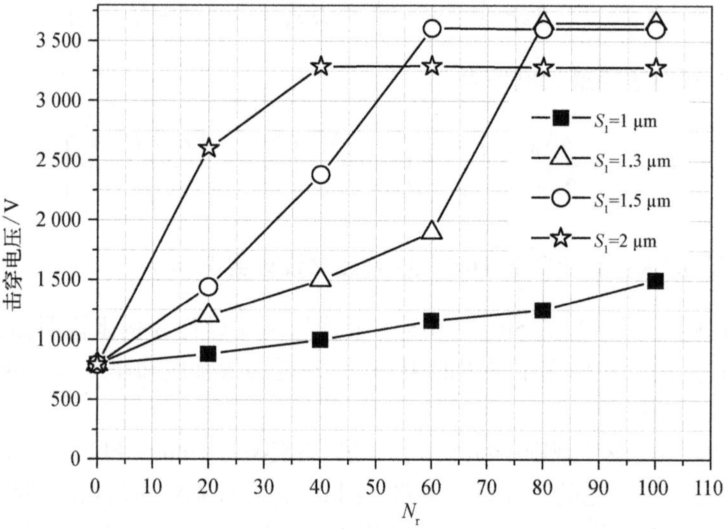


图 7.10　采用均匀场限环终端结构的 SiC 基 JBS 二极管击穿电压与 $S_1$ 和 $N_r$ 的关系[10]

的情况下采用不同 $S_1$ 的器件在击穿时的终端环底部电场分布。可以看到，所有 $S_1$ 下终端环底部峰值电场随 FLRs 延伸方向逐渐下降，$S_1$ 越大峰值随 $N_r$ 增加下降幅度越大。图 7.11(b) 中的电势分布则表明随着 $S_1$ 的增大，电势沿 FLRs 延伸方向上升的速度变快。结合 FLRs 工作原理可以做出如下解释。

当 $S_1$ 较小时，耗尽层容易向外部扩展，从前环扩展至后环所需的偏压较小，相邻两环之间压降较低，此时需要更多的 $N_r$ 才能使得击穿电压达到饱和。因此当 $N_r$ 较小时，容易在末环处产生最大峰值电场及电势差，使得 FLRs 结构击穿特性恶化，如图 7.8 中 $S_1$ 为 1 μm 时的电场及电势分布所示。随着 $S_1$ 的增大，耗尽

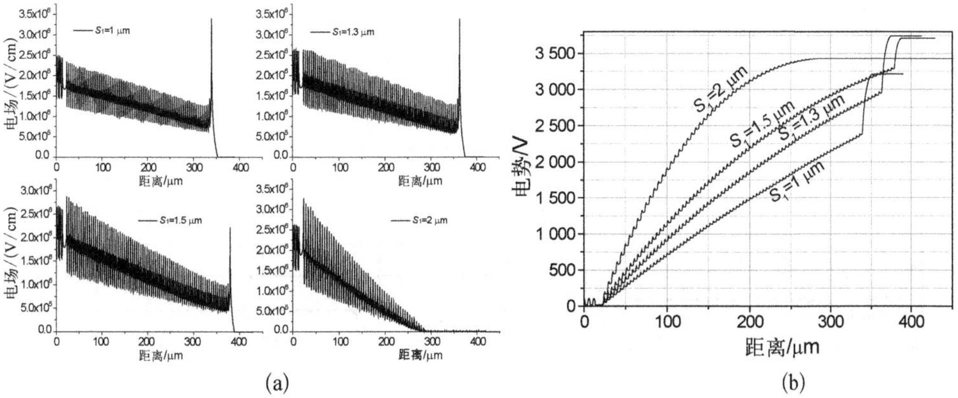


图 7.11 不同 $S_1$ 下 SiC 基 JBS 二极管击穿时 FLRs 拐角处的电场(a)和电势(b)分布[10]

层从前环扩展至后环所需的偏压增大,两环之间电场和电势梯度变大,末环处的电场由于其与阴极的电势差下降而减小。因此,达到饱和击穿电压所需的 $N_r$ 随着 $S_1$ 增大而逐渐减小,峰值电场位置由末尾处转移到首环处,击穿容易发生在场限环终端前部。

根据仿真结果可以得出:对于均匀场限环终端结构,$S_1$ 较小时两环之间分压较少,易在末尾环率先发生击穿,往往需要较大的 $N_r$ 才能使得击穿电压达到饱和;$S_1$ 较大时虽然两环之间的分压增多,较少的 $N_r$ 就可以使器件击穿电压达到饱和,但是 $S_1$ 的增大同时降低了后环对前环的保护能力,同样容易发生过早击穿。$S_1$ 和 $N_r$ 的设计存在折中关系,二者不可兼得。

### 7.2.5 SiC 基 JBS 二极管的研发现状和发展趋势

如前所述,SiC 基 JBS 二极管综合了 SBD 器件低导通压降、高开关速度和 pin 二极管高耐压、大电流、低漏电流的优点,其综合性能要好于单一的 SBD 或 pin 二极管。在高压应用领域 SiC 基 JBS 二极管扮演着重要角色。

目前,SiC 基 JBS 二极管最高击穿电压已达到 10 kV 以上。2011 年,美国陆军研究实验室 C. W. Tipton 等研制出 15 kV/3 A 的 SiC 基 JBS 二极管[11]。2014 年,中国电子科技集团公司第五十五研究所黄润华等报道了击穿电压 10 kV 的 SiC 基 JBS 二极管[12],器件中 4H-SiC 外延层的厚度 100 μm,掺杂浓度 $6\times10^{14}$ $cm^{-3}$,采用 60 个浮空场限环终端结构,在电流密度为 13 $A/cm^2$ 时,正向压降为 2.7 V。

近几年,SiC 基功率整流二极管的关注重点移向了沟槽式 SiC 基 JBS 二极管。2011 年,日本罗姆公司 T. Nakamura 等研制出沟槽式 SiC 基 JBS 二极管,相比 SiC 基 SBD 正向势垒高度可减小 0.46 eV,反向表面电场可减小 1 MV/cm。其器件结构和 $I-V$ 特性曲线如图 7.12 所示[13]。

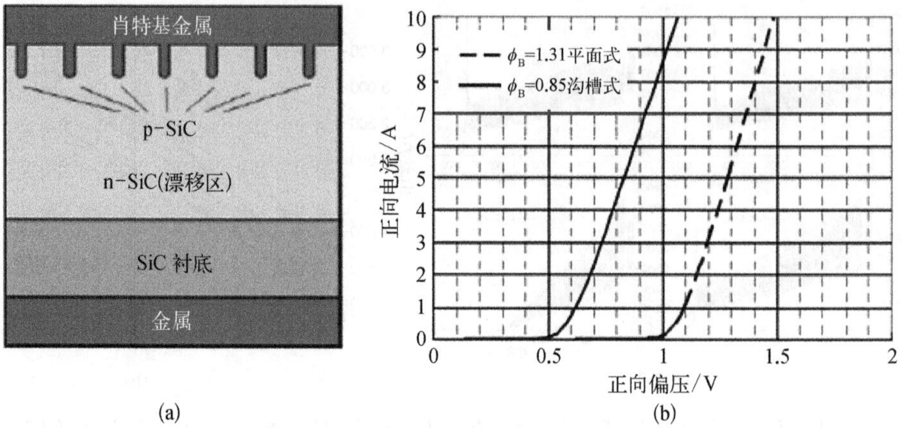


图 7.12　SiC 沟槽式 JBS 二极管的(a) 器件结构示意图和(b) 正向 $I$–$V$ 特性曲线[13]

# 7.3　SiC 基功率开关器件

## 7.3.1　SiC 基 MOSFET 器件

MOSFET 是迄今最重要的 SiC 基功率开关器件,在整个 SiC 基功率电子器件的发展中具有战略意义。作为单极型器件的 SiC 基 MOSFET 器件的阻断电压在 300~4 500 V,由于其低导通电阻、高输入阻抗、高开关速度等优势成为比较理想的高压功率开关器件。目前国际上 SiC 基 MOSFET 器件已应用于各类电力电子装置,替代 Si 基功率电子器件,可大大降低应用系统的功率损耗,并减少系统的元器件数目,简化电路拓扑结构,提高装置的运行效率。同时,超高压 SiC 基 MOSFET 器件为受到 Si 基器件性能限制的应用领域提供了发展空间,如固态电力电子变压器等。可以认为在这些应用领域,SiC 基 MOSFET 器件完全有可能取代 Si 基 IGBT 器件。

SiC 基 MOSFET 器件的栅极为电压控制,可以和 Si 基 IGBT 器件采用类似的驱动电路结构,因此 SiC 基 MOSFET 器件在过去十多年中的商业化进程非常迅速,目前已推出 SiC 基 MOSFET 产品的公司有美国的 CREE、IXYS、GE,日本的 ROHM,以及欧洲的意法半导体。根据栅极形式的不同,SiC 基 MOSFET 有 UMOS 和 VDMOS 两种器件结构,如图 7.13 所示。经过多年的发展,国际上 SiC 基 VDMOSFET 的性能不断提高,研发该类器件的技术队伍也不断壮大,以 CREE 和 ROHM 两家半导体器件公司为主,国际上已有多家公司实现了该类器件的量产。其中 CREE 公司推出了几十款 SiC 基 VDMOSFET 产品。按电压分类,目前国际市场上 SiC 基 MOSFET 产品主要有 600 V、1 200 V 和 1 700 V 三个系列,电流从

1 A到 50 A,主要有 5 A、10 A、30 A、50 A 四个系列。日本 ROHM 公司推出了七款 SiC 基 MOSFET 产品,其中一款为 600 V/30 A;有五款电压为 1 200 V,电流范围为 10~40 A;另一款是400 V/20 A。欧洲的 ST Microelectronics 公司推出了两款 1 200 V的 VDMOSFET 产品,电流分别为 20 A 和 45 A。美国的 IXYS 公司推出了两款 600 V/15 A 和 1 200 V/47 A 产品[14-17]。

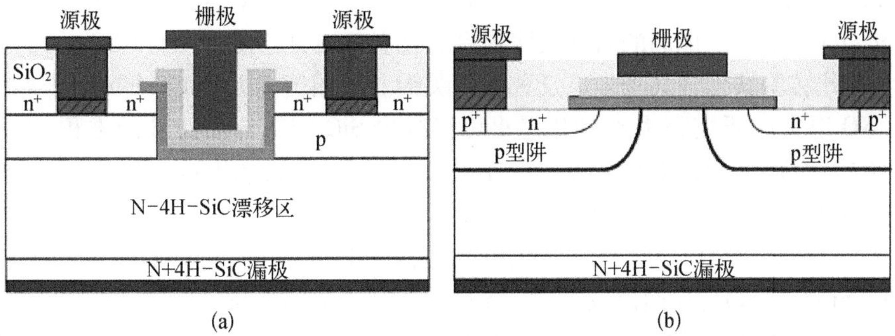


图 7.13 (a) SiC 基 UMOSFET 器件结构;(b) SiC 基 VDMOSFET 器件结构[14]

SiC 基 UMOSFET 的栅区通过干法刻蚀形成,在栅底拐角处会存在电场集中效应,容易发生栅氧化层提前击穿,严重制约了器件的反向特性。近几年,基于 *a* 面($11\bar{2}0$)的 SiC 基 MOS 特性研究使 SiC 基 UMOSFET 重新进入研究视野。2015 年,日本京都大学 S. Nakazawa 等指出 NO 气氛退火可以有效消除 *a* 面的快界面态,基于该工艺研制的 *a* 面 SiC 基横向 MOSFET 器件具有高达 92 $cm^2/(V·s)$的沟道载流子迁移率[18]。同年,美国伦斯勒理工学院 S. Chowdhury 等也通过 $POCl_3$ 退火工艺将 *a* 面的界面态密度降低到 $2.5×10^{11}\ cm^{-2}·eV^{-1}$[19]。2016 年,日本产业技术综合研究所 S. Harada 等采用 p 型埋层结构缓解了栅区底部的电场集中现象,SiC 基 UMOSFET 器件的比导通电阻和击穿电压分别达到了8.3 $mΩ·cm^2$ 和 3 800 V[20]。

如上所述,SiC 基 VDMOSFET 受关注度更高。美国 CREE 公司已实现从 900 V 到 15 kV 的一系列 SiC 基 VDMOSFET 器件产品[21]。近几年国内的中国电科五十五所、西安电子科技大学和中科院微电子所的研究组也先后研制出 SiC 基 VDMOSFET 样品,逐渐缩短了与国际一流水平的差距。

目前制约 SiC 基 MOSFET 器件发展的依然是栅氧化层质量和沟道界面态问题,主要表现在[22]:① SiC/$SiO_2$ 界面态密度较高,降低了沟道载流子迁移率;② $SiO_2$层存在带电的固定电荷,使得器件的阈值电压产生漂移;③ 离子注入后的 SiC 表面粗糙度较高,加剧了沟道内电子的界面散射,使得沟道载流子迁移率下降。为了解决这些问题,近年来国际上 SiC 基 MOSFET 器件的研究重点主要集中在栅氧化层的氧化及退火工艺上[22-24]。

2014 年，日本东京大学 R. H. Kikuchi 和 Kita 采用快速升降温的氧化炉进行 $O_2$退火，首次在 4H-SiC 上获得了 $10^{11}$ $cm^{-2}\cdot eV^{-1}$以下的界面态密度。他们的实验中氧化层厚度仅为 13.5 nm，有助于 CO 气体的排出，减少了界面处残余 C 的堆积，也是他们获得很低界面态密度的关键[25]。同年英国华威大学 S. M. Thomas 等采用 1 500℃ 高温干氧处理，研制出的横向 SiC 基 MOSFET 场效应迁移率达到了 40 $cm^2/(V\cdot s)$[26]。他们的研究表明提高氧化温度有助于降低 4H-SiC/$SiO_2$界面态密度，是此实验获得较高场效应迁移率的关键。美国奥本大学 Liu 等对 4H-SiC 氧化后 NO 退火的研究表明 N 钝化退火可以减少 SiC/$SiO_2$界面处 C 的堆积，有效降低界面态密度，从而使器件的场效应迁移率提高到 50 $cm^2/(V\cdot s)$[27]。但他们同时发现 NO 退火会导致 $SiO_2$层中产生空穴陷阱[28]。

在不同晶面 4H-SiC 上的氧化研究也成为近年来的热点，研究主要集中在 (0001) Si 面、$(000\bar{1})$ C 面以及 $(11\bar{2}0)$ a 面上。研究发现 C 面与 *a* 面的氧化速率远远快过 Si 面，但 C 面的 SiC/$SiO_2$界面陷阱态较多，而 *a* 面上获得的 SiC/$SiO_2$界面态密度最低，同时器件的载流子迁移率最高。研究利用 $(11\bar{2}0)$ 面 4H-SiC 配合 P 钝化退火获得了高达 128 $cm^2/(V\cdot s)$的器件场效应迁移率[29,30]。但由于 $(11\bar{2}0)$ 面属于 4H-SiC 的非极性面，迄今还没有实现大规模的商业化生产。

### 7.3.2　SiC 基 JFET 器件

自从 1999 年德国西门子公司 P. Friedrichs 等研发出第一代 SiC 基 JFET 以来[31]，该研究组经过多年努力，SiC 基 JFET 的器件性能不断提高，已实现了商业化生产。近年来该研究组又开发了垂直沟道结型场效应晶体管(VJFET)，该结构具有更低的比导通电阻，关断电压可达 1 800 V[32]。2005 年，美国罗格斯新泽西州立大学 X. Q. Li 研制出了关断电压达 14 kV 的常关型 SiC 基 JFET 器件，其漂移层厚度为115 μm[33]。2008 年，美国诺斯罗普 · 格鲁曼公司 V. Veliadis 等报道了1 680 V/54 A 的 SiC 基 JFET 器件[34]，他们在轻掺杂 n 型 4H-SiC 的 Si 面上分别外延生长 $n^+$缓冲层、$n^-$漂移层、$n^-$沟道层和 $n^+$源区层。$n^-$漂移层厚11.8 μm，掺杂浓度 $3.6\times10^{15}$ $cm^{-3}$，$n^-$沟道层厚 2.1 μm，掺杂浓度 $2\times10^{16}$ $cm^{-3}$，$n^+$源区层掺杂浓度大于 $2\times10^{19}$ $cm^{-3}$，以利于欧姆接触的制备。选择腐蚀 $n^+$层后，在 n 型沟道层上注入形成 p 阱和 p 栅区，器件有源区面积为 0.143 $cm^2$，在栅偏压 2.5 V，输出电流 53.6 A 时的正向压降为 2.08 V。采用自对准结构的保护环终端技术能使器件的关断电压提升到 11.8 μm 厚 $n^-$漂移层的极限值的 77%。同年该研究小组报道了 2 kV/25 A 的 SiC 基 JFET 器件[35]，采用了自对准结构的多个浮动保护环终端技术，优化了浮动保护环的数量、宽度、间隔及第一保护环和主 p-n 结的接近程度等关键设计参数和器件工艺，由于相对独立的保护环结增加了耗尽区的分散度,从而降低了主p-n结边缘的高电场,同时使得多浮动保护环终端技术对SiC/氧化层界面电荷不敏感,器件的关断电压达到了 11.7 μm 厚 $n^-$漂移层的极限值的 94.4%。6.8 $mm^2$有源区面积的 SiC 基 JFET 器件,在栅偏压 2.5 V、输出电流 24 A 时的正向压降为2.0 V,相应的比导通电阻为5.7 mΩ·$cm^2$。在栅漏偏压为-37 V 下,低漏极电流密度 0.7 mA/$cm^2$时的关断电压超过了 2 kV。2011 年,北卡罗来纳大学 W. Sung 等报道了 10 kV 常开型 SiC 基 JFET 器件[36],其外延层厚度达到了120 μm。2014 年,美国 United Silicon Carbide 公司报道了 6.5 kV 常关型 SiC 基 JFET 器件[37]。

SiC 基 JFET 器件是利用 p-n 结控制沟道的结型场效应晶体管,因此不存在 SiC 基 MOSFET 器件的栅氧问题。迄今 SiC 基 JFET 发展有两种器件结构。图 7.14(a)所示为横向沟道 SiC 基 JFET,其需要在离子注入后进行二次外延工艺形成沟道区,器件制备工艺较为复杂。图 7.14(b)所示为垂直沟道 SiC 基 JFET[38],其采用栅区自对准工艺简化了器件工艺流程,器件研制周期较短。因此,多数已报道的 SiC 基 JFET 器件均采用纵向沟道结构。近年来报道的 SiC 基 JFET 器件性能如表 7.1 所示[35,39-44]。

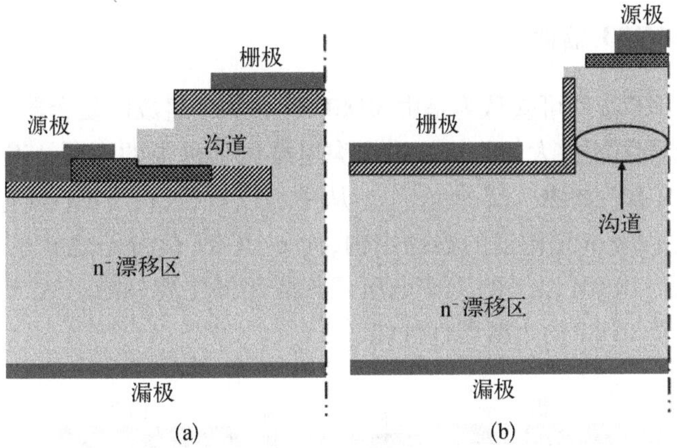


图 7.14 (a) 横向沟道 SiC 基 JFET 和(b) 纵向沟道 SiC 基 JFET 器件结构示意图[38]

**表 7.1 近年来报道的 SiC 基 JFET 器件击穿电压和导通电阻特性**[35,39-44]

| 序 号 | 击穿电压/kV | 导通电阻/(mΩ·$cm^2$) | 年份和参考文献 |
|---|---|---|---|
| 1 | 0.6 | 2.6 | 2008[39] |
| 2 | 0.8 | 6.5 | 2009[40] |
| 3 | 1.65 | 1.8 | 2008[41] |
| 4 | 1.7 | 2.77 | 2003[42] |

续表

| 序　号 | 击穿电压/kV | 导通电阻/(mΩ·cm²) | 年份和参考文献 |
|---|---|---|---|
| 5 | 1.9 | 2.8 | 2009[43] |
| 6 | 2.0 | 5.7 | 2008[35] |
| 7 | 3.5 | 390 | 2009[44] |

国际上进行 SiC 基 JFET 研发的主要研究机构有美国的诺斯罗普·格鲁门研究发展中心和罗格斯大学。其中,后者的研究人员又成立了 United Silicon Carbide 公司,其典型的产品即为 1 200 V 常开型的 SiC 基垂直沟道 JFET(VTJFET)器件。然而,为了体现出 SiC 基 VTJFET 相对 SiC 基 MOSFET 的优势,研制出常关型 SiC 基 VTJFET 器件是必要的。为此有两个关键技术问题需要解决:① 栅区刻蚀工艺,为了实现常关型特性,栅区宽度需要足够小($<1.4\ \mu m$ @ $N_C = 1\times10^{15}\ cm^{-3}$, $N_C$ 为沟道掺杂浓度),对刻蚀工艺要求较高;② 栅区漏电,常关型 SiC 基 VTJFET 在正向工作时会有从栅区注入沟道和源区的电子,使得栅源漏电流较大,需要更为优化的注入工艺来降低栅源漏电流。

### 7.3.3　SiC 基 IGBT 器件

半导体 IGBT 器件可被认为是由 MOSFET 和 BJT 组成的复合器件,具有栅极驱动简单和电流开关能力大的优势。根据沟道载流子种类的不同,SiC 基 IGBT 分为 n-IGBT 和 p-IGBT,如图 7.15 所示[45]。从中可以看出,n-IGBT 具有 p 型 4H-SiC 衬底、p 型阱层以及 n 型沟道的器件结构,而 p-IGBT 恰好与之相反。对于 SiC 基 IGBT 器件而言,10 kV 以上的工作电压是其应用的主要领域。表 7.2 列出了近几年报道的 SiC 基 IGBT 的主要器件性能[46-50]。

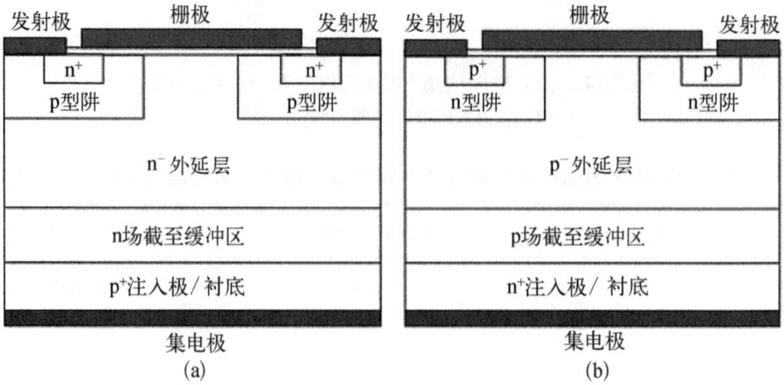


图 7.15　SiC 基(a) n-IGBT 和(b) p-IGBT 器件结构示意图[45]

表 7.2 近几年报道的 SiC 基 IGBT 器件的击穿电压和导通电阻性能[46-50]

| 器件类型 | 击穿电压/kV | 导通电阻/(mΩ·cm²) | 年份/参考文献 |
|---|---|---|---|
| n-IGBT | 12.5 | 5.3 | 2012[46] |
| p-IGBT | 15 | 24 | |
| n-IGBT | — | 177 | 2010[47] |
| n-IGBT | 22.6 | 55 | 2014[48] |
| n-IGBT | 16 | 14 | 2013[49] |
| n-IGBT | 27 | — | 2015[50] |

SiC 基 IGBT 的器件制备工艺和 SiC 基 MOSFET 相似，目前的研究主要集中在材料层面的改进。如在解决 n-IGBT 的 p 型衬底问题上，发展了 free-standing 和 filp-type 两种方法，前者是在器件制备完成后去除掉衬底，以降低器件的导通损耗。后者则采用倒序外延的方法在 n 型衬底上依次生长耐压层、缓冲层及集电区，之后翻转 SiC 晶片再去除衬底，进行后续的器件工艺。此外，4H-SiC 材料的少子寿命也对器件性能至关重要。2015 年，日本电力电子工业中央研究院 T. Miyazawa 等通过 C 离子注入和高温热氧化的办法提升了 4H-SiC 材料的少子寿命，所研制的 n-IGBT和 p-IGBT 器件均表现了良好了电导调制效应[51]。

如同其他大多数半导体功率电子器件，SiC 基 IGBT 所面临的主要挑战也集中在如何提高截止电压、降低导通电阻、增大开关频率及器件安全工作区等问题上。解决这些问题主要通过器件结构的优化、材料质量的提升和器件工艺的改进来实现。经过多年的研究，SiC 材料生长与器件制备工艺方面取得了很大进步，为 SiC 基 IGBT 器件的研发提供了有利的基础和条件。因此近年来 SiC 基 IGBT 器件的研究取得了很大进步。

2012 年，美国 CREE 公司 S. H. Ryu 等研制出 6.7 mm × 6.7 mm、有源区面积 0.16 cm$^2$的 SiC 基 p-IGBT，器件结构如图 7.16 所示[45]，正向击穿电压 15 kV，在室温栅压-20 V 下，比导通电阻为 24 mΩ · cm$^2$。他们重点设计了缓冲层的厚度与掺杂浓度，发现缓冲层的设计对器件的静态特性及开关特性均有显著影响[45]。

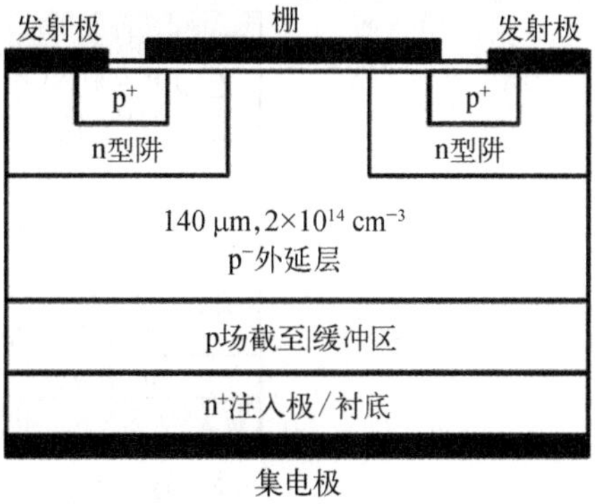


图 7.16 美国 CREE 公司研制的 SiC 基 p-IGBT器件结构示意图[45]

2014 年，日本先进电力电子研究中心的 T. Deguchi 等研制出平面栅 p-IGBT 器件，器件结构如图 7.17 所示[52]，击穿电压 13 kV，当测试温度为 523 K 时，栅压-20 V 时微分比导通电阻为 33 mΩ · cm$^2$，在 5 kV、1 A 感性负载条件下，器件的关断损耗小于 10 mJ[52]。

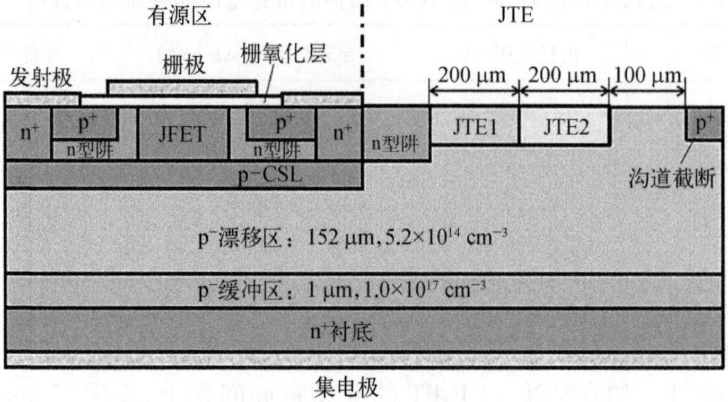


图 7.17　日本先进电力电子研究中心研制的 SiC 基 p-IGBT 器件结构示意图[52]

n-IGBT 的研究工作几乎与 p-IGBT 同时进行，工作重点也主要集中在提高器件截止电压与降低导通电阻等方面，所采取的措施与 p-IGBT 基本相同。2010 年，美国普渡大学 Wang 和 Cooper 研制出独立外延结构的 SiC 基 n-IGBT 器件，器件结构如图 7.18 所示[47]，承载电流 27.3 $A/cm^2$时功耗 300 $W/cm^2$，微分比导通电阻 177 $m\Omega \cdot cm^2$。

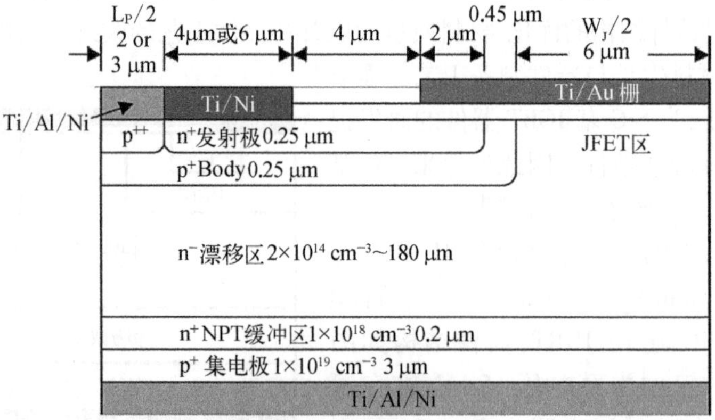


图 7.18　美国普渡大学研制的 SiC 基 n-IGBT 器件结构示意图[47]

2012 年，美国 CREE 公司 S. H. Ryu 等研制出 SiC 基 p-IGBT 的同时，也研制出同样面积的 n-IGBT 器件，器件结构如图 7.19 所示[45]，截止电压 12.5 kV，在室温栅压 20 V 条件下比导通电阻为 5.3 $m\Omega \cdot cm^2$。

2014 年，美国 CREE 公司 van Brunt 等报道了阻断电压高达 22.6 kV 的 SiC 基 n-IGBT[50]，是迄今半导体功率开关器件所能达到的最高阻断电压，漏电流为

9 μA,集电极电流为 20 A 时,比导通电阻低至 55 mΩ·cm$^2$,正向导通压降为 7.3 V。

同年,日本先进电力电子研究中心 T. Mizushima 等报道了阻断电压为 16 kV 的 SiC 基 n-IGBT,器件结构如图 7.20 所示[52],当栅极电压为 30 V 时,器件微分比导通电阻为 14 mΩ·cm$^2$。该研究组采用 flip-type 方法和注入-外延混合工艺作为解决制备 n-IGBT 时使用的 p 型衬底质量较差的方法,提高了沟道载流子迁移率,从而提升了器件特性。

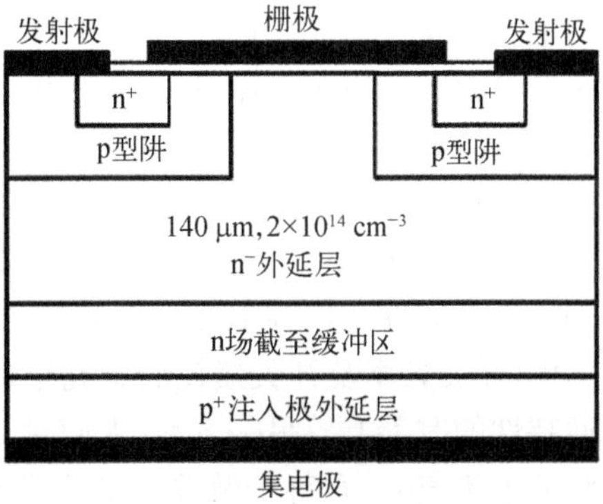


图 7.19 美国 CREE 公司研制的 SiC 基n-IGBT 器件结构示意图[45]

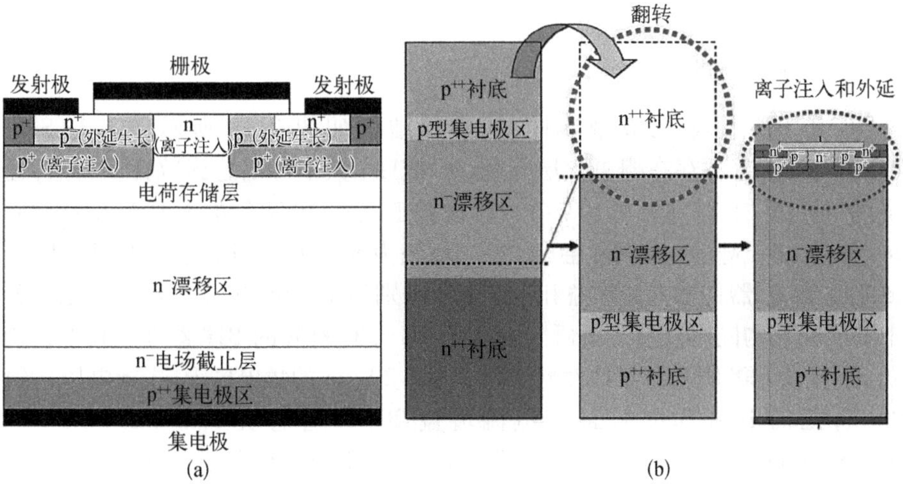


图 7.20 日本先进电力电子研究中心研制的 SiC 基 n-IGBT 的(a) 器件结构示意图和(b) 制备工艺示意图[52]

由于 n-IGBT 需要 p 型集电极注入区,若采用 p 型 4H-SiC 衬底,则由于衬底电阻较大,得到的器件导通损耗较大。为了解决这一问题,目前报道的方法主要有: Free Standing 独立外延层法和 Flip-type 方法,Free Standing 独立外延层法是在 4H-SiC 衬底上制备器件后直接去除衬底,Flip-type 是指在高质量的 n 型 4H-SiC 衬底上外延高质量的漂移层、缓冲层以及 p 型集电极注入区后,翻转晶片,去除衬底再通过注入-外延混合工艺制备发射极和栅极结构。这两种方法的工艺复杂度均较高,在器件可靠性方面还缺少充分的实验论证。

由于 IGBT 器件在电力系统功率变换等领域的重要应用,进一步提高 SiC 基 IGBT 的开关频率具有重要意义。由于结构的相似性,除了与 MOS 结构器件相关的电容因素外,影响 IGBT 器件开关频率的因素还有漂移层中的少子积累导致器件关断时存在的拖尾电流,然而正是由于 IGBT 器件漂移层中的少子积累使得它相较于 SiC 基 DMOSFET 器件具有更低的导通电阻。为了能够提高 SiC 基 IGBT 的开关频率,目前主要通过采用合理设计缓冲层厚度与掺杂浓度减少阳极少子注入效率等方法[45]。这些方法在提高器件开关频率的同时,也增大了器件的导通电阻。在如何提高器件工作频率方面需要做的研究工作还很多。一方面,国内外对 SiC 基 IGBT 开关频率及开关损耗的研究报道比较少,目前的主要工作仍集中在 IGBT 导通特性的改善上。另一方面,人们对 SiC 基 IGBT 开关特性的物理过程和机制的了解还很不充分,有待于做进一步的器件物理研究。一般可以认为结合实验与仿真相关结果充分了解 IGBT 开关特性的物理机制,通过合理的设计实现器件导通电阻与开关频率的较好折中,进而得到具有高截止电压、低导通电阻和高开关频率的高性能 SiC 基 IGBT 还是非常有希望的。

### 7.3.4　SiC 基 BJT 器件

SiC 基 BJT 属于双极型器件,其常规结构如图 7.21 所示[53]。与 SiC 基 MOSFET 相比,它不存在栅氧化层问题,正常工作频率可以达到数百千赫兹,近年来受到了广泛关注。SiC 基 BJT 第一次被报道是在 1977 年的 IEDM(International Electron Devices Meeting)国际会议上[53],衬底为 n 型 6H-SiC,整个材料结构采用外延生长形成,器件的电流增益和击穿电压分别为 4 V 和 50 V。2000 年,三家美国企业和研究机构同时发布了所研制的基于 4H-SiC 衬底的 BJT 器件。其中,CREE 公司 S. H. Ryu 等研制的器件性能最好[54],在 20 μm 的集电区上,击穿电压达到了 1 800 V,正向电流 3.8 A,最大电流增益 20,导通电阻 10.8 mΩ · cm$^2$。RPI (Rensselaer Polytechnic Institute)大学 Y. Tang 等研制的器件采用注入型发射区[59],器件电流增益为 40,但这种结构不容易控制基区厚度,在随后的研究中被外延型发射区所取代。Y. Luo 等研制的 BJT 器件采用刻蚀型阶梯终端[56],器件击穿电压 800 V,电流增益 9.4。此外,瑞典的 KTH 大学、美国的 GeneSiC 公司和日本的京都大学先后研制出 SiC 基 BJT 器件。

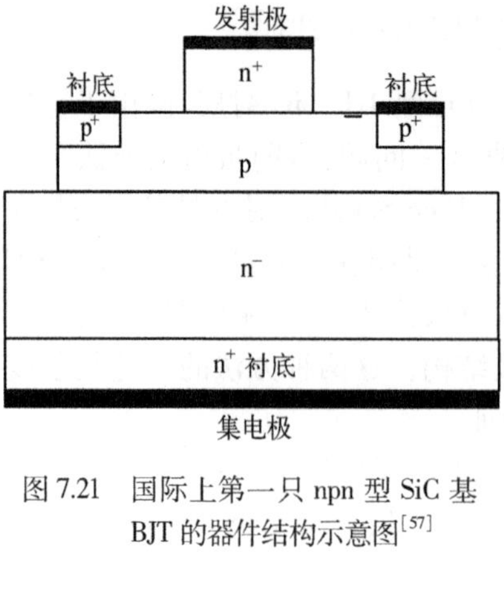


图 7.21　国际上第一只 npn 型 SiC 基 BJT 的器件结构示意图[57]

高电流增益(>50)和超高击穿电压(>5 000 V)是 SiC 基 BJT 今后的发展趋势。此外,优越的高温特性和可集成化也属于 SiC 基 BJT 的独特优势。2014 年,美国加州大学伯克利分校 N. Zhang 等报道了 SiC 基 BJT 在 500℃下依然可正常工作[57],表明了其在地热发电、油气探测以及航空系统等高温环境下的应用潜力。近年来,人们采用 SiC 基横向 BJT 器件技术实现了或/异或门逻辑、施密特触发器、运算放大器和带隙基准电压等小型集成电路[58-62],如图 7.22 所示,为 SiC 基 BJT 器件的应用开辟了另一个方向。

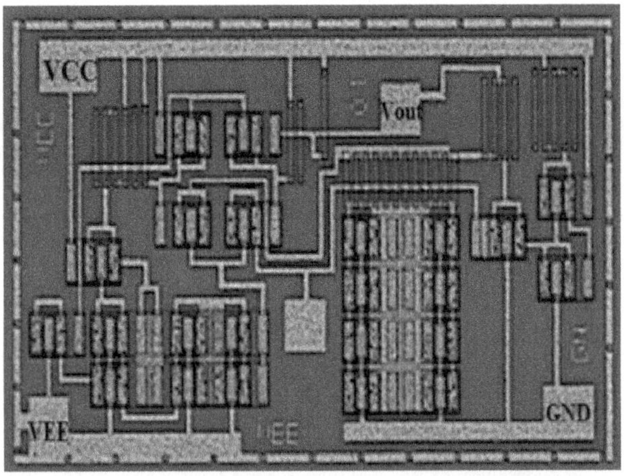


图 7.22 基于 SiC 基 BJT 的带隙基准电压电路[62]

表 7.3 列出了国际上知名的六家 SiC 器件公司和研究机构研制出的 SiC 基 BJTM 的性能对比。

**表 7.3 国际上报道的 SiC 基 BJT 器件性能对比**[15-17,41,54,55,63-80]

| 研究机构 | 有源区面积 /mm$^2$ | 击穿电压 $BV_{CEO}$/V | 直流电流增益 $\beta$ | 导通电阻 /(mΩ·cm$^2$) | 年份和参考文献 |
|---|---|---|---|---|---|
| CREE | 1.4 | 1 800 | 20 | 10.8 | 2000[54] |
| | 6.65 | 1 300 | 11 | 8.0 | 2003[63] |
| | 9 | 1 000 | 40 | 6.0 | 2005[64] |
| | 16 | 1 200 | 70 | 6.3 | 2007[65] |
| | 0.04 | 270 | 110 | 3.7 | 2008[66] |
| | 33.6 | 10 000 | 28 | 130 | 2010[67] |
| Rutger | 2.60 | 800 | 9.4 | — | 2000[68] |
| | 0.879 | 480 | 35 | 14 | 2003[69] |
| | 0.61 | 1 677 | 7.1 | 5.7 | 2005[70] |
| | 0.61 | 757 | 18.8 | 2.9 | 2006[71] |
| | 1.1 | 1 754 | 61 | 3.0 | |
| | 2.4 | 1 674 | 70 | 5.1 | 2008[41] |
| | 14.7 | 726 | >50 | <10.9 | |
| | 4.2 | 1 100 | 23.6 | 11.2 | 2008[72] |

续表

| 研究机构 | 有源区面积 /$mm^2$ | 击穿电压 $BV_{CEO}$/V | 直流电流增益 $\beta$ | 导通电阻 /($m\Omega \cdot cm^2$) | 年份和参考文献 |
|---|---|---|---|---|---|
| RPI | 0.09 | 60 | 40 | — | 2000[55] |
| | 0.1 | 4 000 | 9 | 56 | 2005[73] |
| | 0.05 | 6 000 | 3 | 28 | 2007[74] |
| KTH | 0.04 | 1 200 | 60 | 5.2 | 2007[75] |
| | 0.04 | 2 700 | 50 | 12 | 2008[76] |
| | 0.065 | 5 800 | 40 | 28 | 2015[77] |
| Kyoto | 0.002 | 600 | 102 | — | 2011[78] |
| | 0.002 | 600 | 257 | — | 2011[79] |
| | 0.035 | 21 000 | 63 | 321 | 2012[80] |
| GeneSiC | 4 | 1 200 | 88 | 5.8 | 2012[15] |
| | 2.7 | 10 500 | 75 | 110 | 2013[16] |
| | 16.6 | 1 900 | 120 | 3.5 | 2015[17] |

## 7.4　SiC 基功率电子器件的应用

### 7.4.1　SiC 基功率电子器件的中低压、中低功率系统应用

每一次功率半导体器件的更新换代，都会推动电能变换技术的革新。由于 SiC 基功率电子器件所具有的耐高温、耐高压、大电流密度、低功率损耗等优势，SiC 基功率电子器件的应用会大幅度促进电力系统散热器体积、重量的减小，提高用电效率和可靠性，并降低应用系统的生产和使用成本。针对开关电源、电动汽车、新能源发电、轨道交通和智能电网等不同的应用领域，SiC 基功率器件的应用优势也各有特点。下面简要讨论 SiC 基功率电子器件在中低压、中低功率电力系统中的应用

在开关电源方面，随着低电压等级 SiC 基器件成本的不断降低，SiC 基 SBD 已在开关电源领域得到了广泛应用。在阻断电压低于 500 V 的应用场合，SiC 基 SBD 与 Si 基 SJMOSFET(超结 MOSFET)组成的混合 SiC 器件模块将与 Si 衬底上 GaN 基 HEMT 器件展开激烈竞争。而在阻断电压 500 V 至 1 kV 的应用场合，SiC 基 SBD 有快速增长并有取代 Si 基 pin 二极管的趋势[81]。

SiC 基功率电子器件性能优异，可以显著降低电动汽车驱动系统的体积、质量及成本，且其高温特性有利于实现引擎冷却系统和电力电子变换器冷却系统的合二为一。此外，SiC 基功率电子器件有利于解决新型电路拓扑，如九开关变换器及

Z 源拓扑网络所存在的效率低的问题,进而推动新型拓扑在电动汽车领域的应用,进一步提高电动汽车动力系统的功率密度。

SiC 基 SBD 已经在光伏逆变器中得到了广泛应用,欧洲市场尤为多见。采用 SiC 基器件,光伏变换器的平均工作效率能从 Si 基器件变换器的接近 96%提升至 97.5%,逆变器损耗可降低 25%[82-85]。作为新能源发电中增长最快的风力发电,也逐渐开始采用 SiC 基功率电子器件来实现能量转换。额定风速下,SiC 基 MOSFET 两电平变流器比 Si 基 IGBT 两电平变流器效率高 3.33%,而 SiC 基 MOSFET 三电平变流器(开关频率 3 kHz) 比 Si 基 IGBT 三电平变流器效率高 1.2%[86]。随着 1 700 V电压等级全 SiC 基 MOSFET 器件市场规模的不断发展,相关产品价格将逐渐降低,SiC 基器件在光伏和风电等新能源发电场合的大规模应用已不再遥远,在该领域对 Si 基器件的替代正在进行中。

可以预见未来数年内,随着大尺寸 SiC 晶体生长技术和器件封装技术的不断发展,SiC 基功率电子器件的可靠性和制造成本有望取得显著改善,SiC 基功率电子器件在中低压、中低功率电力系统的应用需求将会快速上升。

### 7.4.2 SiC 基功率电子器件的高压、大功率系统应用

电网、交通、军事国防等应用领域对半导体功率电子器件耐高压、耐高温、高频工作以及功率效率等方面的需求在不断上升。Si 基功率电子器件由于材料自身的限制,在高压、高温等条件下的性能已经接近其物理极限,在数十千伏至数百千伏的输变电电网系统中,不得不采用 Si 基大功率器件的串、并联技术和复杂的电路拓扑来达到实际应用的要求,使得电力装置的成本大大增加,可靠性问题日益突出,严重制约了电网技术的发展。随着智能电网工程的推广及不断完善,电力电子技术应用逐渐涉及电力系统的各个方面,SiC 基功率电子器件在高压直流输电、柔性交流输电和电力电子变换器等应用场合具有巨大的市场应用潜力[87,88]。

另外,性能优异的 SiC 基功率电子器件替代原有的 Si 基功率电子器件将大大简化高压、大功率电力电子装置的复杂度,降低损耗,减小体积,提高可靠性,从总体上降低这些装置的制造和使用成本,在智能电网、轨道交通、大功率电机驱动等领域也具有很好的应用前景。SiC 基功率电子器件在高压或大功率电力电子装置中的典型应用主要有以下几方面。

1. 轨道交通应用

随着 SiC 基功率电子器件的快速发展和性能提升,电力机车等需要大功率半导体技术的交通工具开始 SiC 基功率电子器件。2014 年,日本著名的小田急电铁在 1000 系车型上首次使用全 SiC 基半导体功率模块。

该公司使用的 SiC 基功率模块由三菱电机公司制造,与其电力机车以往使用

的 Si 基功率模块产品相比,电能损失降低约 30%,输出电压波形的失真系数改善约 35%,变压器产生的噪声降低约 4 dB,装置的体积减小约 20%,质量减轻约 15%。三菱电机公司地铁用全 SiC 基直流 1500V 网压牵引变流器,主回路方式为 2 电平 VVVF 变频器,使用该网压牵引变流器的地铁车辆通过降低磁通,配置与 SiC 基逆变器匹配的高效全封闭感应牵引电机,有效提高了车辆的再生制动性能,从而提高了整个牵引系统的节能效果,在运行中节能约 17%。日本新干线高速列车采用的 SiC 基牵引变流器(型号 N700S)与最新一代的 Si 基 IGBT 变流器(型号 N700A)相比,体积下降 38%,质量下降 10%。

SiC 基功率电子器件技术特点突出,性能优异,将成为未来大功率电力机车使用的主流半导体功率模块,契合了轨道交通绿色化、轻量化、小型化发展的趋势,有助于推动轨道交通绿色化、智能化发展。

2. 电力舰船驱动应用

纯电力舰船驱动是指舰船的原动机驱动发电机产生电能,再由电动机将电能转换为机械能驱动推进器实现舰船机动的一种推进方式。一般纯电力推进船舶,不管采用何种方式发电,电力不是像传统装置那样直接与驱动装置相连,但可为全船提供电力,这种方式能提供更大的供电灵活性、高效性和生存性。因为未来舰载武器和舰载电子设备的用电占比越来越大,所以纯电力驱动是各国未来舰艇追求的主要发展方向,具有全寿命成本低、静音能力强、舰艇动力布置更合理、机动性好等优势。

欧美等国家和地区对纯电力推进投入较大,并取得了一定的应用成果。美国海军认为在可预见的将来会有越来越多的电力辅助设备和高能的传感器和电子武器投入使用,这些装置将会大大增加舰船的用电量,对纯电力舰船驱动的需求会持续增加。随着高压、大功率 SiC 基功率电子器件及其功率模块在纯电力舰船驱动装置中得以应用,将会大大促进纯电力舰船驱动技术的发展,并大幅度提高舰船电力供应的可靠性。

3. 高压、大电流智能电网应用

未来智能电网要求电力电子装置具有更高的电压、更大的功率容量以及更高的可靠性。SiC 基功率电子器件突破了基功率电子器件的性能局限性,无须复杂的串并联及拓扑结构,串联数目减小,装置体积减小、成本降低、可靠性提升。同时 SiC 基器件还具有高频和高效的优势,有在灵活交直流输电领域的电力电子装备中得到推广应用。

灵活交流输电系统(flexible AC transmission system, FACTS)国际上最早在 20 世纪 80 年代后期提出,是指电力电子技术与现代控制技术相结合以实现对电力系统电压、参数、相位角、功率潮流的连续调节控制,从而大幅度提高输电线路的输送能力和电力系统的稳定性,并降低输电损耗[89]。预计这项技术将引起电网电力输送方式和配电方式的重大变革,对于充分利用现有电网资源,实现电能高效利用将会发挥重要作用。

柔性直流输电技术(VSC-HVDC)是另一种新型的输电技术,与采用晶闸管的基于自然换相技术的电流源型换流器的传统直流输电技术不同,柔性直流输电是一种基于可关断器件的以电压源换流器(VSC)、可控关断器件和脉宽调制(PWM技术)为基础的新型直流输电技术。这种输电技术能够瞬时实现有功和无功的独立解耦控制,能向无源网络供电,换流站间无须通信,并易于构成多端直流系统。另外,该输电技术能同时向电力系统提供有功功率和无功功率的紧急支援,在提高系统的稳定性和输电能力等方面具有优势。

高压、大功率的 SiC 基功率电子器件未来将在灵活交直流输电的换流阀、统一潮流控制器以及电力电子变压器等电力装备中得到推广应用。

1) 换流阀中的应用

换流阀是电网输电的核心装备,传统的换流阀使用的是 Si 基晶闸管。随着 SiC 基功率电子器件的发展,使得换流阀中单个器件的耐压性能得到大幅度提高,不仅可显著降低换流阀所需的功率电子器件数量,简化换流阀的电路结构,而且可显著降低换流阀的整体能耗。但是由于换流阀工作时电流高达几千安培,对功率电子器件及其功率模块的可靠性要求非常高,SiC 基器件只有发展到非常成熟时,特别是器件和模块可靠性非常好时,才能在换流阀中得到普遍应用。

2) UPFC 中的应用

统一潮流控制器(UPFC)是迄今通用性最好的 FACTS 装置,综合了 FACTS 装置的多种灵活控制手段,它包括了电压调节、串联补偿和移相等能力,可以同时并非常快速地独立控制输电线路的有功功率和无功功率。UPFC 也可控制线路的潮流分布,有效提高电力系统的稳定性。半导体功率电子器件是 UPFC 装置的核心零部件。高压 SiC 基功率电子器件的发展将使 UPFC 装置的制造和使用成本大幅度降低,其性能和可靠性得到明显提升。

3) 电力电子变压器中的应用

电力电子变压器是智能变电站实现其功能的主体装置和部件。随着分布式发电系统、智能电网技术以及可再生能源技术的发展,面向智能电网的电力电子变压器逐渐发展为具有电气隔离、可再生能源并网接入等多种功能的智能化电力电子装置。然而,早期的电力电子变压器的理论和实验研究受到当时高压、大功率电子器件性能和高压、大功率变换技术发展水平带来的开关频率等技术限制,该技术未能在电网中实现实际应用。

15 kV 的 SiC 基 MOSFET 和 JBS 器件已被应用在第二代电力电子变压器的研制中。与采用 6.5 kV Si 基 IGBT 器件的第一代电力电子变压器相较,第二代电力电子变压器不再使用复杂的器件或拓扑串联结构，开关频率由原先的 1 kHz 提升至 20 kHz，开关损耗大大降低[89]，电力电子变压器的性能和可靠性获得了大幅度提升。高压、大功率 SiC 基功率电子器件的出现和发展使得智能变电站迫切需求的高压、大功率电力电子变压器走向实用成为可能。

## 参 考 文 献

[1] 钱照明，张军明，盛况.电力电子器件及其应用的现状和发展[J].中国电机工程学报，2014，29：5149－5161.

[2] Rodríguez B M A, Claudio S A, Theilliol D, et al. A failure-detection strategy for IGBT based on gate-voltage behavior applied to a motor drive system [J]. IEEE Transactions on Industrial Electronics, 2011, 58(5): 1625－1633.

[3] Millan J, Godignon P, Perpina X, et al. A survey of wide bandgap power semiconductor devices [J]. IEEE Transactions on Power Electronics, 2014, 29(5): 2155－2163.

[4] Zhao J H, Alexandrov P, Li X. Demonstration of the first 10 kV 4H−SiC Schottky barrier diodes [J]. IEEE Electron Device Letter, 2003, 24(6): 402－404.

[5] Nishio J, Ota C, Hatakeyama T, et al. Ultralow-loss SiC floating junction Schottky barrier diodes (super-SBDs) [J]. IEEE Transactions on Electron Devices, 2008, 55(8): 1954－2960.

[6] Sugawara Y, Takayama D, Asano K, et al. 12～19 kV 4H−SiC pin diodes with low power loss [C]. Osaka: Proceedings of 2001 International Symposium on Power Semiconductor Devices & IC's, 2001: 27－30.

[7] Kaji N, Niwa H, Suda J, et al. Ultrahigh-voltage SiC p−i−n diodes with improved forward characteristics [J]. IEEE Transactions on Electron Devices, 2015, 62(2): 374－381.

[8] Starpower [EB/OL]. http://www.powersemi.cc/product10.html [2020－6－28].

[9] He J, Chan M, Zhang C, et al. A new analytic method to design multiple floating field limiting rings of power devices [J]. Solid State Electronics, 2006, 50(7/8): 1375－1381.

[10] 陈丰平.西安：4H−SiC 功率肖特基势垒二极管(SBD)和结型势垒肖特基(JBS)二极管的研究[D].西安：西安电子科技大学，2012.

[11] Tipton W C, Ibitayo D, Urciuoli D, et al. Development of a 15 kV bridge rectifier module using 4H−SiC junction-barrier Schottky diodes [J]. IEEE Transactions on Dielectrics and Electrical Insulation, 2011, 18(4): 1137－1142.

[12] Huang R H, Tao Y, Cao P, et al. Development of 10 kV 4H−Si C JBS diode with FGR termination [J]. Journal of Semiconductors, 2014, 35: 074005.

[13] Nakamura T, Nakano Y, Aketa M, et al. High performance SiC trench devices with ultra-low ron[C]. Washington: 2011 IEEE International Electron Devices Meeting (IEDM), 2011.

[14] 付允，马永欢，刘怡君，等.低碳经济的发展模式研究[J].中国人口 · 资源与环境，2008，3：14－19.

[15] Singh R, Sundaresan S, Lieser E, et al. 1,200 V SiC "super" junction transistors operating at 250℃ with extremely low energy losses for power conversion applications [C]. Orlando: 2012

Twenty-Seventh Annual IEEE Applied Power Electronics Conference and Exposition (APEC), 2012: 12578409.

[16] Sundaresan S, Jeliazkov S, Grummel B, et al. 10 kV SiC BJTs-static, switching and reliability characteristics [C]. 2013 Kanazawa: 25th International Symposium on Power Semiconductor Devices and IC's (ISPSD), 2013.

[17] Sundaresan S, Grummel B, Hamilton D, et al. Improvement of the current gain stability of SiC junction transistors [J]. Materials Science Forum, 2015, 821 - 823: 822 - 825.

[18] Nakazawa S, Okuda T, Suda J, et al. Interface properties of 4H-SiC (1120) and (1100) MOS structures annealed in NO [J]. IEEE Transactions on Electron Devices, 2015, 62(2): 309 - 315.

[19] Chowdhury S, Yamamoto K, Hitchcock C, et al. Characteristics of MOS capacitors with NO and $POCl_3$ annealed gate oxides on (0001), $(11\bar{2}0)$ and $(000\bar{1})$ 4H-SiC [J]. Materials Science Forum, 2015, 821 - 823: 500 - 503.

[20] Harada S, Kobayashi Y, Ariyoshi K, et al. 3.3-kV-Class 4H-SiC MeV-implanted UMOSFET with reduced gate oxide field [J]. Electron Device Letters, 2016, 37(3): 314 - 316.

[21] Palmour J W, Cheng L, Pala V, et al. Silicon carbide power MOSFETs: breakthrough performance from 900 V up to 15 kV [C]. Waikoloa: 2014 IEEE 26th International Symposium on Power Semiconductor Devices & IC's (ISPSD), 2014: 79.

[22] Hatakeyama T, Watanabe T, Shinohe T, et al. Impact ionization coefficients of 4H silicon carbide [J]. Applied Physics Letters, 2004, 85(8): 1380 - 1382.

[23] Konstantinov A O, Wahab Q, Nordell N, et al. Ionization rates and critical fields in 4H silicon carbide [J]. Applied Physics Letters, 1997, 71(1): 90 - 92.

[24] Schenk A, Müller S. Analytical model of the metal-semiconductor contact for device simulation [J]. Simulation of Semiconductor Devices and Processes, 1993, 5: 441 - 444.

[25] Kikuchi R H, Kita K. Fabrication of $SiO_2$/4H-SiC (0001) interface with nearly ideal capacitance-voltage characteristics by thermal oxidation [J]. Applied Physics Letters, 2014, 105(3): 032106.

[26] Thomas S M, Sharma Y K, Crouch M A, et al. Enhanced field effect mobility on 4H-SiC by oxidation at 1,500℃ [J]. IEEE Journal of the Electron Devices Society, 2014, 2(5): 114 - 117.

[27] Liu G, Tuttle B R, Dhar S. Silicon carbide: a unique platform for metal-oxide-semiconductor physics [J]. Applied Physics Reviews, 2015, 2(2): 021307.

[28] Buono B, Ghandi R, Domeij M, et al. Modeling and characterization of current gain versus temperature in 4H-SiC power BJTs [J]. IEEE Transactions on Electron Devices, 2010, 57(3): 704 - 711.

[29] Okojie R S, Holzheu T, Huang X R, et al. X-ray diffraction measurement of doping induced lattice mismatch in n-type 4H-SiC epilayers grown on p-type substrates [J]. Applied Physics Letters, 2003, 83(10): 1971 - 1973.

[30] Cochrane C J, Lenahan P M, Lelis A J. Direct observation of lifetime killing defects in 4H-SiC epitaxial layers through spin dependent recombination in bipolar junction transistors [J]. Journal of Applied Physics, 2009, 105(6): 064502.

[31] Friedrichs P, Mitlehner H, Kaltschmidt R, et al. Static and dynamic characteristics of 4H-SiC JFETs designed for different blocking categories [J]. Materials Science Forum, 2000, 338-342: 1243-1246.

[32] Friedrichs P. SiC power devices-recent and upcoming developments [C]. Montreal: IEEE International Symposium on Industrial Electronics, 2006: 9144271.

[33] Li X Q. Design and Simulation of High Voltage 4H Silicon Carbide Power Devices [D]. New Brunswick: Rutgers The State University of New Jersey-New Brunswick, 2005.

[34] Veliadis V, McNutt T, Snook M, et al. A 1 680-V (at 1) 54-A (at 780) normally on 4H-SiC JFET with 0.143-active area [J]. IEEE Electron Device Letters, 2008, 9(10): 1132-1134.

[35] Veliadis V, Snook M, Mcnutt T, et al. A 2 055-V (at 0.7) 24-A (at 706) normally on 4H-SiC JFET with 6.8-active area and blocking-voltage capability reaching the material limit [J]. Electron Device Letters, 2008, 29(12): 1325-1327.

[36] Sung W, van Brunt E, Baliga B J, et al. A comparative study of gate structures for 9.4-kV 4H-SiC normally on vertical JFETs [J]. IEEE transactions on Electron Devices, 2012, 59(9): 2417-2423.

[37] Hostetler J L, Alexandrov P, Li X, et al. 6.5 kV enhancement mode SiC JFET based power module [C]. Blacksburg: 2015 IEEE Workshop on Wide Bandgap Power Devices and Applications, 2015: 300-305.

[38] Treu M, Rupp R, Blaschitz P, et al. Strategic considerations for unipolar SiC switch options: JFET *vs*. MOSFET [C]. New Orleans: IEEE Industry Applications Conference, 2007: 324.

[39] Cheng L, Sankin I, Bondarenko V, et al. High-temperature operation of 50 A (1 600 A/$cm^2$), 600 V 4H-SiC vertical-channel JFETs for high-power applications [J]. Materials Science Forum, 2008, 600-603: 1055-1058.

[40] Ritenour A, Bondarenko V, Kelley R L, et al. Electrical characterization of large area 800 V enhancement-mode SiC VJFETs for high temperature applications [J]. Materials Science Forum, 2009, 615-617: 715-718.

[41] Li Y, Alexandrov P, Zhao J H. 1.88 mΩ · $cm^2$ 1 650 V normally-on 4H-SiC Ti-VJFET [J]. IEEE Transactions on Electron Devices, 2008, 55(8): 1880-1886.

[42] Zhao J H, Tone K, Alexandrov P, et al. 1 710-V 2.77-m/spl Ω/$cm^2$ 4H-SiC trenched and implanted vertical junction field-effect transistors [J]. Electron Device Letters, 2003, 24(2): 81-83.

[43] Sheridan D C, Ritenour A, Bondarenko V, et al. Record 2.8 mΩ · $cm^2$ 1.9 kV enhancement-mode SiC VJFETs [C]. Barcelona: 2009 21st International Symposium on Power Semiconductor Devices & IC's, 2009: 10762284.s.

[44] Huang C F, Kan C L, Wu T L, et al. 3 510-V 390-mΩ · $cm^2$ 4H-SiC lateral JFET on a semi-

insulating substrate [J]. Electron Device Letters, IEEE, 2009, 30(9): 957-959.

[45] Ryu S H, Capell C, Cheng L, et al. High performance, ultra high voltage 4H-SiC IGBTs [C]. Raleigh: 2012 IEEE Energy Conversion Congress and Exposition (ECCE), 2012: 13132630.

[46] Ryu S H, Cheng L, Dhar S, et al. Development of 15 kV 4H-SiC IGBTs [J]. Materials Science Forum, 2012, 717-720: 1135-1138.

[47] Wang X, Cooper J A. High-voltage n-channel IGBTs on free-standing 4H-SiC epilayers [J]. IEEE Transactions on Electron Devices, 2010, 57(2): 511-515.

[48] Brunt E V, Cheng L, O'Loughlin M, et al. 22 kV, 1 $cm^2$, 4H-SiC n-IGBTs with improved conductivity modulation [C]. Waikoloa: 2014 IEEE 26th International Symposium on Power Semiconductor Devices & IC's (ISPSD), 2014: 14467098.

[49] Yonezawa Y, Mizushima T, Takenaka K, et al. Low $V_f$ and highly reliable 16 kV ultrahigh voltage SiC flip-type n-channel implantation and epitaxial IGBT [C]. Washington: 2013 IEEE International Electron Devices Meeting (IEDM), 2013.

[50] van Brunt E, Cheng L, O'Loughlin M J, et al. Next-generation planar SiC MOSFETs from 900 V to 15 kV [J]. Materials Science Forum, 2015, 821-823: 701-704.

[51] Miyazawa T, Nakayama K, Tanaka A, et al. Epitaxial growth and characterization of thick multi-layer 4H-SiC for very high-voltage insulated gate bipolar transistors [J]. Journal of Applied Physics, 2015, 118(8): 085702.

[52] Deguchi T, Mizushima T, Fujisawa H, et al. Static and dynamic performance evaluation of >13 kV SiC p-channel IGBTs at high temperatures [C]. Waikoloa: 2014 IEEE 26th International Symposium on Power Semiconductor Devices & IC's (ISPSD), 2014: 14467040.

[53] Muench W V, Hoeck P, Pettenpaul E. Silicon carbide field-effect and bipolar transistors [C]. Washington: 1977 International Electron Devices Meeting, 1977.

[54] Ryu S H, Agarwal A K, Singh R, et al. 1 800 V NPN bipolar junction transistors in 4H-SiC [J]. IEEE Electron Device Letters, 2001, 22(3): 124-126.

[55] Tang Y, Fedison J B, Chow T P. An implanted-emitter 4H-SiC bipolar transistor with high current gain [J]. Electron Device Letters, 2001, 22(3): 119-121.

[56] Luo Y, Fursin L, Zhao J H. Demonstration of 4H-SiC power bipolar junction transistors [J]. Electronics Letters, 2000, 36(17): 1496-1497.

[57] Zhang N, Rao Y, Xu N, et al. Characterization of 4H-SiC bipolar junction transistor at high temperatures [J]. Materials Science Forum, 2014, 778-780: 1013-1016.

[58] Kargarrazi S, Lanni L, Saggini S, et al. 500℃ bipolar SiC linear voltage regulator [J]. IEEE Transactions on Electron Devices, 2015, 62(6): 1953-1957.

[59] Lanni L, Ghandi R, Malm B G, et al. Influence of emitter width and emitter-base distance on the current gain in 4H-SiC power BJTs [J]. IEEE Transactions on Electron Devices, 2010, 57(10): 2664-2670.

[60] Lanni L, Malm B G, Ostling M, et al. 500℃ bipolar integrated OR/NOR gate in 4H-SiC [J]. IEEE Electron Device Letters, 2013, 34(9): 1091-1093.

[61] Hedayati R, Lanni L, Rodriguez S, et al. A Monolithic, 500℃ operational amplifier in 4H-SiC bipolar technology [J]. IEEE Electron Device Letters, 2014, 35(7): 693 - 695.

[62] Hedayati R, Lanni L, Rusu A, et al. Wide temperature range integrated bandgap voltage references in 4H-SiC [J]. IEEE Electron Device Letters, 2016, 37(2): 146 - 148.

[63] Agarwal A K, Ryu S H, Richmond J, et al. Large area, 1.3 kV, 17 A, bipolar junction transistors in 4H-SiC [C]. Cambridge: ISPSD '03. 2003 IEEE 15th International Symposium on Power Semiconductor Devices and IC's, Proceedings, 2003: 7860607.

[64] Krishnaswami S, Agarwal A, Ryu S H, et al. 10-kV, 123-mΩ·cm$^2$4H-SiC power DMOSFETs [J]. IEEE Electron Device Letters, 2005, 26(3): 175 - 178.

[65] Jonas C, Capell C, Burk A, et al. 1 200 V 4H-SiC bipolar junction transistors with a record $\beta$ of 70 [J]. Journal of Electronic Materials, 2007, 37(5): 662 - 665.

[66] Zhang Q J, Agarwal A, Burk A, et al. 4H-SiC BJTs with current gain of 110 [J]. Solid-State Electronics, 2008, 52(7): 1008 - 1010.

[67] Zhang Q C J, Callanan R, Agarwal A K, et al. 9 kV, 1 cm$^2$ SiC gate turn-off thyristors [J]. Materials Science Forum, 2010, 645 - 648: 1017 - 1020.

[68] Luo Y, Fursin L, Zhao J H. Demonstration of 4H-SiC power bipolar junction transistors [J]. Electronics Letters, 2000, 36(17): 1496.

[69] Zhang J, Luo Y, Alexandrov P, et al. A high current gain 4H-SiC NPN power bipolar junction transistor [J]. IEEE Electron Device Letters, 2003, 24(5): 327 - 329.

[70] Zhang J, Alexandrov P, Zhao J H, et al. Fabrication and characterization of 11-kV normally off 4H-SiC trenched-and-implanted vertical junction FET [J]. IEEE Electron Device Letters, 2005, 26(3): 188 - 190.

[71] Zhang J, Alexandrov P, Burke T, et al. 4H-SiC power bipolar junction transistor with a very low specific ON-resistance of 2.9 m/spl Omega//spl middot/cm/sup 2/ [J]. IEEE Electron Device Letters, 2006, 27(5): 368 - 370.

[72] Zhang J, Li X, Alexandrov P, et al. Implantation-free 4H-SiC bipolar junction transistors with double base epilayers [J]. IEEE Electron Device Letters, 2008, 29(5): 471 - 473.

[73] Balachandran S, Chow T P, Agarwal A, et al. Evolution of the 1 600 V, 20 A, SiC Bipolar Junction Transistors [C]. Santa Barbara: The 17th International Symposium on Power Semiconductor Devices and IC's, 2005. Proceedings. ISPSD'05, 2005: 271 - 274.

[74] Balachandran S, Li C, Losee P A, et al. 6 kV 4H-SiC BJTs with Specific On-resistance Below the Unipolar Limit using a Selectively Grown Base Contact Process [C]. Jeju Zsland: 19th International Symposium on Power Semiconductor Devices and IC's, 2007. ISPSD'07, 2007: 293 - 296.

[75] Lee H S, Domeij M, Zetterling C M, et al. 1 200-V 5.2-mΩ·cm$^2$4H-SiC BJTs with a high common-emitter current gain [J]. IEEE Electron Device Letters, 2007, 28(11): 1007 - 1009.

[76] Ghandi R, Lee H S, Domeij M, et al. Fabrication of 2 700-V 12-non ion-implanted 4H-SiC BJTs with common-emitter current gain of 50 [J]. IEEE Electron Device Letters, 2008, 29

(10): 1135 - 1137.

[77] Elahipanah H, Salemi A, Zetterling C M, et al. 5.8-kV implantation-free 4H-SiC BJT with multiple-shallow-trench junction termination extension [J]. IEEE Electron Device Letters, 2015, 36(2): 168 - 170.

[78] Miyake H, Kimoto T, Suda J. Improvement of current gain in 4H-SiC BJTs by surface passivation with deposited oxides nitrided in $N_2O$ or NO [J]. IEEE Electron Device Letters, 2011, 32(3): 285 - 287.

[79] Miyake H, Kimoto T, Suda J. 4H-SiC BJTs with record current gains of 257 on (0001) and 335 on (000$\bar{1}$) [J]. IEEE Electron Device Letters, 2011, 32(7): 841 - 843.

[80] Miyake H, Okuda T, Niwa H, et al. 21-kV SiC BJTs with space-modulated junction termination extension [J]. IEEE Electron Device Letters, 2012, 33(11): 1598 - 1600.

[81] Hedayati R, Lanni L, Rusu A, et al. A monolithic, 500℃ operational amplifier in 4H-SiC bipolar technology [J]. IEEE Electron Device Letters, 2016,37(2): 146.

[82] Breazeale L C,Ayyanar R. A photovoltaic array transformer-less inverter with film capacitors and silicon carbide transistors [J]. IEEE Transactions on Power Electronics, 2015, 30(3): 1297.

[83] Sintamarean N C, Blaabjerg F, Wang H, et al. Real field mission profile oriented design of a SiC-based PV-inverter application[J].IEEE Transactions on Industry Applications, 2014, 50(6): 4082 - 4089.

[84] 孙凯,陈彤,张瑜洁.碳化硅光伏逆变器发展现状[J].新材料产业,2014,(9): 34 - 38.

[85] Han J, Choi C S, Park W K, et al. PLC-based photovoltaic system management for smart home energy management system [J]. IEEE Transactions on Consumer Electronics, 2014, 60(2): 184.

[86] 黄晓波,陈敏,朱楠,等.基于碳化硅器件的双馈风电变流器效率分析[J].电力电子技术, 2014,(11): 45 - 47.

[87] Nashida N, Hinata Y, Horio M, et al. All-SiC power module for photovoltaic power conditioner system [C]. Waikoloa: 2014 IEEE 26th International Symposium on Power Semiconductor Devices & IC's (ISPSD): 342.

[88] Filsecker F, Alvarez R, Bernet S. The investigation of a 6.5-kV, 1-kA SiC diode module for medium voltage converters [J]. IEEE Transactions on Power Electronics, 2014, 29(10): 5148.

[89] Matt Shipman. Smart Transformers Among Top 10 Emerging Technologies [EB/OL]. https://news.ncsu.edu/2011/04/degraff-top10/[2020 - 1 - 22].

# 第 8 章　半导体金刚石材料与功率电子器件

天然金刚石被人类发现大约已有三千多年的历史，作为宝石之王，几千年来被世界各国的皇室、贵族和其他富豪竞相追逐。但作为半导体材料的金刚石，其发展的历史还很短[1]。20 世纪 50 年代以来高压高温（HPHT）和化学气相沉积（CVD）金刚石制备技术的相继问世使人造金刚石材料成为可能，到 20 世纪 80 年代，人造金刚石材料获得了快速发展和普及，已应用于多个产业领域，如精密仪器、机械加工、磨具磨料等。由于不同用途对金刚石材料的要求差别很大，可以将金刚石按照其应用需求划分为工业级、热学级、宝石级、光学级和电子级五大类。其中电子级金刚石又称为半导体金刚石（semiconductor diamond），通常是指具有优异的电学和光学特性、适用于制备高端半导体器件的单晶和外延金刚石材料。近年来，基于其优异的物理、化学性质，国际上有人认为半导体金刚石可能是未来最有发展前景的半导体材料之一[2]。本章首先讨论半导体金刚石的基本物理性质；接下来重点讨论半导体金刚石材料的制备方法，包括单晶金刚石衬底制备、高质量外延生长、掺杂和电导调控；最后讨论金刚石基功率电子器件的研究进展。

## 8.1　半导体金刚石的基本物理性质

### 8.1.1　金刚石的晶体结构和缺陷

金刚石是由单一 C 元素构成的晶体。C 是元素周期表中第Ⅳ主族的首个元素，原子序数为 6，外层价电子排布为 $2s^2 2p^2$，价电子能级的一半被电子填充。目前已经在自然界中发现或人工合成的金刚石有 3C、2H 和 6H 三种晶型，其中最常见、也是热力学上的稳定相的是 3C 晶型，通常称其为立方金刚石结构或金刚石结构[3]。理论上预计，金刚石还可能存在 4H、8H、10H、15R、21R 等多种晶型，但尚未被实验证实[3]。所有金刚石晶型都是由基本的四面体结构组成，如图 8.1 所示[4]。碳原子外层价电子形成 $sp^3$杂化，这时 2s 轨道上的一个电子跃迁到 2p 轨道上，外层价电子排布变为 $2s^1 2p_x^1 2p_y^1 p_z^1$，每个价电子被分配在一个正四面体顶点方向的杂化轨道上，与其近邻原子共享一对电子，形成 $\sigma$ 共价键。各键之间的夹角为 $\arccos(-1/3)(\approx 109°28')$，键长为 0.154 nm，成键能为 711 kJ/mol[4]。

立方金刚石只有一个 3C 晶型，在晶体学上其晶胞可以看成由两个有相同碳原子构成的面心立方晶格沿立方体的体对角线平移 1/4 长度后套构而成，如图

8.2 所示[5]。每个晶胞中共有 8 个碳原子,分别位于顶角 $\left(\frac{1}{8}\times 8 = 1\right)$、面心 $\left(\frac{1}{2}\times 6 = 3\right)$ 和立方体对角线上 $(1\times 4 = 4)$,其空间群为 $Fd\bar{3}m(O_h^7)$。表 8.1 给出了 3C 立方金刚石的晶体结构数据[5]。立方金刚石结构也可视为碳原子在 {111} 晶面内密堆积,并沿〈111〉方向按 ABCABC··· 的次序堆垛而成,如图 8.3(a)所示[3]。其空间堆积系数为 $\pi\sqrt{3}/16(\approx 0.34)$,虽然不及面心立方的 $\pi\sqrt{2}/6(\approx 0.74)$ 和体心立方的 $\pi\sqrt{3}/8(\approx 0.68)$,但由于其较小的键长、较大的成键能,使其具有极高的硬度。

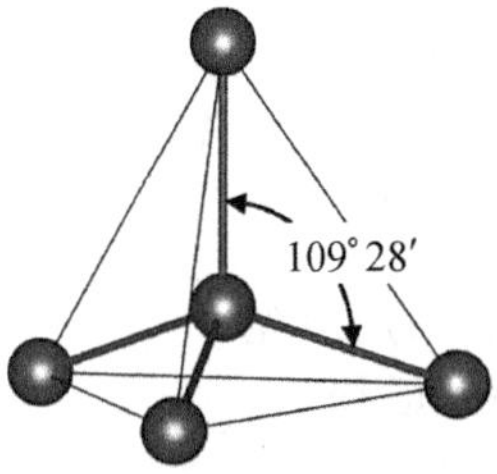


图 8.1 金刚石的正四面体结构[4]

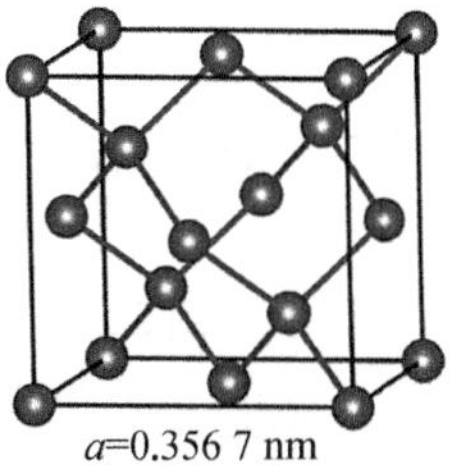


图 8.2 立方金刚石的晶胞结构[5]

**表 8.1 立方金刚石的晶体结构数据**[5]

| 性　　质 | 3C 立方金刚石 |
|---|---|
| 空间群 | $Fd\bar{3}m(O_h^7)$ |
| 晶胞中的原子数 | 8 |
| 晶胞中原子位置 | 顶　角:(0,0,0)<br>面　心:(1/2,1/2,0),(0,1/2,1/2),(1/2,0,1/2)<br>对角线:(1/4,1/4,1/4),(3/4,3/4,1/4)<br>(1/4,3/4,3/4),(3/4,1/4,3/4) |
| 碳碳键长/nm | 0.154 45 |
| 晶格常数/nm | $a$ = 0.356 7(298 K) |
| 原子密度/($10^{23}$ atoms/$cm^3$) | 1.764 |
| 密度/(g/$cm^3$) | 3.515 2(298 K) |

自然界中还有 2H 晶型的六方金刚石,矿物学上称为蓝丝黛尔石(lonsdaleite),以发现者 Lonsdale 命名,它是由石墨转化而来的[6]。2H 晶型与 3C 晶型的{111}密堆积晶面相同,仅堆积次序不同,为 AA′AA′···,即每堆积 AA′两层后,依次重复前面的堆积,其中 A′是 A 密堆积面以垂直于〈111〉方向的平面所做的镜像,如图 8.3(b)所示[3]。1967 年,美国通用电气公司的 F. P. Bundy 等采用高压高温法在超过 1 000℃和 13 GPa 的条件下得到了 2H 金刚石单晶[7]。6H 金刚石可以被认为是介

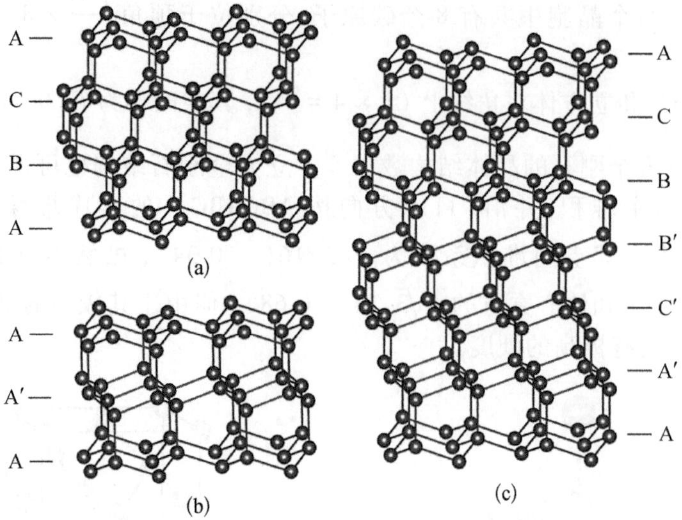


图 8.3　金刚石的三种晶型 3C 结构(a)、2H 结构(b)、6H 结构(c)的晶面堆积次序[3]

于 2H 六方相和 3C 立方相的居中晶型,晶面堆积次序为 AA′C′B′BCAA′C′B′BC…,每个周期由 6 个密堆积面组成,如图 8.3(c)所示[3]。1989 年,美国宾夕法尼亚州立大学 M. Frenklach 等在低压等离子体条件下获得了 6H 晶型的纳米金刚石粉末,平均粒径为 50 nm[8]。由于立方金刚石为热力学上的稳定相,所以本章以下内容如无特殊说明,均指立方金刚石。

金刚石中的本征缺陷主要包括空位、自间隙原子、位错、层错等[9]。空位是金刚石中结构最简单的缺陷类型。高能粒子辐照后的金刚石中存在较多的空位,研究空位缺陷的物理性质有助于深入理解金刚石基辐射探测器的退化机理。实验上已经发现金刚石中存在两种荷电状态的空位,即中性空位 $V^0$ 和带一个负电荷的空位 $V^-$[9]。研究证实,中性空位 $V^0$ 可以在 900 K 以上的高温下发生迁移,迁移激活能为(2.3±0.3)eV[10],迁移后可形成双空位或被周围的氮原子捕获形成氮空位(NV)中心。而带负电的空位 $V^-$ 在高温下首先会丢掉负电荷,形成中性空位,而后发生迁移。可以采用光谱学的方法研究金刚石中的空位缺陷,中性空位 $V^0$ 的零声子线及其有关谱线命名为 GR$n$($n$ = 1, 2, …, 8),光谱范围从 1.673 eV 延伸至 3 eV[11]。带负电空位 $V^-$ 的光谱结构命名为 ND1,其零声子线位于 3.149 eV[12]。另外,在光激发下可以发生空位的光电离,导致 $V^0$ 与 $V^-$ 相互转变[12]:

$$h\nu + V^0 \longrightarrow V^- + h^+ \quad (h\nu > 2.880\ \text{eV}) \tag{8.1}$$

$$h\nu + V^- \longrightarrow V^0 + e^- \quad (h\nu > 3.149\ \text{eV}) \tag{8.2}$$

自间隙原子也是金刚石中常见的本征缺陷。在高能粒子辐照下产生空位缺陷的同时,也会产生自间隙原子,二者会在高温下复合,也会组合成更为复杂的缺陷结构[13]。金刚石中的自间隙原子最初是由电子回旋共振方法识别的,其结构是位于〈001〉晶向的两个完全相同的碳原子共享一个晶格格点,通常称为〈100〉-哑铃状间隙原子(〈100〉-split interstitial),为电中性,用 $I^0$ 表示[13]。间隙原子 $I^0$ 在晶体中的迁移激活能为(1.6±0.2)eV,比中性空位 $V^0$ 的(2.3±0.3)eV 小得多,在 700~800 K 高温下 $I^0$ 即可被破坏。虽然中性空位 $V^0$ 在 900 K 以下的温度不会发生变化,但由于间隙原子 $I^0$ 的迁移使空位和间隙原子发生复合,会导致中性空位 $V^0$ 数量减少。中性间隙原子 $I^0$ 的吸收光谱通常在 1.685 eV 和 1.859 eV 处有两个吸收峰[14]。2017 年,A. Zullino 等在金刚石中发现了两组新的发光峰对,峰位分别位于1.87 eV、1.82 eV 和 1.76 eV、1.71 eV,作者把它们归因于间隙原子形成的扩展缺陷与相邻空位缺陷组成的复杂结构缺陷[15]。

金刚石晶体中常见的线缺陷是 60°棱位错和螺位错,与同属金刚石结构的硅和锗晶体具有相似的位错结构,在 CVD 方法外延生长的金刚石薄膜中会形成位错线平行于〈100〉方向的刃位错。研究表明,Ⅱa 型天然金刚石中的位错密度在约 $10^8$ 量级,而 CVD 方法外延生长的金刚石薄膜中的位错密度通常在 $10^4$~$10^6$ 量级[16]。位错线上存在的大量悬挂键是电子的施主或受主能级,导致位错周围形成局部的空间电荷区。位错也是金刚石中主要的载流子非辐射复合中心和散射中心,对载流子复合寿命和迁移率有较大影响。通常位错的周围会伴随空位和间隙原子的产生或合并,也是杂质原子在晶格中的扩散通道[16]。采用高分辨透射电子显微镜(HR-TEM)可以直接观察金刚石中的位错结构。由于金刚石硬度极高,TEM 制样较为困难,通常采用氧化制样、机械减薄结合离子减薄等方法。近年来,采用聚集离子束(FIB)技术制备金刚石 TEM 样品取得了较好的效果[17]。TEM 观测的结果显示,CVD 方法外延生长的金刚石薄膜中位错线通常沿着[001]生长方向并成束状聚集,并且位错多产生于衬底表面或金刚石/衬底界面附近的缺陷,每个缺陷点发出四条或更多的位错线[18],这使得 CVD 同质外延生长的金刚石中一般不会降低位错密度,因此单晶金刚石衬底的位错和表面缺陷密度对外延金刚石薄膜中的位错密度起着决定性作用。金刚石中位错周围局部的应力场会导致光的双折射,基于这一效应,使用偏光显微镜就可观察到金刚石晶体中位错周围应力场的分布[19]。2014 年,Hoa 等采用双折射效应研究了 HPHT 和 CVD 方法制备的金刚石中的位错,观察到了刃位错和混合型位错的双折射图像,其伯格斯矢量沿着[110]或[011]方向[20]。

金刚石中的杂质可分为包裹体(或称为夹杂物)、替位原子和外来间隙原子等。包裹体是指混入金刚石晶体中的宏观颗粒物,它们不属于晶格的一部分。天然金刚石晶体中的包裹体通常是含有 Al、Mg、Ca 的硅酸盐。HPHT 方法人工合成的金刚石中的包裹体通常含有石墨、触媒中的金属和金属碳化物等成分。

B 和 N 是金刚石中两种重要的替位杂质原子，它们在元素周期表中与 C 元素相邻，且均有较小的原子半径，很容易掺入到金刚石结构中。B 是目前实现半导体金刚石 p 型掺杂的主要杂质元素。而 N 原子在金刚石中有多种形态，包括孤 N（称为 C 中心）、N-N 对（称为 A 中心）、四个 N 原子和一个空位组成的缺陷结构（称为 B 中心）等[21]。另外，N 杂质也会以准平面结构的片晶形态存在于金刚石的{100}晶面内。孤 N 替位原子在金刚石中是深施主，能级位于导带底以下 1.7 eV 左右。另外，金刚石的光电流谱中经常会出现位于 4.6 eV 处与 N 杂质有关的信号[22]，原因迄今不明。金刚石中与 N 杂质有关的一个重要缺陷结构是 N-空位（NV）中心，其结构如图 8.4（a）所示[23]。一个格点上的 C 原子被 N 杂质原子取代，而在其〈111〉晶向的相邻格点上缺少一个 C 原子而形成一个空位。NV 中心通常有两种荷电状态，即中性的 $NV^0$ 和带一个负电荷的 $NV^-$，它们的能级结构如图8.4（b）所示[23]，对应的发光波长分别为 575 nm 和 637 nm。NV 中心因其可控性好、消相干时间长等优点，被认为是实现量子信息处理和量子计算的很有前途的候选者之一。另外，利用 NV 中心产生的单光子源有望在室温下稳定工作[24]。

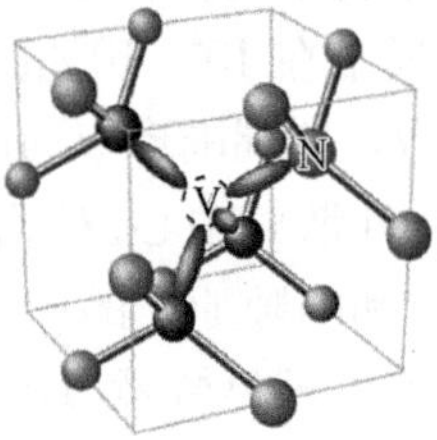


(a)

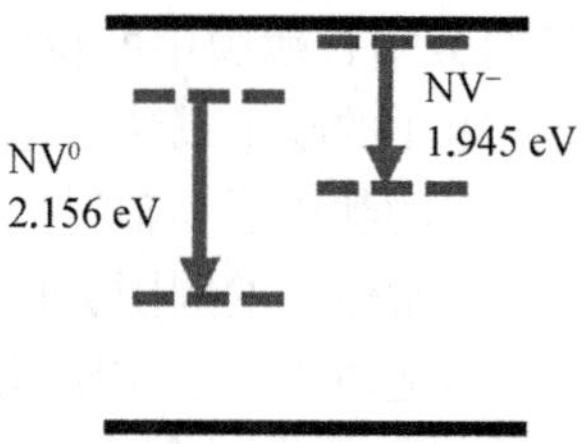


(b)

图 8.4　金刚石晶体中 NV 中心的（a）原子结构及（b）其禁带中的能级位置[23]

N 原子在金刚石晶体中除了作为替位杂质外，也能形成间隙原子缺陷。高能电子或中子辐照的掺 N 金刚石晶体中会出现间隙 N 原子，N 间隙原子在金刚石中容易迁移，并有趋于局部聚集的特性[25]。

### 8.1.2　金刚石的能带结构和声子色散关系

金刚石晶体的能带结构计算始于 1935 年[26]，随后的几十年内采用了包括紧束缚近似（TBA）、正交化平面波（OPW）法、缀加平面波（APW）法、线性化缀加平面波（LAPW）法、经验赝势（EPM）法等[27]。采用密度泛函理论（DFT）的局域密度近似（LDA）与上述方法相结合，可在单电子近似理论框架内自洽地处理电子间的相互作用。图 8.5 为计算得到的金刚石能带结构图[27]，导带底位于沿〈100〉方向（Δ 方向）从布里渊区中心至布里渊区边界（$X$ 点）的 0.76 处，即波矢 $\boldsymbol{k} = 0.76(2\pi/a)$

($a$ 为金刚石的晶格常数)。价带是简并的,顶部位于布里渊区中心 $\Gamma$ 点 ($\boldsymbol{k}=0$)。由于自旋轨道耦合作用,价带顶分裂成两支,自旋轨道分裂能量 $\Delta_0$ 约为 7 meV[28],其中上一支又由重空穴带和轻空穴带两个子能带组成。从图中可确认金刚石为间接带隙半导体。布里渊区中心 $\Gamma$ 点的直接跃迁能量为 6.0 eV,导带底至价带顶的间接带隙的理论计算和实验测量结果绝大部分在 5.4~5.5 eV 之间,目前带隙 $E_g$ 为 5.45~5.49 eV 在国际上较为被大家认可[27]。$E_g$ 随温度的变化满足 Vanish 关系[27]:

$$E_g(T) = E_g(T=0) - \frac{\alpha T^2}{T+\beta} \tag{8.3}$$

式中,Vanish 系数 $\alpha = -0.1979$ meV/K; $\beta = -1437$ K。

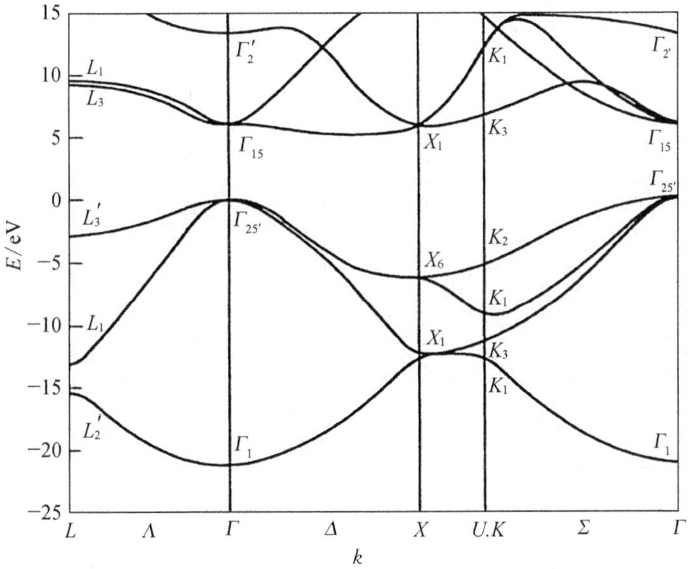


图 8.5　金刚石的能带结构[27]

金刚石中载流子的有效质量除了从能带结构计算中得到外,实验结果并不多见。综合部分理论和实验数据,电子的纵向有效质量为 $1.4m_0 \sim 1.7m_0$($m_0$为真空中电子的静止质量),横向有效质量为 $0.2m_0 \sim 0.4m_0$,轻、重空穴的有效质量分别为 $0.2m_0 \sim 0.3m_0$和 $0.4m_0 \sim 1.1m_0$[27]。值得注意的是,电子纵向有效质量要大于空穴有效质量。

金刚石的声子色散曲线如图 8.6 所示[27]。C 原子质量小、C—C 键能大,使得金刚石中声子的频率极高,在布里渊区中心处约为 40 THz[27],这是金刚石晶体具有极高热导率[22 W/(cm·K)]的主要原因。高热导率有利于功率电子器件的在高温、大功率条件下工作。金刚石在第一布里渊区几个临界点处的声子波数和声子能量列在表 8.2 中[28]。大的声子能量也是金刚石具有较大载流子饱和漂移速率的原因。

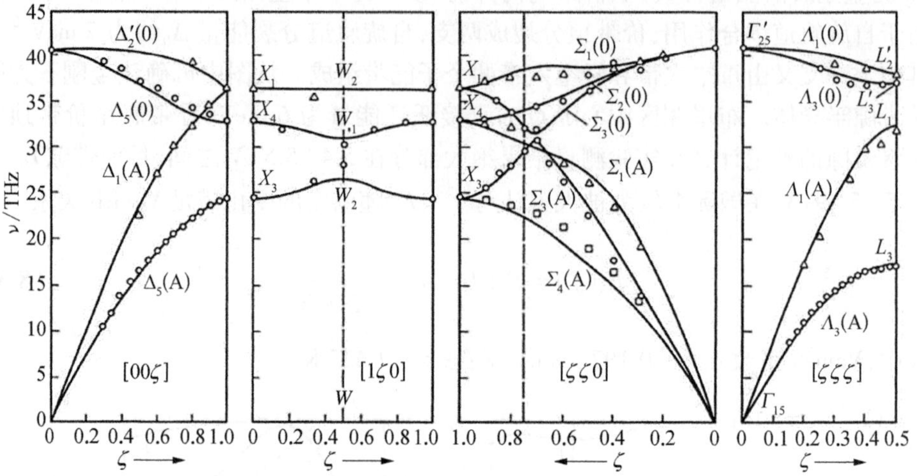

图 8.6　金刚石晶体的声子色散关系曲线[27]

**表 8.2　金刚石中声子的波数和能量[27]**

| 声子类型 | 临界点波数和能量 | | | | | |
|---|---|---|---|---|---|---|
| | $\Gamma$ | | $X$ | | $L$ | |
| | 波数/$cm^{-1}$ | 能量/meV | 波数/$cm^{-1}$ | 能量/meV | 波数/$cm^{-1}$ | 能量/meV |
| 纵光学声子(LO) | 1 332 | 165.1 | 1 218 | 151.0 | 1 254 | 155.5 |
| 横光学声子(TO) | 1 332 | 165.1 | 1 091 | 135.3 | 1 226 | 152.0 |
| 纵声学声子(LA) | | | 1 218 | 151.0 | 1 074 | 133.2 |
| 横声学声子(TA) | | | 793 | 98.3 | 555 | 68.8 |

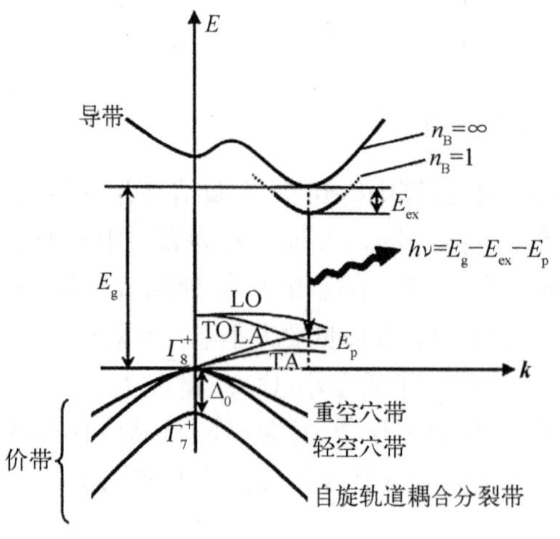

图 8.7　金刚石的激子带间跃迁示意图[28]

金刚石是间接带隙半导体,带间跃迁需要声子参与。另外,金刚石的自由激子束缚能为 80 meV 左右[28],所以在室温条件下金刚石中载流子的带间跃迁仍然以激子跃迁为主。激子辐射复合发射光子的能量为[28]

$$E_{h\nu} = E_g - E_{ex} - mE_p \qquad (8.4)$$

式中,$E_{ex}$ 为自由激子束缚能;$E_p$ 为声子能量;$m$ 为声子数量。跃迁过程如图 8.7 所示[28]。该图示意性地给出了金刚石第一布里渊区中心附近的能带精细结构、声子结构和激子基态。实验上发现,参与带间辐射过程的有 TA、TO 和 LO 三种声子,能量分别约为 87 meV、141 meV 和 163 meV[28]。至今在金刚石的发光光谱中没有观察到 LA 声子参与的自由激子发光,也没有合理的理论解释。另外,由于金刚石中存在较强的电子–声子相互作用,在发光光谱中可观察到激子峰多达 3 级的声子伴线[29]。

### 8.1.3 金刚石的电学性质

作为超宽禁带半导体材料的金刚石,室温下未掺杂、缺陷密度不高的本征材料中的自由载流子浓度极低,电阻率高达约 $10^{18}\ \Omega\cdot\text{cm}$ 量级。人们已经对金刚石中载流子的输运性质进行了广泛的研究,在较大的温度范围内本征金刚石晶体中载流子主要散射机制为晶格振动散射。2010 年,俄罗斯莫斯科物理技术学院 A. S. Baturin 等采用载流子–声子弹性散射近似对金刚石的载流子迁移率进行了理论分析,结果表明迁移率正比于声速的平方,而声速正比于声子振动频率。金刚石中高的声子振动频率(在布里渊区中心约为 40 THz)有利于获得高的载流子迁移率。计算结果表明,本征金刚石晶体中室温电子和空穴迁移率分别为 3 400 $\text{cm}^2/(\text{V}\cdot\text{s})$ 和 2 400 $\text{cm}^2/(\text{V}\cdot\text{s})$[30]。由于本征金刚石的高阻特性,无法采用霍尔效应测量其迁移率。实验上,通常采用飞行时间法来测量金刚石在高能粒子或深紫外光激发下产生的非平衡载流子的漂移迁移率和饱和漂移速度。2002 年,瑞士 ABB 公司 J. Isberg 等采用飞行时间法对微波等离子体化学气相沉积法生长的高纯金刚石进行了测量,分别得到了 4 500 $\text{cm}^2/(\text{V}\cdot\text{s})$ 和 3 800 $\text{cm}^2/(\text{V}\cdot\text{s})$ 的室温电子和空穴漂移迁移率[31]。温度 400 K 时电子的迁移率可达到 2 000 $\text{cm}^2/(\text{V}\cdot\text{s})$,温度 500 K 时空穴迁移率可达到 1 000 $\text{cm}^2/(\text{V}\cdot\text{s})$。

半导体功率电子器件通常工作在高电场条件下,此时器件的高频工作特性主要由载流子的饱和漂移速度决定,而不是低场迁移率。对于非极性光学声子散射,载流子饱和漂移速度 $v_s$ 可由下式估算[32]:

$$v_s = \sqrt{\frac{4\hbar\omega_0}{3\pi m^*}\tanh\left(\frac{\hbar\omega_0}{2k_B T}\right)} \tag{8.5}$$

式中,$\hbar\omega_0$ 为光学声子能量;$m^*$ 为载流子有效质量;$k_B$ 为玻尔兹曼常数;$T$ 为温度。金刚石所具有的大光学声子能量(在布里渊区中心 $\hbar\omega_0 > 160$ meV,见表 8.2)有利于获得高的载流子饱和漂移速度。1975 年,美国海军实验室的 D. K. Ferry 计算了本征金刚石中载流子高场输运性质,结果表明电子的饱和漂移速度大于 $2\times10^7$ cm/s[33]。不同的实验结果显示,本征金刚石中电子和空穴的饱和漂移速度分别为 $1.5\times10^7\sim2.7\times10^7$ cm/s 和 $0.8\times10^7\sim1.2\times10^7$ cm/s[34]。表面上看,金刚石的载流子饱和漂移速度与 SiC 或 GaN 相比没有优势,但由于金刚石在约 10 kV/cm 较低的电场强度下就能达到载流子饱和漂移速度,能够保证金刚石在实际的器件中较易实现载流子漂移速度的饱和[34]。而 SiC 或 GaN 要在接近其临界击穿场强的条件下才能达到载流子饱和漂移速度,这在实际器件工作中是很难实现的。

临界击穿场强是半导体材料的固有属性,是高能载流子与晶格原子发生碰撞产生二次电子并进而产生雪崩击穿时的临界电场强度。在半导体功率电子器件耐压保持不变的条件下,材料的临界击穿场强越大,器件就可设计得越小,工作频率就越高。金刚石具有 10 MV/cm 的临界击穿场强,因此非常适合用于高压、大功率电子器件的研制[34]。室温下本征金刚石的主要电学性质列于表 8.3 中。

**表 8.3　室温下本征金刚石的主要电学性质[34]**

| 相对介电常数 $\varepsilon_r$ | 电阻率 $\rho/(\Omega\cdot cm)$ | 电子迁移率 $\mu_e/[cm^2/(V\cdot s)]$ | 空穴迁移率 $\mu_h/[cm^2/(V\cdot s)]$ | 饱和电子漂移速度 $v_s/(cm/s)$ | 临界击穿场强 $E_B/(MV/cm)$ |
|---|---|---|---|---|---|
| 5.7 | 约 $10^{18}$ | 4 500 | 3 800 | $2\times10^7$ | 10 |

在半导体电子器件的研制中,通常使用几个优选指数来评估某一半导体材料在器件研制中的最大潜力。另外,半导体材料的优选指数也有助于优化器件结构,平衡器件相互制约的某些性能参数,使材料的物理性质最大化地在器件性能上体现出来[35]。Baliga 指数主要评价用于半导体场效应晶体管、肖特基二极管等单极型器件低频工作特性的半导体材料性质,主要反映的是器件的稳态功耗特性,用载流子迁移率 $\mu$ 和击穿场强 $E_B$ 来定义[35]:

$$F_B = \frac{4U_B^2}{\varepsilon_0 R_{on,\ min}} = \varepsilon_r \mu E_B^3 \tag{8.6}$$

式中,$U_B$ 为器件的反向击穿电压;$R_{on,\ min}$ 为最小导通比电阻;$\varepsilon_0$ 为真空介电常数。从该公式可知,在器件耐压不变的情况下,用击穿场强大和迁移率高的半导体材料研制的单极型器件,其导通电阻小、功耗低[35]。

对于双极结型晶体管(BJT)等半导体双极型器件,通常用 Johnson 指数或 Keyes 指数来对半导体材料进行评价。Johnson 指数可表示为[35]

$$F_J = \frac{I_m U_m f_T}{2\pi C_0} = \left(\frac{E_B v_s}{2\pi}\right)^2 \tag{8.7}$$

式中,$I_m$ 为器件的最大导通电流;$U_m$ 为最大外加电压;$f_T$ 为器件的截止频率;$C_0$ 为结电容。该公式表明,在器件结电容不变的条件下,器件的功率处理能力 $I_m U_m$ 与截止频率 $f_T$ 的乘积为常数,由半导体材料的临界击穿场强和载流子饱和漂移速率决定。具有较大 Johnson 指数的半导体材料在兼顾器件的功率和频率方面有优势[35]。

半导体材料的热导率对器件的输出功率和工作频率有很大影响,在器件结构和散热不变的条件下,半导体双极型器件的工作频率 $f$ 与半导体材料的热导率 $\lambda$ 有如下线性关系,并以此来定义 Keyes 指数 $F_K$ [35]:

$$f \propto F_K = \lambda \sqrt{\frac{v_s}{\varepsilon_r}} \tag{8.8}$$

所以,Keyes 指数表征的是半导体材料的热学性质对器件工作频率的限制。金刚石极高的热导率在高频功率器件研制上有很大的优势[35]。

表 8.4 给出了几种典型半导体材料以 Si 为对比标准的归一化优选指数。由于在优选指数定义上的区别和半导体材料电学参数选取上的差别,不同文献给出的优选指数很可能有较大差别。尽管如此,某个优选指数在不同半导体材料之间的对比规律都是一致的。从表中可看到,金刚石在研制功率电子器件方面具有先天性的优势。不过,目前的金刚石基功率电子器件的性能远没有理论预期的好,也远不如较为成熟的 GaN 基和 SiC 基器件,这是由于金刚石材料生长和器件工艺中的许多关键科学技术问题,如高质金刚石单晶材料的生长、n 型和 p 型掺杂、欧姆接触等,还没有得到很好解决。要实现金刚石功率电子器件的优异性能及其产业化应用还有很长的路要走。

**表 8.4 几种典型的半导体材料的归一化优选指数**

| 指　　数 | Si | GaAs | 4H-SiC | GaN | 金刚石 |
|---|---|---|---|---|---|
| Baliga 指数 | 1 | 16 | $2.9\times10^2$ | $9.1\times10^2$ | $2.8\times10^4$ |
| Johnson 指数 | 1 | 7.1 | $4.1\times10^2$ | $7.6\times10^2$ | $8.2\times10^3$ |
| Keyes 指数 | 1 | 0.5 | 5.1 | 1.8 | 32 |

## 8.2 金刚石单晶材料的制备方法

目前认为地球上存在的天然金刚石晶体主要形成于地下 150~200 千米处,形成条件是压强 4.5~6 GPa 和温度 1 100~1 600℃。在地下高压高温环境下形成的金刚石被火山喷发等地质活动携带至地球表面附近形成金刚石矿藏。天然金刚石数量稀少、尺寸小、缺陷多、价格昂贵,长期以来主要作为珍贵的宝石材料。这极大地限制了它的广泛应用,更不能满足半导体器件研制的需求。

从 20 世纪 40 年代开始,科学家通过模拟天然金刚石的形成条件尝试人工制备金刚石单晶。截至目前,成功的人工制备方法主要是高压高温(HPHT)法和化学气相沉积(CVD)法两大类[36]。前者又可分为爆轰法、静压法两类;后者根据热源或等离子体产生方式的不同又可分为热丝法、燃烧火焰法、直流等离子体法、射频等离子体法、微波等离子体法(MPCVD)、电子回旋共振微波等离子体法(ECR-MPCVD)等,图8.8为C的相图及各种生长方法的适用区域[36]。下面简要讨论HPHT法和广泛应用于半导体金刚石材料外延生长的MPCVD法。

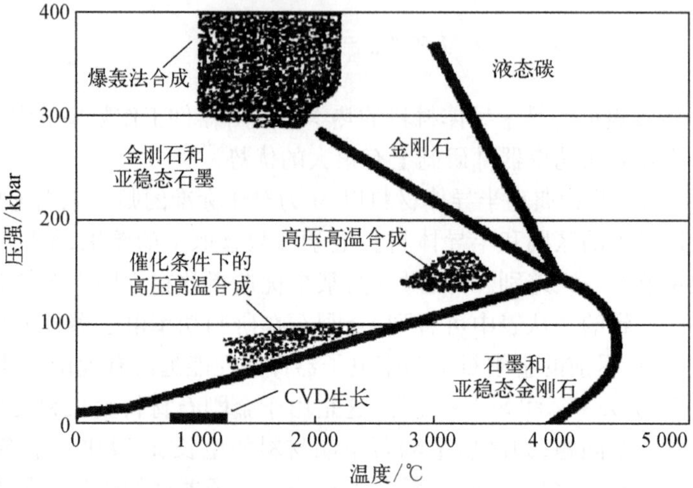


图8.8　C的相图及各种生长方法的适用区域[36]

### 8.2.1　金刚石单晶制备的高压高温法

顾名思义,高压高温(HPHT)法是指模拟天然金刚石的形成条件,在高压强、高温度下生长金刚石单晶的方法。20世纪40年代,人们开始尝试使用HPHT法将石墨转化为金刚石。1953年和1954年,瑞典阿西亚公司(ASEA)和美国通用电气(GE)公司相继独立制备出金刚石单晶材料,他们的实验装置可以实现8 GPa的高压和2 000℃的高温,再现了天然金刚石在地球内部形成的条件[37,38]。1967年,GE公司首次提出触媒催化的高压高温法,1971年,该公司合成出5 mm大小,约1克拉(1克拉=200 mg)重的Ⅰb型黄色单晶金刚石,晶体生长速度为2.5 mg/h。随后,又开发了Ⅱa型无色和Ⅱb型蓝色尺寸更大的单晶金刚石生长技术。

根据高压高温条件获取的途径不同,HPHT法可分为两类,即爆轰法和静压法。爆轰法是利用炸药在密闭容器中的瞬间(约1 μm)爆炸,产生瞬时的极端高压高温条件,使包含在炸药材料中的C原子在此极端条件下生成纳米级的金刚石粉末。静压法是利用静态高压和高温技术(压机)采用石墨原料生成金刚石,没有触媒参与的静压法称为直接转化法,这种方法工作压强和温度很高。为了降低工作压强和温度,通常在石墨中加入金属触媒,并在压腔内形成一定的温度梯度,这就是目前最常用的触媒催化的温度梯度法[39]。

HPHT静压法的实验装置主要有三种,如图8.9所示[40]。第一种是20世纪50

年代开始使用的两面顶压机,由静压杆驱动的两个锥形顶砧给样品加压,顶砧本身作为加热电极。目前这种装置仍被戴比尔斯、GE 等公司使用。第二种方法是我国自主研制的六面顶压机,由六个顶砧同时给样品加压,可以在较短时间内达到工作压强和温度,但压腔体积较小。这种装置在我国广泛使用。第三种装置是苏联科学家 R. Feigelson 等发明的分裂球压机,俄文简称 BARS。样品生长区域为陶瓷柱状体,位于腔体中央。这种设备的外层有 8 个不锈钢顶砧呈球状,内层六个碳化钨顶砧放大压强直接对样品区域施压。该装置体积小,能稳定控制压强,适于大单晶的生长,生长速率可达 20 mg/h[41]。

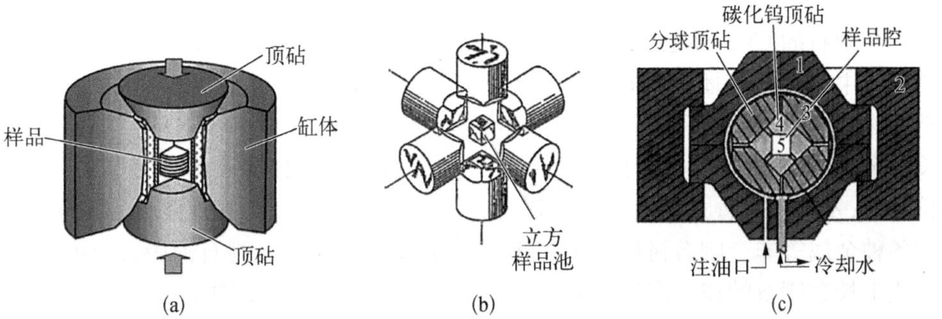


图 8.9 高压高温静压法的三种典型装置:(a) 两面顶压机;(b) 六面顶压机;(c) 分裂球压机[40]

触媒催化 HPHT 法的生长压强通常在 5~6.5 GPa,温度在 1 300~1 700℃。生长时加入金刚石籽晶,以石墨为反应源,并加入金属触媒,如 Fe、Ni、Co、Mn-C 等合金,来达到合成金刚石的目的。一般情况下,由于大气中的 N 元素掺杂,HPHT 法制备的单晶金刚石通常为黄色。采用添加 Ti、Al、B、Cu 等金属后,则可得到无色的单晶金刚石。也有报道用非金属触媒的,但种类有限。无论用何种触媒,整个生长过程都需要精确控制压强和温度来控制生长速度,生长过快会引入杂质和缺陷,并且晶体形状不可控。HPHT 法生长的金刚石通常呈六面体、八面体和六-八面体混合形状或它们的过渡形态。

目前,国际上采用 HPHT 法合成人造金刚石的国家主要有中国、美国、南非、爱尔兰、瑞典、英国、德国、俄罗斯、乌克兰、亚美尼亚、日本、罗马尼亚、波兰、捷克、朝鲜、希腊和印度等。但 HPHT 大尺寸单晶金刚石生长技术主要掌握在几家国际性公司手中,包括日本的住友电工、英国戴比尔斯和元素六(Element Six, E6)、俄罗斯的新金刚石技术(New Diamond Technology, NDT)等。日本住友电工发展的技术将晶体生长速度大幅度提高,其中 Ⅰb 型黄色大单晶的生长速度由通常的 2~2.5 mg/h 提高到了 12~15 mg/h,并通过优化触媒成分和提高温度、压强控制精度等,将无色大单晶的生长速度由通常的 1~1.5 mg/h 提高到了 6~7 mg/h,其优质

Ⅱa型单晶最大尺寸达到 10 mm，同时结晶性大幅度改善。最近俄罗斯 NDT 公司生长出了约 100 克拉的单晶金刚石，尺寸在 20 mm 左右[42]。我国也是采用 HPHT 法制备生产金刚石单晶材料的大国，年产量位居世界第一，但单晶尺寸和质量与国际领先水平还有一定差距。

HPHT 法合成的单晶金刚石目前主要用于工业领域，如刀具、磨料、散热等。由于此法制备的单晶金刚石中含有较多的晶体缺陷和杂质，目前尚无法直接用于半导体器件的研制，但可广泛用于 CVD 法外延制备金刚石的同质衬底材料。

### 8.2.2　微波等离子体化学气相沉积法

金刚石的 CVD 外延生长方法是通过在衬底上方产生含 C 的等离子体，随后等离子体中的含 C 基团沉积在衬底上形成金刚石薄膜。20 世纪 50 年代末，苏联科学院物理化学研究所和美国联合碳化物公司用简单的热分解 CVD 分别成功地生长出金刚石薄膜[43,44]。20 世纪 80 年代初，日本国立材料研究所完善了前人的生长方法，发展和完善了热丝 CVD、MPCVD 等多种低压化学气相沉积法，在 Si、玻璃和各种金属等非金刚石衬底上生长出了质量较好的多晶金刚石薄膜，从而使低压气相生长金刚石的技术取得了突破性进展[45-47]，并推动了金刚石在半导体领域的应用。至 20 世纪 90 年代中期，金刚石的等离子体生长理论日趋完善。进入 21 世纪，基于微波等离子体 CVD（MPCVD）方法的高速生长、重复生长、三维生长、拼接生长等金刚石同质衬底制备技术和大尺寸异质衬底制备技术都有了很大进展[47]。

相比于 HPHT 技术，CVD 方法在晶体质量控制、表面形貌控制、半导体掺杂、大尺寸等方面更具优越性。在众多 CVD 方法中，迄今用 MPCVD 方法生长的金刚石材料质量最好，因此被人们公认为半导体金刚石薄膜制备的最佳方法[1]。

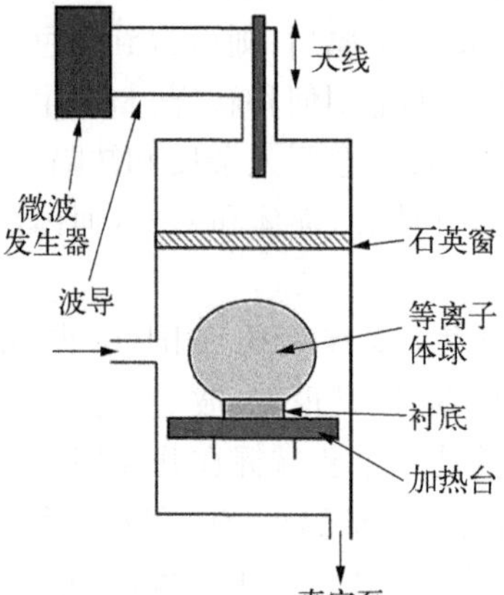

图 8.10　生长半导体金刚石薄膜用 MPCVD 系统的结构示意图[1]

MPCVD 设备主要包括微波系统、等离子体反应室、真空系统、供气系统、控制系统等，如图 8.10 所示[1]。其中微波系统包括微波源、环形器、水负载、三销钉阻抗调节器、波导管、微波模式转换器等。目前常用的微波源的频率为 2.45 GHz 和 915 MHz，微波功率 1～100 kW。通常研究型或小型生产设备的微波频率为2.45 GHz，功率不超过 10 kW。大型生产型设备采用 915 MHz 微波频率，功率最高可达 100 kW。供气系统由气源、管道和控制气体通断和流量的电磁阀和流量计组成，通常以甲烷（$CH_4$）来提供生成金刚石材料中所需的 C 元素。等离子体反应室有三种类型：石英管式、石英钟罩式和带有微波窗口的金属腔体式,以金属腔体式为好。真空系统主要包括大抽速机械泵、真空计、真空阀门等,用于维持反应室的工作压强。在配置了分子泵的系统中,可以在生长之前达到很好的背景真空,有利于高纯度金刚石材料的生长。控制系统通过计算机和接口电路调控各路气体的通断、流量、压强、各不同气体的相对配比等,从而实现化学气相沉积工艺条件的有效控制。目前,国际上 MPCVD 的主要生产商有日本康世(Cornes,原 Seki Diamond,技术最初源于美国 Astex)、美国 Lambda、德国 iplus、法国 Plassys 等。

MPCVD 方法制备金刚石材料的主要优势在于: ① 无内部电极,可避免电极引起的污染;② 微波等离子体的工作参数较易控制,微波功率可连续调节,因此生长速率、衬底温度等工艺参数可以较为稳定地控制,有利于生成高质量材料;③ 工作气压宽,等离子体密度高,能量转化率高[1]。

MPCVD 方法生长金刚石薄膜的机理非常复杂,期间发生了各种物理和化学反应,宏观上可概况地描述如下: 工艺气体(主要是氢气和甲烷)首先在反应室内混合,在微波作用下发生等离子体放电,产生活性的自由 C 基团(如—$CH_3$、═$CH_2$)、原子、离子、电子等,并把气体加热到几千度的高温;随后产生的活性 C 基团吸附在基底表面,并通过扩散,聚集在形核能较低的地方,如缺陷、位错处。一段时间后,当形核尺寸大于临界尺寸时,形成稳定晶核;接着通过吸附气相中的 C 基团和表面扩散的 C,晶核逐渐长大[1]。H 原子在生长中起到刻蚀表面生成的非金刚石 C 相的作用,有利于提高材料质量。在工艺条件合适的情况下,最终可生长出较大面积的金刚石单晶薄膜。

图 8.11 所示为 MPCVD 方法生长金刚石的相图[49],多采用在 $H_2$气氛中添加小比例甲烷(1%~3%)来实现高质量金刚石的生长,如图 8.11 中左下角的区域。为提高反应速率,可以把甲烷比例提高至 10%以上,但晶体质量有较大下降。在工艺气体中添加少量 $O_2$ 有利于提高金刚石的晶体质量。

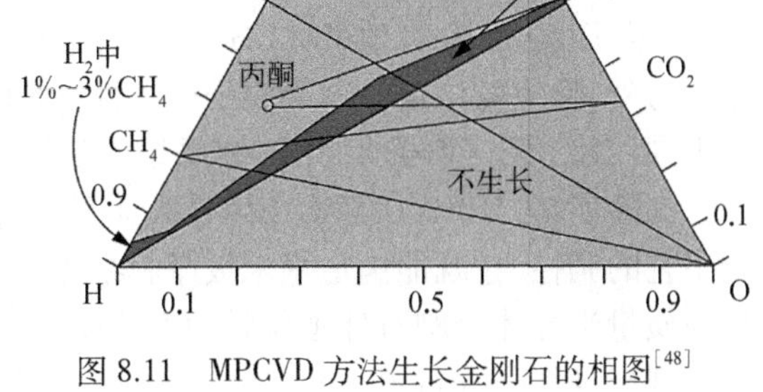

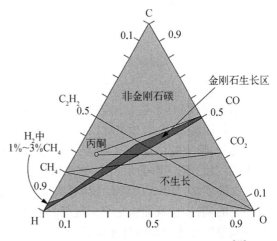

图 8.11 MPCVD 方法生长金刚石的相图[48]

目前,金刚石 CVD 生长的微观模型主要有动态平衡模型和非平衡态热力学模型两种[50]。动态平衡模型认为生长过程是 C 原子的沉积和被刻蚀的动态平衡或动力学竞争过程。生长过程中 C 原子的过饱和度是形成金刚石或非金刚石碳相的化学驱动力,而 H 原子会刻蚀和抑制非金刚石相,并使 C 原子 $sp^2$ 成键部分转化为 $sp^3$ 键。而非平衡态热力学模型则重点考虑了 H 原子对石墨的刻蚀作用,金刚石生长表面附近特定的热力学环境是有利于金刚石生长而不利于石墨生长的亚稳状态,而金刚石晶体生长表面则遵从平衡态热力学规律。

金刚石晶体的 CVD 生长过程中的表面化学生长机制如图 8.12 所示[51]。A→B 过程,金刚石生长表面通过得到一个 C 原子,释放一个 $H_2$ 分子而实现脱 H,并在表面形成一个悬挂键;B→C 过程,气相中的甲基自由基扩散到金刚石生长表面而形成很强的 C—C 键;C→D 过程,甲基自由基再次通过得到一个 H 原子释放一个 $H_2$ 分子的方式形成一个悬挂键;D→E 过程,通过形成 $C_2H_2$ 的方式断开 C—C 键,实现金刚石结构的开环,并在另一个 C 原子上形成一个悬挂键;E→F 过程,$C_2H_2$ 中的 C ═C 结构断开一个化学键,并与另一个 C 原子形成 C—C 键,插入生长表面的亚甲基结构,从而实现 C 的闭环,此时完成了金刚石晶体表面一个 C 原子的生长落位;F→G 过程,金刚石表面得到一个 H 原子,重新恢复到 H 终端金刚石表面状态。上述这个过程不断循环下去实现金刚石晶体的生长。

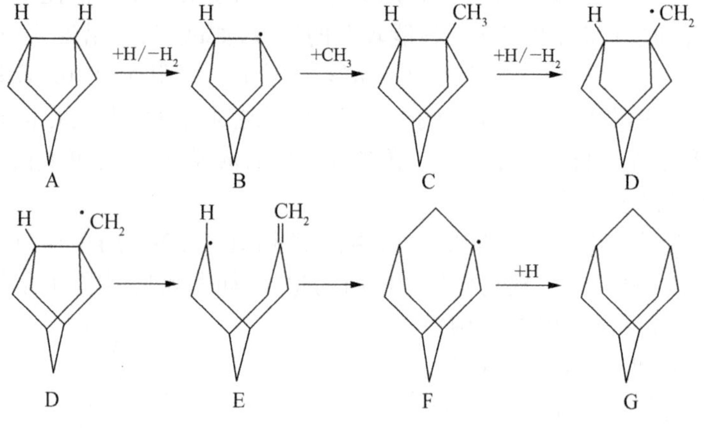


图 8.12　MPCVD 生长过程中甲基嵌入二聚体形成金刚石晶体的化学过程示意图[51]

影响 MPCVD 生长金刚石生长速率和材料质量的工艺参数主要包括甲烷浓度、气压、微波功率、其他气体($H_2$、$N_2$、$O_2$等)流量和含量、衬底基座形状、衬底状态等。另外,反应腔体设计对等离子体特性(如形状、密度、温度等)有决定性影响,所以不同厂家、不同型号的 MPCVD 系统生长的金刚石材料质量有很大区别。

如前所述,MPCVD 是迄今生长高质量半导体金刚石薄膜的最佳方法,通过生长工艺的调控,它既能满足毫米级厚膜半导体金刚石单晶衬底的高速生长,也能实现高质量半导体金刚石外延薄膜的低速生长。接下来将讨论采用 MPCVD 方法如何实现半导体金刚石单晶衬底的制备和高质量金刚石外延薄膜的生长。

# 8.3 单晶金刚石衬底的制备

单晶金刚石衬底的制备需要满足高生长速率、大面积和高质量的要求，目前主要采用 HPHT 和 MPCVD 方法[48]。HPHT 法适合生长三维颗粒状金刚石材料，尺寸较小，最大约 10 mm，并不适合生长外延生长所需的大面积薄片状衬底材料。为得到较大面积的半导体单晶金刚石衬底，通常采用两种办法：一种是把 HPHT 方法与 MPCVD 技术结合起来，将 HPHT 法制备的金刚石颗粒作为初始衬底，然后采用 MPCVD 高速生长技术，结合侧向外延、拼接等方法来实现较大面积的金刚石衬底[52]，这种方法总体上来说属于同质外延方法；另一种是在大尺寸非金刚石衬底上异质外延结合剥离技术制备金刚石单晶衬底材料[53]。

## 8.3.1 同质外延方法制备金刚石衬底

金刚石衬底的生长需要高生长速率，早期金刚石的同质外延采用了较低的反应气压（<100 Torr）、较低的微波功率密度（<5 $W/cm^2$）和较低的甲烷浓度（<1%）[1]，虽然制备的金刚石薄膜材料质量较高，但生长速率很低，只有约 1 μm/h，不适用于几百微米厚的金刚石单晶衬底的制备。从 20 世纪 90 年代中期到 21 世纪初，随着 MPCVD 技术的发展，生长速率达到 50～100 μm/h 的单晶金刚石薄膜的高速外延技术得以实现。相比于低速外延生长，高速外延生长需要高微波功率、高气压（200～300 Torr）和高甲烷浓度（$CH_4/H_2$>10%），有时也需要特殊设计的反应室。高气压和高微波功率直接导致下面的一系列结果：① 等离子体球收缩，功率密度可高达 1 000 $W/cm^2$；② 气体温度增加和参与生长的原子基团（如—$CH_3$、—H 等）的密度大幅度增加；③ 甲烷浓度可增至 10%以上；④ 衬底温度增加至1 000℃以上。这些因素的综合结果直接导致了单晶金刚石薄膜生长速率的提高。

2002 年，美国卡耐基研究所 C. Yan 等以 3.5 mm×3.5 mm×1.6 mm 的 HPHT 法制备的单晶金刚石颗粒作为初始衬底，在高微波功率、高的甲烷与 $H_2$体积流量比、160 Torr 气体压强并添加少量 $N_2$条件下，实现了 MPCVD 同质外延单晶金刚石的外延生长，生长速率超过了 100 μm/h，获得了 10 克拉左右的大尺寸单晶金刚石（7 mm×8 mm×5 mm）[54]。随后，欧洲、日本等地区和国家的研究人员纷纷进行了类似的研究，并试图进一步提高生长速率和扩大生长面积。2009 年，美国卡耐基研究所的 Q. Liang 等在反应气压达到 300 Torr 及反应气体中添加少量 $N_2$时，使金刚石的生长速率达到 165 μm/h，得到了厚度 18 mm 的单晶金刚石外延薄膜[55]。$N_2$提升金刚石生长速率的原理为：N 与 C 结合成 CN 基团，它能更有效地提取衬底表面的 H 原子，从而制造出更多的生长空位。但是如果过多的 CN 基团导致 H 原子被大量提取,将没有足够的 H 原子刻蚀非金刚石相和促进 $sp^3$ 键的形成,从而非金刚石相增多,材料质量下降。另外,N 原子也会直接进入金刚石晶格,形成杂质原子。所以为保证金刚石的质量,外延生长时 $N_2$ 不宜过多[55]。

在反应气体中加入氩气取代部分 $H_2$,也能提高生长速率。这是由于氩气的热导率是 $H_2$ 的 1/10 左右,反应气体热导率的降低可以提高等离子体温度。2011 年,法国巴黎第十三大学 A. Tallaire 等采用发射光谱和数值模拟相结合的方法,发现氩气的加入至少可把等离子体温度提高 500 K[56]。高的等离子体温度有利于 $H_2$ 的分解,并提高含碳基团浓度,实现金刚石的高生长速率,而且这种方法不会在金刚石中引入杂质和缺陷。2016 年,俄罗斯科学院普通物理研究所 A. P. Bolshakov 等发现在 $H_2$ 中掺入 20% 的氩气,可把金刚石的生长速率提高 2 ~ 4 倍,达到 105 μm/h[57]。大面积单晶金刚石衬底的制备是半导体金刚石材料可用于电子器件和光电子器件研制的核心条件之一。大功率 915 MHz 微波 MPCVD 设备的出现提高了等离子体放电的尺寸,为实现大面积金刚石薄膜的生长提供了技术条件[58]。2008 年,美国密歇根州立大学 J. Asmussen 等采用 915 MHz 生产型 MPCVD 设备,进行了多片单晶金刚石的高速生长[59]。他们采用尺寸为 3.5 mm×3.5 mm 的 HPHT 法制备的金刚石颗粒衬底,可同时生长 70 片样品。经过总时长为 145 h 的多次生长,每片厚度增加 1.8 ~ 2.5 mm,生长速率为 14 ~ 21 μm/h。大面积单晶金刚石的实现不仅需要纵向外延,还需要侧向外延,基本过程为:小尺寸单晶金刚石颗粒首先沿衬底的纵向方向生长,接着至少需沿着衬底横向的一个方向生长,然后再沿纵向生长,不断重复以上步骤,原则上可以制备出大面积单晶金刚石材料[60]。

国际上也发展了拼接生长技术,用以实现更大尺寸的单晶金刚石衬底,其工艺流程如图 8.13 所示[52]。首先多次剥离技术和 MPCVD 生长克隆出多个几百微米厚的金刚石外延片,经过精密拼接,在其上继续用 MPCVD 方法外延生长单晶金刚石。为重复利用 HPHT 法制备的金刚石衬底以及确保拼接用的多片金刚石具有相同的晶向,拼接技术的关键是金刚石衬底的剥离。剥离可采用激光刻蚀或离子注入结合电化学腐蚀的方法。激光刻蚀容易造成表面损伤,并有较大的金刚石损失;而离子注入技术可以有效降低剥离导致的金刚石损失,每次损失掉的金刚石厚度在微米量级。采用离子注入技术的金刚石衬底剥离流程是:在生长之前采用离子注入方法在单晶金刚石衬底表面以下形成一个碳的缺陷层,之后进行 MPCVD 生长,生长之后通过电化学腐蚀即可把衬底和厚外延层分开[52]。2013 年,日本产业技术综合研究所 H. Yamada 等采用 8 片 10 mm×10 mm 的金刚石衬底拼接生长出 40 mm×20 mm 的大面积金刚石衬底,如图 8.14 所示[61]。2014 年,同一研究组报道了 40 mm×60 mm 单晶金刚石衬底的制备,它采用 24 片 10 mm×10 mm 的金刚石小片拼接和外延生长而形成[62]。

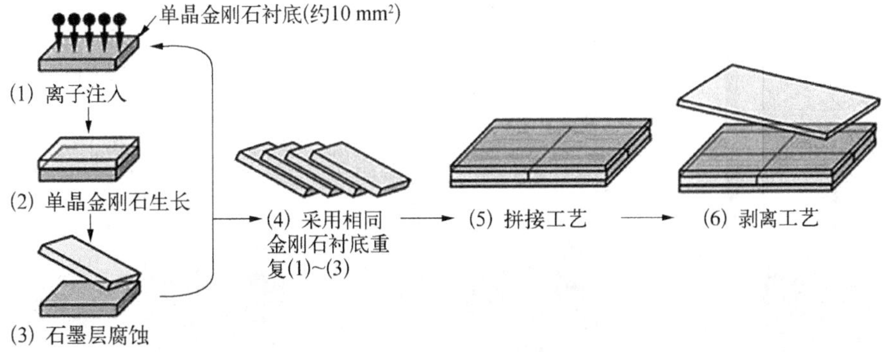


图 8.13 大尺寸单晶金刚石衬底的拼接生长技术流程示意图[52]

图 8.14 采用拼接技术制备的 40 mm×20 mm 单晶金刚石衬底的光学照片[61]

拼接方法的主要问题是接缝处存在大量缺陷,而且各小片之间晶向的一致性较差。2020 年,日本关西学院大学 A. Matsushita 等采用拉曼光谱和高分辨电子背散射衍射(HR-EBSD)研究了金刚石拼接衬底接缝处的缺陷和晶向。结果显示,接缝处约 500 μm 宽的区域有大量缺陷和多晶存在,拉曼光谱宽度超过 3 $cm^{-1}$。而且在拼接金刚石晶体的三个方向均存在晶向偏移,最大的地方接近 0.5°,如图 8.15 所示[63]。除了接缝处有缺陷之外,拼接方法制备金刚石衬底的周期长、成本高、工艺控制困难,只适合实验室的少量科研使用,并不适合大规模的产业化应用。

### 8.3.2 异质外延方法制备金刚石衬底

与同质外延相比,金刚石的异质外延可以选择众多工艺成熟的大尺寸高质量单晶材料作为衬底,在大尺寸单晶金刚石模板衬底的制备上更具潜力。除了面积大之外,还有制备周期短、成本低等优点。目前已有 Si、SiC、铼(Re)、铱(Ir)、Cu、

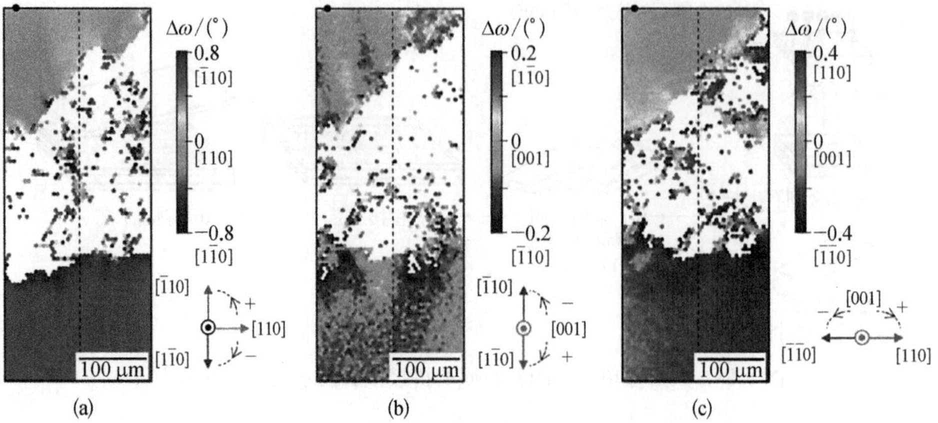


图 8.15　HR-EBSD 显示的金刚石拼接衬底接缝处的晶向偏移[63]

Ni、蓝宝石、BN 等多种单晶材料用于金刚石异质外延的探索[64-67]。在这些单晶材料中,金属 Ir 晶体与金刚石的晶格失配最小,约 7%,且其对金刚石成核和生长有化学催化作用,是目前金刚石异质外延的最常用衬底材料[68]。金属 Ir 的催化作用源于其对 C 的溶解和析出特性。当 Ir 中 C 含量较低时有利于 C 的溶解,而浓度达到 15%以上时,Ir/C 系统变得不稳定,C 会快速析出至 Ir 表面,从而实现有效的金刚石成核与生长。目前可见报道的直接在 10 mm×10 mm Ir 衬底上生长的金刚石薄膜的位错密度可低于约 $10^8$ $cm^{-2}$[69]。但是 Ir 是一种稀有金属,单晶衬底价格高且难以获得。另外,Ir 单晶衬底与金刚石厚外延层之间的应力积累也无法释放,导致直接在 Ir 单晶衬底上生长金刚石无法获得较大的尺寸。取而代之的方法是将 Ir 沉积在 MgO、钇稳定氧化锆(YSZ)、$SrTiO_3$、$Al_2O_3$或 Si 等衬底上[51]。但是,上述氧化物单晶衬底与金刚石晶体的热失配和晶格失配很大,导致金刚石外延层中存在较大的失配应力。若金刚石外延层厚度或面积较大,则容易发生开裂或分层[70]。更好的办法是采用 Ir/MgO/Si、Ir/YSZ/Si 等多层复合衬底[71],既能利用金属 Ir 的优势,也能利用多层复合结构充分缓解释放金刚石外延厚膜中的应力。图 8.16 是 Ir/YSZ/Si 复合衬底上外延生长的金刚石单晶衬底的结构示意图,图中给出了相邻层之间的晶格失配[71]。

2017 年,德国奥格斯堡大学 M. Schreck 等采用 Ir/YSZ/Si 复合衬底成功制备出直径约为 90 mm、厚度为 1.6 mm 的金刚石单晶衬底,复合衬底剥离后的金刚石单晶衬底如图 8.17 所示[72]。目前,异质外延金刚石单晶衬底的晶体质量还不尽如人意。XRD 摇摆曲线半高宽在几百弧秒(arcsec)的水平,位错密度最高达约 $10^{10}$ $cm^{-2}$量级。

2013 年,德国奥格斯堡大学 C. Stehl 等研究了异质外延金刚石中的位错密度与外延厚度的关系,发现在 1 mm 范围内位错密度与厚度成反比,从 10 μm 处的

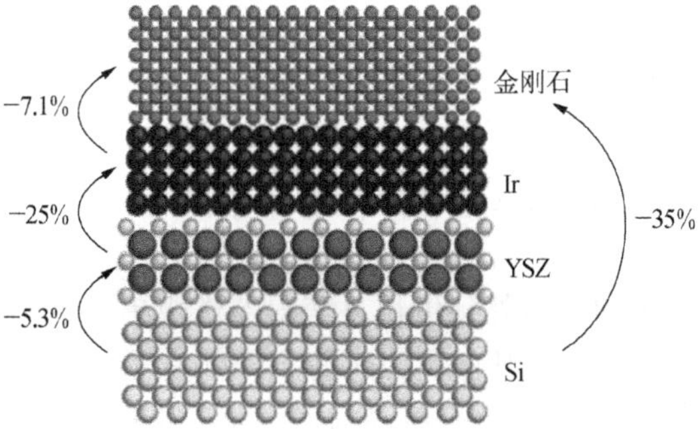


图 8.16 Ir/YSZ/Si 复合衬底上生长的金刚石外延厚膜的结构示意图[71]

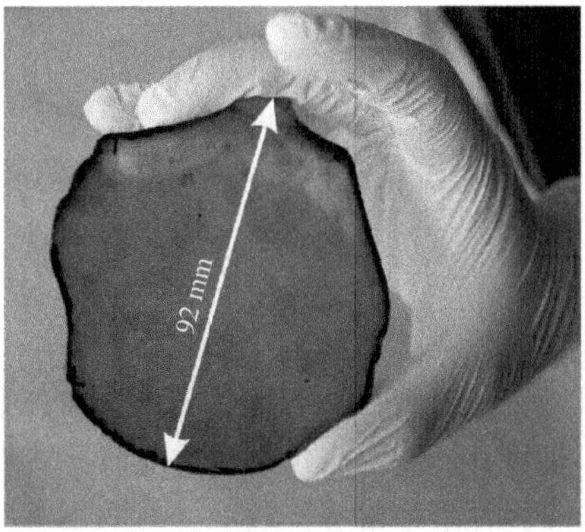


图 8.17 Ir/YSZ/Si 复合衬底上生长的金刚石单晶衬底材料(复合衬底已剥离)[72]

$10^{10}$ $cm^{-2}$下降至 1 mm 处的约 $10^8$ $cm^{-2}$以下,如图 8.18 所示[69]。一般情况下,金刚石晶体中的位错线不会自行消失,而通常会停止于晶粒边界、界面或表面处。他们对金刚石厚膜中位错减少的原因进行了分析,认为主要有三个原因: ① 伯格斯矢量相反的两个位错形成半环导致位错湮灭;② 两个相邻的位错融合成一个 Y 形位错结构;③ 位错的排斥作用。可以确定无论是哪种机制,都是基于位错之间的相互作用。当金刚石厚膜中的位错密度低于某一临界值时,采用增加厚度来降低位错密度的办法将会失效。另外,采用图案化衬底的侧向异质外延生长对降低金刚石厚膜中的位错密度有显著作用[67]。2019 年,日本青山学院大学的 K. Ichikawa

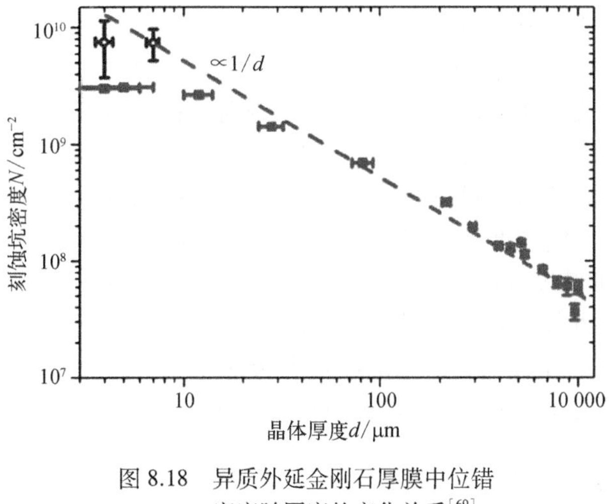


图 8.18 异质外延金刚石厚膜中位错密度随厚度的变化关系[69]

等采用图案化衬底生长的 60 μm 厚金刚石薄膜中的位错密度降低到了约 $10^7$ $cm^{-2}$ 量级[73]。目前,异质外延金刚石材料的位错密度最低在 $10^7$ ~ $10^8$ $cm^{-2}$ 范围,还远不能满足器件研制的需求。如何进一步提高异质外延金刚石单晶衬底的晶体质量、降低位错密度依然是金刚石单晶材料制备的挑战之一。

## 8.4　高质量半导体金刚石薄膜的外延生长

在单晶金刚石衬底上继续进行高质量的同质外延生长是获得器件级单晶金刚石材料的唯一途径。一般来说,半导体器件中实现有效功能的半导体有源区的厚度只有微米量级。与实现几百微米甚至更厚的金刚石单晶衬底不同,用于器件有源区的高质量金刚石外延生长一般采用较低的微波功率、低的工作压力、低的甲烷浓度和低的生长速率,衬底温度也有所降低,这样才能保证金刚石外延层内的杂质和缺陷密度低、外延层表面达到原子级的平整度,并有效减少非外延晶粒、波纹和丘状等粗糙表面的形成。

由于异质外延生长的金刚石衬底质量还有待提高,所以目前器件级高质量金刚石外延薄膜均采用 HPHT 法制备的衬底上的同质外延生长。2002 年,日本产业技术综合研究所的 H. Okushi 等以 Ⅰb 型(100)单晶金刚石为衬底,对金刚石的生长行为进行了系统研究[74]。当金刚石衬底偏向角低于 1.5°,$CH_4$浓度低于 0.15%时,可获得原子级平整表面的金刚石外延层。其原因之一是 H 的刻蚀在外延生长过程起了重要作用。因为 H 对金刚石(100)面的刻蚀速率最低,当衬底晶向偏离角较大时,意味着表面台阶密度会由于 H 的刻蚀而增加,形成粗糙表面,所以金刚石外延层的表面形貌取决于外延生长与刻蚀过程的平衡。1999 年,日本筑波电子技术实验室的 H. Watanabe等采用 0.025%的甲烷浓度,金刚石外延生长速率仅为 20 nm/h,由此获得了 0.04 nm 的金刚石外延层表面粗糙度[75]。$CH_4$浓度对金刚石晶体质量的影响也体现在其发光性质上,当甲烷浓度为 0.5%时可在室温下观察到明显的带边激子发光。而当 $CH_4$浓度升高至 1%时,晶体质量下降,激子峰消失[75]。

高质量单晶金刚石材料的外延生长对气态源的纯度要求也非常高,通常 $CH_4$ 纯度应为 6~7N①,$H_2$纯度应为 7N 以上。生长系统通常配有气体纯化器,采用钯管纯化器可将 $H_2$的纯度提高至 9N。真空反应室的清洁程度和密封性也至关重要,可以在系统中配置分子泵,在通入气体之前把反应室抽到较高的真空度,以减少背景真空中的杂质。有文献报道采用 MPCVD 方法外延生长的高纯度单晶金刚石的总杂质浓度不超过 200 ppb②,N 空位(NV)中心的浓度不超过 1 ppb[76]。2017 年,

---

① N 表示其纯度百分比中有几个“9”。

② ppb 表示十亿分之一。

日本国立材料研究所的 T. Teraji 等采用超高真空反应室、高纯气体并配以纯化器，生长出了 N 杂质浓度小于 0.6 ppb 的单晶金刚石外延薄膜[77]。

降低金刚石外延薄膜中的位错密度也是研制高性能半导体器件的必要条件。一般来说，MPCVD 生长金刚石外延薄膜中的位错密度在 $10^4 \sim 10^6\ cm^{-2}$，远高于 HPHT 法制备的高质量金刚石单晶[78]。金刚石中位错线上的 C 原子悬挂键可在禁带中形成深能级，对载流子的迁移率和寿命产生极大影响。对于半导体功率电子器件来说，位错会增大器件的反向漏电流，降低器件的耐压[79,80]，严重影响器件的综合性能。研究发现，同质外延金刚石薄膜中的位错有两个来源[81,82]：一是衬底中的位错向外延层中延伸而来，另一个是在衬底与外延层界面处的新增位错。可见，常规的同质外延方法一般不会使金刚石外延层中的位错密度小于衬底。研究显示，界面新增位错来源于衬底表面的损伤和沾污，极为平整和清洁的衬底不会产生新增位错[83]。因此，为了抑制界面处的新增位错，金刚石衬底表面的处理至关重要。2013 年，日本熊本大学 J. Watanabe 等采用紫外光化学机械抛光法在 1～3 h 内达到了 0.2 nm 的金刚石表面粗糙度，并且对金刚石衬底有较大的抛光去除速率[84]。2015 年，日本熊本大学 A. Kubota 等将机械抛光与双氧水溶液参与的化学抛光相结合，制备出了原子级平坦的金刚石衬底[85]。另外也有人采用更复杂一些的表面处理方法，例如，把等离子体刻蚀与化学机械抛光相结合，能同时实现金刚石衬底表面的宏观和微观表面平整度[86,87]。大量研究表明，通过适当的衬底表面处理可有效抑制金刚石衬底/外延层界面的新增位错，使得外延层的位错密度与金刚石衬底相当。

如何抑制金刚石衬底延伸上来的位错也是重要的课题。最直接的办法是采用位错密度低的 HPHT 法制备的金刚石衬底。2014 年，M. Kasu等采用 HPHT 法合成出了极低位错密度的金刚石单晶，XRD 表征结果显示其位错密度小于 $50\ cm^{-2}$[88,89]。但这种衬底在 HPHT 合成时的生长速率很低，因而成本很高。人们也在尝试用不同的方法来抑制 HPHT 法制备的金刚石衬底中的位错向外延层中的延伸。研究发现采用 10°～15°大偏向角衬底可使部分区域的位错偏向[101]方向[90]。采用激光烧蚀的圆孔状金刚石图形衬底进行 MPCVD 生长，在侧向外延区域可实现 $2\times10^3\ cm^{-2}$的低位错密度[91]。采用金字塔形金刚石衬底进行同质外延生长时，从衬底传播上来的位错偏向金字塔侧面，使(001)生长面的中心区域的位错密度可降低至少一个数量级[92,93]。制备高质量、低位错密度的金刚石外延材料至今依然是金刚石材料外延生长研究的重点。

## 8.5　半导体金刚石的掺杂和电导调控

实现半导体材料有效的 n 型和 p 型掺杂及电导调控是研制半导体电子器件的

基础。目前,单晶金刚石的掺杂仍是金刚石基电子器件研制中的巨大挑战[94]。半导体金刚石掺杂困难的原因主要有三点：① 金刚石晶体的晶格常数小、键能大,掺杂原子会引起较大的晶格畸变,所以绝大多数外来杂质原子很难嵌入金刚石晶格;② 掺杂原子在禁带中的能级较深,室温下不易电离;③ CVD 外延生长过程中引入金刚石中的 H 原子对掺杂能级有很强的钝化作用[95]。

目前国际上发展的金刚石掺杂方法主要有两类：生长中的原位掺杂和生长后的离子注入掺杂[94]。后者广泛应用于半导体的器件工艺中,有着杂质浓度和空间分布可控的优点,但也会在金刚石中产生注入损伤,一般可采用后续的退火工艺予以缓解。目前,采用离子注入技术只能实现金刚石的 p 型掺杂,还无法实现 n 型掺杂[94]。下面将主要讨论金刚石的 MPCVD 外延生长过程中的原位 p 型和 n 型掺杂,并简单提及金刚石的离子注入 p 型掺杂。

### 8.5.1　半导体金刚石的 p 型掺杂

半导体金刚石 p 型掺杂的主要受主杂质是硼(B),它在金刚石晶体中是替位杂质。密度泛函计算表明,B 原子在金刚石中的占位基本位于金刚石格点处,并形成一个动态的三角 Jahn-Teller 畸变[96]。理论计算和实验测量均表明 B 的杂质能级位于价带顶以上 0.37 eV 左右[97,98]。

如上所述,可采用离子注入和 MPCVD 原位生长来实现金刚石的 p 型 B 掺杂。然而对于坚硬的金刚石晶体来说,退火很难彻底缓解注入损伤。这是由于在高剂量注入及后续退火中已遭离子注入破坏的 $sp^3$ 金刚石相更容易形成稳定的 $sp^2$ 石墨相[99]。这样一个不可逆的过程有一个阈值,称为临界损伤水平。在约 keV 离子能量注入条件下,金刚石的临界损伤水平在约 $10^{22}$ $cm^{-3}$ 量级[99]。这一效应不利于采用大剂量离子注入来实现金刚石基电子器件的 p 型高掺杂电极接触层。而对低于临界损伤水平的小剂量 B 离子注入,由于仍然存在剩余的 $sp^2$ 缺陷,导致一般在室温下无法激活[100]。例如,金刚石在能量为 25~120 keV、注入剂量为 $6.6\times10^{14}$ $cm^{-3}$ 条件下进行 B 离子注入并经退火处理,在 450℃ 左右的高温才能实现 p 型掺杂的激活,载流子迁移率和面密度只有 50 $cm^2/(V\cdot s)$ 和约 $10^{10}$ $cm^{-2}$ 量级[100]。可以采用冷注入结合快速热退火[101]、动态退火[102]和 MeV 高能离子注入[103]等方法来适当提高金刚石的临界损伤水平,并减少注入损伤。另外,在高剂量注入下形成的 $sp^2$ 石墨相在金刚石禁带中会形成深能级,载流子可在该深能级中实现跳跃式电导,而不必激发到带边以上[104]。

目前最常用的半导体金刚石 p 型掺杂方法是基于 MPCVD 外延生长的原位掺杂。1994 年,德国柏林工业大学 M. Werner 等采用 $BCl_3$ 作为 B 源,实现了多晶金刚石的 p 型掺杂,但得到的金刚石外延层中空穴迁移率很低[105]。1998 年,日本福冈大学 H. Sato 等采用乙硼烷($B_2H_6$)在金刚石同质外延生长中原位掺杂 B,在掺杂浓

度为 $10^{16}$ $cm^{-3}$时,p 型金刚石外延层的空穴迁移率达到了 1 000 $cm^2/(V\cdot s)$[106]。进一步研究发现,三甲基硼($B(CH_3)_3$)的分子构型与金刚石 $sp^3$的成键结构相似,采用三甲基硼更容易实现金刚石的 p 型掺杂,且掺杂剂毒性较小。1999 年,日本筑波大学 S. Yamanaka 等采用 $B(CH_3)_3$作为 B 源,在金刚石外延层空穴浓度为 $2\times10^{14}$ $cm^{-3}$时,其室温空穴迁移率达到了 1 840 $cm^2/(V\cdot s)$[107]。2015 年,捷克科学院物理研究所的 V. Mortet 等研究了不同晶面 B 掺杂金刚石的性质,发现(111)和(110)面金刚石衬底上同质量外延生长的金刚石中晶格缺陷更多,有很高的载流子补偿率和较低的空穴迁移率,而(100)面为金刚石 B 掺杂更为合适的晶面[108]。迄今国际上 B 掺杂金刚石外延薄膜的最大室温空穴浓度为 $3\times10^{17}$ $cm^{-3}$,距离实际的半导体电子器件研制需求还有一定差距。

另外,采用 δ 掺杂可以兼顾半导体金刚石的 p 型载流子浓度和迁移率。2017 年,俄罗斯科学院应用物理研究所 J. E. Butler 等外延生长了厚度为 2 nm 的高 δ 掺杂金刚石层,在 $6\times10^{13}$ $cm^{-2}$的空穴面密度时,得到了 120 $cm^2/(V\cdot s)$的室温空穴迁移率[109]。这一结果主要是基于下面几个重要的生长系统改进和生长条件控制[110]:小于 10 s 的快速气体切换、优化的反应室设计、极低的生长速率、平整的外延表面以及采用硫化氢气体来实现腔体内部 B 杂质的快速去除。

研究发现,MPCVD 的工艺条件对 B 原子从气相并入到金刚石表面的结合效率有显著影响,使用低微波功率(<1.5 kW)、较低的甲烷浓度(0.1%~4%)、适当的衬底温度(750~900℃)和较低的生长压强(20~50 Torr)能实现接近 100%的结合效率[111]。

实验发现,B 掺杂浓度很高时金刚石中的 B 受主能级将展宽成禁带中的能带[112]。如果 B 杂质浓度继续增加,就会观察到金刚石的金属导电特性,也就是发生了 Mott 转变。对于掺 B 金刚石外延薄膜,Mott 转变的临界杂质浓度约为 $3\times10^{20}$ $cm^{-3}$,此时空穴迁移率变得极低[112]。2006 年,法国科学院固体电子实验室 C. Tavares 等在 300~900 K 温度范围内研究了重掺 B 金刚石外延薄膜的输运特性[113],在 B 掺杂浓度为 $10^{21}$ $cm^{-3}$时,金刚石的空穴迁移率为 1 $cm^2/(V\cdot s)$,并且与测量温度无关。重掺 B 金刚石还具有超导现象,超导转变温度与 B 杂质浓度有关。在 B 杂质浓度为 $8.4\times10^{21}$ $cm^{-3}$时,金刚石的超导转变温度为 11.4 K[114]。

### 8.5.2　半导体金刚石的 n 型掺杂

在能够稳定实现 p 型掺杂的情况下,n 型掺杂成为发展金刚石双极型电子器件的关键。国际上曾先后尝试采用 N、S、Li、Na、P 等多种杂质元素及它们的共掺杂以实现金刚石的 n 型导电[94]。由于 N 在金刚石晶体中是深能级,位于导带底以下 1.7 eV,室温下的热激发概率很小,使掺 N 金刚石在室温下呈现为绝缘体,并不能实现金刚石的 n 型导电。S 的原子半径比 C 原子大很多,不易掺入。即便掺入金刚石晶体，也会引起大的晶格畸变、产生大量的晶格缺陷，使绝大部分的 S 原子不具有电活性[115]。1999 年，以色列理工学院 R. Kalish 等曾宣布成功制备出掺 S 的 n 型金刚石外延薄膜[116]，但 2000 年就已经证明其结果是错误的[117]。截至当前，国际上还没有看到掺 S 金刚石成功实现 n 型导电的报道。

也有人尝试 Li 和 Na 等碱金属元素来实现金刚石的 n 型掺杂。根据理论计算，碱金属间隙原子可能是金刚石的施主杂质，并预测 Li 的电离能在 0.35～0.6 eV 之间[118]。然而，理论计算也指出 Li 杂质原子容易在金刚石晶体中扩散，高温外延生长时会向表面偏析。英国纽卡斯尔大学的 J. P. Goss 等则认为 Na 元素是一个更稳定的间隙位施主杂质，其电离能为 0.6 eV[119]。然而，相关实验表明这两种杂质在金刚石晶体中固溶度很低，掺杂后在金刚石晶体内存在团聚现象，无明显的 n 型电活性[120-122]。

迄今，P 元素是唯一能够实现金刚石 n 型掺杂的杂质，其在金刚石中的杂质能级位于导带底以下 0.57 eV[123]。1997 年，日本国立材料科学研究所 S. Koizumi 等用 $PH_3$作为 P 掺杂源，在(111)面金刚石衬底上的同质外延生长中首次实现了金刚石的 n 型掺杂[123]，样品在很宽的温度范围内都表现出 n 型半导体的特性，500 K 时霍尔电子迁移率为 23 $cm^2/(V \cdot s)$，室温电阻率为 $4.4\times10^3$ $\Omega \cdot cm$。(111)面金刚石的衬底表面抛光难、缺陷多、尺寸小，而且外延生长困难。2005 年，日本产业技术综合研究所的 H. Kato 等在(001)面金刚石衬底上同质外延制备出掺 P 金刚石薄膜，其室温电子迁移率达到了 350 $cm^2/(V \cdot s)$[124]。然而，(001)面金刚石掺杂的载流子补偿率高达 50%，比(111)面金刚石高一个量级。2016 年，日本产业技术综合研究所的 H. Kato 等在同质外延制备的金刚石薄膜 P 杂质浓度为 $2\times10^{15}$ $cm^{-3}$时，获得了 1 060 $cm^2/(V \cdot s)$的室温电子迁移率[125]。通常 P 杂质从气相并入金刚石的结合效率很低，只有 0.1%～3%[126]。2014 年，日本国立材料科学研究所的 R. Ohtani 等在 MPCVD 系统中采用特殊设计的衬底托以优化气流分布，结合高 $PH_3/CH_4$比例，实现了 10%的结合效率[127]。迄今，国际上可见报道的 P 掺杂 n 型金刚石外延薄膜的室温电子浓度还只有 $10^{13}$～$10^{14}$ $cm^{-3}$水平，距离实际的半导体电子器件研制需求还有相当的差距。最近，中国科学院半导体研究所金鹏等在金刚石的 n 型掺杂研究上取得了重要突破，使 n 型金刚石外延薄膜的室温电子浓度达到了约 $10^{17}$ $cm^{-3}$量级。

P 杂质在金刚石晶体中的原子结构可采用粒子诱导 X 射线发射(PIXE)和卢瑟福背散射(RBS)进行分析，研究结果表明 90%以上的 P 原子处于金刚石的晶格格点位置上，属于替位掺杂[128]。另外，掺 P 会在金刚石晶体中引入位错缺陷。输运性质研究表明，杂质浓度 $1\times10^{18}$ $cm^{-3}$的重掺 P 金刚石中电离杂质散射和位错散射在室温下起主要作用。当低于这个掺杂浓度时，则金刚石中晶体中主要是声学声子散射和位错散射[129]。P—C 共价键的键长失配导致的内应力散射也可能对掺 P 金刚石中电子的输运性质有影响。另外,金刚石中低温时的声子散射可以转变为高温时的声子散射和谷间散射的共同作用[129]。

目前来看,无论采用离子注入还是同质外延生长过程中的原位掺杂,用单一杂质元素很难实现金刚石的 n 型掺杂或高电子浓度。理论研究发现,通过将两种或两种以上的杂质元素掺入金刚石晶体中有可能实现金刚石的 n 型导电,这就是所谓的共掺杂方法[130]。共掺方法有很多潜在的优势,如可以减少晶格畸变,提高施主杂质在金刚石中的固溶度,并且通过共掺杂元素之间的相互作用可能会改变杂质在金刚石禁带中的能级位置,从而降低杂质能级的激活能。国际上曾先后尝试过 B 和 N 共掺、B 和 S 共掺、P 和 N 共掺等多种实验,但都没有确切的实验证据表明其能有效实现金刚石的 n 型导电[94]。迄今国际上依然认为共掺法仍是未来实现金刚石 n 型掺杂的潜在方法,仍需在这一方面继续进行深入探索。

## 8.6　金刚石基半导体功率电子器件

如前所述,半导体金刚石因其禁带宽、载流子饱和漂移速度大、临界击穿场强高、热导率高等综合性能优势,在半导体功率电子器件研制中有很大的发展潜力。但是,由于还存在高质量材料制备、掺杂和电导调控、器件工艺等诸多问题,金刚石基电子器件的研制长期以来进展缓慢,实际达到的器件性能指标与国际上的预期相差甚远。下面我们讨论近年来发展相对较好的金刚石基肖特基势垒二极管(SBD)、金属半导体场效应晶体管(MESFET)和利用表面载流子输运的氢终端场效应晶体管(H-terminated FET)。

### 8.6.1　金刚石基肖特基势垒二极管

肖特基势垒二极管可用作电路中的续流二极管(freewheeling diode),也可用于高压大功率开关、半波或全波整流等多种场合。作为续流应用,它通常与 MOSFET、绝缘栅双极晶体管(IGBT)等有源功率器件反向并联,在电路关断时为负载提供电流通路,避免高的反向感应电动势损坏有源功率器件。

在半导体金刚石 n 型掺杂还没有突破的情况下,国际上研制的金刚石基二极管基本上是单极型的肖特基势垒二极管,器件结构主要有横向型、准垂直型、垂直型和肖特基 p-n 结型,如图 8.19 所示[132-139]。

横向型金刚石基 SBD 的器件结构如图 8.19(a)所示[131],在本征金刚石衬底上同质外延生长 $p^+$重掺杂层,然后再生长 $p^-$轻掺杂层,肖特基接触电极和欧姆接触电极均制备在 $p^-$层上。该结构最先由日本国立材料科学研究所廖梅勇等用于制备

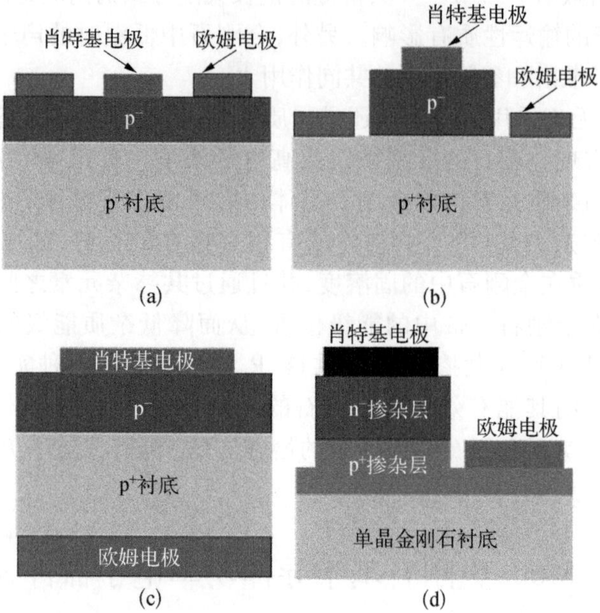


图 8.19　金刚石基横向型(a)、准垂直型(b)、垂直型(c)肖特基势垒二极管和肖特基 p-n 结型二极管(d)的器件结构示意图[132-139]

金刚石基光电二极管[131]，具有结构简单的特点，但由于欧姆接触是制备在 $p^-$ 层上，接触电阻很大，并不适合于制备大功率的二极管器件。2015 年，日本产业技术综合研究所的 Y. Kato 等研究了横向型金刚石基 SBD 轻掺杂层中的位错密度与器件的反向漏电流，没有发现二者之间存在关联[132]。

准垂直型 SBD 结构与横向型的主要差别是采用等干法离子刻蚀形成台面结构，肖特基电极制备在 $p^-$ 层上，而欧姆电极制作在 $p^+$ 层上以获得更好的欧姆接触特性，如图 8.19(b)所示[133]。2010 年，日本产业技术综合研究所 H. Umezawa 等在 0.5 英寸金刚石衬底上制备了准垂直型金刚石基 SBD，其肖特基电极直径在 30～900 μm 之间变化。研究结果显示，电极直径为 30 μm 的器件的理想因子在1.3～1.5 之间，室温和 300℃下的导通电阻分别为 1.3 mΩ · $cm^2$和 0.56 mΩ · $cm^2$。在正向电压为 7 V 时，室温和 300℃的正向电流密度分别为 1.8 A/$cm^2$和 4.5 A/$cm^2$。反向偏压达到−200 V 时，30 μm 直径器件的反向漏电流密度仍小于 34 μA/$cm^2$。实验发现，反向漏电流密度 $J_L$与器件面积 $A$ 并不呈现指数关系，而是有 $J_L \propto A^{1.74}$的规律[133]。分析表明，漏电流特性不能用热场发射、空间电荷限制电流和表面漏电流模型来解释，金刚石中位错可能是引起器件漏电流的主要原因。

垂直型金刚石基 SBD 结构如图 8.19(c)所示[134]。肖特基电极制备在 $p^-$ 层上，

欧姆电极制备在 $p^+$层的下面,电流是垂直于外延生长面传输的,串联电阻小。另外,垂直型器件中的电场在 $p^-$层中是垂直均匀分布的,不容易产生边缘击穿。2017 年,日本国立材料科学研究所的 T. Teraji 等发展并研制了垂直型金刚石 SBD 器件[134],500 μm 厚 $p^+$层的杂质浓度为 $10^{20}\ cm^{-3}$,0.49 μm 厚 $p^-$层的杂质浓度为 $2\times10^{15}\ cm^{-3}$。采用 Ti/WC 欧姆电极,电极沉积之后在 600℃氩气中退火以形成良好的欧姆接触;采用 WC 肖特基电极,直径大小分别为 100 μm、200 μm 和 300 μm。结果显示,直径 100 μm 的垂直型 SBD 器件的理想因子为 1.15,势垒高度为 1.45 eV,导通电阻为 $8.5\ m\Omega\cdot cm^2$。与横向型器件相比,垂直型金刚石基 SBD 的导通电阻低 4 个数量级,其原因主要有效降低了欧姆接触电阻和串联电阻。另外,实验发现,小尺寸器件具有较大的势垒高度和较小的理性因子,可能的原因是小尺寸的器件内部穿透位错较少,而这些穿透位错会引起电流泄漏。由此估算 100 μm 尺寸的器件中金刚石的位错密度约为 $3\times10^3\ cm^{-2}$。

由于目前掺杂原子不能有效激活的问题非常突出,使得金刚石中载流子浓度远低于掺杂浓度。因此通过大幅度提高杂质浓度的办法来减小正向导通电阻的同时,器件的反向击穿电压也随之减小。为解决这一问题,在图 8.19(a)和(c)所示器件结构的基础上,提出了金属-本征层- $p^+$型掺杂层($m-i-p^+$)器件结构[135],它在金属和 p 型掺杂层之间插入了一层非故意掺杂的本征层,并提高掺杂层的 B 杂质浓度到约 $10^{19}\ cm^{-3}$,使得杂质带与价带相交叠,可有效提高 p 型金刚石中的空穴浓度。该器件结构的优点是漂移层是本征金刚石,具有很高的空穴迁移率和高的击穿场强。1992 年,白俄罗斯国立大学的 A. V. Denisenko 等首次采用 $m-i-p^+$结构实现了金刚石基 SBD[135]。2004 年,英国元素六公司的 D. J. Twitchen 等研制的$m-i-p^+$结构金刚石基 SBD 在反向偏压为 2.5 kV 时,反向漏电流不超过 $1\ mA/cm^2$[136]。目前这种器件的反向击穿电压可高达 6 kV。

在本征金刚石层中进行 δ 掺杂也可有效提高 $m-i-p^+$结构 SBD 器件的正向特性。2008 年,英国剑桥大学的 S. J. Rashid 等在金刚石本征层中进行横向和纵向 δ 掺杂,在不损失反向击穿电压的前提下,使器件的正向电流密度提高了 20 倍,达到 $50\ A/cm^2$[137]。

同样也是为了解决金刚石基 SBD 器件正反向特性不能兼顾的问题,2007 年,德国乌尔姆大学的 M. Kubovic 等提出了一种将肖特基势垒与 p-n 结相结合的器件结构[138]。当器件正向工作时肖特基势垒能实现低的导通电阻,而器件反向工作时 p-n 结能实现高的阻断电压。2009 年,日本产业技术综合研究所的 T. Makino 等在此基础上进行了器件结构优化,并将其命名为肖特基 p-n 结型二极管(SPND),如图 8.19(d)所示[139]。器件采用台面结构,$n^-$轻掺杂层与其上的金属电极构成肖特基势垒,欧姆电极制备在 $p^+$金刚石层上。$n^--p^+$ 结用于连接肖特基势垒漂移区与欧姆电极。器件在正反向偏压下的能带如图 8.20 所示[139]。

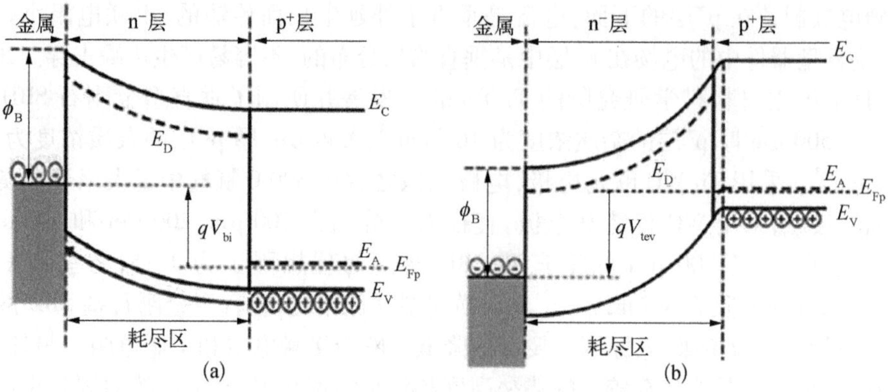


图 8.20　金刚石基肖特基 p-n 结型二极管在反向(a)和正向(b)偏压下的能带图[139]

2010 年,日本产业技术综合研究所的 T. Makino 等制备出了高性能的金刚石基 SPND[140],正向最大电流密度超过 60 kA/$cm^2$,室温导通电阻只有 0.03 mΩ·$cm^2$,反向击穿电压为 55 V,换算成击穿场强大约为 3.4 MV/cm,器件的综合指标远优于其他结构金刚石基 SBD。该器件的 $n^-$漂移层在正向偏压时电子耗尽,空穴从 $p^+$层流入 $n^-$层,因此正向电流密度与 $n^-$层无关。另外,器件的反向特性与 $n^-$层有关,减少 $n^-$层的施主浓度和厚度可以在不影响正向电流密度和导通电阻的情况下增加反向耐压。

### 8.6.2　金刚石基场效应晶体管

在没有器件适用的 n 型掺杂的情况下,无法制备金刚石基双极结型晶体管,但可以制备单极型的场效应晶体管(FET),包括金属-半导体场效应晶体管(MESFET)和金属-绝缘体-半导体场效应晶体管(MISFET)等。目前,金刚石基 FET 有四种基本的器件结构,如图 8.21 所示[34]。它们都是水平结构,即器件中的载流子沿着平行于表面的沟道从源极流向漏极,偏压加在栅极上用以调控源漏之间载流子的输运,该结构适合制备高频电子器件。前三种器件结构都是基于 p 型掺杂的金刚石外延薄膜,而图 8.21(d)所示器件结构是一种基于氢终端金刚石表面电导的 FET 器件,利用的是金刚石表面电荷转移产生的二维空穴气沟道[34]。

1989 年,日本住友电工 H. Shiomi 等在国际上首次制备出了水平结构掺 B 金刚石 p 型沟道的 FET 器件,这也是国际上首个金刚石基 FET 器件,其结构如图 8.21(a)所示[141]。由于采用了较厚的重掺杂的 p 型金刚石沟道,器件没有实现完全的耗尽。为了提高金刚石基 FET 器件性能,1992 年,白俄罗斯国立大学 A. V. Denisenko 等制备出了金刚石基 p-i-p MISFET 器件,其结构如图 8.21(b)所示[135]。这种结构的空穴沟道是本征金刚石外延层,有较高的空穴迁移率。2005 年,日本

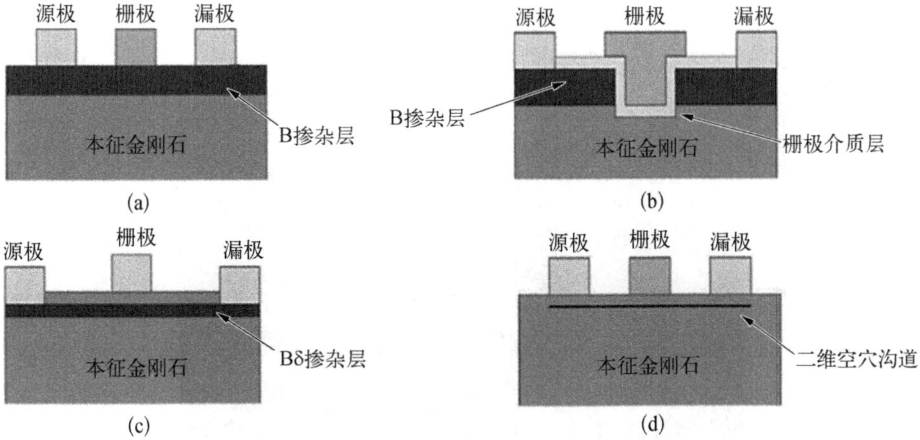


图 8.21 金刚石基场效应晶体管的器件结构：(a) p-沟道 MESFET;(b) p-i-p MISFET;(c) δ 掺杂 MESFET;(d) 氢终端金刚石 FET[34]

神户制钢公司的 N. Kawakami 等研制的 0.4 μm 栅长 p-i-p MISFET 器件，在反偏栅压下最大跨导超过了 0.3 mS/mm，但在高于 20 V 的正向栅压下没有实现完全关断，源漏电流仍在 $10^{-6}\sim10^{-4}$ A/mm 量级[142]。分析表明，不能关断的原因是沟道与介质层的界面缺陷引起的电流泄漏。所以，作为载流子沟道的金刚石材料及金刚石与栅介质之间的界面质量对于金刚石基 FET 器件来说至关重要。

2017 年，由法国、英国和日本的七个金刚石研究机构提出了深耗尽金刚石基 MOSFET 结构[143]，并研制出了器件，其结构如图 8.22 所示[144]。他们用原子层沉积(ALD)在 p 型 B 掺杂(100)氧终端金刚石外延薄膜上沉积 $Al_2O_3$栅介质，并经过干法刻蚀、金属电极制备等器件工艺制备出了深耗尽型 MOSFET 器件。该结构与图 8.21(a)所示的 p 沟道 FET 器件相比多了一层 $Al_2O_3$栅介质，但又与图 8.21(b)所示的 p-i-p MISFET 器件沟道在本征金刚石层中不同，它的沟道仍在 p 型金刚石中。研究结果显示 p 型沟道中的空穴迁移率值室温下高达(1 000±200) $cm^2/(V\cdot s)$，器件击穿电压为 200 V。但其电流仅为 1.9 μA/mm[144]。分析表明，栅介质与金刚石界面处有较大的漏电流，高密度界面态导致了强烈的费米能级钉扎。在深耗尽区，其界面态密度估计在约 $10^{12}$ $eV^{-1}\cdot cm^{-2}$水平[144]。

通过高浓度的 p 型 δ 掺杂可以使金刚石中杂质能级形成微带并与价带交叠，因而可在室温下实现较大的载流子浓度。该方法可用来制备金刚石基场效应管的导电沟道，相应的器件结构如图 8.21(c)所示[145]。该器件结构在 20 世纪 90 年代就被提出，但由于无法生长出金刚石中杂质分布窄、浓度足够的 δ 掺杂结构，一直无法实现金刚石基场效应管的关断。2008 年，德国乌尔姆大学的 El-Hajj 等成功实现了硼 δ 掺杂的 MISFET 器件，获得了 B 掺杂的完全激活，在此基础上实现了器件沟道的完全

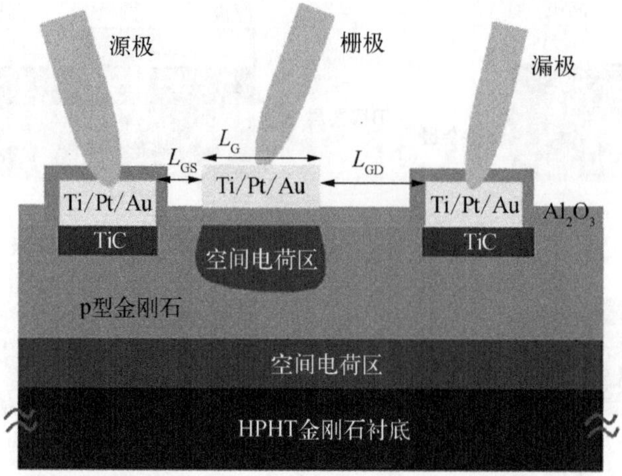


图 8.22　深耗尽金刚石基 MOSFET 的器件结构示意图[144]

夹断和电流调制[146]，器件在半增强工作模式下，截止频率和最高振荡频率分别为 1 GHz 和 3 GHz，30 mA/mm 的沟道电流密度与理论预期相差依然差距很大[145]。

2018 年，美国哈佛机器人实验室(HRL)的 B. Huang 等参照 Si 基 MOS 器件中著名的鳍式场效应晶体管(FinFET)结构，研制出首个金刚石基 FinFET 器件，如图 8.23 所示[147]。该结构器件的主要优点为：沟道是一个被栅极包围的鳍状半导体，栅极包裹结构增强了栅的控制能力，对沟道提供了更好的电学控制，从而降低了器件的漏电流，并抑制了短沟道效应。另外，FinFET 器件的沟道可以是轻掺杂甚至不掺杂，因而减小或避免了杂质原子的散射，同重掺杂沟道的器件相比载流子迁移率会大幅度提高。器件的测试结果显示最大电流密度为 30 mA/mm，开关比大于

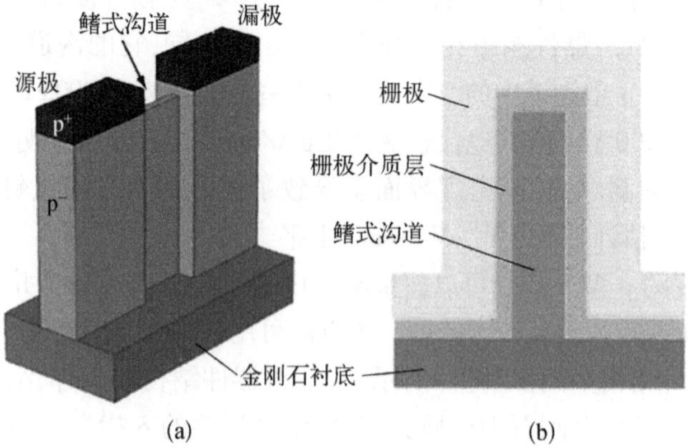


图 8.23　金刚石基 FinFET 的器件结构示意图：(a) 三维立体图；(b) 鳍式沟道截面图[147]

3 000,充分显示了鳍状沟道的控制能力。2020 年,HRL 的研究组又报道了水平结构的金刚石基 FinFET 器件,在器件中首次观察到了空间电荷限制输运现象[148]。

### 8.6.3 金刚石基氢终端场效应晶体管

1989 年,美国 Crystallume 公司的 M. I. Landstrass 和 K. V. Ravi 首次报道了表面氢化的 CVD 制备金刚石外延薄膜存在表面电导现象[149]。2000 年,德国埃尔朗根大学的 F. Maier 等对该表面电导现象的形成机制进行了解释,如图 8.24 所示[150]。氢终端金刚石表面的 C—H 键形成了一个偶极层,进而吸附了大气中的水、二氧化碳等气体分子后形成了一个含水的吸附层,之后金刚石体内价带中的电子转移到吸附层中,在表面以下几个纳米范围内形成了二维空穴气(2DHG),从而形成了表面电导。实验结果显示,氢终端表面 2DHG 的空穴面密度一般为 $10^{10}$ ~ $10^{14}$ $cm^{-2}$,室温迁移率一般在 1 ~ 100 $cm^2/(V \cdot s)$ 范围内[151]。并且,氢终端金刚石晶体的(111)面和(110)面的空穴密度要高于(100)面,这是因为前两者表面的 C—H 键偶极矩密度要高于后者 20% ~ 30%,所以,(111)面和(110)面氢终端金刚石基 FET 器件的工作电流密度可能会更大[152]。

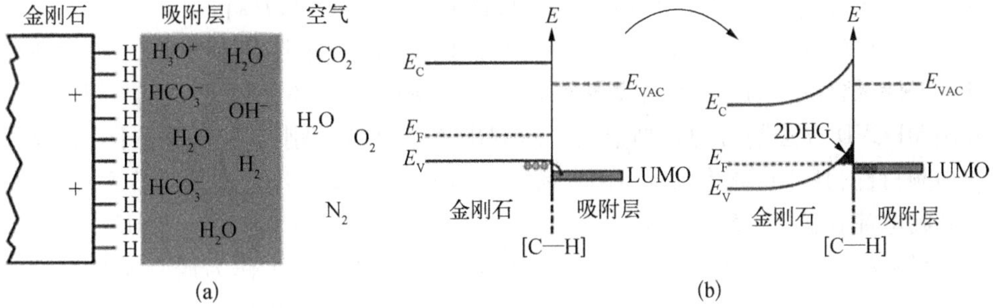


图 8.24 氢终端金刚石表面的吸附层(a)、电荷转移形成 2DHG 的能带(b)结构示意图[150]

半导体清洁单晶表面原子的悬挂键通常由表面再构或吸附外来原子实现钝化。采用 CVD 法生长的金刚石外延薄膜是在富 H 的环境中制备的,一般不必采取特殊的氢化步骤,也会形成 H 原子终端的金刚石表面。第一性原理计算表明,洁净的金刚石(100)和(111)面氢终端呈现 2×1 和 1×1 的表面原子再构,它们的带隙分别是 3.0 eV 和 2.5 eV,并不导电[152]。这也说明,氢终端表面电荷转移源于其上的外来吸附层,并不是金刚石的本征物理性质。洁净的氢终端表面虽然没有导电能力,但它有钝化的作用,它能抑制金刚石表面禁带中的表面态。如果存在这些态,它将俘获空穴,影响金刚石的 p 型表面电导[152]。

金刚石在大气中自然形成的表面吸附层不可控,也不稳定,导致了金刚石氢终端表面的电学性质的不可控和不稳定，不利于金刚石基半导体器件的研制和稳定工作。2003 年，英国伦敦大学的 O. A. Williams 和 R. B. Jackman 研究了氢终端金刚石的电学性质稳定性，结果显示，在高于 350 K 的温度下金刚石表面 2DHG 的方块电阻、空穴面密度就会发生明显变化，其原因是该温度下金刚石表面吸附层的脱附[153]。

国际上发展了多种方法来提高金刚石表面氢终端的可控性和稳定性，包括人为控制吸附层的组成和在吸附层之外覆盖更加稳定的钝化层等[154-156]。2010 年，德国埃尔朗根大学的 P. Strobel 等采用 O 原子将富勒烯和氟化富勒烯连接到氢终端金刚石表面，其热稳定性大为提高，可耐受至少 500℃的真空退火[154]。2012 年，日本 NTT 公司的 K. Hirama 等采用 $NO_2$吸附层并结合 $Al_2O_3$钝化，有效提高了金刚石表面氢终端结构的稳定性，在此基础上研制的金刚石基 FET 器件在真空下的最高工作温度达到了 200℃[155]。2013 年，英国格拉斯哥大学 S. A. O. Russell 等采用 $MoO_3$作为表面电子转移的受主材料来代替大气中自然形成的含水吸附层，在金刚石表面形成了高密度的 2DHG，空穴面密度从大气吸附层的 $1\times10^{13}$ $cm^{-2}$提高到了 $2.2\times10^{13}$ $cm^{-2}$，但室温空穴迁移率从 69 $cm^2/(V\cdot s)$下降到 51 $cm^2/(V\cdot s)$，最终使金刚石表面氢终端结构的方块电阻从 9.1 kΩ/sq 下降到 5.6 kΩ/sq[156]。

人们已经采用自然吸附层和各种改性或钝化的吸附层研制出氢终端金刚基 FET 器件，器件中采用了单晶或多晶金刚石。2006 年，日本 NTT 公司的 K. Ueda 等采用 MPCVD 方法制备的多晶金刚石研制出了氢终端金刚石基 FET 器件，有很好的高频特性，其截止频率为 45 GHz、最大振荡频率为 120 GHz，栅压为 3.5 V 时，器件源漏电流达到了 550 mA/mm，最大跨导为 100~150 mS/mm[157]。2013 年，日本国立材料科学研究所的 J. W. Liu 等采用高介电常数的 $HfO_2$作为栅介质制备了氢终端单晶金刚石基 FET，在栅压−9~2 V 时，反向漏电流密度小于 $1.1\times10^{-4}$ $A/cm^2$，最大正向源漏电流为 37.6 mA/mm、最大非本征跨导为 11.2 mS/mm、有效迁移率为 38.7 $cm^2/(V\cdot s)$[158]。2019 年，日本早稻田大学 S. Imanishi 等采用 ALD 外延生长的 $Al_2O_3$ 作为栅介质，研制出了输出功率为 3.8 W/mm 的氢终端金刚石基 MOSFET 器件，这是国际上同类结构器件迄今报道的最大输出功率[159]。2017 年，西安电子科技大学张金风、郝跃等报道了 $MoO_3$作为栅介质的氢终端金刚石基 MOSFET 器件，单晶器件的最大电流密度为 33 mA/mm，跨导为 29 mS/mm，载流子室温迁移率为 108 $cm^2/(V\cdot s)$[160]；而多晶器件的最大电流密度为 100 mA/mm，跨导为 35 mS/mm[161]。当在金刚石表面沉积钝化层后金刚石基 MOSFET 器件可在 200℃下正常工作。

截至目前，氢终端金刚石基 FET 器件的截止频率最大为 70 GHz(单晶)[162]，最大振荡频率为 120 GHz(多晶)[157]、最大源漏电流为 1.35 A/mm(单晶)[163]、最大跨导为 206 mS/mm(单晶)[162]、最大输出功率为 3.8 W/mm(1 GHz,多晶)[159]。综合来看,多晶氢终端金刚石基器件在频率特性和输出功率等指标上更具优势,可能的原因是大尺寸多晶金刚石晶粒比同质外延的单晶薄膜具有更低的缺陷密度[159]。我们认为氢终端多晶金刚石的导电机制可能更为复杂,晶界处的缺陷有可能对器件性能有所贡献。

对于金刚石基功率电子器件的研制,提高氢终端金刚石基 FET 器件的工作稳定性至关重要。除此之外,还有一种利用氢终端金刚石表面敏感性的 FET 器件,称为溶液栅场效应晶体管(SGFET)[164]。它将氢终端金刚石浸没在电解液中,通过栅压调节金刚石与电解液的界面电势差,进而调控金刚石的表面电导。这种器件可用作化学和生物传感器,用于检测 pH、离子、DNA、RNA、蛋白质、产电细胞(如心肌细胞)等[164]。

迄今,作为功率电子器件的氢终端金刚石基 FET 器件还存在表面钝化等工艺难题,器件的性能指标与理论预期还相差甚远,器件的稳定性也有待进一步提高。但在目前半导体金刚石的掺杂和电导调控问题还没有彻底解决之前,基于表面载流子输运的氢终端金刚石基 FET 器件仍将是金刚石基功率电子器件的一个重要发展方向。

## 参 考 文 献


[1] May P W. Diamond thin films: a 21st-century material [J]. Philosophical Transactions of the Royal Society of London A, 2000, 358(1766): 473-495.

[2] May P W. The new diamond age [J]. Science, 2008, 319(5869): 1490-1491.

[3] Spear K E, Phelps A W, White W B. Diamond polytypes and their vibrational spectra [J]. Journal of Materials Research, 1990, 5(11): 2277-2285.

[4] Guy A G. Elements of Physical Metallurgy [M]. New York: Addison-Wesley Publishing, 1951.

[5] Cullity B D. Elements of X-ray Diffraction [M]. New York: Addison-Wesley Publishing, 1956.

[6] Lonsdale K. Formation of lonsdaleite from single-crystal graphite [J]. American Mineralogist: Journal of Earth and Planetary Materials, 1971, 56(1/2): 333-336.

[7] Bundy F P, Kasper J S. Hexagonal diamond: a new form of carbon [J]. The Journal of Chemical Physics, 1967, 46(9): 3437-3446.

[8] Frenklach M, Kematick R, Huang D, et al. Homogeneous nucleation of diamond powder in the gas phase [J]. Journal of Applied Physics, 1989, 66(1): 395-399.

[9] Nazaré M H, Neves A J. Properties, growth and applications of diamond [M]. London: INSPEC, 2001.

[10] Davies G, Lawson S C, Collins A T, et al. Vacancy-related centers in diamond [J]. Physical Review B, 1992, 46(20): 13152.

[11] Clark C D, Walker J, Ditchburn R W. The neutral vacancy in diamond [J]. Proceedings of the

Royal Society of London A, 1973, 334(1597): 241 - 257.

[12] Davies G. Charge states of the vacancy in diamond [J]. Nature, 1977, 269(5628): 498 - 500.

[13] Hunt D C, Twitchen D J, Newton M E, et al. Identification of the neutral carbon ⟨100⟩-split interstitial in diamond [J]. Physical Review B, 2000, 61(6): 3863 - 3875.

[14] Davies G, Smith H, Kanda H. Self-interstitial in diamond [J]. Physical Review B, 2000, 62(3): 1528 - 1531.

[15] Zullino A, Benedek G, Paleari A, et al. Red emission doublets in diamond from vacancies interacting with interstitial carbon aggregates in tunneling configurations [J]. Carbon, 2017, 120: 294 - 303.

[16] Hornstra J. Dislocations in the diamond lattice [J]. Journal of Physics and Chemistry of Solids, 1958, 5(1/2): 129 - 141.

[17] Alegre M P, Bustarret E, Ben T, et al. TEM study of homoepitaxial diamond layers scheduled for high power devices: FIB method of sample preparation [C]. 33rd Proceedings Books of the Workshop on Compound Semiconductor Devices and Integrated Circuits (WOCSDICE), 2009: 14 - 17.

[18] Gaukroger M P, Martineau P M, Crowder M J, et al. X-ray topography studies of dislocations in single crystal CVD diamond [J]. Diamond and Related Materials, 2008, 17(3): 262 - 269.

[19] Pinto H, Jones R. Theory of the birefringence due to dislocations in single crystal CVD diamond [J]. Journal of Physics: Condensed Matter, 2009, 21(36): 364220.

[20] Hoa L T M, Ouisse T, Chaussende D, et al. Birefringence microscopy of unit dislocations in diamond [J]. Crystal Growth & Design, 2014, 14(11): 5761 - 5766.

[21] Berman R. Properties of diamond [M]. London: Academic Press, 1979.

[22] Alvarez J, Liao M, Koide Y. Large deep-ultraviolet photocurrent in metal-semiconductor-metal structures fabricated on as-grown boron-doped diamond [J]. Applied Physics Letters, 2005, 87(11): 113507.

[23] Doherty M W, Manson N B, Delaney P, et al. The nitrogen-vacancy colour centre in diamond [J]. Physics Reports, 2013, 528(1): 1 - 45.

[24] Mizuochi N, Makino T, Kato H, et al. Electrically driven single-photon source at room temperature in diamond [J]. Nature Photonics, 2012, 6(5): 299 - 303.

[25] Kiflawi I, Mainwood A, Kanda H, et al. Nitrogen interstitials in diamond [J]. Physical Review B, 1996, 54(23): 16719.

[26] Kimball G E. The electronic structure of diamond [J]. The Journal of Chemical Physics, 1935, 3(9): 560 - 564.

[27] Fong C Y, Klein B M. Electronic and vibrational properties of bulk diamond//Pan L S, Kania D R. Diamond: Electronic Properties and Applications [M]. New York: Springer Science & Business Media, 1995.

[28] Dean P J, Lightowlers E C, Wight D R. Intrinsic and extrinsic recombination radiation from natural and synthetic aluminum-doped diamond [J]. Physical Review, 1965, 140(1A):

A352 -A368.

[29] Zhang Y, Chen Y, Liu Y, et al. Research on band-edge emission properties and mechanism of high-quality single-crystal diamond [J]. Carbon, 2018, 132: 651 - 655.

[30] Baturin A S, Gorelkin V N, Soloviev V R, et al. Calculation of the charge-carrier mobility in diamond at low temperatures [J]. Semiconductors, 2010, 44(7): 867 - 871.

[31] Isberg J, Hammersberg J, Johansson E, et al. High carrier mobility in single-crystal plasma-deposited diamond [J]. Science, 2002, 297(5587): 1670 - 1672.

[32] Ferry D K. Hot-electron transport phenomena//Landsberg P T. Handbook on Semiconductors[M]. Amsterdam: Elsevier Science Publishers B.V., 1992.

[33] Ferry D K. High-field transport in wide-band-gap semiconductors [J]. Physical Review B, 1975, 12(6): 2361.

[34] Wort C J H, Balmer R S. Diamond as an electronic material [J]. Materials Today, 2008, 11(1/2): 22 - 28.

[35] 陈治明,李守智.宽禁带半导体电力电子器件及其应用[M].北京: 机械工业出版社,2008.

[36] Bachmann P K. Emerging technology of diamond thin films [J]. Chemical and Engineering News, 1989, 67(20): 24 - 39.

[37] Liander H, Lundblad E. Artificial diamonds [J]. ASEA Journal of Engineering for Industry, 1955, 28: 97 - 98.

[38] Bundy F P, Hall H T, Strong H M. Man-made diamond [J]. Nature, 1955, 176(4471): 51 - 55.

[39] National Research Council. Status and applications of diamond and diamond-like materials: an emerging technology [M]. Washington DC: National Academy Press, 1990.

[40] Graham E K. Recent developments in conventional high-pressure methods [J]. Journal of Geophysical Research, 1986, 91(B5): 4630 - 4642.

[41] Abbaschian R, Zhu H, Clarke C. High pressure-high temperature growth of diamond crystals using split sphere apparatus [J]. Diamond and Related Materials, 2005, 14(11/12): 1916 - 1919.

[42] http://ndtcompany.com/ [2020 - 03 - 03].

[43] Eversole W G. Synthesis of diamond: US Patents, 3030187 [P]. 1962.

[44] Eversole W G. Synthesis of diamond: US Patents, 3030188 [P]. 1962.

[45] Matsumoto S, Sato Y, Kamo M, et al. Vapor deposition of diamond particles from methane [J]. Japanese Journal of Applied Physics, 1982, 21(4A): L183 - L185.

[46] Matsumoto S, Sato Y, Tsutsumi M, et al. Growth of diamond particles from methane-hydrogen gas [J]. Journal of Materials Science, 1982, 17(11): 3106 - 3112.

[47] Kamo M, Sato Y, Matsumoto S, et al. Diamond synthesis from gas phase in microwave plasma [J]. Journal of Crystal Growth, 1983, 62(3): 642 - 644.

[48] Schreck M, Asmussen J, Shikata S, et al. Large-area high-quality single crystal diamond [J]. MRS Bulletin, 2014, 39(6): 504 - 510.

[49] Toyota H, Nomura S, Mukasa S, et al. A consideration of ternary C—H—O diagram for diamond deposition using microwave in-liquid and gas phase plasma [J]. Diamond and Related Materials, 2011, 20(8): 1255 - 1258.

[50] Liu H, Dandy D S. Diamond chemical vapor deposition: nucleation and early growth stages [M]. New Jersey: NP Noyes Publications, 1995.

[51] Ricardo S S. CVD Diamond for Electronic Devices and Sensors [M]. London: John Wiley, 2009.

[52] Yamada H, Chayahara A, Umezawa H, et al. Fabrication and fundamental characterizations of tiled clones of single-crystal diamond with 1 - inch size [J]. Diamond and Related Materials, 2012, 24: 29 - 33.

[53] Jiang X. Heteroepitaxial growth of diamond//Liao M Y, Shen B, Wang Z G. Ultra-wide bandgap semiconductor materials [M]. Amsterdam: Elsevier, 2019.

[54] Yan C, Vohra Y K, Mao H, et al. Very high growth rate chemical vapor deposition of single-crystal diamond [J]. Proceedings of the National Academy of Sciences, 2002, 99 (20): 12523 - 12525.

[55] Liang Q, Chin C Y, Lai J, et al. Enhanced growth of high quality single crystal diamond by microwave plasma assisted chemical vapor deposition at high gas pressures [J]. Applied Physics Letters, 2009, 94(2): 024103.

[56] Tallaire A, Rond C, Benedic F, et al. Effect of argon addition on the growth of thick single crystal diamond by high-power plasma CVD [J]. Physica Status Solidi (A), 2011, 208(9): 2028 - 2032.

[57] Bolshakov A P, Ralchenko V G, Yurov V Y, et al. High-rate growth of single crystal diamond in microwave plasma in $CH_4/H_2$ and $CH_4/H_2/Ar$ gas mixtures in presence of intensive soot formation [J]. Diamond and Related Materials, 2016, 62: 49 - 57.

[58] http://www.cornes.co.jp/en/.

[59] Asmussen J, Grotjohn T A, Schuelke T, et al. Multiple substrate microwave plasma-assisted chemical vapor deposition single crystal diamond synthesis [J]. Applied Physics Letters, 2008, 93(3): 031502.

[60] Mokuno Y, Chayahara A, Soda Y, et al. High rate homoepitaxial growth of diamond by microwave plasma CVD with nitrogen addition [J]. Diamond and Related Materials, 2006, 15(4): 455 - 459.

[61] Yamada H, Chayahara A, Mokuno Y, et al. Uniform growth and repeatable fabrication of inch-sized wafers of a single-crystal diamond [J]. Diamond and Related Materials, 2013, 33: 27 - 31.

[62] Yamada H, Chayahara A, Mokuno Y, et al. A 2 - in. mosaic wafer made of a single-crystal diamond [J]. Applied Physics Letters, 2014, 104(10): 102110.

[63] Matsushita A, Fujimori N, Tsuchida Y, et al. Evaluation of diamond mosaic wafer crystallinity by electron backscatter diffraction [J]. Diamond and Related Materials, 2020, 101: 107558.

[64] Jiang X, Fryda M, Jia C L. High quality heteroepitaxial diamond films on silicon: recent progresses [J]. Diamond and Related Materials, 2000, 9(9/10): 1640 - 1645.

[65] Suto T, Yaita J, Iwasaki T, et al. Highly oriented diamond (111) films synthesized by pulse bias-enhanced nucleation and epitaxial grain selection on a 3C-SiC/Si (111) substrate [J]. Applied Physics Letters, 2017, 110(6): 062102.

[66] Bauer T, Schreck M, Gsell S, et al. Epitaxial rhenium buffer layers on $Al_2O_3$(0001): a substrate for the deposition of (111)-oriented heteroepitaxial diamond films [J]. Physica Status Solidi (a), 2003, 199(1): 19 - 26.

[67] Ando Y, Kamano T, Suzuki K, et al. Epitaxial lateral overgrowth of diamonds on iridium by patterned nucleation and growth method [J]. Japanese Journal of Applied Physics, 2012, 51(9R): 090101.

[68] Verstraete M J, Charlier J C. Why is iridium the best substrate for single crystal diamond growth? [J]. Applied Physics Letters, 2005, 86(19): 191917.

[69] Stehl C, Fischer M, Gsell S, et al. Efficiency of dislocation density reduction during heteroepitaxial growth of diamond for detector applications [J]. Applied Physics Letters, 2013, 103(15): 151905.

[70] Aida H, Ikejiri K, Kim S W, et al. Overgrowth of diamond layers on diamond microneedles: new concept for freestanding diamond substrate by heteroepitaxy [J]. Diamond and Related Materials, 2016, 66: 77 - 82.

[71] Gsell S, Bauer T, Goldfuß J, et al. A route to diamond wafers by epitaxial deposition on silicon via iridium/yttria-stabilized zirconia buffer layers [J]. Applied Physics Letters, 2004, 84(22): 4541 - 4543.

[72] Schreck M, Gsell S, Brescia R, et al. Ion bombardment induced buried lateral growth: the key mechanism for the synthesis of single crystal diamond wafers [J]. Scientific Reports, 2017, 7(1): 44462 - 44462.

[73] Ichikawa K, Kurone K, Kodama H, et al. High crystalline quality heteroepitaxial diamond using grid-patterned nucleation and growth on Ir [J]. Diamond and Related Materials, 2019, 94: 92 - 100.

[74] Okushi H, Watanabe H, Ri S, et al. Device-grade homoepitaxial diamond film growth [J]. Journal of Crystal Growth, 2002, 237: 1269 - 1276.

[75] Watanabe H, Takeuchi D, Yamanaka S, et al. Homoepitaxial diamond film with an atomically flat surface over a large area [J]. Diamond and Related Materials, 1999, 8(7): 1272 - 1276.

[76] Tallaire A, Collins A T, Charles D, et al. Characterisation of high-quality thick single-crystal diamond grown by CVD with a low nitrogen addition [J]. Diamond and Related Materials, 2006, 15(10): 1700 - 1707.

[77] Teraji T, Isoya J, Watanabe K, et al. Homoepitaxial diamond chemical vapor deposition for ultra-light doping [J]. Materials Science in Semiconductor Processing, 2017, 70: 197 - 202.

[78] Burns R C, Chumakov A I, Connell S H, et al. HPHT growth and X-ray characterization of

high-quality type Ⅱ a diamond [J]. Journal of Physics: Condensed Matter, 2009, 21(36): 364224.

[79] Umezawa H, Tatsumi N, Kato Y, et al. Leakage current analysis of diamond Schottky barrier diodes by defect imaging [J]. Diamond and Related Materials, 2013, 40: 56 – 59.

[80] Kono S, Teraji T, Kodama H, et al. Imaging of diamond defect sites by electron-beam-induced current [J]. Diamond and Related Materials, 2015, 59: 54 – 61.

[81] Tsubouchi N, Mokuno Y, Yamaguchi H, et al. Characterization of crystallinity of a large self-standing homoepitaxial diamond film [J]. Diamond and Related Materials, 2009, 18(2/3): 216 – 219.

[82] Secroun A, Brinza O, Tardieu A, et al. Dislocation imaging for electronics application crystal selection [J]. Physica Status Solidi (A), 2007, 204(12): 4298 – 4304.

[83] Kato Y, Umezawa H, Shikata S, et al. Effect of an ultraflat substrate on the epitaxial growth of chemical-vapor-deposited diamond [J]. Applied Physics Express, 2013, 6(2): 025506.

[84] Watanabe J, Touge M, Sakamoto T. Ultraviolet-irradiated precision polishing of diamond and its related materials [J]. Diamond and Related Materials, 2013, 39: 14 – 19.

[85] Kubota A, Nagae S, Motoyama S, et al. Two-step polishing technique for single crystal diamond (100) substrate utilizing a chemical reaction with iron plate [J]. Diamond and Related Materials, 2015, 60: 75 – 80.

[86] Yamamoto M, Teraji T, Ito T. Improvement in the crystalline quality of homoepitaxial diamond films by oxygen plasma etching of mirror-polished diamond substrates [J]. Journal of Crystal Growth, 2005, 285(1/2): 130 – 136.

[87] Achard J, Tallaire A, Mille V, et al. Improvement of dislocation density in thick CVD single crystal diamond films by coupling $H_2/O_2$ plasma etching and chemo-mechanical or ICP treatment of HPHT substrates [J]. Physica Status Solidi (A), 2014, 211(10): 2264 – 2267.

[88] Kasu M, Murakami R, Masuya S, et al. Synchrotron X-ray topography of dislocations in high-pressure high-temperature-grown single-crystal diamond with low dislocation density [J]. Applied Physics Express, 2014, 7(12): 125501.

[89] Sumiya H, Tamasaku K. Large defect-free synthetic type Ⅱ a diamond crystals synthesized via high pressure and high temperature [J]. Japanese Journal of Applied Physics, 2012, 51(9R): 090102.

[90] Davies N, Khan R, Martineau P, et al. Effect of off-axis growth on dislocations in CVD diamond grown on {001} substrates [J]. Journal of Physics: Conference Series, 2011, 281(1): 012026.

[91] Tallaire A, Brinza O, Mille V, et al. Reduction of dislocations in single crystal diamond by lateral growth over a macroscopic hole [J]. Advanced Materials, 2017, 29(16): 1604823.

[92] Tallaire A, Achard J, Brinza O, et al. Growth strategy for controlling dislocation densities and crystal morphologies of single crystal diamond by using pyramidal-shape substrates [J]. Diamond and Related Materials, 2013, 33: 71 – 77.

[ 93 ] Boussadi A, Tallaire A, Kasu M, et al. Reduction of dislocation densities in single crystal CVD diamond by confinement in the lateral sector [J]. Diamond and Related Materials, 2018, 83: 162 - 169.

[ 94 ] Koizumi S, Umezawa H, Pernot J, et al. Power electronics device applications of diamond semiconductors [M]. Duxford: Woodhead Publishing, 2018.

[ 95 ] Barjon J, Habka N, Chevallier J, et al. Hydrogen-induced passivation of boron acceptors in monocrystalline and polycrystalline diamond [J]. Physical Chemistry Chemical Physics, 2011, 13(24): 11511 - 11516.

[ 96 ] Wang L G, Zunger A. Phosphorus and sulphur doping of diamond [J]. Physical Review B, 2002, 66(16): 161202.

[ 97 ] Goss J P, Briddon P R, Jones R, et al. Donor and acceptor states in diamond [J]. Diamond and Related Materials, 2004, 13(4/8): 684 - 690.

[ 98 ] Collins A T, Lightowlers E C. Photothermal ionization and photon-induced tunneling in the acceptor photoconductivity spectrum of semiconducting diamond [J]. Physical Review, 1968, 171(3): 843 - 855.

[ 99 ] Kalish R, Reznik A, Prawer S, et al. Ion-implantation-induced defects in diamond and their annealing: experiment and simulation [J]. Physica Status Solidi (A), 1999, 174(1): 83 - 99.

[100] Fontaine F, Uzan-Saguy C, Kalish R. Boron implantation/in situ annealing procedure for optimal p-type properties of diamond [J]. Applied Physics Letters, 1996, 68(16): 2264 - 2266.

[101] Prins J F. Annealing effects when activating dopant atoms in ion-implanted diamond layers [J]. Nuclear Instruments and Methods in Physics Research Section B: Beam Interactions with Materials and Atoms, 1991, 59(2): 1387 - 1390.

[102] Tsubouchi N, Ogura M, Mizuochi N, et al. Electrical properties of a B doped layer in diamond formed by hot B implantation and high-temperature annealing [J]. Diamond and Related Materials, 2009, 18(2/3): 128 - 131.

[103] Vogel T, Meijer J, Zaitsev A. Highly effective p-type doping of diamond by MeV-ion implantation of boron [J]. Diamond and Related Materials, 2004, 13(10): 1822 - 1825.

[104] Prins J F. Graphitization and related variable-range-hopping conduction in ion-implanted diamond [J]. Journal of Physics D: Applied Physics, 2001, 34(14): 2089 - 2096.

[105] Werner M, Dorsch O, Baerwind H U, et al. Charge transport in heavily B-doped polycrystalline diamond films [J]. Applied Physics Letters, 1994, 64(5): 595 - 597.

[106] Sato H, Tomokage H, Kiyota H, et al. Transient current measurements after applying the electron-beam pulse on boron-doped homoepitaxial diamond films [J]. Diamond and Related Materials, 1998, 7(8): 1167 - 1171.

[107] Yamanaka S, Takeuchi D, Watanabe H, et al. Low-compensated boron-doped homoepitaxial diamond films using trimethylboron [J]. Physica Status Solidi (A), 1999, 174(1): 59 - 64.

[108] Mortet V, Pernot J, Jomard F, et al. Properties of boron-doped epitaxial diamond layers grown on (110) oriented single crystal substrates [J]. Diamond and Related Materials, 2015, 53: 29 – 34.

[109] Butler J E, Vikharev A, Gorbachev A, et al. Nanometric diamond delta doping with boron [J]. Physica Status Solidi–Rapid Research Letters, 2017, 11(1): 1600329.

[110] Liao M. Impurities and dopants in diamond//Liao M Y, Shen B, Wang Z G. Ultra-wide Bandgap Semiconductor Materials [M]. Amsterdam: Elsevier, 2019.

[111] Ohmagari S. Ch 2.1 Growth and characterization of heavily B-doped $p^+$ diamond for vertical power devices//Koizumi S, Umezawa H, Pernot J, et al. Power Electronics Device Applications of Diamond Semiconductors[M]. Duxford: Woodhead, 2018.

[112] Deneuville A. Chapter 4: Boron doping of diamond films from the gas phase//Nebel C E, Ristein J. Semiconductors and Semimetals. Vol.76 [M]. Amsterdam: Elsevier, 2003.

[113] Tavares C, Omnes F, Pernot J, et al. Electronic properties of boron-doped {111}–oriented homoepitaxial diamond layers [J]. Diamond and Related Materials, 2006, 15(4/8): 582 – 585.

[114] Takano Y, Takenouchi T, Ishii S, et al. Superconducting properties of homoepitaxial CVD diamond [J]. Diamond and Related Materials, 2007, 16(4/7): 911 – 914.

[115] Saada D, Adler J, Kalish R. Sulfur: a potential donor in diamond [J]. Applied Physics Letters, 2000, 77(6): 878 – 879.

[116] Kalish R, Reznik A, Uzan-Saguy C, et al. Is sulfur a donor in diamond? [J]. Applied Physics Letters, 2000, 76(6): 757 – 759.

[117] Garrido J A, Nebel C E, Stutzmann M, et al. Electrical and optical measurements of CVD diamond doped with sulfur [J]. Physical Review B, 2002, 65(16): 165409.

[118] Goss J P, Eyre R J, Briddon P R. A theoretical study of Li as n-type dopants for diamond: the role of aggregation [J]. Physica Status Solidi (A), 2007, 204(9): 2978 – 2984.

[119] Goss J P, Briddon P R. Theoretical study of Li and Na as n-type dopants for diamond [J]. Physical Review B, 2007, 75(7): 075202.

[120] Borst T H, Weis O. Electrical characterization of homoepitaxial diamond films doped with B, P, Li and Na during crystal growth [J]. Diamond and Related Materials, 1995, 4(7): 948 – 953.

[121] Sachdev H, Haubner R, Lux B. Lithium addition during CVD diamond deposition using lithium tert-butanolat as precursor [J]. Diamond and Related Materials, 1997, 6(2/4): 494 – 500.

[122] Zeisel R, Nebel C E, Stutzmann M, et al. Photoconductivity study of Li doped homoepitaxially grown CVD diamond [J]. Physica Status Solidi (A), 2000, 181(1): 45 – 50.

[123] Koizumi S, Kamo M, Sato Y, et al. Growth and characterization of phosphorous doped {111} homoepitaxial diamond thin films [J]. Applied Physics Letters, 1997, 71(8): 1065 – 1067.

[124] Kato H, Yamasaki S, Okushi H. n-Type doping of (001)–oriented single-crystalline diamond by phosphorus [J]. Applied Physics Letters, 2005, 86(22): 222111.

[125] Kato H, Ogura M, Makino T, et al. n-Type control of single-crystal diamond films by ultra-lightly phosphorus doping [J]. Applied Physics Letters, 2016, 109(14): 142102.

[126] Koizumi S, Teraji T, Kanda H. Phosphorus-doped chemical vapor deposition of diamond [J]. Diamond and Related Materials, 2000, 9(3/6): 935 - 940.

[127] Ohtani R, Yamamoto T, Janssens S D, et al. Large improvement of phosphorus incorporation efficiency in n-type chemical vapor deposition of diamond [J]. Applied Physics Letters, 2014, 105(23): 232106.

[128] Hasegawa M, Teraji T, Koizumi S. Lattice location of phosphorus in n-type homoepitaxial diamond films grown by chemical-vapor deposition [J]. Applied Physics Letters, 2001, 79(19): 3068 - 3070.

[129] Saito T, Kameta M, Kusakabe K, et al. Morphology and semiconducting properties of homoepitaxially grown phosphorus-doped (100) and (111) diamond films by microwave plasma-assisted chemical vapor deposition using triethylphosphine as a dopant source [J]. Journal of Crystal Growth, 1998, 191(4): 723 - 733.

[130] Zhang J, Tse K, Wong M, et al. A brief review of co-doping [J]. Frontiers of Physics, 2016, 11(6): 117405.

[131] Liao M Y, Alvarez J, Koide Y. Tungsten carbide Schottky contact to diamond toward thermally stable photodiode [J]. Diamond & Related Materials, 2005, 14(11/12): 2003 - 2006.

[132] Kato Y, Umezawa H, Shikata S. X-ray topographic study of defect in p-diamond layer of Schottky barrier diode [J]. Diamond and Related Materials, 2015, 57: 22 - 27.

[133] Umezawa H, Mokuno Y, Yamada H, et al. Characterization of Schottky barrier diodes on a 0.5-inch single-crystalline CVD diamond wafer [J]. Diamond and Related Materials, 2010, 19(2/3): 208 - 212.

[134] Teraji T, Fiori A, Kiritani N, et al. Mechanism of reverse current increase of vertical-type diamond Schottky diodes [J]. Journal of Applied Physics, 2017, 122(13): 135304.

[135] Denisenko A V, Melnikov A A, Zaitsev A M, et al. p-Type semiconducting structures in diamond implanted with boron ions [J]. Materials Science and Engineering: B, 1992, 11(1/4): 273 - 277.

[136] Twitchen D J, Whitehead A J, Coe S E, et al. High-voltage single-crystal diamond diodes [J]. IEEE Transactions on Electron Devices, 2004, 51(5): 826 - 828.

[137] Rashid S J, Udrea F, Twitchen D J, et al. High conductivity δ-doped single crystal diamond Schottky m-i-$p^+$ diodes, in International Symposium on Power Semiconductor Devices & ICs IEEE [C]. Orlando, Florida, 2008.

[138] Kubovic M, El-Hajj H, Butler J E, et al. Diamond merged diode [J]. Diamond & Related Materials, 2007, 16(4/7): 1033 - 1037.

[139] Makino T, Tanimoto S, Hayashi Y, et al. Diamond Schottky-pn diode with high forward current density and fast switching operation [J]. Applied Physics Letters, 2009, 94(26): 262101.

[140] Makino T, Kato H, Tokuda N, et al. Diamond Schottky-pn diode without trade-off relationship

between on-resistance and blocking voltage [J]. Physics Status Solidi (A), 2010, 207(9): 2105 - 2109.

[141] Shiomi H, Nishibayashi Y, Fujimori N. Field-effect transistors using boron-doped diamond epitaxial-films [J]. Japanese Journal of Applied Physics, 1989, 28(12): L2153 - L2154.

[142] Kawakami N, Yokota Y, Hayashi K, et al. Device operation of p-i-p type diamond metal-insulator-semiconductor field effect transistors with sub-micrometer channel [J]. Diamond and Related Materials, 2005, 14(3): 509 - 513.

[143] Pham T T, Rouger N, Masante C, et al. Deep depletion concept for diamond MOSFET [J]. Applied Physics Letters, 2017, 111(17): 173503.

[144] Pham T T, Pernot J, Perez G, et al. Deep-depletion mode boron-doped monocrystalline diamond metal oxide semiconductor field effect transistor [J]. IEEE Electron Device Letters, 2017, 38(11): 1571 - 1574.

[145] Denisenko A, Kohn E. Diamond power devices: concepts and limits [J]. Diamond and Related Materials, 2005, 14(3/7): 491 - 498.

[146] El-Hajj H, Denisenko A, Kaiser A, et al. Diamond MISFET based on boron delta-doped channel [J]. Diamond and Related Materials, 2008, 17(7/10): 1259 - 1263.

[147] Huang B, Bai X, Lam S K, et al. Diamond FinFET without hydrogen termination [J]. Scientific Reports, 2018, 8(1): 3063.

[148] Huang B, Bai X, Lam S K, et al. Diamond lateral FinFET with triode-like behavior [J]. Scientific Reports, 2020, 10(1): 2279.

[149] Landstrass M I, Ravi K V. Hydrogen passivation of electrically active defects in diamond [J]. Applied Physics Letters, 1989, 55(14): 1391 - 1393.

[150] Maier F, Riedel M, Mantel B, et al. Origin of surface conductivity in diamond [J]. Physical Review Letters, 2000, 85(16): 3472 - 3475.

[151] Nebel C E, Rezek B, Zrenner A. Electronic properties of the 2D-hole accumulation layer on hydrogen terminated diamond [J]. Diamond and Related Materials, 2004, 13(11): 2031 - 2036.

[152] Piatti E, Romanin D, Daghero D, et al. Two-dimensional hole transport in ion-gated diamond surfaces: a brief review [J]. Low Temperature Physics, 2019, 45(11): 1143 - 1155.

[153] Williams O A, Jackman R B. Surface conductivity on hydrogen terminated diamond [J]. Semiconductor Science and Technology, 2003, 18(3): S34 - S40.

[154] Strobel P, Ristein J, Ley L. Ozone-mediated polymerization of fullerene and fluorofullerene thin films [J]. Journal of Physical Chemistry C, 2010, 114(10): 4317 - 4323.

[155] Hirama K, Sato H, Harada Y, et al. Thermally stable operation of H-terminated diamond FETs by $NO_2$ adsorption and $Al_2O_3$ passivation [J]. IEEE Electronic Device Letters, 2012, 33(8): 1111 - 1113.

[156] Russell S A O, Cao L, Qi D, et al. Surface transfer doping of diamond by $MoO_3$: a combined spectroscopic and Hall measurement study [J]. Applied Physics Letters, 2013, 103(20):

202112.

[157] Ueda K, Kasu M, Yamauchi Y, et al. Diamond FET using high-quality polycrystalline diamond with $f_T$ of 45 GHz and $f_{max}$ of 120 GHz [J]. IEEE Electron Device Letters, 2006, 27(7): 570 - 572.

[158] Liu J W, Liao M Y, Imura M, et al. Normally-off $HfO_2$-gated diamond field effect transistors [J]. Applied Physics Letters, 2013, 103(9): 092905.

[159] Imanishi S, Horikawa K, Oi N, et al. 3.8 W/mm RF power density for ALD $Al_2O_3$-based two-dimensional hole gas diamond MOSFET operating at saturation velocity [J]. IEEE Electron Device Letters, 2019, 40(2): 279 - 282.

[160] Ren Z Y, Zhang J F, Zhang J F, et al. Diamond field effect transistors with $MoO_3$ gate dielectric [J]. IEEE Electron Device Letters, 2017, 38(6): 786 - 789.

[161] Ren Z, Zhang J F, Zhang J F, et al. Polycrystalline diamond MOSFET with $MoO_3$ gate dielectric and passivation layer [J]. IEEE Electron Device Letters, 2017, 38(9): 1302 - 1304.

[162] Yu X, Zhou J, Qi C, et al. A high frequency hydrogen-terminated diamond MISFET with $f_T$/$f_{max}$ of 70/80 GHz [J]. IEEE Electron Device Letters, 2018, 39(9): 1373 - 1376.

[163] Kasu M, Oishi T. Recent progress of diamond devices for RF applications. in 2016 IEEE Compound Semiconductor Integrated Circuit Symposium [C]. Austin, Texas, 2016.

[164] Pakes C I, Garrido J A, Kawarada H. Diamond surface conductivity: properties, devices, and sensors [J]. MRS Bulletin, 2014, 39(6): 542 - 548.

# 第9章 氧化镓半导体功率电子材料与器件

## 9.1 氧化镓半导体的基本物理性质

氧化镓($Ga_2O_3$)是一种新型的宽禁带半导体材料，但实际上这种材料已有很长的研究历史。早在1952年就有关于$Al_2O_3$-$Ga_2O_3$-$H_2O$系统相结构平衡的研究，确定了它的多晶型物，以及各种晶型的稳定条件[1]。1965年，美国航空航天公司(Aerospace Corporation)的Tippins等研究了$Ga_2O_3$半导体材料的光吸收和光电导特性，确定了其4.7 eV的禁带宽度[2]。到20世纪90年代国际上已经发展了多种$Ga_2O_3$的单晶生长和外延生长制备技术。近五年来，由于$Ga_2O_3$独特的电学特性以及高质量、大尺寸单晶衬底的低成本制备技术的突破，使其在半导体功率电子器件等领域受到了高度关注。

$Ga_2O_3$目前已知有$\alpha$、$\beta$、$\gamma$、$\delta$和$\varepsilon$五种晶相，各种晶相之间的转化关系如图9.1所示[1]。其中单斜相的$\beta$-$Ga_2O_3$是热力学上的稳定相，具有最好的热稳定性。其他亚稳定结构易于在高温下转变成$\beta$-$Ga_2O_3$，所以目前绝大部分$Ga_2O_3$材料和器件研究工作都集中在$\beta$-$Ga_2O_3$上展开。近期的研究也发现其他晶相中拥有$\beta$相中不存在的独特半导体特性，如$\alpha$-$Ga_2O_3$拥有和蓝宝石一样的刚玉型晶体结构，可在现有很成熟的蓝宝石衬底上外延生长高质量的$\alpha$-$Ga_2O_3$单晶薄膜；六角相的$\varepsilon$-$Ga_2O_3$是继$\beta$相之后的第二稳定晶相，拥有较强的自发极化效应，有利于在其异质结构界面形成高密度的2DEG[3]。近年来，由于大尺寸$\beta$-$Ga_2O_3$单

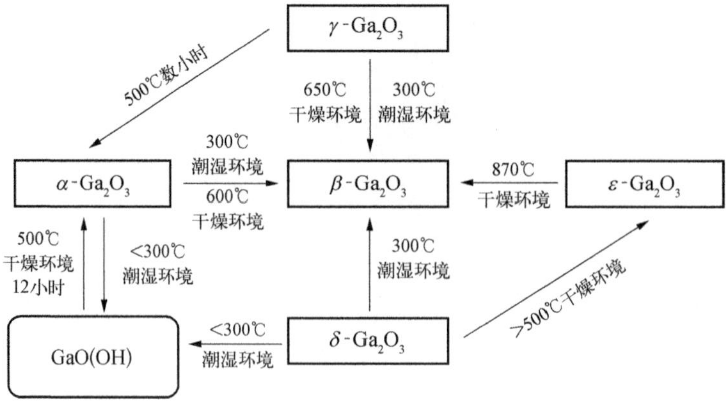


图9.1 不同晶相$Ga_2O_3$之间的转化条件[1]

晶衬底制备技术的突破，且拥有最好的热稳定性，因此针对$\beta$-$Ga_2O_3$的研究工作远远多于其他4种晶相。本章内容如不特别指出，均指基于$\beta$-$Ga_2O_3$的材料和器件研究。

$\beta$-$Ga_2O_3$晶体属于单斜晶系，其晶格常数为 $a$ = 12.2 Å, $b$ = 3.0 Å, $c$ = 5.8 Å，如图9.2所示[1]。其晶体中[$GaO_6$]八面体组成的双链沿$b$轴方向排列，链之间又以[$GaO_4$]相连，这种结构有利于载流子的输运。$\beta$-$Ga_2O_3$室温下的禁带宽度为4.9 eV，属于典型的宽禁带半导体材料，也有人把它归类于超宽禁带半导体材料。大的禁带宽度限制了其导电能力，只有在禁带中存在一些杂质或缺陷能级时，才具有导电性。对其他一些宽禁带半导体材料，导电性也同样是因为禁带中缺陷或杂质能级的存在，如同属于宽禁带半导体的ZnO[4]。$\beta$-$Ga_2O_3$的本征导电性来源于其晶体内本征点缺陷带来的共有化电子，在该晶体中，由于$Ga_2O$的挥发而存在$V_O^\times$和$V_{Ga}^\times$等点缺陷，$V_O^\times$和$V_{Ga}^\times$电离后形成$V_O^{\cdot\cdot}$和$V_{Ga}^{\cdot\cdot\cdot}$缺陷，并提供热激发的导带中共有化电子[5-7]。虽然目前对于究竟是哪种缺陷对$\beta$-$Ga_2O_3$晶体的本征导电性起主要作用尚无定论，但多数研究表明氧空位缺陷起关键的作用[5-7]。

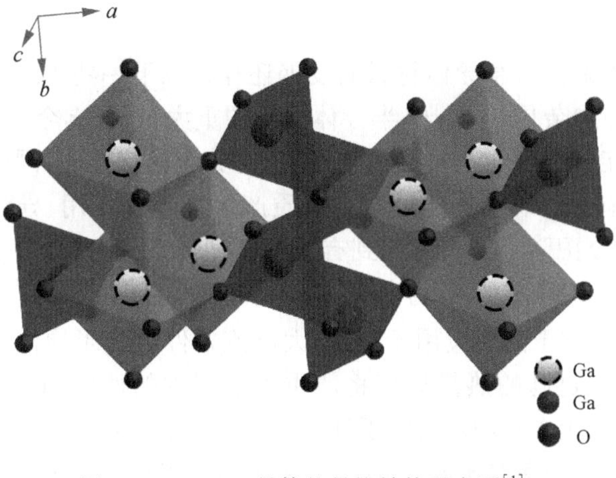


图9.2 $\beta$-$Ga_2O_3$晶体的晶格结构示意图[1]

很有意思的是，由于多晶$\beta$-$Ga_2O_3$中存在大量氧空位，使得其易于吸附某些气体从而导致其电导率发生改变，所以之前也有很多关于$\beta$-$Ga_2O_3$作为$H_2$、$CH_4$、CO、$O_2$的气体传感器的报道[8-11]。此外，由于$\beta$-$Ga_2O_3$晶体在[100]方向的晶格常数远大于[001]和[010]方向，这使得易于从其[100]方向解理出超薄的薄膜用于半导体器件制备[12-15]。同时，基于其晶体结构特征，在$\beta$-$Ga_2O_3$晶片制备过程中，沿[100]方向切割块材可获得表面粗糙度很低的晶片。

相比 SiC 和 GaN 等宽禁带半导体材料，$\beta$-$Ga_2O_3$具有独特的电学特性。其最突出的特征是超宽的禁带宽度，这使得它的临界击穿场强 $E_{br}$ 高达 5~9 MV/cm，约两倍于 SiC 和 GaN。对于单极型功率电子器件而言，半导体材料的临界击穿场强是非常重要的参数。当半导体材料拥有更高的临界击穿场强时，单位厚度的材料能承受更高的电压，非常有利于减小器件的尺寸，并提升功率模块的集成度。$\beta$-$Ga_2O_3$的饱和电子迁移率只有约 200 $cm^2/(V \cdot s)$，相对于 GaN 而言较低，因此$\beta$-$Ga_2O_3$并不适合用于研制半导体射频电子器件。但很大的禁带宽度可以对这一劣势进行一定的补偿，更薄漂移区的电子器件拥有更小的耗尽区宽度，可降低器件的寄生电容以提升其高频性能。此外，$\beta$-$Ga_2O_3$的大禁带宽度使其拥有 250~280 nm 之间特殊的光吸收波段，正好位于日盲区范围内，是天然的深紫外光电探测器材料[16-18]。

近年来，$\beta$-$Ga_2O_3$的 n 型掺杂已能实现，Si 和 Sn 作为其浅施主杂质拥有较小的激活能，掺杂浓度已经能在 $10^{15}$~$10^{19}$ $cm^{-3}$范围内可控[19]，最高能达到$10^{20}$ $cm^{-3}$量级。同时，随着掺杂浓度的改变，$\beta$-$Ga_2O_3$的光学和电学性质都会发生变化。例如，随着掺杂浓度的变化，n 型$\beta$-$Ga_2O_3$的电阻率在 $10^{-3}$~$10^{12}$ $\Omega \cdot cm$ 范围内调控[20,21]。随着掺杂浓度的变化，$\beta$-$Ga_2O_3$材料的禁带宽度也有一定程度的改变，并影响其光吸收特性[22]。

迄今，$Ga_2O_3$宽禁带半导体材料的发展还存在以下一些关键科学技术问题有待解决：① p 型掺杂是$\beta$-$Ga_2O_3$半导体研究的重大难题，迄今发现的$\beta$-$Ga_2O_3$受主杂质的禁带能级位置均离价带顶较远，使得其激活能很高，同时，$\beta$-$Ga_2O_3$中的非故意掺杂的施主背景杂质会对受主杂质产生自补偿作用，导致材料出现半绝缘特性，所以迄今国际上还没有找到有效的 p 型掺杂方法；② $\beta$-$Ga_2O_3$材料的热导率过低，实验和理论研究均已确认 $\beta$-$Ga_2O_3$ 的热导率只有 0.1~0.3 W/(cm·K)[23-25]，这对于需要应用于高压、大电流条件下的半导体功率电子器件而言是非常不利的，过高的热量聚集将严重影响器件的性能和可靠性；③ 载流子迁移率较低，国际上$\beta$-$Ga_2O_3$ 的电子迁移率最高只有 200 $cm^2/(V \cdot s)$左右[26]，导致基于$\beta$-$Ga_2O_3$的功率电子器件饱和电流远低于 SiC 基或 GaN 基器件，并影响器件的频率特性。

## 9.2 氧化镓半导体单晶材料的生长

### 9.2.1 $Ga_2O_3$的晶体结构与相变关系

如前所述，到目前为止已发现 $Ga_2O_3$材料五种稳态和亚稳态的晶相，各相的晶体结构如表 9.1 所示[27]。其中研究最多的是热力学的稳态相 $\beta$-$Ga_2O_3$，相关的单晶生长、薄膜外延及器件研制均受到了广泛关注。其次，$\alpha$-$Ga_2O_3$禁带宽度可达4.98~5.3 eV[28,29]，略大于$\beta$-$Ga_2O_3$，并且$\alpha$-$Ga_2O_3$与$\alpha$-$Al_2O_3$(蓝宝石)及$\alpha$-$In_2O_3$等晶体结构相同，在合金化带隙调控和$Ga_2O_3$基低维量子结构制备等方面有一定优势。此外，$\varepsilon$-$Ga_2O_3$因具有铁电性也受到了一定的关注[30]。

**表9.1　不同晶相的$Ga_2O_3$晶体结构及晶格常数比较**[31-36]

| 晶　相 | 晶体结构 | 空间群 | 晶格常数/Å | 备　注 | 作　者 |
|---|---|---|---|---|---|
| $\alpha$ | 三方晶系 | $R\bar{3}c$ | $a=4.9825$<br>$c=13.433$ | 实验获得 | Marezio 和 Remeika[31] |
| | | | $a=5.059$<br>$c=13.618$ | 理论计算 | Yoshioka 等[32] |
| $\beta$ | 单斜晶系 | $C/2m$ | $a=12.214$<br>$b=3.0371$<br>$c=5.7981$<br>$\beta=103.83$ | 实验获得 | Åhman 等[33] |
| $\gamma$ | 立方晶系 | $Fd\bar{3}m$ | $a=8.238$ | 实验获得 | Zinkevich 等[34] |
| $\delta$ | 体心立方 | $Ia\bar{3}$ | $a=10.00$<br>$a=9.401$ | 实验获得<br>理论计算 | Roy 等[1]<br>Yoshioka 等[32]<br>Playford 等[35] |
| $\varepsilon$ | 正交晶系 | $Pna2_1$ | $a=5.120$<br>$b=8.792$<br>$c=9.410$ | 理论计算 | Yoshioka 等[32] |

如图9.1所示，$Ga_2O_3$的五种晶体结构室温下均可稳定存在，但在高温下其他相$Ga_2O_3$均转化为$\beta$-$Ga_2O_3$[1]。湿度对相变过程有明显影响，湿润环境下相变更容易发生。在非热力学稳定相中，$\varepsilon$-$Ga_2O_3$稳定性最好，在870℃时才会发生相变。其次是$\alpha$-$Ga_2O_3$，干燥环境下的相变温度为600℃，湿润环境下相变温度仅为300℃。其余晶相的相变温度则相对更低[1]。$Ga_2O_3$的熔点约为1 800℃，从高温熔体中降温只能得到$\beta$-$Ga_2O_3$。因此，$\beta$-$Ga_2O_3$为所有$Ga_2O_3$晶相一致的熔融化合物，可以通过高温熔体法进行单晶生长。而其他相$Ga_2O_3$由于相变的存在，则不能通过熔体法生长获得。因此，在体块单晶生长方面$\beta$-$Ga_2O_3$具有明显优势[1]。

### 9.2.2　$\beta$-$Ga_2O_3$的单晶生长概述

半导体材料是半导体器件发展的基础。$\beta$-$Ga_2O_3$晶体的生长研究可追溯到20世纪60年代，研究历程大致分为三个阶段，如图9.3所示[36-41]。1964年，美国航空航天公司(Aerospace Corporation)A. O. Chase 首先通过焰熔法生长了 1 cm 左右的晶体,但晶体中存在气泡、包裹物、开裂等缺陷[36]。受限于晶体质量,此后$\beta$-$Ga_2O_3$晶体生长的研究一直处于停滞状态。20 世纪 90 年代开始,随着紫外透明导电材料的发展,$\beta$-$Ga_2O_3$重新受到关注,1997 年,日本分子科学研究所的 N. Ueda 等使用浮区法成功生长出$\beta$-$Ga_2O_3$晶体,并对其半导体性质进行了研究[37]。2004 年,日本早稻田大学 E. G. Víllora 等采用光浮区法在 $O_2/N_2$气氛下进行$\beta$-$Ga_2O_3$晶体的生长,获得了直径 1 英寸,长度约为 50 mm 的$\beta$-$Ga_2O_3$晶体[38]。2008 年,日本并木精密宝石公司(Namiki Precision Jewel Co., Ltd.)H. Aida 等成功生长出 2 英寸的$\beta$-$Ga_2O_3$单晶[39]。目前,日本田村公司(Tamura Corporation)已经实现了 2~4 英寸$\beta$-$Ga_2O_3$单晶晶片的产业化,并可生长出 6 英寸晶体[40]。2014 年,德国莱布尼兹晶体生长研究所 Z. Galazka 等采用提拉法生长了 2 英寸$\beta$-$Ga_2O_3$单晶[41]。此外,美国空军实验室及诺斯罗普·格鲁曼(Northrop Grumman)公司也通过提拉法生长获得了 2 英寸$\beta$-$Ga_2O_3$单晶材料。

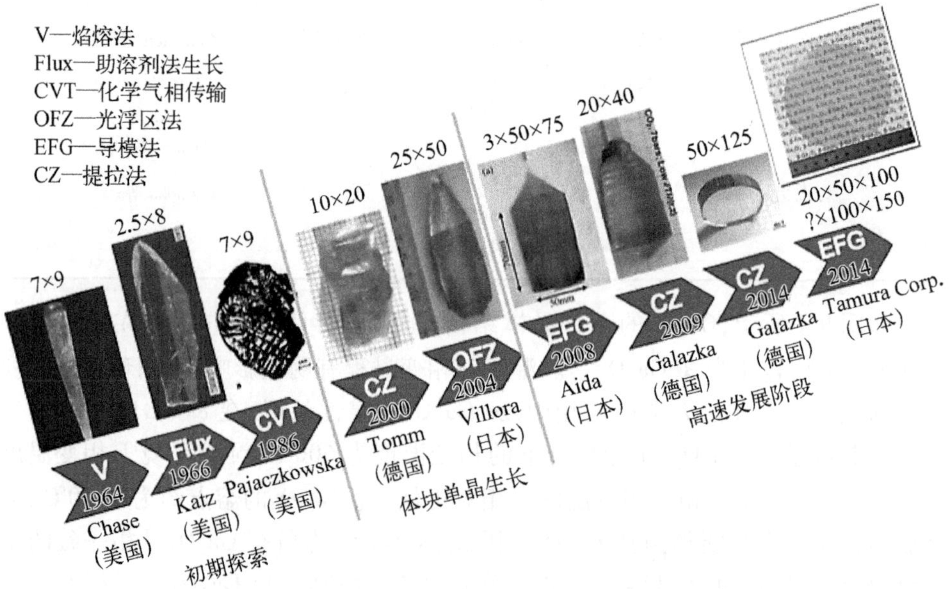


图 9.3　$\beta$-$Ga_2O_3$晶体生长研究的发展历程[36-41]

图 9.4 为 Yole Dévelopment 公司给出的不同半导体材料直径尺寸发展历史[42]。从图中可看出,通过借鉴单晶 Si 和蓝宝石的单晶生长方法,$\beta$-$Ga_2O_3$晶体尺寸预期将得到快速提升,相对其他半导体材料,$\beta$-$Ga_2O_3$晶体尺寸的提升速度更快。

除单晶尺寸外,$\beta$-$Ga_2O_3$晶体质量也是人们关注的重点。在提拉法及导模法晶体生长中,通过缩颈工艺可以有效排除孪晶、降低$\beta$-$Ga_2O_3$晶体的缺陷密度,目前

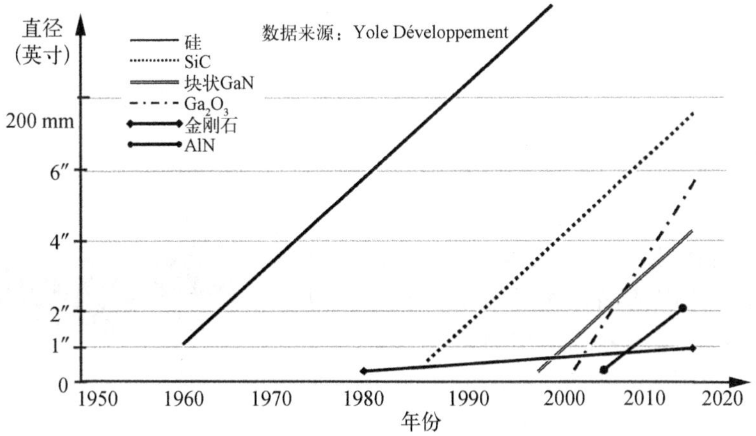


图 9.4 Yole Dévelopment 公司归纳的不同半导体材料晶体直径发展历史，绿色线条指 $Ga_2O_3$[42]

已可获得位错密度低至约 $10^3\ cm^{-2}$量级的$\beta$-$Ga_2O_3$单晶。$\beta$-$Ga_2O_3$晶体中主要存在位错、氧空位、纳米管、孪晶等缺陷，目前国际上已报道的$\beta$-$Ga_2O_3$晶体中缺陷类型及分布情况如表 9.2 所示[43-46]。

**表 9.2 $\beta$-$Ga_2O_3$晶体中存在的缺陷类型及分布**[43-46]

| | 刃位错 | 螺位错 | 孪晶 | 中空纳米管 | 层片状纳米管 | 纳米尺寸凹槽 | 线形空位蚀坑 |
|---|---|---|---|---|---|---|---|
| 蚀坑分布晶面 | $(\bar{2}01)$ | (010) | $(0\bar{1}0)$ | (010) | (010) | (010) | $(\bar{2}01)$<br>(001) |
| 蚀坑分布方向 | //[010] | //[100]<br>//[102] | — | 无明显方向性 | //[100] | //[001] | 无明显方向性 |
| 位错线方向 | //[010] | //[010] | — | — | — | — | — |
| 伯格斯矢量 | //[102] | //[010] | — | — | — | — | — |
| 孪晶晶面 | — | — | (100) | — | — | — | — |
| 纳米管方向 | — | — | — | [010] | [010] | [010] | [010] |

$\beta$-$Ga_2O_3$晶体对称性较低，晶体中容易出现孪晶，严重的情况下会导致晶体开裂或杂晶的形成。此外，$\beta$-$Ga_2O_3$中还存在直径在纳米量级的中空纳米管缺陷。与 SiC 晶体中存在的直径在微米量级的微管缺陷不同，纳米管在$\beta$-$Ga_2O_3$晶体中沿[010]方向延伸，但是不一定贯穿整个晶体，如图 9.5 所示[44]。

熔体法已发展成为当前$\beta$-$Ga_2O_3$单晶的主流生长方法，根据不同的工艺条件，又可分为光浮区法、垂直布里奇曼法、提拉法和导模法。不同晶体生长方法在获得的晶体尺寸和晶体质量上有较大差异。下面讨论不同的 $\beta-Ga_2O_3$ 晶体生长方法及其研究进展。

图 9.5 $\beta-Ga_2O_3$ 晶体中的纳米管缺陷的 TEM 形貌像[44]

### 9.2.3 $\beta-Ga_2O_3$ 晶体的光浮区法生长

光浮区法(optical floating-zone method, OFZ 法),属于熔体法晶体生长技术的一种,是新型晶体探索中常用的晶体生长方法。光浮区法晶体生长炉中的加热方式主要有灯丝加热及激光加热两种。OFZ 法晶体生长设备如图 9.6 所示[47],石英管中的料棒被聚焦的强光加热至熔化,熔区由熔体的表面张力维持,实现了无坩埚生长。经过上下进料杆及籽晶杆牵引逐渐结晶,生长中通过控制晶体转动可以增加晶体加热的均匀性。

图 9.6 光浮区法晶体生长炉[47]

在 $\beta-Ga_2O_3$ 晶体生长研究的早期,$\beta-Ga_2O_3$ 晶体主要通过 OFZ 法生长[47-49],2004 年日本早稻田大学 E. G. Víllora 等通过 OFZ 法探索了不同方向籽晶对 $\beta-Ga_2O_3$ 晶体生长的影响,并获得了 1 英寸直径的 $\beta-Ga_2O_3$ 晶体,如图 9.7 所示[38]。

OFZ 法生长晶体时,石英管中可以通入不同组分的气体,不会带来坩埚高温下氧化的问题,因此可在高氧气浓度下生长 $\beta-Ga_2O_3$ 晶体,有利于克服熔体挥发现象。但是受到加热方式的限制,OFZ 法生长获得的晶体一般尺寸较小。此外,OFZ 法生长晶体的温度梯度较大,晶体内部存在较大的热应力,通过该方法获得的 $\beta-Ga_2O_3$ 晶体质量不高。因此,OFZ 法只适合用于生长尺寸较小的 $\beta-Ga_2O_3$ 晶

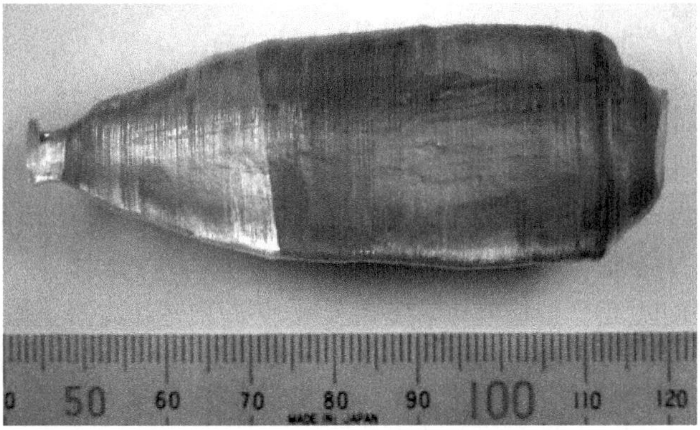


图 9.7 采用光浮区法生长的 1 英寸直径 $\beta$-$Ga_2O_3$ 晶体[38]

体,晶体生长周期短,在探索不同元素掺杂 $\beta$-$Ga_2O_3$ 晶体等方面具有一定的优势。

### 9.2.4 $\beta$-$Ga_2O_3$ 晶体的提拉法生长

1. 提拉法简介

提拉法(Czochralski method, CZ 法)是一种传统的晶体生长方法,由波兰学者 J. Czochralski 于 1916 年发明[50]。CZ 法具有生长可视、可实现大尺寸晶体生长、可采用定向籽晶及"缩颈"技术减小晶体中缺陷等优势[51]。Ge 单晶、Si 单晶、蓝宝石、YAG、GGG 和 YVO4 等许多大规模商业化生产的晶体均是采用 CZ 法制备的[52-55],因此 CZ 法是第一代、第二代半导体单晶材料的常用生长方法,其中单晶 Si 的 CZ 法生长极大地促进了半导体集成电路技术和产业的发展。

CZ 法单晶炉中的加热方式主要有射频感应加热和电阻丝加热两种,图 9.8 为射频感应加热 CZ 法晶体生长的原理示意图。CZ 法生长晶体时,通过加热将坩埚中的原料熔化,精确调控熔体至合适温度,然后将籽晶浸入熔体,同时籽晶以合适的速度提拉及旋转,诱导坩埚中熔体结晶。提拉法晶体生长大概可分为下籽晶、缩颈、放肩、等径生长、收尾等过程,主要通过实时调节加热功率、提拉速度及径向温度梯度进行晶体直径的控制。

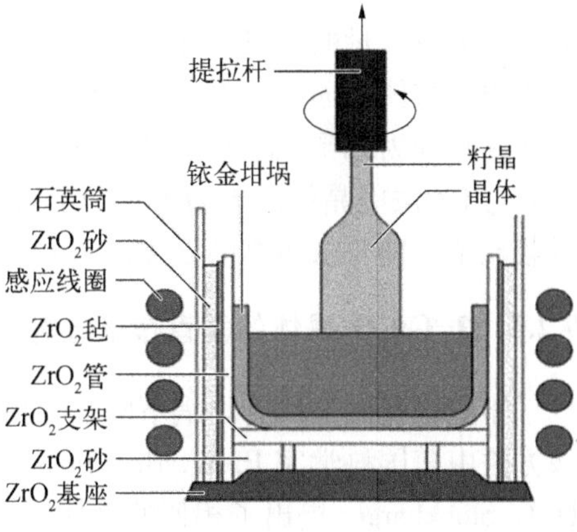


图 9.8 提拉法晶体生长的原理示意图

2. 提拉法$\beta$-$Ga_2O_3$晶体生长进展及存在的问题

CZ 法是生长$\beta$-$Ga_2O_3$单晶的重要方法之一[41,56,57]。目前德国莱布尼兹晶体生长研究所、美国空军实验室及 Northrop Grumman 公司等主要使用 CZ 法进行$\beta$-$Ga_2O_3$晶体的生长研究,并且都已成功获得了 2 英寸的$\beta$-$Ga_2O_3$单晶,如图 9.9 所示[41]。2010 年,德国莱布尼兹晶体生长研究所 Z. Galazka 等对 CZ 法生长$\beta$-$Ga_2O_3$晶体进行了系统的研究,他们分析了生长气氛、炉腔内部压力及不同温度梯度对晶体生长的影响[57]。研究表明通过提高保护气氛中氧分压、增大炉腔内压强、降低径向温度梯度等工艺技术,有利于$\beta$-$Ga_2O_3$晶体的稳定可控生长。

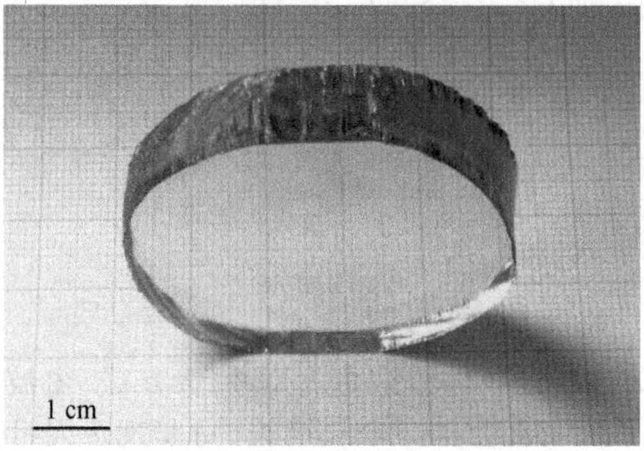


图 9.9　德国莱布尼兹晶体生长研究所采用提拉法生长的 2 英寸$\beta$-$Ga_2O_3$晶体[41]

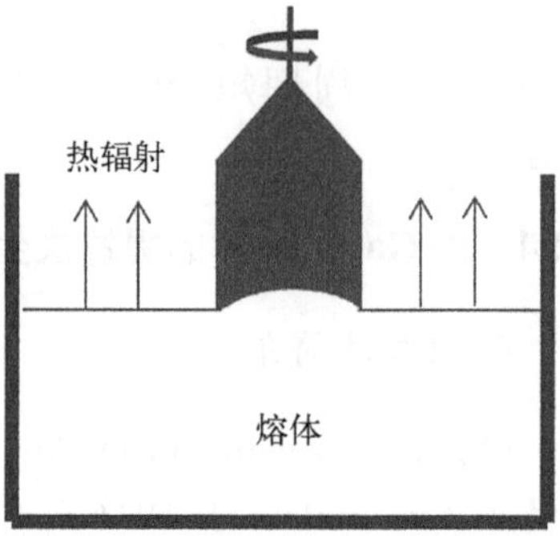


图 9.10　$\beta$-$Ga_2O_3$单晶生长提拉法中凹界面晶体生长示意图

虽然通过 CZ 法可获得高质量的$\beta$-$Ga_2O_3$单晶,但是晶体中背景载流子浓度较高,容易出现螺旋生长等现象。对于$\beta$-$Ga_2O_3$晶体,随着载流子浓度的增加,晶体在红外波段的吸收逐渐增强[41]。在 CZ 法晶体生长过程中,已经拉离熔体液面的晶体会吸收大量的热量。随着晶体长度的增加,固液界面处热量散失更为困难,而晶体周围熔体可通过辐射方式向四周传热,从而导致固液界面内部温度升高,固液界面逐渐变为凹界面,生长稳定性减弱,晶体出现螺旋生长,甚至脱离液面。图 9.10 为 CZ 法中晶体凹界面生长的示意图。因此,目前 CZ 法主要适合于生长对背景载流子浓度要求不高的$\beta$-$Ga_2O_3$晶体。

### 9.2.5　$\beta$-$Ga_2O_3$晶体的垂直布里奇曼法生长

布里奇曼法又称为坩埚下降法,是目前应用广泛的一种熔体法晶体生长技术。该方法由美国科学家 P. W. Bridgman 于 1925 年首次提出[58]。1936 年,苏联学者 D. C. Stockbarger 提出了相似的晶体生长方法[59]。布里奇曼法常用于半导体单晶、闪烁晶体、中红外非线性光学晶体的制备[60-65]。按照坩埚轴线与重力场方向不同,该晶体生长方法又可以分为垂直布里奇曼法（vertical Bridgman method，VB 法）和水平布里奇曼法（horizontal Bridgman method，HB 法）。加热方式主要包括电阻加热和感应加热两种，图 9.11 为感应加热 VB 法的晶体生长原理示意图[66]。

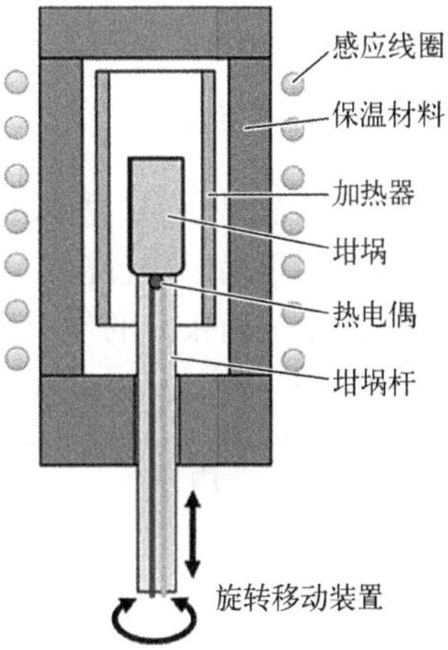


图 9.11　感应加热的垂直布里奇曼法晶体生长原理示意图[66]

2016 年，日本信州大学 K. Hoshikawa 等采用感应加热的 VB 法成功生长了直径 1 英寸的 $\beta$-$Ga_2O_3$晶体，如图 9.12 所示[66]。该方法的优点是通过使用铂铑坩埚克服了 $Ga_2O_3$熔体对贵金属铱金坩埚的腐蚀，并可在空气下进行晶体生长。但是由于铂铑合金坩埚与 $\beta$-$Ga_2O_3$熔点仅相差约 107℃，因此，晶体生长过程中温度梯度的控制、直径的放大难度较大，并会导致坩埚由于过热熔化，迄今还未见采用 VB 法生长出更大尺寸晶体的报道。

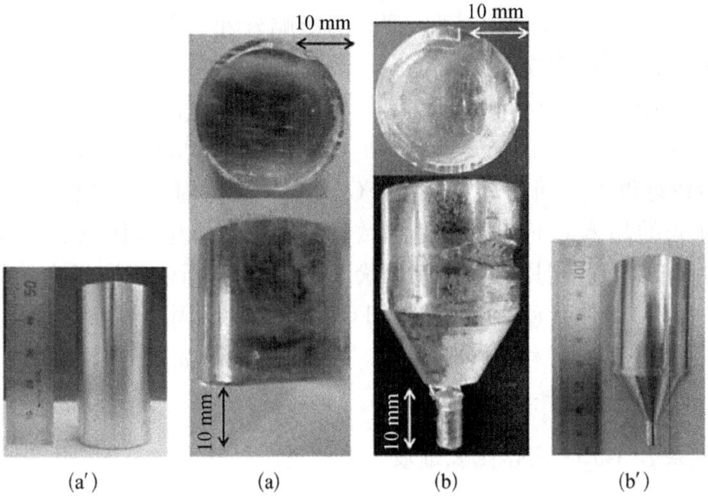


图 9.12　采用垂直布里奇曼法生长的 $\beta$-$Ga_2O_3$晶体[66]

### 9.2.6　$\beta$-$Ga_2O_3$晶体的导模法生长

导模法（edge-defined film-fed growth method，EFG 法）是一种重要的晶体生长方法，具有大尺寸生长、异形晶体生长、生长速度快、生长成本低等优点，常用于单晶 Si、闪烁材料、蓝宝石等晶体的生长[67-74]。EFG 法在 $\beta$-$Ga_2O_3$晶体生长方面优势明显，国际上采用该方法已成功生长出直径 6 英寸的 $\beta$-$Ga_2O_3$

晶体[40]。

1. 导模法简介

EFG 法是在 CZ 法基础上改良获得的一种晶体生长方法，与 CZ 法相比，EFG 法需要在坩埚中放置模具，晶体生长界面位于模具上表面，如图 9.13 所示[72]。高温下由于表面张力的作用，熔体沿模具中的毛细管上升到模具上表面。熔体沿毛细管上升高度 $H$ 由下式决定[72]：

$$H = \frac{2\gamma\cos\theta}{\rho g r} \tag{9.1}$$

式中，$\gamma$ 为熔体表面张力；$\theta$ 为熔体与毛细管之间的接触角；$\rho$ 为熔体密度；$g$ 为重力加速度；$r$ 为毛细管半径。

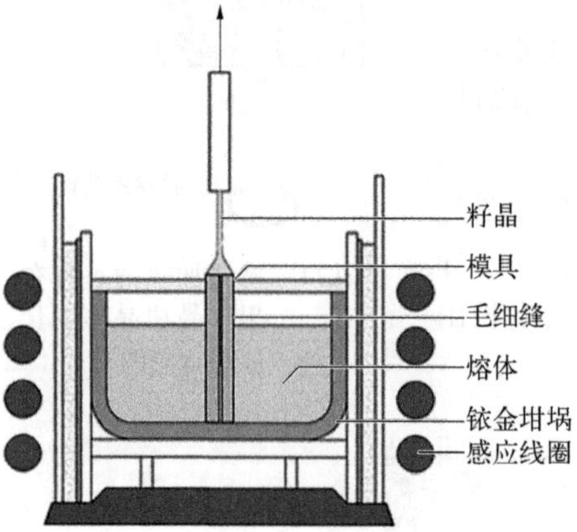


图 9.13　导模法晶体生长原理示意图

在 EFG 法晶体生长中，固液界面位于模具上方，坩埚中熔体流动对晶体生长的影响较小，晶体传热、传质过程与 CZ 法有较大差异。EFG 法的优势主要有：① EFG 法晶体生长中毛细管中熔体对流很弱，熔体杂质离子从毛细管上升至固液界面后较难重新返回坩埚，因此 EFG 法生长晶体时，杂质离子分凝系数一般接近于 1，生长的晶体上下杂质分布一致性好；② 晶体生长固液界面位于模具上方，界面形状可以通过模具表面几何形状调控，固液界面位于温场中的位置始终不变，且不受坩埚中熔体扰动影响，因此 EFG 法晶体生长固液界面更加稳定；③ EFG 法晶体生长速度较快，有利于降低能耗，并可生长异形晶体，降低了晶体加工成本及晶体加工过程中的损耗。

2. 导模法 $\beta$-$Ga_2O_3$ 晶体生长进展

2008 年，日本并木精密宝石公司 H. Aida 等对导模法 $\beta$-$Ga_2O_3$ 晶体生长工艺进行了改进优化，研究了籽晶收颈对晶体开裂的影响，并对晶体位错进行了分析。他们生长的 2 英寸直径 $\beta$-$Ga_2O_3$ 晶体如图 9.14 所示[39]，由于 $\beta$-$Ga_2O_3$ 晶体中背景载流子浓度较高，因此晶体呈蓝色。

目前日本田村制作所在 $\beta$-$Ga_2O_3$ 单晶生长领域处于国际领先地位，已经实现了 2 英寸 $\beta$-$Ga_2O_3$ 晶片的产业化，并成功生长出 6 英寸直径的 $\beta$-$Ga_2O_3$ 晶体，如图 9.15 所示[40]。除此之外，由于 EFG 法晶体生长更加稳定，所以目前 n 型高掺的 $\beta$-$Ga_2O_3$ 晶体也主要通过 EFG 法生长获得。在国内，山东大学陶绪堂等率先开展了

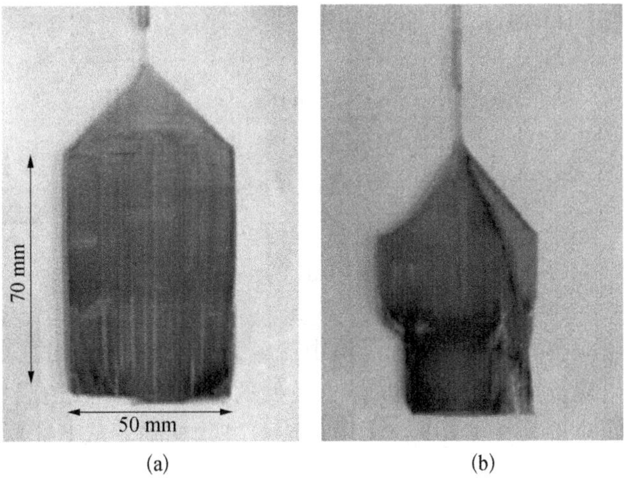


图 9.14 采用导模法生长的 2 英寸直径 $\beta$-$Ga_2O_3$晶体[39]

EFG 法 $\beta$-$Ga_2O_3$单晶生长研究[22,75]。另外,中国科学院上海光学精密机械研究所、同济大学、中国电子科技集团公司第四十六研究所等研究机构也开展了 EFG 法 $\beta$-$Ga_2O_3$晶体生长的研究。

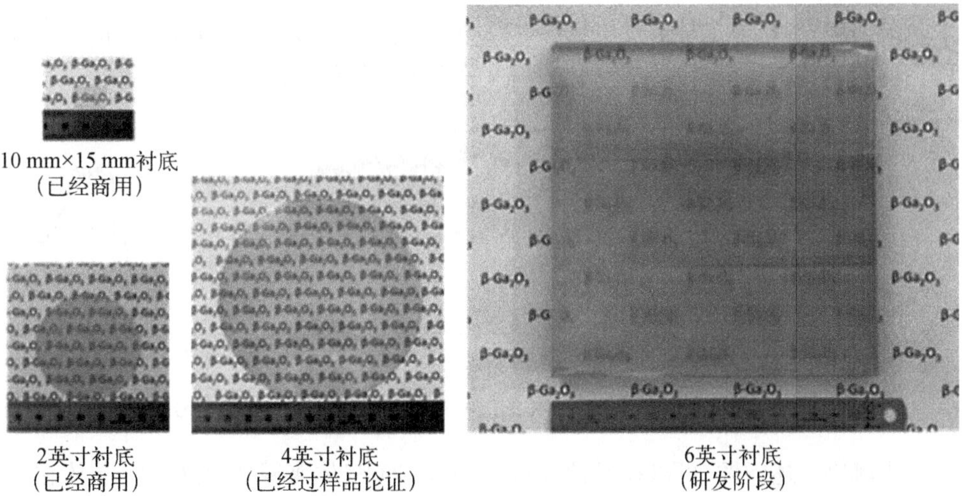


图 9.15 日本田村制作所采用导模法生长的 6 英寸直径 $\beta$-$Ga_2O_3$晶体[40]

3. 导模法 $\beta$-$Ga_2O_3$晶体生长中存在的困难及解决方案

$\beta$-$Ga_2O_3$晶体生长中主要存在原料的挥发、分解、凝结、坩埚腐蚀及晶体开裂等问题,相对传统的晶体生长难度较大。

$Ga_2O_3$在高温下会发生如下分解反应[57]：

$$Ga_2O_3(s) \longrightarrow 2GaO(g) + \frac{1}{2}O_2(g)$$
$$2GaO(g) \longrightarrow Ga_2O(g) + \frac{1}{2}O_2(g) \quad (9.2)$$
$$Ga_2O(g) \longrightarrow 2Ga(g) + \frac{1}{2}O_2(g)$$

上述分解反应会导致$\beta$-$Ga_2O_3$晶体中产生大量的氧空位，而且高温下的 Ga 单质还会与铱金坩埚及模具反应，形成熔点较低的合金。这不仅造成贵金属的损耗，也会导致铱金颗粒进入$\beta$-$Ga_2O_3$晶体中形成包裹物缺陷。从上述反应式中可以看出，合理控制气氛中的氧分压可以抑制$\beta$-$Ga_2O_3$的高温分解，但同时又要避免氧气浓度过高导致铱金氧化。

除此之外，$Ga_2O_3$原料在高温下容易挥发，挥发的蒸气会在温场及晶体表面重新凝结，严重的情况下凝结的针状、片状晶体会影响称重信号，从而影响$\beta$-$Ga_2O_3$晶体的提拉过程。图 9.16 为使用 Ar 气作为保护气氛下，$\beta$-$Ga_2O_3$晶体生长过程中针状、片状杂晶的凝结情况及晶体生长过程中重量信号的变化[76]。可以看出，由于杂晶的影响，晶体重量信号出现较大波动，重量信号失去相应的参考价值。杂晶的形成也会扰动结晶过程，导致$\beta$-$Ga_2O_3$晶体质量变差。

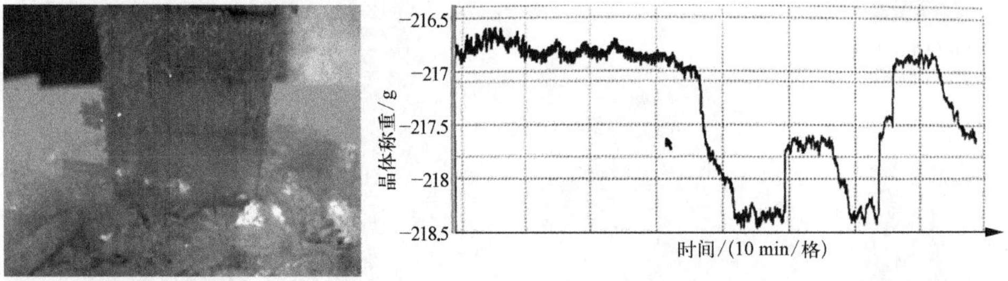


图 9.16　导模法生长$\beta$-$Ga_2O_3$晶体的过程中杂晶凝结现象及称重信号波动[76]

为解决上述问题，可以在保护气氛中加入 $CO_2$气体来减弱$\beta$-$Ga_2O_3$晶体在高温下的挥发、分解。$CO_2$可以在高温下发生如下分解反应[56]：

$$CO_2(g) \rightleftharpoons CO(g) + \frac{1}{2}O_2(g) \quad (9.3)$$

$\beta$-$Ga_2O_3$晶体生长时温度较高，$CO_2$会分解出较多的 $O_2$，增加气氛中的氧分压，抑制氧化镓原料的挥发、分解[56]。因此，$CO_2$的加入可以起到动态调节生长气氛中氧分压的作用。山东大学陶绪堂等进一步把 $CO_2$保护气氛更换为 70% $CO_2$、1% $O_2$和 29% $N_2$的混合气氛[75,76]。他们发现 1% $O_2$不会造成铱金坩埚及模具的严重氧化,70% $CO_2$可以在高温下提供额外氧分压,因此 $\beta$-$Ga_2O_3$晶体生长过程中氧化镓原料的挥发、分解及凝结过程得到抑制。图 9.17 为山东大学的研究组优化后的晶体称重信号[76],晶体称重信号随时间稳定上升,晶体生长变得非常稳定。

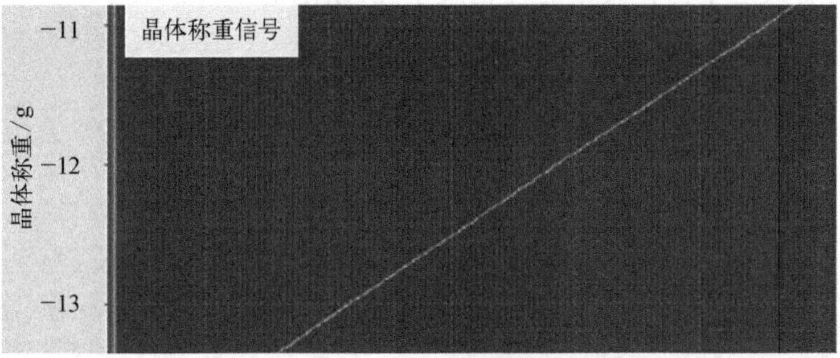


图 9.17 导模法 $\beta$-$Ga_2O_3$晶体生长过程中保护气氛优化后的晶体称重信号[76]

合理的温场设计是 $\beta$-$Ga_2O_3$晶体生长的关键,EFG 法结晶过程发生在模具上表面的固液界面处,因此,温场设计的关键是对模具上表面固液界面处温度梯度(简称温梯)的调控。图 9.18 为不同温度梯度下生长获得的 $\beta$-$Ga_2O_3$晶体[75]。从图中可以看出在较小温度梯度下生长获得的晶体较为透亮,但是晶体表面起伏较大。这是由于在较小的轴向温度梯度下,晶体固液界面稳定性差,晶体容易出现厚度的起伏。在中等温度梯度下生长的晶体表面情况介于上述两种情况之间,晶体表面相对光滑,晶体通透,表面无起伏,晶体质量较高。

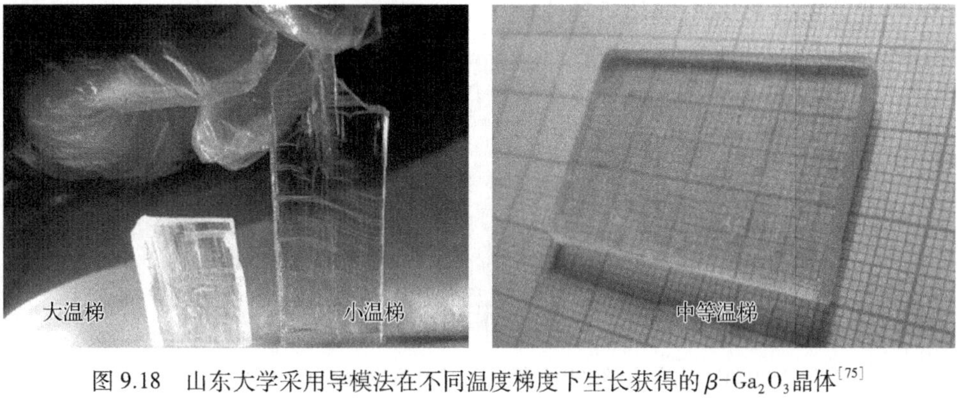


图 9.18 山东大学采用导模法在不同温度梯度下生长获得的 $\beta$-$Ga_2O_3$晶体[75]

$\beta$-$Ga_2O_3$晶体属于单斜晶系，理论上〈010〉方向生长速度较快，因此通常采用<010>方向籽晶进行生长。陶绪堂等发现 EFG 法生长$\beta$-$Ga_2O_3$晶体时，放肩过程是晶体逐渐铺满整个模具表面的过程，模具表面的缺陷容易引入新的晶核，从而导致出现杂晶或者引起晶体的开裂，因此需要对晶体生长中使用的模具进行表面精抛[75]。除此之外，$\beta$-$Ga_2O_3$晶体的螺位错伯格斯矢量方向平行于〈010〉方向[77]，螺位错的产生及延伸也增加了晶体开裂风险。放肩开裂的$\beta$-$Ga_2O_3$晶体如图9.19 所示[22,75]，晶体裂缝中含有大量的位错及孪晶，缺陷的存在诱发了$\beta$-$Ga_2O_3$晶体的开裂。

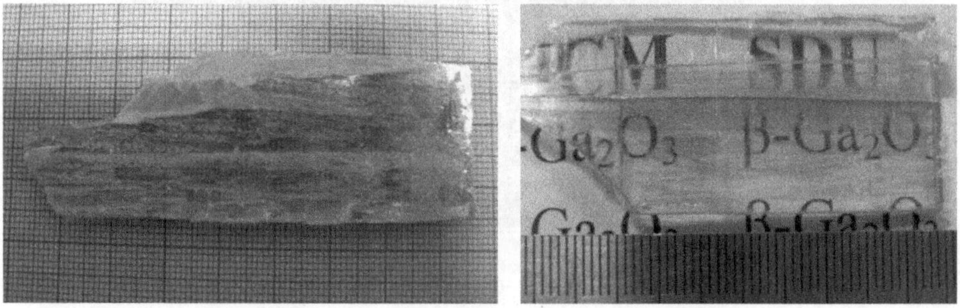

图 9.19　导模法晶体生长过程中放肩开裂的$\beta$-$Ga_2O_3$晶体[22,75]

因此，$\beta$-$Ga_2O_3$晶体生长的主要难点在于如何克服晶体生长过程中的开裂及孪晶。为此，在晶体生长过程中需要在下种之后将籽晶收细，而且籽晶阶段要长，以便减少甚至消除籽晶中的螺位错延伸至晶体中。陶绪堂等发现为降低放肩过程中产生杂晶的风险，放肩要平缓，放肩速度均匀，避免大的功率波动[75]。如果放肩过程中产生的杂晶延伸方向与晶体生长方向差别较大，可以继续放肩，杂晶将被逐渐排除。如果杂晶延伸方向与晶体生长方向相近，则可以采用二次收颈的方法排除杂晶以便获得大面积的完整单晶。图 9.20 为通过缓慢放肩生长的$\beta$-$Ga_2O_3$晶体[76]，晶体通透无开裂，晶体质量较高。

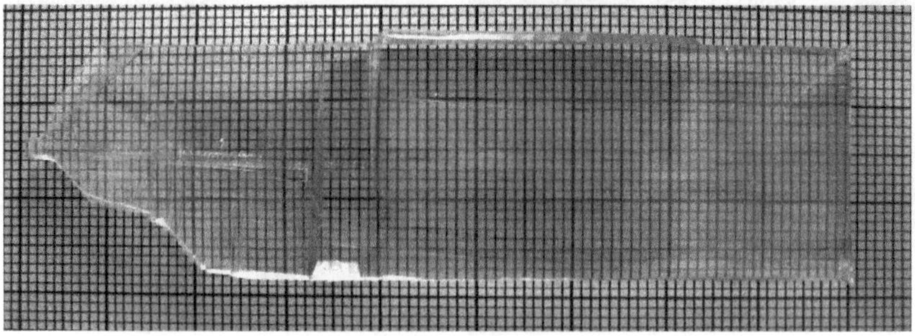

图 9.20　山东大学采用导模法生长的高质量$\beta$-$Ga_2O_3$单晶[76]

图 9.21 为山东大学采用导模法生长的 $\beta$-$Ga_2O_3$晶体的高分辨 XRD 测试结果[75]。图 9.21(a)为(400)面的高分辨 XRD 摇摆曲线,半峰宽(FWHM)为 43.2 arcsec,曲线平滑对称,说明晶体的结晶质量较高。图 9.21(b)为(710)面 $\varphi$ 扫描结果,样品在 360°旋转测试中,出现了两个相距 180°的衍射峰。测试结果与 $\beta$-$Ga_2O_3$晶体 $C/2m$ 空间群对称性相符,说明晶体为单晶,不存在孪晶及镶嵌结构。

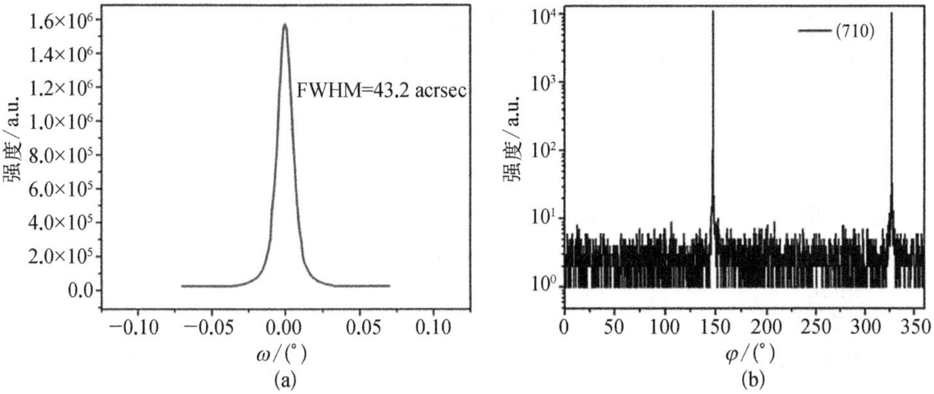


图 9.21 导模法生长的 $\beta$-$Ga_2O_3$单晶 XRD 的(400)面的摇摆曲线(a)和(710)面 $\varphi$ 扫描谱(b)[75]

除此之外,通过机械减薄及离子束减薄,采用 HRTEM 可对 $\beta$-$Ga_2O_3$晶体微观结构下的晶格完整性进行表征。图 9.22 为 $\beta$-$Ga_2O_3$晶体的 HRTEM 测试结果。从图中可以看出,晶格排列整齐,完整度很高,晶格衍射点清晰,晶体质量较高。

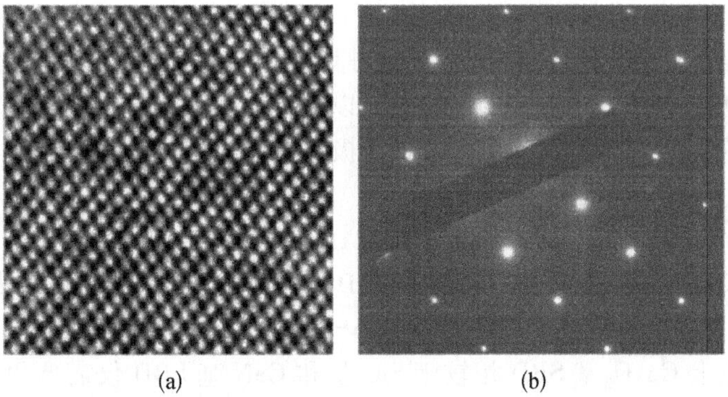


图 9.22 导模法生长的 $\beta$-$Ga_2O_3$单晶的 HRTEM 的高分辨晶格像(a)和电子衍射斑图(b)

### 9.2.7　$\beta$-$Ga_2O_3$晶体生长不同方法的比较

为比较不同晶体生长方法在$\beta$-$Ga_2O_3$晶体生长方面的适用性，表 9.3 从晶体质量、晶体尺寸、电导率是否可控三个方面对目前已有的$\beta$-$Ga_2O_3$晶体主要生长方法进行了比较[36,38,66,76]。可以看出，CZ 法、EFG 法、VB 法可以获得高质量的$\beta$-$Ga_2O_3$晶体，CZ 法、EFG 法有望生长大尺寸的$\beta$-$Ga_2O_3$晶体，化学气相传输法、焰熔法、OFZ 法、EFG 法以及 VB 法可以有效控制$\beta$-$Ga_2O_3$晶体的电导率。综合上述三个方面，EFG 法是迄今最有优势的$\beta$-$Ga_2O_3$单晶生长方法，并且也是目前唯一实现了$\beta$-$Ga_2O_3$商业化生产的晶体生长方法。

**表 9.3　$\beta$-$Ga_2O_3$晶体各种生长方法的对比**[36,38,66,76]

| 晶体生长方法 | 晶体质量 | 晶体尺寸 | 电导率是否可控 |
| --- | --- | --- | --- |
| 化学气相传输 | × | × | √ |
| 助熔剂 | × | × | × |
| 焰熔法 | × | × | √ |
| 光浮区法 | — | × | √ |
| 布里奇曼法 | — | — | √ |
| 提拉法 | √ | √ | — |
| 导模法 | √ | √ | √ |

## 9.3　氧化镓基半导体功率电子器件

如前所述，高质量$\beta$-$Ga_2O_3$单晶衬底的制备成本远低于 SiC 和 GaN 单晶衬底，同时$\beta$-$Ga_2O_3$晶体拥有一些独特的电学特性优势，使得基于$\beta$-$Ga_2O_3$晶体的功率电子器件研制近年来在国际上备受关注[3,78-82]。目前$\beta$-$Ga_2O_3$的 n 型掺杂技术已相对成熟，但是 p 型掺杂依然有待攻克，使得其暂时不能应用于双极型电子器件，因此迄今 $Ga_2O_3$基功率电子器件的研究主要以肖特基势垒二极管（SBD）和金属氧化物半导体场效应晶体管（MOSFET）两种单极型器件为主。

### 9.3.1　$Ga_2O_3$基肖特基势垒二极管

基于 SiC 和 GaN 宽禁带半导体的 SBD 器件由于没有少数载流子存储效应，开关损耗显著降低，开始逐渐取代 Si 基 p-n 结二极管应用于电力电子系统。如前所述，理论上 $Ga_2O_3$基 SBD 相较于 SiC 基和 GaN 基 SBD 仅需要更薄的漂移层就能获得相同的耐压性能，而薄的漂移层使得器件的寄生电容更小，可进一步降低器件的反向恢复时间。$Ga_2O_3$基 SBD 的主要发展过程如图 9.23 所示[81]。

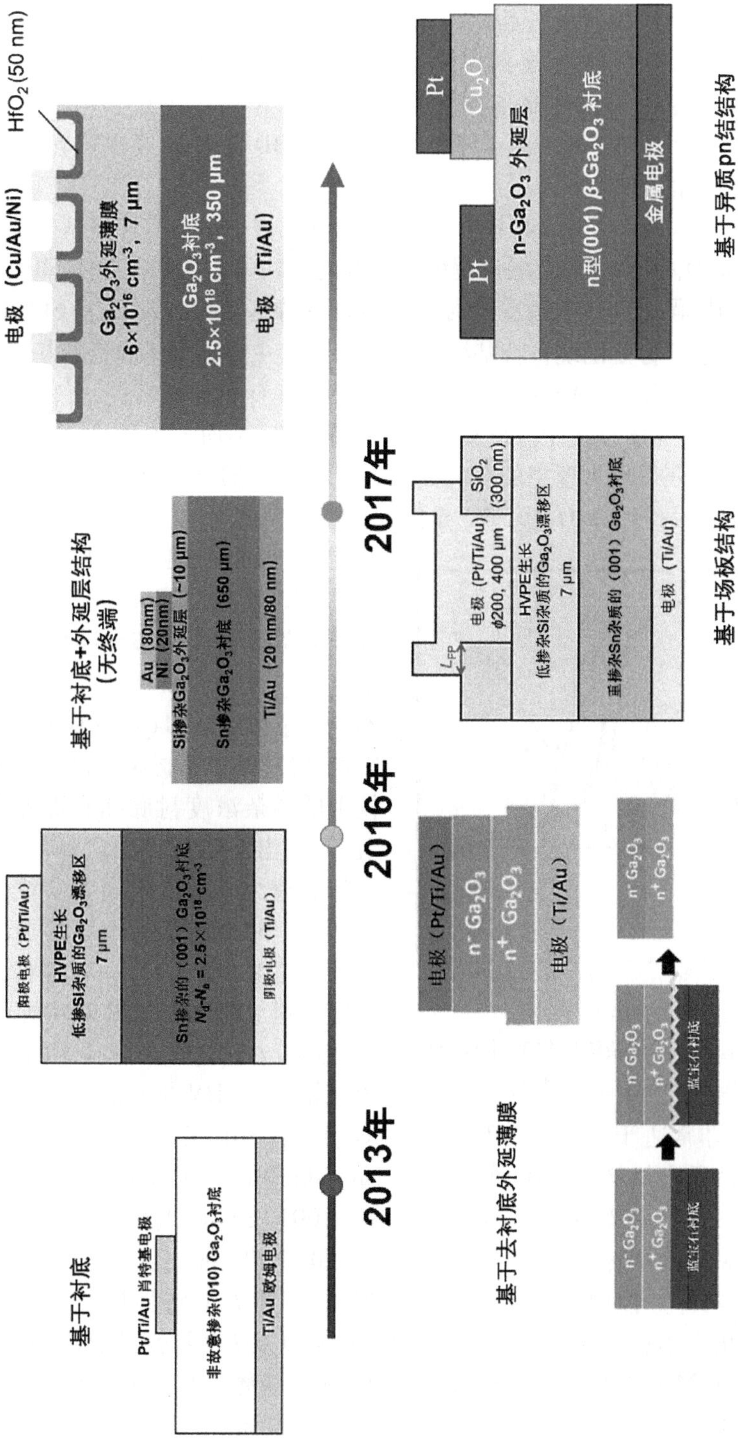


图 9.23 Ga$_2$O$_3$基 SBD 的发展历程示意图[81]

$Ga_2O_3$基 SBD 器件研制最开始阶段是直接制备在 $\beta$-$Ga_2O_3$单晶衬底上，随着 $\beta$-$Ga_2O_3$外延技术的发展，发展到现阶段，一般是制备在 $\beta$-$Ga_2O_3$单晶衬底上的同质外延层上。通过对器件制备技术的逐渐探索，出现了场板和沟槽终端等器件结构，器件性能得到了进一步提升。$Ga_2O_3$基 SBD 已开始展现其在电力电子领域的巨大应用潜力。

$\beta$-$Ga_2O_3$作为新型的宽禁带半导体材料，在发展初期会有许多基础性的研究工作，因此，$Ga_2O_3$基 SBD 的发展过程可以很好地反映整个功率半导体 SBD 器件不断发展进化的历程。SBD 中最重要的部分当属肖特基结，在 $Ga_2O_3$基 SBD 的早期工作中有相当一部分是围绕肖特基结开展的[83,84]。主要涉及不同肖特基电极金属材料的选择，包括 Ni、Cu、Au、Pt、TiN 等及其与 $\beta$-$Ga_2O_3$的接触特性，肖特基结的电子输运机制，如何克服存在于肖特基接触处的界面态、不均匀势垒、镜像力等问题，以及在阴极如何获得较为理想的欧姆接触等。随着对器件物理理解的逐步深化，制备工艺的日益完善，$Ga_2O_3$基 SBD 器件的性能显著提升，以下是一些$Ga_2O_3$基 SBD 发展过程中比较典型的研究工作。

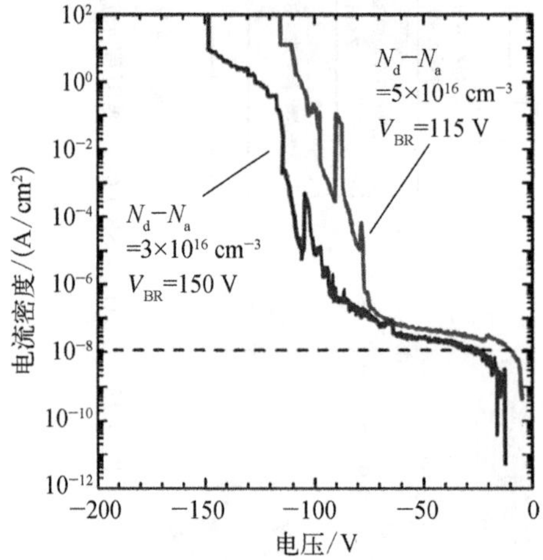


图 9.24　基于不同掺杂浓度衬底的 $Ga_2O_3$基 SBD 的反向击穿特性[85]

2013 年，日本 Tamura 公司的 K. Sasaki 等基于高质量(010)$\beta$-$Ga_2O_3$单晶衬底研制出 $Ga_2O_3$基 SBD 器件[85]。他们对比了不同掺杂浓度$\beta$-$Ga_2O_3$衬底对器件性能的影响，发现基于高掺杂浓度衬底的器件相较于低掺杂浓度衬底拥有更低的导通电阻，但是击穿电压会随之降低，反向漏电流相对较大。基于不同掺杂浓度衬底的 $Ga_2O_3$基 SBD 器件的理想影子均接近于 1，势垒高度在 1.3~1.5 eV，器件最高击穿电压达到了 150 V，如图 9.24 所示[85]。

随着 $\beta$-$Ga_2O_3$外延技术的发展，卤化物气相外延(HVPE)由于外延速度快，薄膜质量高，非常适于外延制备耐高压的 $Ga_2O_3$基 SBD 的厚漂移区。2015 年，日本情报通信研究机构(NICT)的 M. Higashiwaki 等通过 HVPE 技术，在净载流子浓度（$N_d - N_a$）为 $2.5\times10^{18}\ cm^{-3}$的高掺杂(001)$\beta$-$Ga_2O_3$衬底上同质外延生长了 7 μm 厚的低掺杂外延层，掺杂浓度约 $1.0\times10^{16}\ cm^{-3}$，并基于该材料结构制备出 SBD 器件。他们对器件进行了变温 $C$-$V$ 和 $I$-$V$ 特性研究，如图 9.25 所示[86]，给出了器件势垒高度、开启电压、$C$-$V$ 以及 $I$-$V$ 特性随温度的变化趋势。他们发现在 21~200℃温度范围内器件的肖特基势垒高度并无明显变化，器件正向电流的导通符合热电子发射机制，反向漏电流的传输符合热场发射机制。

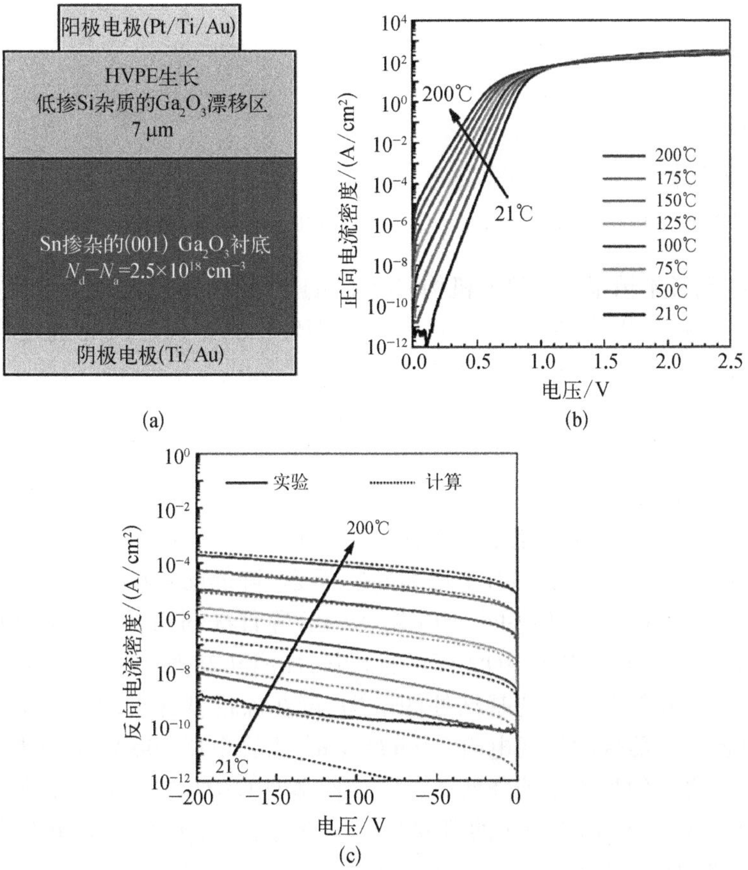

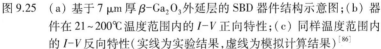

图 9.25 (a) 基于 7 μm 厚 $\beta-Ga_2O_3$ 外延层的 SBD 器件结构示意图;(b) 器件在 21~200℃ 温度范围内的 $I-V$ 正向特性;(c) 同样温度范围内的 $I-V$ 反向特性(实线为实验结果,虚线为模拟计算结果)[86]

2016 年,日本氧化镓电力设备(Flosfia)公司 O. Masaya 等报道了 $Ga_2O_3$ 基 SBD 研究结果[87]。他们通过 CVD 方法在蓝宝石衬底上先后生长了高掺杂和低掺杂的 $\alpha-Ga_2O_3$ 外延薄膜,随后将薄膜从蓝宝石衬底上剥离,在薄膜的两面分别生长上阴极和阳极电极,如图 9.26 所示[87],器件的开态导通电阻 0.4 mΩ · cm$^2$、击穿电压 855 V。2018 年,Flosfia 公司的研究组继续报道了经过 TO220 封装后的 $Ga_2O_3$ 基 SBD 器件[88],测定器件结电容 130 pF,相比 SiC 基和 Si 基 SBD 具有更好的反向恢复特性。同时,经过封装后的器件热阻为 13.9 ℃/W,与相同封装方式的 SiC 基 SBD 的 12.5℃/W 相当。他们的工作说明采用薄漂移区能有效补偿 $Ga_2O_3$ 导热性差的劣势。同时该报道中还指出 $\alpha-(Rh,Ga)_2O_3$ 能作为 $\alpha-Ga_2O_3$ 器件有效的 p 型沟道层。

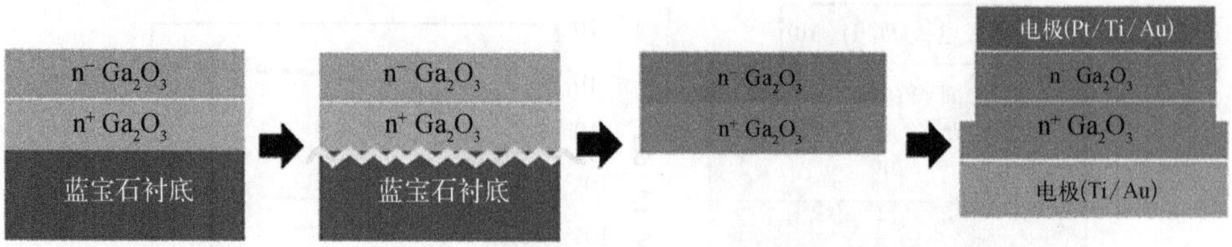


图 9.26　Flosfia 公司基于 $\alpha-Ga_2O_3$薄层的 SBD 器件制备步骤示意图[87]

2017 年，日本情报通信研究机构(NICT)的 K. Konishi 等与美国佛罗里达大学 J. Yang 等先后分别报道了击穿电压为 1 076 V 和 1 600 V、导通电阻分别为 5.1 $m\Omega \cdot cm^2$和 25 $m\Omega \cdot cm^2$的 SBD 器件[89,90]。佛罗里达大学研究组的工作表明电极的大小会影响到器件的击穿电压和导通电阻，这是因为大面积的电极将会有更多的缺陷，导致器件更易发生击穿。NICT 的研究者在 $Ga_2O_3$基 SBD 中首次采用了边缘终端技术，增加了边缘氧化层场板结构以降低器件电极边界处的电场强度，如图 9.27 所示[89]。这种方式有利于在保证击穿电压的同时降低导通电阻。同时，他们采用了局部氟离子注入，提升了局部势垒高度以降低反向漏电流。

2017 年，日本 Novel Crystal 公司 K. Sasaki 等首次利用 $\beta-Ga_2O_3$开展了金属氧化物沟槽终端结构 SBD(MOSSBD)的研制，如图 9.28 所示[91]。采用这种结构的目的主要是降低器件肖特基结处的电场，可在保留良好正向特性的同时显著降低漏电流。该器件的导通电阻 2.9 $m\Omega \cdot cm^2$，击穿电压 240 V，同时器件的开启电压相对于之前的报道显著降低。这一工作是对 $Ga_2O_3$基 SBD 制备技术的一次突破。同年 Novel Crystal 公司的研究组再次报道了经过改良的沟槽终端$Ga_2O_3$基 SBD，器件开启电压降至 0.5 V，导通电阻 2.4 $m\Omega \cdot cm^2$，击穿电压提高到 400 V 以上。相比于商业化的 600 V 耐压级别 SiC 基 SBD，该器件在开态损耗上展现出一定的优势。

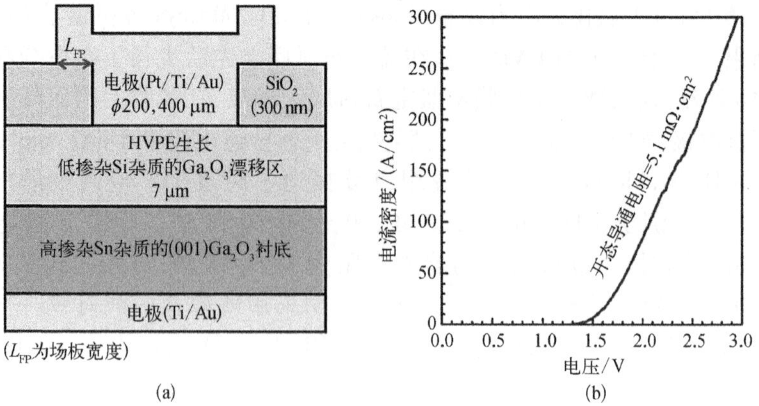

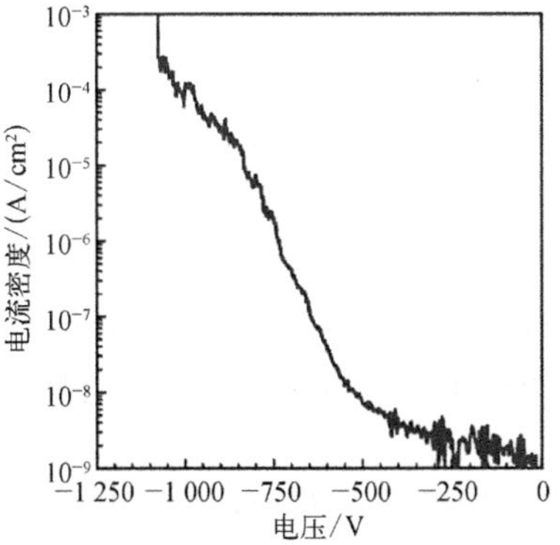


(c)

图 9.27　(a) 带有场板结构的 $Ga_2O_3$基 SBD 器件结构示意图;(b) 器件的正向 $I$−$V$ 特性;(c) 器件的反向 $I$−$V$ 特性[89]

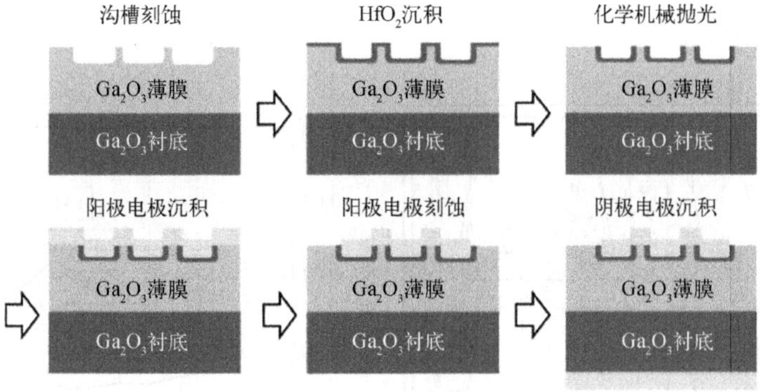


(a)

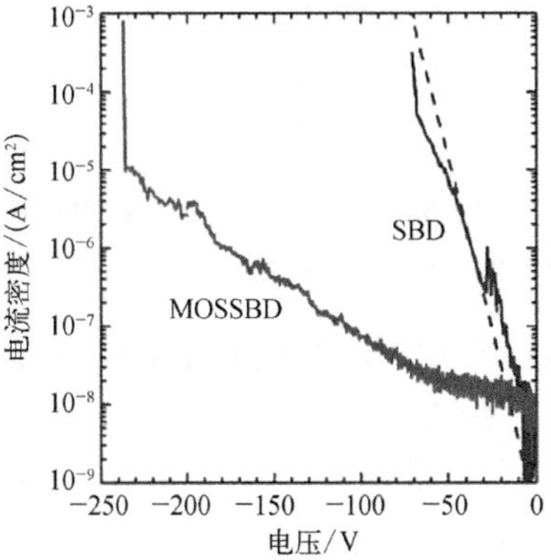


(b)

图 9.28　(a) 沟槽终端结构 $Ga_2O_3$基 SBD 器件制备步骤示意图;(b) 沟槽终端结构 $Ga_2O_3$基 SBD 与普通结构 SBD 器件反向 $I$−$V$ 特性的对比[91]

由于到目前为止没有实现$\beta$-$Ga_2O_3$半导体的有效 p 型掺杂，使得双极型$Ga_2O_3$基器件难以实现。2017 年，日本三菱公司 T. Watahiki 等报道了 n-$Ga_2O_3$/p-$Cu_2O$异质 p-n 结二极管[92]。在未加局部终端的情况下，击穿电压达到了1 490 V，导通电阻为 8.2 mΩ·$cm^2$。该器件的导通电阻相对于之前美国佛罗里达大学研究组报道的厚漂移区 $Ga_2O_3$基 SBD 显著降低，由此可以看出双极型器件相对于单极型器件在导通特性上有明显优势。但是该 p-n 结二极管开启电压较高，为 1.7 V，在耐压和工作频率方面并不具备竞争力。该工作为 $Ga_2O_3$基双极型器件提供了一个可行的方案。

近年来，国内许多研究机构进行了 $Ga_2O_3$基 SBD 器件的探索。西安电子科技大学冯倩等对基于外延薄膜的 $Ga_2O_3$基 SBD 器件及其物理机制开展了研究[93]。中科院微电子所龙世兵等探究了 $Ga_2O_3$基 SBD 器件的势垒分布不均匀性、器件制备工艺的优化以及器件整流特性[94]，研究结果如图 9.29 所示。南京大学、成都电子科技大学、西北工业大学等多个研究机构也正在开展 $Ga_2O_3$基电子材料和 SBD 器件相关的研究工作。

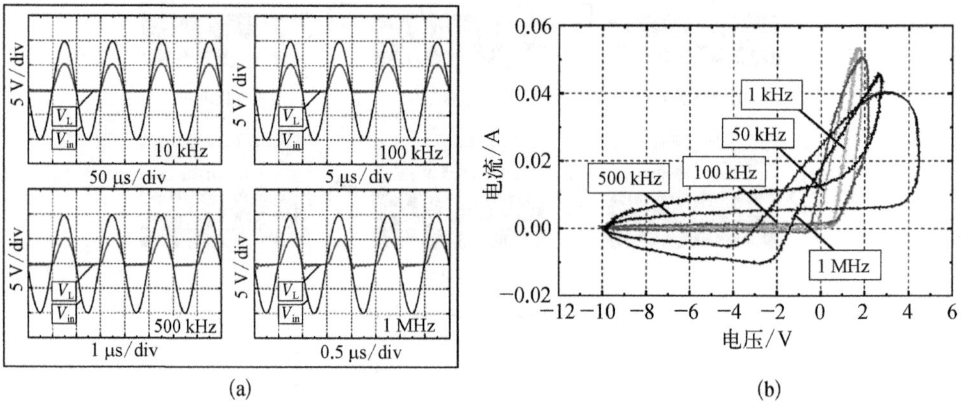


图 9.29　(a) $Ga_2O_3$基 SBD 对 10 kHz、100 kHz、500 kHz、1 MHz 交流信号的整流效果；(b) 器件在相应频率下的李萨如图形[94]

客观上讲，当前 $Ga_2O_3$基 SBD 依然还处于初期研究阶段，随着器件制备工艺的不断进步，SBD 的器件结构也开始趋于复杂化。同时，$Ga_2O_3$单晶衬底及其同质外延薄膜质量的不断提高也推动着器件性能的不断提升。但是迄今，$Ga_2O_3$基 SBD 的研究与 Si 基和 SiC 基 SBD 相比还很不成熟，高水平的器件研究工作仍然不多。相信基于其 4.5~4.9 eV 的超大禁带宽度及其他性能优势，随着器件研究工作的不断深入，$Ga_2O_3$基 SBD 一定会展现其独特的价值和优势，快速走向产业化应用。

### 9.3.2 $Ga_2O_3$基金属氧化物场效应晶体管

$Ga_2O_3$基半导体场效应晶体管的主要发展历程如图 9.30 所示[82]，从最开始阶段的金属半导体场效应晶体管(MESFET)发展到当前阶段的水平结构金属氧化物半导体场效应晶体管(MOSFET)，并增加局部终端结构以提升器件性能。由于在$Ga_2O_3$半导体中无法实现反型，初期的 $Ga_2O_3$基场效应管都是耗尽型。近年来，利用界面态耗尽沟道实现了增强型的 MOSFET 器件，同时击穿电压大于 1 000 V 的垂直结构 MOSFET 也已实现。下面介绍 $Ga_2O_3$基 MOSFET 器件发展历程中一些典型的研究工作。

2012 年，日本 NICT 的 M. Higashiwaki 等采用 MBE 方法同质外延生长了 Sn 掺杂的[010]晶向 $\beta$-$Ga_2O_3$薄膜，掺杂浓度 $7.0\times10^{17}$ $cm^{-3}$，在此材料上研制出耗尽型 MESFET 器件[95]。他们采用 Pt/$Ga_2O_3$肖特基接触作为栅结构，器件击穿电压达到了 250 V，初步展示了 $Ga_2O_3$材料在功率型场效应晶体管研制上的优势。但该器件由于肖特基结的反向漏电问题造成了 3 μA 的关断电流和 $10^5$的开关比，因此，2013 年，NICT 的研究组进一步采用 20 nm 厚的氧化铝栅介质来抑制器件的关态漏电[96]，并在源漏区域进行局部的 Si 重掺杂来优化器件的欧姆接触特性，掺杂浓度达 $5.0\times10^{19}$ $cm^{-3}$，从而有效降低了接触电阻，将器件击穿电压提升到 370 V，开关比达到了 $10^{10}$。

2016 年，日本 NICT 的 M. H. Wong 等采用 MBE 方法同质外延生长了[010]晶向的 $\beta$-$Ga_2O_3$薄膜，Sn 掺杂浓度 $3.0\times10^{17}$ $cm^{-3}$，基于该材料研制出场板结构的耗尽型 $Ga_2O_3$基 MOSFET 器件，如图 9.31 所示[97]。400 nm 的 $SiO_2$场板有效解决了栅电极的边界击穿问题，将器件击穿电压提升至 755 V，开关比在常温下达到 $10^9$，而且在 300℃工作温度下仍高于 $10^3$。在直流测试下出现了由自热效应造成的饱和源漏电流崩塌现象，但在脉冲测试中不存在该现象。因此，对于低热导率的$\beta$-$Ga_2O_3$材料，器件的散热管理变得尤为重要。

2016 年，美国空军实验室 A. J. Green 等采用 MOCVD 方法同质外延生长了[010]晶向的 $\beta$-$Ga_2O_3$薄膜，Sn 掺杂浓度 $1.7\times10^{18}$ $cm^{-3}$，基于此材料研制出耗尽型 $Ga_2O_3$基 MOSFET，如图 9.32 所示[98]。器件采用了典型的双指结构，即双沟道来提升源漏电流，虽然 60 mA/mm 的饱和漏电流差强人意，但重要的是以0.6 μm的栅漏距离得到了 230 V 的击穿电压，从而实现了 3.8 MV/cm 的击穿场强，这是 $Ga_2O_3$基电子器件第一次超越宽禁带半导体 GaN 基和 SiC 基器件的临界击穿场强，虽然与 $\beta$-$Ga_2O_3$的理论临界击穿场强 8 MV/cm 相比仍有一定差距，但 $\beta$-$Ga_2O_3$材料的这一优势让人印象深刻。

2016 年，美国空军实验室 D. Chabak 等在 $2.3\times10^{17}$ $cm^{-3}$ Sn 掺杂浓度的

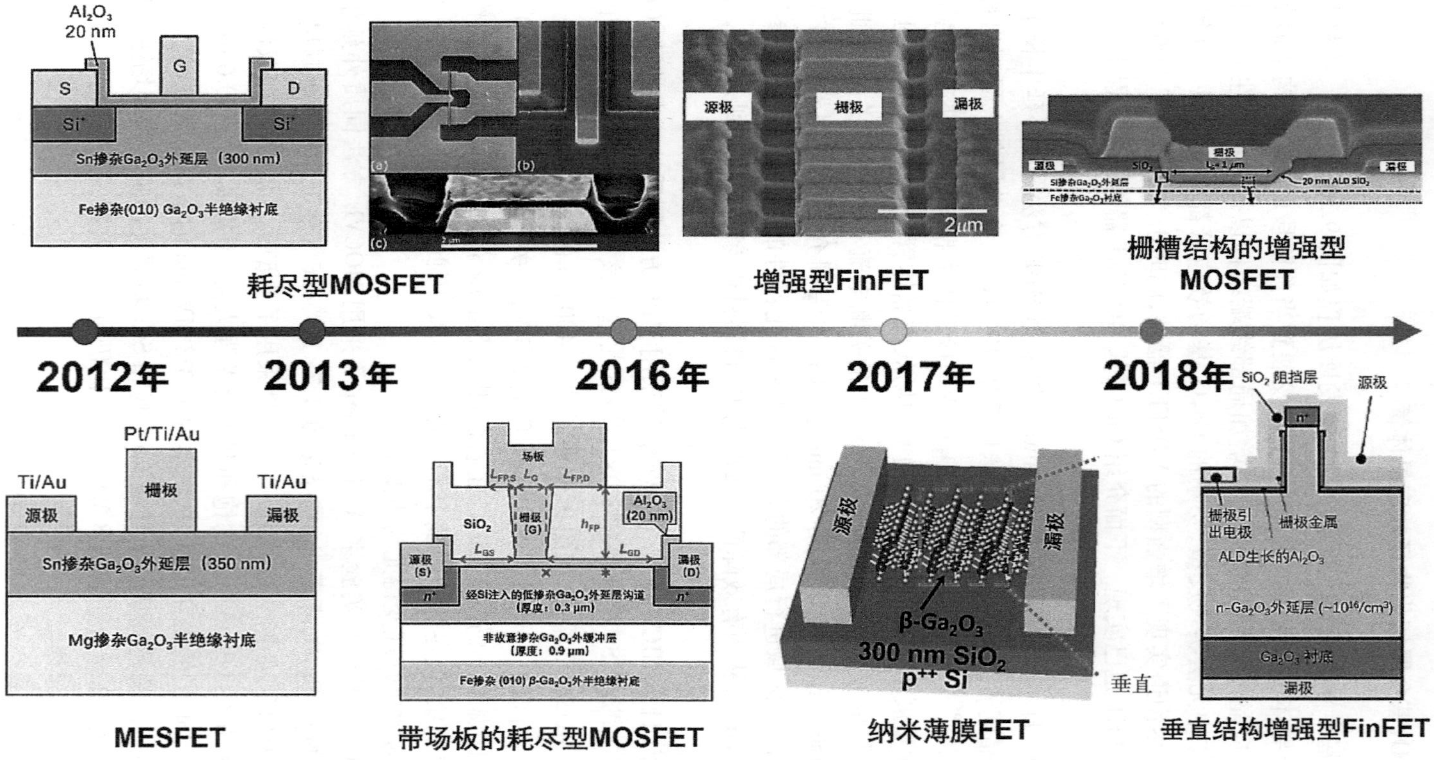


图 9.30 $Ga_2O_3$基场效应晶体管的主要发展历程示意图[82]

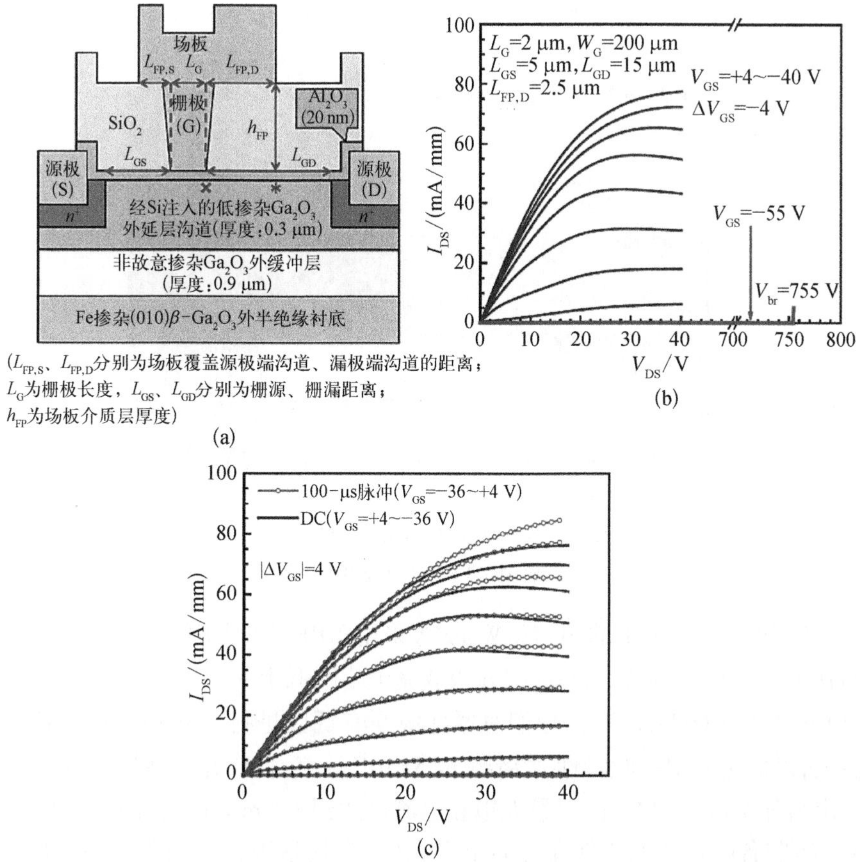


图 9.31 具有场板结构的 $Ga_2O_3$基 MOSFET 的器件结构示意图(a)、器件输出特性曲线以及耐压测试(b)和脉冲测试和直流测试下的输出特性曲线(c)[97]

(100)$\beta$-$Ga_2O_3$上研制出鳍型结构的耗尽型场效应晶体管 FinFET[99]，器件阈值电压 0.8 V，开态电流 1 mA/mm，这是由于平行隔离的鳍式沟道有利于被界面态耗尽从而得到增强型器件，但器件狭窄的沟道限制了开态电流，从而将开关比限制在 $10^5$ 量级。即使没有场板结构，21 μm 的栅漏距离和$\beta$-$Ga_2O_3$的材料优势使器件的击穿电压达到了 612 V。

此外，利用 $\alpha$-$Ga_2O_3$在 $c$ 轴方向晶格常数较大的特点，可以通过机械剥离得到纳米 $Ga_2O_3$薄膜来制备电子器件[12-15,100]。2017 年，美国普渡大学 H. Zhou 等利用不同厚度的 $\alpha$-$Ga_2O_3$薄膜研制出背栅结构的场效应晶体管，其耗尽型器件的饱和电流密度达到了 600 mA/mm，增强型器件为 450 mA/mm[14]。他们研制的耗尽型器件展现出优异的特性，包括高的饱和电流密度、高的击穿电压、低的欧姆接触电阻等。

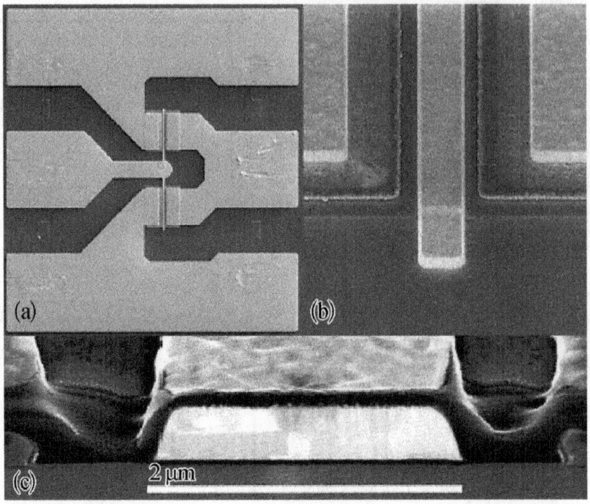


图 9.32　具有 3.8 MV/cm 击穿场强的$Ga_2O_3$基 MOSFET 器件结构图[98]

2017 年,日本 NICT 的 M. H. Wong 等采用 MBE 方法同质外延生长了[010]晶向的$\beta$-$Ga_2O_3$薄膜,非故意掺杂的 n 型载流子浓度低于 $4\times10^{14}$ $cm^{-3}$,基于此材料研制出 $Ga_2O_3$基 MOSFET[101]。他们对器件源漏有源区进行了 0.15 μm 的局部 Si 离子注入,以优化欧姆接触特性,掺杂浓度 $5\times10^{19}$ $cm^{-3}$,器件在不施加栅电压下关断,表现出增强型器件的特性,但最大饱和电流仅达到 1.4 mA/mm,说明利用低掺杂浓度 $Ga_2O_3$制备的常关型器件在开启上存在困难,这是因为高的界面态密度在沟道表面导致的电荷俘获效应产生的电子耗尽增加了沟道的开启难度。美国怀特-帕德森空军实验室的 K. D. Chabak 等在 Si 掺杂浓度为 $5.5\times10^{17}$ $cm^{-3}$掺杂的(010)$\beta$-$Ga_2O_3$外延层上利用栅槽工艺将沟道区域局部刻蚀,制备了耗尽型 $Ga_2O_3$基 MOSFET,如图 9.33 所示[102],器件导通电流达到了 40 mA/mm,开关比 $10^9$,电压 505 V。

从上面讨论的研究工作可以得知,迄今,由于$\beta$-$Ga_2O_3$缺乏有效的 p 型掺杂,用于高压应用的 $Ga_2O_3$基增强型电子器件的发展一直受到限制,这与 GaN 基功率电子器件在研究初期的境遇非常相似,迄今国际上通过两种方式进行了用于高压的 $Ga_2O_3$基增强型器件的初步探索,一种方法是利用非故意掺杂的低掺杂浓度$\beta$-$Ga_2O_3$单晶衬底直接作器件有源层,这种方式下器件的导通电流受到限制,而且由于材料表面钝化工艺的缺失造成的高界面态在$\beta$-$Ga_2O_3$表面形成了耗尽层,导致了很高的沟道开启电压。另一种方法是利用介质层和$\beta$-$Ga_2O_3$之间的界面态形成耗尽薄层,但是由于缺乏反向 p-n 结结构的分压,高的击穿电压往往由厚的栅介质

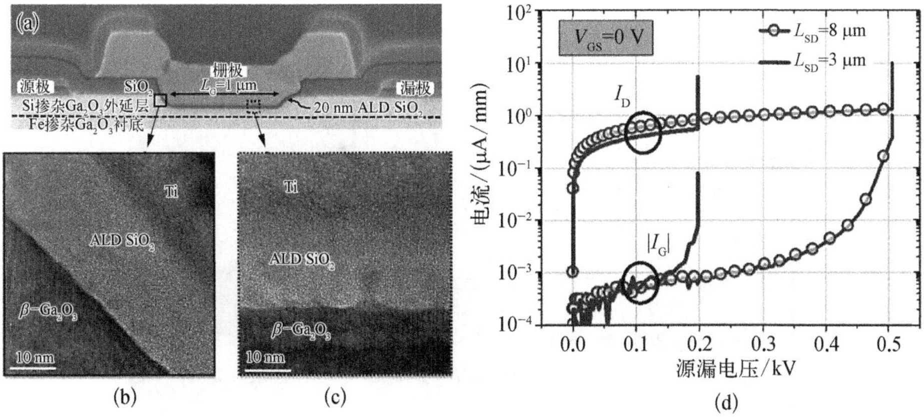


图 9.33 具有栅槽结构的 $Ga_2O_3$基增强型 MOSFET 的器件结构图[(a)~(c)];输出特性曲线(d)[102]

层来分担,难以充分发挥 $Ga_2O_3$材料的性能优势。

栅槽结构是一种实现 $Ga_2O_3$基增强型器件的较好器件结构,兼顾了良好的关断和开启特性,但是仍然需要厚的介质层来实现器件高的击穿电压。为了充分发挥$\beta$-$Ga_2O_3$的材料优势,垂直结构的 $Ga_2O_3$基器件被研制出来。2017 年,日本 NICT 的 Wong 等制备了国际上第一只垂直结构的 $Ga_2O_3$基 MOSFET 器件[103],Mg 掺杂的$\beta$-$Ga_2O_3$埋层构成了源漏电极间的垂直电流阻挡层(CBL),并在侧向留出阻挡层孔洞作为电流通道,栅电极通过对 CBL 上方水平沟道的调控来实现器件开关状态的转换,但由于 p 型杂质 Mg 难以在$\beta$-$Ga_2O_3$晶体中被有效激活,源漏极间的关态电流非常高。同年美国康奈尔大学的 Z. Hu 等在($\bar{2}01$)晶面的非故意掺杂$\beta$-$Ga_2O_3$衬底上制备出垂直纳米柱结构的耗尽型 $Ga_2O_3$基场效应晶体管[104],器件开关比大于 $10^9$。但由于纳米柱底部的电场聚集效应,器件击穿电压仅为 185 V。2018 年,康奈尔大学的研究组将 n 型$\beta$-$Ga_2O_3$衬底的非故意掺杂浓度降低到$10^{16}$ $cm^{-3}$,进一步改进了垂直纳米柱结构增强型器件的性能,如图 9.34 所示[105]。器件开启电压 1.2~2.2 V,击穿电压 1 057 V,首次超过 1 kV,电流开关比 $10^8$,显示了优良的开关特性,这是国际上首个击穿电压高于 1 kV 的垂直结构 $Ga_2O_3$基功率开关器件。

$\beta$-$Ga_2O_3$半导体材料理论上较高的饱和电子漂移速度和超高的临界击穿场强使其在射频电子器件领域也成为具有一定潜力的新型宽禁带半导体材料[106]。2017 年,美国怀特帕德森空军实验室的 A. J. Green 等采用高掺杂的$\beta$-$Ga_2O_3$外延层降低了 $Ga_2O_3$基场效应晶体管源漏电极间的导通电阻,并利用亚微米栅槽工艺制备了射频场效应晶体管[107],器件跨导达到 21 mS/mm,电流截止频率$f_T$和最大振荡频率$f_{max}$分别达到了 3.3 GHz 和 12.9 GHz,输出功率、功率增益和功率附加效率分

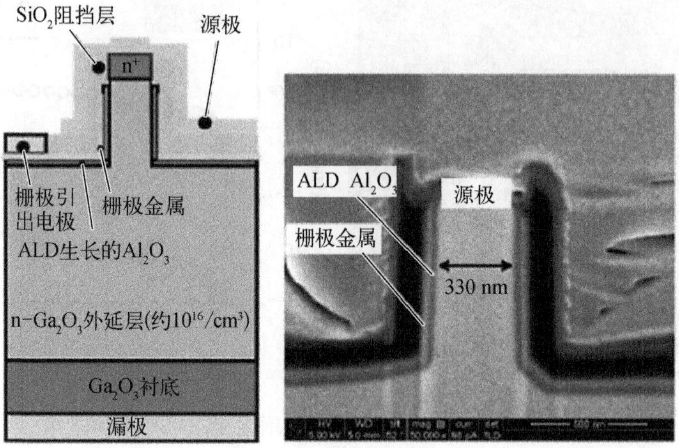


(a)　(b)

图 9.34　击穿电压高于 1 kV 的垂直结构 $Ga_2O_3$基增强型场效应晶体管的器件结构示意图(a);垂直纳米柱器件结构的 SEM 照片(b)[105]

别为 0.23 W/mm、5.1 dB 和 6.3%。这些初步的研究结果显示出 $Ga_2O_3$半导体材料在功率电子器件和射频电子器件的单片集成方面有一定的潜力。

2018 年,美国俄亥俄州立大学 Z. Xia 等在 $\delta$ 掺杂的(010)$\beta$-$Ga_2O_3$外延层上利用氧微波辅助 MBE 方法选区生长了高掺杂 $\beta$-$Ga_2O_3$层来降低器件的源漏接触电阻,以避免由于刻蚀终止层的缺失导致的工艺劣势和刻蚀带来的对沟道区域的损伤,如图 9.35 所示[108]。他们研制的耗尽型场效应晶体管的关断电压为-4 V,实现

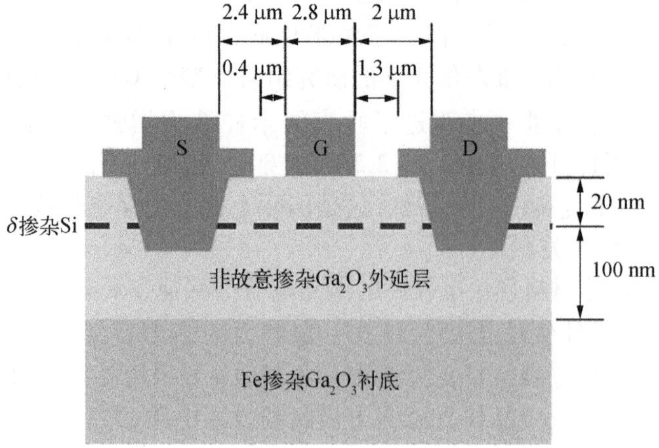


图 9.35　$\delta$ 掺杂的 $Ga_2O_3$基耗尽型场效应晶体管器件结构示意图[108]

了 140 mA/mm 的饱和电流和 34 mS/mm 的跨导，击穿电压为 170 V，但开关比较低，只有 $10^5$，亚阈值摆幅 300 eV/dec，这是作为栅势垒层的非故意掺杂 $\beta$-$Ga_2O_3$层的一些非理想效应造成的。

总之，尚处于早期阶段的 $Ga_2O_3$基场效应晶体管器件的研究主要集中在功率电子器件性能的实现以及提升反向击穿电压等方面，以最大限度地发挥 $Ga_2O_3$半导体材料本身的高临界击穿场强优势。由于栅介质对于提升场效应晶体管器件整体性能的重要性，国际上也对 $\beta$-$Ga_2O_3$与各种栅介质的界面特性进行了较深入的研究[109-113]。发展到现阶段，$Ga_2O_3$基 MOSFET 器件已实现了 3.8 MV/cm 的超高击穿场强，大幅度高于 SiC 和 GaN 的临界击穿场强，让研究者看到了 $Ga_2O_3$半导体材料的性能优势。随着 $Ga_2O_3$基半导体材料和电子器件研究的不断深入，具有更先进器件结构的高性能器件将逐渐被研制出来。p 型掺杂的实现是下一阶段 $Ga_2O_3$材料及其功率电子器件发展的关键问题之一，n 型 $\beta$-$Ga_2O_3$材料的低载流子迁移率和低热导率及其带来的器件问题也是未来 $Ga_2O_3$基电子材料和器件研究的关键问题。

## 参考文献


[1] Roy R, Hill V G, Osborn E F. Polymorphism of $Ga_2O_3$ and the system $Ga_2O_3$-$H_2O$ [J]. Journal of the American Chemical Society, 1952, 74: 719-722.

[2] Tippins H H. Optical absorption and photoconductivity in the band edge of $\beta$-$Ga_2O_3$ [J]. Physical Review, 1965, 140: A316-A319.

[3] Higashiwaki M, Jessen G H. Guest editorial: the dawn of gallium oxide microelectronics [J]. Applied Physics Letters, 2018, 112: 060401.

[4] Janotti A, van de Walle C G. Oxygen vacancies in ZnO [J]. Applied Physics Letters, 2005, 87: 122102.

[5] Takayoshi O, Kenichi K, Akira M, et al. Formation of semi-insulating layers on semiconducting $\beta$-$Ga_2O_3$ single crystals by thermal oxidation [J]. Japanese Journal of Applied Physics, 2013, 52: 051101.

[6] Varley J B, Weber J R, Janotti A, et al. Oxygen vacancies and donor impurities in $\beta$-$Ga_2O_3$ [J]. Applied Physics Letters, 2010, 97: 142106.

[7] Hajnal Z, Miró J, Kiss G, et al. Role of oxygen vacancy defect states in the n-type conduction of $\beta$-$Ga_2O_3$ [J]. Journal of Applied Physics, 1999, 86: 3792-3796.

[8] Fleischer M, Giber J, Meixner H. $H_2$-induced changes in electrical conductance of $Ga_2O_3$ thin-film systems [J]. Applied Physics A, 1992, 54: 560-566.

[9] Becker F, Krummel C, Freiling A, et al. Decomposition of methane on polycrystalline thick films of $Ga_2O_3$ investigated by thermal desorption spectroscopy with a mass spectrometer [J]. Fresenius' Journal of Analytical Chemistry, 1997, 358: 187-189.

[10] Schwebel T, Fleischer M, Meixner H, et al. CO-Sensor for domestic use based on high

temperature stable $Ga_2O_3$ thin films [J]. Sensors and Actuators B: Chemical, 1998, 49: 46 - 51.

[11] Ogita M, Higo K, Nakanishi Y, et al. $Ga_2O_3$ thin film for oxygen sensor at high temperature [J]. Applied Surface Science, 2001, 175 - 176: 721 - 725.

[12] Hwang W S, Verma A, Peelaers H, et al. High-voltage field effect transistors with wide-bandgap $\beta$-$Ga_2O_3$ nanomembranes [J]. Applied Physics Letters, 2014, 104: 203111.

[13] Bae J, Kim H W, Kang I H, et al. High breakdown voltage quasi-two-dimensional $\beta$-$Ga_2O_3$ field-effect transistors with a boron nitride field plate [J]. Applied Physics Letters, 2018, 112: 122102.

[14] Zhou H, Si M, Alghamdi S, et al. High-performance depletion/enhancement-ode $\beta$-$Ga_2O_3$ on insulator (GOOI) field-effect transistors with record drain currents of 600/450 mA/mm [J]. IEEE Electron Device Letters, 2017, 38: 103 - 106.

[15] Ahn S, Ren F, Kim J, et al. Effect of front and back gates on $\beta$-$Ga_2O_3$ nano-belt field-effect transistors [J]. Applied Physics Letters, 2016, 109: 062102.

[16] Zhao B, Wang F, Chen H, et al. Solar-blind avalanche photodetector based on single ZnO - $Ga_2O_3$ core-shell microwire [J]. Nano Letters, 2015, 15: 3988 - 3993.

[17] Chen H, Liu K, Hu L, et al. New concept ultraviolet photodetectors [J]. Materials Today, 2015, 18: 493 - 502.

[18] Sang L, Liao M, Sumiya M. A comprehensive review of semiconductor ultraviolet photodetectors: from thin film to one-dimensional nanostructures [J]. Sensors, 2013, 13: 10482.

[19] Masataka H, Akito K, Hisashi M, et al. State-of-the-art technologies of gallium oxide power devices [J]. Journal of Physics D: Applied Physics, 2017, 50: 333002.

[20] Higashiwaki M, Sasaki K, Wong M H, et al. Depletion-mode $Ga_2O_3$ MOSFETs on $\beta$-$Ga_2O_3$ (010) substrates with Si-ion-implanted channel and contacts [J]. IEEE International Electron Devices Meeting, 2013: 28.7.1 - 28.7.4.

[21] Kohei S, Masataka H, Akito K, et al. Si-ion implantation doping in $\beta$-$Ga_2O_3$ and its application to fabrication of low-resistance ohmic contacts [J]. Applied Physics Express, 2013, 6: 086502.

[22] Mu W, Jia Z, Yin Y, et al. One-step exfoliation of ultra-smooth $\beta$-$Ga_2O_3$ wafers from bulk crystal for photodetectors [J]. CrystEngComm, 2017, 19: 5122 - 5127.

[23] Guo Z, Verma A, Wu X, et al. Anisotropic thermal conductivity in single crystal $\beta$-gallium oxide [J]. Applied Physics Letters, 2015, 106: 111909.

[24] Handwerg M, Mitdank R, Galazka Z, et al. Temperature-dependent thermal conductivity in Mg-doped and undoped $\beta$-$Ga_2O_3$ bulk-crystals [J]. Semiconductor Science and Technology, 2015, 30: 024006.

[25] Santia M D, Tandon N, Albrecht J D. Lattice thermal conductivity in $\beta$-$Ga_2O_3$ from first principles [J]. Applied Physics Letters, 2015, 107: 041907.

[26] Ma N, Tanen N, Verma A, et al. Intrinsic electron mobility limits in $\beta$-$Ga_2O_3$ [J]. Applied

Physics Letters, 2016, 109: 212101.

[27] Stepanov S I, Nikolaev V I, Bougrov V E, et al. Gallium oxide: properties and applications: a review [J]. Reviews On Advanced Materials Sciences, 2016, 44: 63 – 86.

[28] Daisuke S, Shizuo F. Heteroepitaxy of corundum-structured $\alpha-Ga_2O_3$ thin films on $\alpha-Al_2O_3$ substrates by ultrasonic mist chemical vapor deposition [J]. Japanese Journal of Applied Physics, 2008, 47: 7311.

[29] Sinha G, Adhikary K, Chaudhuri S. Sol-gel derived phase pure $\alpha-Ga_2O_3$ nanocrystalline thin film and its optical properties [J]. Journal of Crystal Growth, 2005, 276: 204 – 207.

[30] Mezzadri F, Calestani G, Boschi F, et al. Crystal structure and ferroelectric properties of $\varepsilon-Ga_2O_3$ films grown on (0001)-sapphire [J]. Inorganic Chemistry, 2016, 55: 12079 – 12084.

[31] Marezio M, Remeika J P. Bond lengths in the $\alpha-Ga_2O_3$ structure and the high-pressure phase of $Ga_{2-x}Fe_xO_3$ [J]. The Journal of Chemical Physics, 1967, 46: 1862 – 1865.

[32] Yoshioka S, Hayashi H, Kuwabara A, et al. Structures and energetics of $Ga_2O_3$ polymorphs [J]. Journal of Physics: Condensed Matter, 2007, 19: 346211.

[33] Åhman J, Svensson G, Albertsson J. A reinvestigation of $\beta$-gallium oxide [J]. Acta Crystallographica Section C: Crystal Structure Communications, 1996, 52: 1336 – 1338.

[34] Zinkevich M, Morales F M, Nitsche H, et al. Microstructural and thermodynamic study of $\gamma-Ga_2O_3$ [J]. Zeitschrift Für Metallkunde, 2004, 95: 756 – 762.

[35] Playford H Y, Hannon A C, Barney E R, et al. Structures of uncharacterised polymorphs of gallium oxide from total neutron diffraction [J]. Chemistry — A European Journal, 2013, 19: 2803 – 2813.

[36] Chase A O. Growth of $\beta-Ga_2O_3$ by the verneuil technique [J]. Journal of the American Ceramic Society, 1964, 47: 470 – 470.

[37] Ueda N, Hosono H, Waseda R, et al. Synthesis and control of conductivity of ultraviolet transmitting $\beta-Ga_2O_3$ single crystals [J]. Applied Physics Letters, 1997, 70: 3561 – 3563.

[38] Víllora E G, Shimamura K, Yoshikawa Y, et al. Large-size $\beta-Ga_2O_3$ single crystals and wafers [J]. Journal of Crystal Growth, 2004, 270: 420 – 426.

[39] Aida H, Nishiguchi K, Takeda H, et al. Growth of $\beta-Ga_2O_3$ single crystals by the edge-defined, film fed growth method [J]. Japanese Journal of Applied Physics, 2008, 47: 8506.

[40] Mastro M A, Kuramata A, Calkins J, et al. Perspective-opportunities and future directions for $Ga_2O_3$ [J]. ECS Journal of Solid State Science and Technology, 2017, 6: 356 – 359.

[41] Galazka Z, Irmscher K, Uecker R, et al. On the bulk $\beta-Ga_2O_3$ single crystals grown by the Czochralski method [J]. Journal of Crystal Growth, 2014, 404: 184 – 191.

[42] https://www.slideshare.net/Yole_Developpement/market-technology-trends-wbg-wide-band-gap-materials-for-power-electronics-applications-csmantec-2015-by-hong-lin-of-yole-developpement, in.

[43] Katsuhiko N, Tetsuya N, Kengo N, et al. Characterization of defects in $\beta-Ga_2O_3$ single crystals [J]. Japanese Journal of Applied Physics, 2015, 54: 051103.

[44] Osamu U, Noriaki I, Kimiyoshi K, et al. Structural evaluation of defects in $\beta-Ga_2O_3$ single

crystals grown by edge-defined film-fed growth process [J]. Japanese Journal of Applied Physics, 2016, 55: 1202BD.

[45] Kenji H, Tomoya M, Takumi U, et al. Observation of nanometer-sized crystalline grooves in as-grown $\beta$-$Ga_2O_3$ single crystals [J]. Japanese Journal of Applied Physics, 2016, 55: 030303.

[46] Makoto K, Takayoshi O, Kenji H, et al. Crystal defects observed by the etch-pit method and their effects on Schottky-barrier-diode characteristics on (−201) $\beta$-$Ga_2O_3$ [J]. Japanese Journal of Applied Physics, 2017, 56: 091101.

[47] Ohira S, Suzuki N, Arai N, et al. Characterization of transparent and conducting Sn-doped $\beta$-$Ga_2O_3$ single crystal after annealing [J]. Thin Solid Films, 2008, 516: 5763−5767.

[48] Suzuki N, Ohira S, Tanaka M, et al. Fabrication and characterization of transparent conductive Sn-doped $\beta$-$Ga_2O_3$ single crystal [J]. Physica Status Solidi (C), 2007, 4: 2310−2313.

[49] Zhang J, Li B, Xia C, et al. Growth and spectral characterization of $\beta$-$Ga_2O_3$ single crystals [J]. Journal of Physics and Chemistry of Solids, 2006, 67: 2448−2451.

[50] Czochralski J. A new method for the measurement of the crystallization rate of metals [J]. Zeitschrift für physikalische Chemie, 1918, 92: 219−221.

[51] 张克从,张乐潓.晶体生长科学与技术[M].北京：科学出版社,1997.

[52] Jia Z, Tao X, Dong C, et al. Study on crystal growth of large size $Nd^{3+}$: $Gd_3Ga_5O_{12}$ ($Nd^{3+}$: GGG) by Czochralski method [J]. Journal of Crystal Growth, 2006, 292: 386−390.

[53] Uecker R. The historical development of the Czochralski method [J]. Journal of Crystal Growth, 2014, 401: 7−24.

[54] 张玉龙.人工晶体：生长技术、性能与应用[M].北京：化学工业出版社,2005.

[55] Yin Y, Tian H, Zhang J, et al. Development of longer Nd: LGGG crystal for high power laser application [J]. Journal of Crystal Growth, 2017, 478: 28−32.

[56] Tomm Y, Reiche P, Klimm D, et al. Czochralski grown $Ga_2O_3$ crystals [J]. Journal of Crystal Growth, 2000, 220: 510−514.

[57] Galazka Z, Uecker R, Irmscher K, et al. Czochralski growth and characterization of $\beta$-$Ga_2O_3$ single crystals [J]. Crystal Research and Technology, 2010, 45: 1229−1236.

[58] Bridgman P W. Certain physical properties of single crystals of tungsten, antimony, bismuth, tellurium, cadmium, zinc, and tin [J]. Proceedings of the American Academy of Arts & Sciences, 1925, 60: 305−383.

[59] Stockbarger D C. The production of large single crystals of lithium fluoride [J]. Review of Scientific Instruments, 1936, 7: 133−136.

[60] Roy U N, Camarda G S, Cui Y, et al. Growth and characterization of CdMnTe by the vertical Bridgman technique [J]. Journal of Crystal Growth, 2016, 437: 53−58.

[61] Wang T, Jie W, Xu Y, et al. Characterization of CdZnTe crystal grown by bottom-seeded Bridgman and Bridgman accelerated crucible rotation techniques [J]. Transactions of Nonferrous Metals Society of China, 2009, 19: 622−625.

[62] Yang R, Jie W, Liu H. Growth of ZnTe single crystals from Te solution by vertical Bridgman

method with ACRT [J]. Journal of Crystal Growth, 2014, 400: 27 − 33.

[63] Wang S, Zhang X, Zhang X, et al. Modified Bridgman growth and properties of mid-infrared $LiInSe_2$ crystal [J]. Journal of Crystal Growth, 2014, 401: 150 − 155.

[64] Denghui Y, Beijun Z, Shifu Z, et al. Growth and characterizations of $ZnGeP_2$ crystal by a vertical Bridgman method [J]. Rare Metal Materials and Engineering, 2015, 44: 2368 − 2372.

[65] Boatner L A, Ramey J O, Kolopus J A, et al. Bridgman growth of large $SrI_2$: $Eu^{2+}$ single crystals: a high-performance scintillator for radiation detection applications [J]. Journal of Crystal Growth, 2013, 379: 63 − 68.

[66] Hoshikawa K, Ohba E, Kobayashi T, et al. Growth of $\beta$-$Ga_2O_3$ single crystals using vertical Bridgman method in ambient air [J]. Journal of Crystal Growth, 2016, 447: 36 − 41.

[67] Mackintosh B, Seidl A, Ouellette M, et al. Large silicon crystal hollow-tube growth by the edge-defined film-fed growth (EFG) method [J]. Journal of Crystal Growth, 2006, 287: 428 − 432.

[68] Novak R E, Metzl R, Dreeben A, et al. The production of EFG sapphire ribbon for heteroepitaxial silicon substrates [J]. Journal of Crystal Growth, 1980, 50: 143 − 150.

[69] Hur M G, Yang W S, Suh S J, et al. Optical properties of EFG grown Nd: $YVO_4$ single crystals dependent on Nd concentration [J]. Journal of Crystal Growth, 2002, 237: 745 − 748.

[70] Ciszek T F. Edge-defined, film-fed growth (EFG) of silicon ribbons [J]. Materials Research Bulletin, 1972, 7: 731 − 737.

[71] Mu W, Yin Y, Jia Z, et al. An extended application of $\beta$-$Ga_2O_3$ single crystals to the laser field: $Cr^{4+}$: $\beta$-$Ga_2O_3$ utilized as a new promising saturable absorber [J]. RSC Advances, 2017, 7: 21815 − 21819.

[72] Tatartchenko V A. Shaped crystal growth//Dhanaraj G, Byrappa K, Prasad V, et al. Springer Handbook of Crystal Growth [M]. New York: Springer Science & Business Media, 2010: 509 − 556.

[73] Antonov P I, Kurlov V N. A review of developments in shaped crystal growth of sapphire by the Stepanov and related techniques [J]. Progress in Crystal Growth and Characterization of Materials, 2002, 44: 63 − 122.

[74] LaBelle Jr H E. EFG, the invention and application to sapphire growth [J]. Journal of Crystal Growth, 1980, 50: 8 − 17.

[75] Mu W, Jia Z, Yin Y, et al. High quality crystal growth and anisotropic physical characterization of $\beta$-$Ga_2O_3$ single crystals grown by EFG method [J]. Journal of Alloys and Compounds, 2017, 714: 453 − 458.

[76] Mu W, Jia Z, Yin Y, et al. Solid-liquid interface optimization and properties of ultra-wide bandgap $\beta$-$Ga_2O_3$ grown by Czochralski and EFG methods [J]. CrystEngComm, 2019, 21: 2762 − 2767.

[77] Nakai K, Nagai T, Noami K, et al. Characterization of defects in $\beta$-$Ga_2O_3$ single crystals [J]. Japanese Journal of Applied Physics, 2015, 54: 051103.

[78] Pearton S J, Yang J, Cary P H, et al. A review of $Ga_2O_3$ materials, processing, and

devices [J]. Applied Physics Reviews, 2018, 5: 011301.

[79] Chow T P, Omura I, Higashiwaki M, et al. Smart power devices and ICs using GaAs and wide and extreme bandgap semiconductors [J]. IEEE Transactions on Electron Devices, 2017, 64: 856-873.

[80] Reese S B, Remo T, Green J, et al. How much will gallium oxide power electronics cost? [J]. Joule, 2019, 3: 903-907.

[81] Xue H, He Q, Jian G, et al. An overview of the ultrawide bandgap $Ga_2O_3$ semiconductor-based Schottky barrier diode for power electronics application [J]. Nanoscale Research Letters, 2018, 13: 290.

[82] Dong H, Xue H, He Q, et al. Progress of power field effect transistor based on ultra-wide bandgap $Ga_2O_3$ semiconductor material [J]. Journal of Semiconductors, 2019, 40: 011802.

[83] He Q, Mu W, Dong H, et al. Schottky barrier diode based on $\beta$-$Ga_2O_3$(100) single crystal substrate and its temperature-dependent electrical characteristics [J]. Applied Physics Letters, 2017, 110: 093503.

[84] Jian G, He Q, Mu W, et al. Characterization of the inhomogeneous barrier distribution in a Pt/(100)$\beta$-$Ga_2O_3$ Schottky diode via its temperature-dependent electrical properties [J]. AIP Advances, 2018, 8: 015316.

[85] Sasaki K, Higashiwaki M, Kuramata A, et al. $Ga_2O_3$ Schottky barrier diodes fabricated by using single-crystal $\beta$-$Ga_2O_3$(010) substrates [J]. IEEE Electron Device Letters, 2013, 34: 493-495.

[86] Higashiwaki M, Konishi V, Sasaki K, et al. Temperature-dependent capacitance-voltage and current-voltage characteristics of Pt/$Ga_2O_3$(001) Schottky barrier diodes fabricated on n-$Ga_2O_3$ drift layers grown by halide vapor phase epitaxy [J]. Applied Physics Letters, 2016, 108: 133503.

[87] Masaya O, Rie T, Hitoshi K, et al. Schottky barrier diodes of corundum-structured gallium oxide showing on-resistance of 01 $m\Omega \cdot cm^2$ grown by MIST EPITAXY® [J]. Applied Physics Express, 2016, 9: 021101.

[88] Kentaro K, Shizuo F, Toshimi H. A power device material of corundum-structured $\alpha$-$Ga_2O_3$ fabricated by MIST EPITAXY® technique [J]. Japanese Journal of Applied Physics, 2018, 57: 02CB18.

[89] Konishi K, Goto K, Murakami H, et al. 1-kV Vertical $Ga_2O_3$ field-plated Schottky barrier diodes [J]. Applied Physics Letters, 2017, 110: 103506.

[90] Yang J, Ahn S, Ren F, et al. High breakdown voltage ($\bar{2}01$) $\beta$-$Ga_2O_3$ Schottky rectifiers [J]. IEEE Electron Device Letters, 2017, 38: 906-909.

[91] Sasaki K, Wakimoto D, Thieu Q T, et al. First demonstration of $Ga_2O_3$ trench MOS-type Schottky barrier diodes [J]. IEEE Electron Device Letters, 2017, 38: 783-785.

[92] Watahiki T, Yuda Y, Furukawa A, et al. Heterojunction p-$Cu_2O$/n-$Ga_2O_3$ diode with high breakdown voltage [J]. Applied Physics Letters, 2017, 111: 222104.

[93] Feng Q, Feng Z, Hu Z, et al. Temperature dependent electrical properties of pulse laser

deposited Au/Ni/$\beta$-(AlGa)$_2$O$_3$ Schottky diode [J]. Applied Physics Letters, 2018, 112: 072103.

[94] He Q, Mu W, Fu B, et al. Schottky barrier rectifier based on (100) $\beta$-Ga$_2$O$_3$ and its DC and AC characteristics [J]. IEEE Electron Device Letters, 2018, 39: 556-559.

[95] Higashiwaki M, Sasaki K, Kuramata A, et al. Gallium oxide (Ga$_2$O$_3$) metal-semiconductor field-effect transistors on single-crystal $\beta$-Ga$_2$O$_3$(010) substrates [J]. Applied Physics Letters, 2012, 100: 013504.

[96] Higashiwaki M, Sasaki K, Kamimura T, et al. Depletion-mode Ga$_2$O$_3$ metal-oxide-semiconductor field-effect transistors on $\beta$-Ga$_2$O$_3$(010) substrates and temperature dependence of their device characteristics [J]. Applied Physics Letters, 2013, 103: 123511.

[97] Wong M H, Sasaki K, Kuramata A, et al. Field-plated Ga$_2$O$_3$ MOSFETs with a breakdown voltage of over 750 V [J]. IEEE Electron Device Letters, 2016, 37: 212-215.

[98] Green A J, Chabak K D, Heller E R, et al. 3.8-MV/cm Breakdown strength of MOVPE-grown Sn-doped $\beta$-Ga$_2$O$_3$ MOSFETs [J]. IEEE Electron Device Letters, 2016, 37: 902-905.

[99] Chabak K D, Moser N, Green A J, et al. Enhancement-mode Ga$_2$O$_3$ wrap-gate fin field-effect transistors on native (100) $\beta$-Ga$_2$O$_3$ substrate with high breakdown voltage [J]. Applied Physics Letters, 2016, 109: 213501.

[100] Zhou H, Maize K, Qiu G, et al. $\beta$-Ga$_2$O$_3$ on insulator field-effect transistors with drain currents exceeding 1.5 A/mm and their self-heating effect [J]. Applied Physics Letters, 2017, 111: 092102.

[101] Wong M H, Nakata Y, Kuramata A, et al. Enhancement-mode Ga$_2$O$_3$ MOSFETs with Si-ion-implanted source and drain [J]. Applied Physics Express, 2017, 10: 041101.

[102] Chabak K D, McCandless J P, Moser N A, et al. Recessed-gate enhancement-mode $\beta$-Ga$_2$O$_3$ MOSFETs [J]. IEEE Electron Device Letters, 2018, 39: 67-70.

[103] Wong M H, Goto K, Kuramata A, et al. First demonstration of vertical Ga$_2$O$_3$ MOSFET: Planar structure with a current aperture [C]. South Bend: Annual Device Research Conference (DRC). IEEE, 2017: 1-2.

[104] Hu Z, Nomoto K, Li W, et al. Vertical fin Ga$_2$O$_3$ power field-effect transistors with on/off ratio >$10^9$ [C]. South Bend: Annual Device Research Conference (DRC). IEEE, 2017: 1-2.

[105] Hu Z, Nomoto K, Li W, et al. Enhancement-mode Ga$_2$O$_3$ vertical transistors with breakdown voltage >1 kV [J]. IEEE Electron Device Letters, 2018, 39: 869-872.

[106] Ghosh K, Singisetti U. *Ab initio* velocity-field curves in monoclinic $\beta$-Ga$_2$O$_3$ [J]. Journal of Applied Physics, 2017, 122: 035702.

[107] Green A J, Chabak K D, Baldini M, et al. $\beta$-Ga$_2$O$_3$ MOSFETs for radio frequency operation [J]. IEEE Electron Device Letters, 2017, 38: 790-793.

[108] Xia Z, Joishi C, Krishnamoorthy S, et al. Delta doped $\beta$-Ga$_2$O$_3$ field effect transistors with regrown ohmic contacts [J]. IEEE Electron Device Letters, 2018, 39: 568-571.

[109] Kamimura T, Krishnamurthy D, Kuramata A, et al. Epitaxially grown crystalline $Ga_2O_3$ interlayer on $\beta$-$Ga_2O_3$(010) and its suppressed interface state density [J]. Japanese Journal of Applied Physics, 2016, 55: 1202B5.

[110] Zeng K, Jia Y, Singisetti U. Interface state density in atomic layer deposited $SiO_2$/$\beta$-$Ga_2O_3$ ($\bar{2}$01) MOSCAPs [J]. IEEE Electron Device Letters, 2016, 37(7): 906 - 909.

[111] Zhou H, Alghamdi S, Si M, et al. $Al_2O_3$/$\beta$-$Ga_2O_3$($\bar{2}$01) interface improvement through piranha pretreatment and postdeposition annealing [J]. IEEE Electron Device Letters, 2016, 37: 1411 - 1414.

[112] Zeng K, Singisetti U. Temperature dependent quasi-static capacitance-voltage characterization of $SiO_2$/$\beta$-$Ga_2O_3$ interface on different crystal orientations [J]. Applied Physics Letters, 2017, 111(12): 122108.

[113] Dong H, Mu W, Hu Y, et al. $C$-$V$ and $J$-$V$ investigation of $HfO_2$/$Al_2O_3$ bilayer dielectrics MOSCAPs on (100) $\beta$-$Ga_2O_3$ [J]. AIP Advances, 2018, 8(6): 065215.